机械设计基础

（第5版）

主编　孟玲琴　王志伟
主审　赵敬云

北京理工大学出版社
BEIJING INSTITUTE OF TECHNOLOGY PRESS

内 容 简 介

《机械设计基础》(第5版)是“十三五”职业教育国家规划教材《机械设计基础》(第4版)的修订版本，结合参编院校对第4版的使用经验及机械设计标准的更新编写修订而成。本书以培养学生的机械设计能力为主线，将机械原理和机械设计的内容有机地整合，加强了机械设计理论和实践的联系。

本书共11章，包括绪论、平面机构的结构分析、平面连杆机构、凸轮机构、齿轮传动、蜗杆传动、间歇运动机构、轮系、挠性传动、支承设计、连接等内容。

本书可作为职业教育院校和应用型本科机械类和近机械类各专业“机械设计基础”课程的教材，也可供有关专业师生和工程技术人员参考。

图书在版编目(CIP)数据

机械设计基础/孟玲琴，王志伟主编. —5版. —北京：北京理工大学出版社，2022.1

ISBN 978-7-5763-1011-5

Ⅰ. ①机… Ⅱ. ①孟…②王… Ⅲ. ①机械设计-高等职业教育-教材 Ⅳ. ①TH122

中国版本图书馆CIP数据核字(2022)第028052号

出版发行/北京理工大学出版社有限责任公司
社　　址/北京市海淀区中关村南大街5号
邮　　编/100081
电　　话/(010)68914775(总编室)
　　　　(010)82562903(教材售后服务热线)
　　　　(010)68944723(其他图书服务热线)
网　　址/http://www.bitpress.com.cn
经　　销/全国各地新华书店
印　　刷/三河市天利华印刷装订有限公司
开　　本/787毫米×1092毫米　1/16
印　　张/21
字　　数/490千字
版　　次/2022年1月第5版　2022年1月第1次印刷
定　　价/89.00元

责任编辑/赵　岩
文案编辑/梁　潇
责任校对/周瑞红
责任印制/李志强

图书出现印装质量问题，请拨打售后服务热线，本社负责调换

前　言

《机械设计基础》（第 5 版）是“十三五”职业教育国家规划教材《机械设计基础》（第 4 版）的修订版本，结合参编院校对第 4 版的使用经验及机械设计标准的更新编写修订而成。本书编写时突出应用型人才培养的特点，使教材内容更贴近工程实践，可作为职业教育院校和应用型本科机械类和近机械类各专业“机械设计基础”课程的教材，也可供有关专业师生和工程技术人员参考。

《机械设计基础（第 5 版）》编写修订的特点及内容为：

（1）每一章通过二维码的形式用数字化资源以“春风化雨，潜移默化”的思政体现为学生带来丰富的课程思政内容，要求学生机械设计时养成精益求精、乐于奉献的工匠精神。既要让学生了解当前我国在重大机械装备设计制造领域的成就，又要知晓面临的机遇和挑战，更高的定位学习本课程的目标和使命。

（2）所有零部件和设计规范均采用截至 2021 年 5 月国家颁布的最新标准，紧密贴合国家新材料、新技术的发展，同步于企业实践，紧随装备制造产业发展变化，充分体现工学结合。

（3）教、学、做一体，岗课赛证融通，高职专科与本科衔接紧密。教材内容涵盖了所有机械组成机构的设计、机械通用零部件的设计，使学生掌握机械装备设计通用的方法和步骤，训练了学生“能画图、精设计”的技能，具备参加创新大赛和考取技能证书的能力，做到岗课赛证融通。知识体系既体现出了高职学生岗位对接、轻松就业、即插即用的特点，又兼顾了高职本科和应用型本科学生能力提升、考研升学的理论需求。

（4）每章内容新增学习目标和重点口诀，重点概念、知识点以及插图中重点线条均标出颜色属性，“可学性”特色突出，重点内容辨识度高，学生容易掌握。

（5）教材中机械设计动画资源赋予二维码展示，与教材中的平面图有机结合；采用双色教材，教材中重点突出的部分（重点，知识点，图形中重点线条）标出颜色属性；教材的配套思考题及习题答案在习题后以二维码呈现。教材的“可学性”特色更加突出。

（6）制作了与本书配套的多媒体教学系统（包括课后思考题、习题答案和试卷库），可供教师教学使用，使用本书作为教材的教师可在北京理工大学出版社网站下载、联系本书主编索取（E-mail：hnjzmlq@163.com），或通过精品在线开放课程网站获得（https://mooc1.chaoxing.com/course/224019424.html）。与本书配套的实践教学环节教材《机械设计基础课程设计（第 5 版）》（王志伟、孟玲琴主编）也已出版，可配合使用。

参加第 5 版编写修订工作的教师有：孟玲琴、王志伟、杨玉霞、周吉生、路玮琳、杜金凤、苏世卿、董娜。本书由孟玲琴、王志伟担任主编，由杨玉霞、周吉生、路玮琳担任副主编。全书由河南工学院王志伟教授统稿。

河南工学院赵敬云教授对本书进行了精心细致地审阅，西安交通大学张鄂教授、郑州轻工业大学张德海教授和河北农业大学李威教授对本书内容提供了许多宝贵的修改意见，北京理工大学出版社赵岩、张瑾编辑对本书修订版的出版及国规教材的申报提供了大量的支持和帮助，编写过程中也参考和吸收了许多同行优秀的经验和内容，尤其是胡琴老师的重点口诀要领，在此表示衷心的感谢。

编　者

目　录

第 1 章 绪 论

课程思政案例 1

【学习目标】

《机械设计基础》是装备制造大类专业的一门主干专业基础课。课程的主要任务是使学生掌握机构结构分析的基本知识和常用机构的运动分析方法，具有设计机械系统方案的能力；使学生掌握常用通用机械零部件的设计方法和技巧，具有完整设计机械装备的技术要求。机械设计基础课程是对前面机械制图、工程力学、工程材料、公差配合与技术测量等先修专业课程的综合应用，学习效果会影响到机械类学生整个职业生涯。

正因课程重要性，同学们在学习时要有崇高的理想信念，强烈的家国情怀，要懂得“为谁学，学什么，怎么学”。不但要了解当前我国在重大机械装备设计制造领域的成就，又要知晓面临的机遇和挑战，有为国分忧，解决装备设计制造领域卡脖子关键技术的勇气，更高的定位学习本课程的目标和使命。学习时要具备精益求精、乐于奉献的工匠精神，要有成为大国工匠的信心，既要掌握精湛的实操技能，又要储备扎实的设计理论，满足能力和学历的提升需求。

1.1 机械的组成概述

机械是人类在长期生产和生活实践中创造出来的重要劳动工具。它用以减轻人的劳动强度、改善劳动条件、提高劳动生产率和产品质量。在当今，机械的设计水平和机械现代化的程度已成为衡量一个国家工业发展水平的重要标志。

机械是机器和机构的总称。机械系统由驱动部分、传动部分和执行部分组成。驱动部分为机械提供运动和动力；传动部分传递运动和动力或变换运动形式；执行部分实现执行件按预定规律运动。如图1-1所示的是机械加工设备中常见的牛头刨床，驱动部分（电动机）的转动经传动部分（皮带传动、齿轮1、2传动和一个导杆机构2、3、4、5）转变为执行部分（滑枕6）往复直线运动，从而产生执行件刨刀的刨削动作。同时，动力还通过其他辅助部分带动丝杠间歇回转，使工作台横向移动，从而实现工件的进给动作。

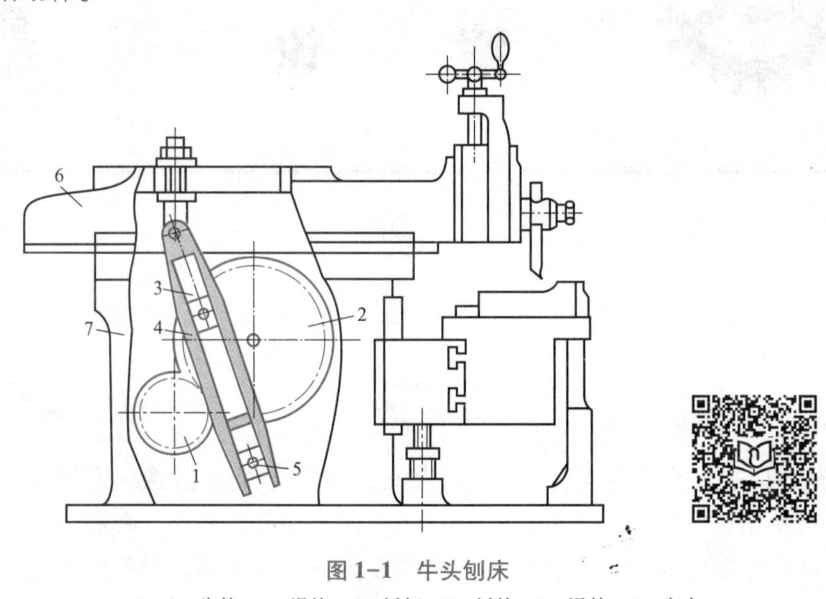

图1-1　牛头刨床

1、2—齿轮；3—滑块；4—摇杆；5—摇块；6—滑枕；7—床身

图1-2所示为单缸内燃机。其主体部分是由曲轴1、连杆3、活塞4和气缸5等组成。燃气在缸体内燃烧膨胀而推动活塞移动，再通过连杆带动曲轴绕其轴心线转动。为使曲轴能连续转动，必须定时送进燃气，排出废气，这是由缸体边上安装的凸轮10、11，阀杆9等机件定时启闭进、排气阀门来实现的。齿轮13、12将曲轴1的转动传给凸轮10、11，使进、排气阀门的启闭与活塞4的移动位置建立起一定的配合关系，从而保证了各机件的协同工作，将热能转变为机械能，使内燃机能输出机械运动，做有用的机械功。活塞、连杆、曲轴和气缸体组成曲柄滑块机构，将活塞的直线运动变为曲轴的连续转动；凸轮、阀杆和气缸体组成凸轮机构，将凸轮轴的连续转动变为顶杆有规律的直线移动；曲轴和凸轮轴上的齿轮与气缸体组成齿轮机构。

所以单缸内燃机是由曲柄滑块机构、凸轮机构、齿轮机构等若干个机构组成的。

从上述两例可以看出，虽然机器的构造、用途和性能有所不同，但都具有以下几个共同的功能。

（1）是许多人为实物的组合；

（2）各实物之间具有确定的相对运动；

（3）能完成有用的机械功或转换机械能。

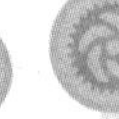

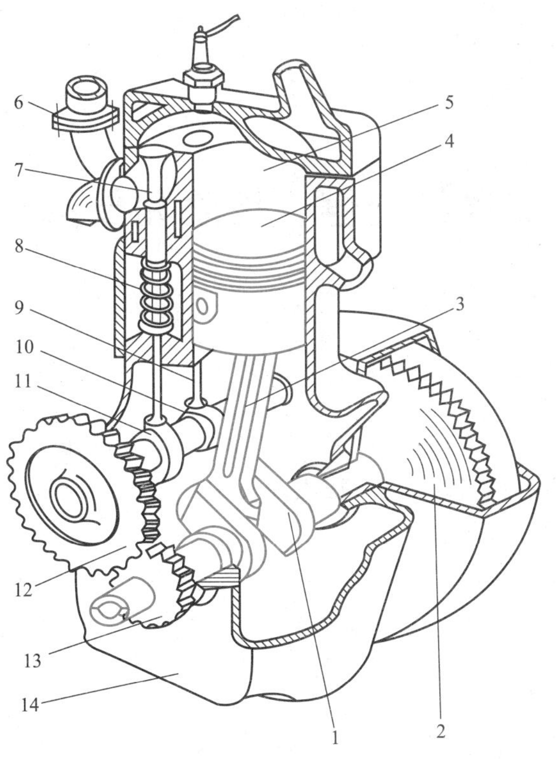

图 1-2　单缸内燃机

1—曲轴；2—飞轮；3—连杆；4—活塞；5—气缸；6—螺母、螺栓；7—气阀；8—弹簧；9—阀杆；10、11—凸轮；12、13—齿轮；14—机座

凡具有上述三个功能的实物组合体称为机器。具有各自特定运动的运动单元体称为构件。机器中不可拆卸的基本单元称为零件。零件是机器中最小的独立制造单元，如曲轴、飞轮、凸轮、齿轮等。构件可以是单独的零件，如图 1-3（a）所示的曲轴；也可以由多个零件刚性连接组成，如图 1-3（b）所示的连杆，由连杆体 1、螺栓 2、连杆头 3 及螺母 4 等零件组成。由一组协同工作的零件组成的独立制造或独立装配的组合体称为部件。零件与部件合称为零部件，可概括地分为两类：一类是各种机器中经常都能用到的零部件称为通用零部件，如螺钉、齿轮、带轮等零件，离合器、滚动轴承等部件；另一类是特定类型机器中才能用到的零部件称为专用零部件，如内燃机中的曲轴、阀杆，纺织机中的织梭、纺锭等。若干个构件以一定的连接方式组成的构件系统称为机构，如两个齿轮构件相互啮合，各自具有确定的相对运动，传递运动和动力称为齿轮机构。机器中最常用的机构有连杆机构、凸轮机构、齿轮机构和间歇运动机构等。机构与机器的区

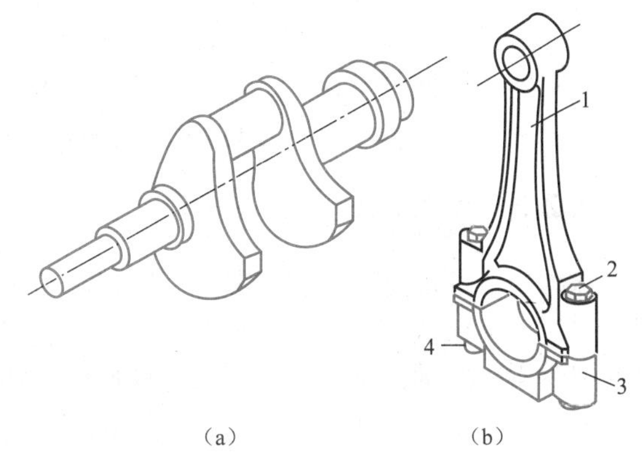

图 1-3　零件和构件

1—连杆体；2—螺栓；3—连杆头；4—螺母

别在于：机构只满足上述三个功能的前两项功能。但是，在研究机构的运动和受力的情况时，机器与机构之间并无区别。

1.2 课程的内容、性质和任务

1.2.1 课程的内容

课程的主要内容是机械中常用机构和通用机械零部件设计的基本知识、基本理论和基本方法，同时介绍与本课程研究内容相关的标准、规范、手册、图表等技术资料的运用及标准机械零部件的选用。研究的具体内容主要有：

（1）研究各种常用机构和机械传动的结构、工作特点、运动和动力特性及其设计计算方法；

（2）从强度、刚度、寿命、结构工艺性和材料选择等方面，研究通用零部件的设计计算方法；

（3）研究机械零部件的工作能力和计算准则，分析机械零部件设计的基本要求和一般步骤。

1.2.2 课程的性质

课程是机械工程类各专业中具有承上启下作用的、介于基础课程与专业课程之间的主干课程，是培养学生具有一定机械设计能力的技术基础课程。本课程要综合应用机械制图、工程力学、互换性与技术测量、工程材料及金属工艺学等课程的基础理论和基本知识，且偏重于工程应用，因此要重视生产实践环节，学习时应注重工程意识的培养、理论联系实际的应用。本课程将为学生今后学习有关专业课程和掌握新的机械科学技术奠定必要的基础。

1.2.3 课程的任务

课程的任务是使学生掌握常用机构和通用零部件的基本理论和基本知识，初步具有这方面的分析、设计能力，并获得必要的基本技能训练，同时注意培养学生正确的设计思想和严谨的工作作风。通过本课程的教学，应使学生达到下列基本要求。

（1）熟悉常用机构的工作原理、组成及其特点，掌握常用机构分析和设计的基本方法；

（2）熟悉通用机械零部件的工作原理、结构及其特点，掌握通用机械零部件选用和设计的基本方法；

（3）具有对机构分析设计和零件计算的能力，并具有运用机械设计手册、图册及标准等有关技术资料的能力；

（4）具有综合运用所学知识和实践的技能，设计简单机械和简单传动装置的能力。

1.3 机械设计的基本要求及一般程序

1.3.1 机械设计的基本要求

机械设计的基本要求主要有以下几方面。

(1) 预定功能要求。所谓功能是指用户提出的需要满足的使用上的特性和能力。它是机械设计的最基本出发点。在机械设计过程中，设计者必须正确选择机器的工作原理、机构的类型和机械传动方案，以满足机器的运动性能、动力性能、基本技术指标及外形结构等方面的预定功能要求。

(2) 安全可靠与强度、寿命要求。安全可靠是机械正常工作的必要条件，因此设计的机械必须保证在预定的工作期限内能够可靠地工作。为此应使所设计的机械零件结构合理并满足强度、刚度、耐磨性、振动稳定性及其寿命等方面的要求。

(3) 经济性要求。设计机械时，应考虑在实现预定功能和保证安全可靠的前提下，尽可能做到经济合理、力求投入的费用少、工作效率高且维修简便等。

(4) 工艺性及标准化、系列化、通用化的要求。机械及其零部件应具有良好的工艺性，即考虑零件的制造方便，加工精度及表面粗糙度适当，易于装拆。设计时，零件、部件和机器参数应尽可能标准化、通用化、系列化，以提高设计质量，降低制造成本，并可使设计者将主要精力用在关键零件的设计上。

(5) 其他特殊要求。某些机械由于工作环境和要求的不同，而对设计提出某些特殊要求。例如高级轿车的变速箱齿轮有低噪声的要求；机床有较长期保持精度的要求；食品、纺织机械有不得污染产品的要求等。

总之，设计时要根据机械的实际情况，分清应满足的各项主、次要求，尽量做到结构上可靠、工艺上可能、经济上合理。

1.3.2 机械设计的一般程序

设计一种新的机械产品是一项复杂细致的工作，要提供性能好、质量高、成本低、竞争能力强、受用户欢迎的机械产品，必须有一套科学的工作程序。

(1) 制定设计任务书。首先应根据用户的需要与要求，确定所要设计机械的功能和有关指标，研究分析其实现的可能性，然后确定设计课题，制定产品设计任务书。

(2) 总体方案设计。根据设计任务书，拟定出总体设计方案，进行运动和动力分析，从工作原理上论证设计任务的可行性，必要时对某些技术经济指标作适当修改，然后绘制机构简图。

(3) 技术设计。在总体方案设计的基础上，确定机械各部分的结构和尺寸，绘制总装配图、部件装配图和零件图。为此，必须对所有零件进行结构设计（标准件合理选择），并对主要零件的工作能力进行计算，完成机械零件设计。

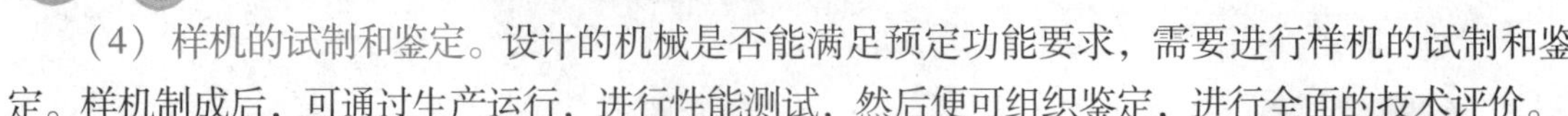

（4）样机的试制和鉴定。设计的机械是否能满足预定功能要求，需要进行样机的试制和鉴定。样机制成后，可通过生产运行，进行性能测试，然后便可组织鉴定，进行全面的技术评价。

【重点要领】

机械设计为谁学，为国分忧是关键。
机械概念要牢记，机构机器称机械。
机器特征有三点，组合运动和功能。
构件部件要分清，零件组合不相同。

思 考 题

1-1　机器与机构有何区别？构件与零件又有何区别？

1-2　机械设计的基本要求是什么？

1-3　通过本课程的学习，学生应达到哪些要求？

第 1 章
思考题答案

第 1 章
多媒体 PPT

第2章 平面机构的结构分析

课程思政案例2

【学习目标】

为了能正确分析工程上常用的平面机构，要求熟练掌握机构运动简图的绘制方法、机构自由度的计算、机构具有确定运动的条件以及机构的组成原理。

2.1 研究机构结构的目的

机构是具有确定运动的实物组合体。在进行新机构设计时，首先应判断机构能否运动；如果能够运动，则还要判断运动是否具有确定性，及其具有确定运动的条件。

现今应用的机构类型很多，其形式和具体结构是多种多样的。组成机构的构件，其外表和构造也是千奇百怪，种类繁多，所以要搞清楚各种机械的工作原理，以便对其进行改造，或者为创造新机械的需要，必须对机构结构进行研究。综上所述，机构结构分析的目的有以下三个方面：

（1）为新机构的创造提供途径。分析机构怎样由构件组成的，而且在何种条件下才具有确定运动的条件。

（2）将各种机构按结构进行分类，在此基础上建立运动分析和受力分析的一般方法。

（3）根据构件间连接的特点及与运动有关的尺寸，画出机构的运动简图。

2.2 机构组成及平面机构运动简图绘制

2.2.1 机构组成

1. 运动副

在机构中，任意两个构件都以一定的方式彼此相互连接。两个构件直接接触形成的可动的连接称为运动副。而把两构件上直接接触的点、线、面称为运动副元素，例如：轴与轴承配合分别为圆柱面和圆孔面的面接触（图2-1）；滑块与导轨（图2-2）分别为棱柱面和棱孔面的面接触；两齿轮轮齿的啮合分别为线接触（图2-3）。

根据运动副元素的不同，通常把运动副分为低副和高副。低副指的是通过面接触而构成的运动副。例如：转动副（图2-1）和移动副（图2-2）。高副指的是通过点或线接触而构成的运动副（图2-3）。根据组成运动副两构件间的相对运动是平面运动还是空间运动，可以把运动副分为平面运动副和空间运动副。例如转动副和移动副都是平面运动副。螺杆和螺母组成的螺旋副（图2-4（a））、球面和球幅构成的球面副（图2-4（b））都是空间运动副。

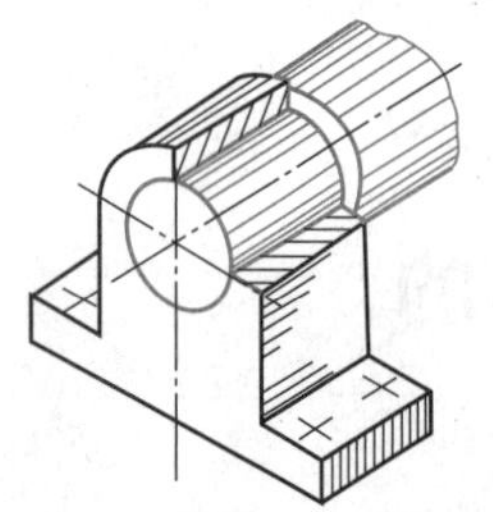

图2-1　轴与轴承连接

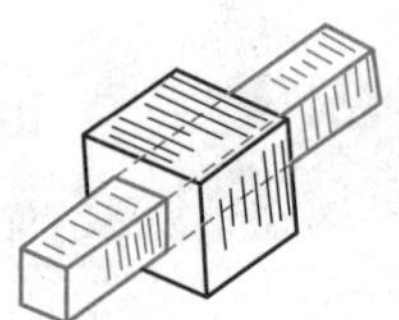

图2-2　滑块与导轨连接

图2-3　两齿轮轮齿啮合

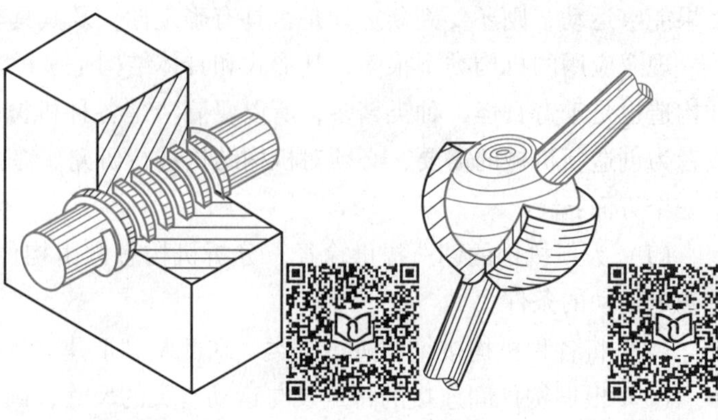

（a）　（b）

图2-4　空间运动副

2. 自由度和约束

对于任意一个做复杂平面运动的构件，其运动可以分解为三个独立运动：沿 x 轴的移动、沿 y 轴的移动和绕垂直于 xOy 平面的轴转动，如图 2-5 所示。我们把构件所具有的独立运动的数目，称为构件的自由度。显然，作平面运动的构件具有三个自由度。但是，当与另一个构件通过运动副连接后，这个构件的某些独立运动会受到限制，自由度会减少。我们把对独立运动的限制称为约束。引入一个约束就减少一个自由度。

图 2-5　构件作平面运动时的自由度

平面运动副包括以下三种类型：

（1）转动副。如图 2-6（a）所示的运动副，构件 2 沿着 x 轴和 y 轴两个方向的移动受到限制，只可以绕与 xOy 平面垂直的轴转动。这种允许构件作相对转动的运动副称为转动副。一个转动副的约束数为 2，自由度数为 1。

（2）移动副。如图 2-6（b）所示的运动副，构件 2 沿着 y 轴方向的移动和绕与 xOy 平面垂直的轴的转动受到限制，只可以沿着 x 轴方向移动。这种允许构件做相对移动的运动副称为移动副。一个移动副的约束数为 2，自由度数为 1。

（3）平面高副。如图 2-6（c）、（d）所示的运动副，是由两构件的曲面轮廓接触而形成的。其中图（c）为凸轮机构，凸轮 1 与从动件 2 形成点接触，从动件 2 沿着接触点公法线 $n—n$ 方向的移动受到限制，但可以沿着接触点公切线 $t—t$ 方向移动和绕接触点转动。图（d）为齿轮机构，轮齿 1 和轮齿 2 形成线接触，轮齿 2 沿着接触点公法线 $n—n$ 方向的移动受到限制，但可以沿着接触点公切线 $t—t$ 方向移动和绕接触点转动。在平面内，这种由两构件之间以点或线接触组成的运动副称为平面高副。一个平面高副自由度为 2，约束数为 1。

综上所述，平面运动副包括平面低副（转动副和移动副）和平面高副。平面低副具有两个约束，而平面高副只具有一个约束。

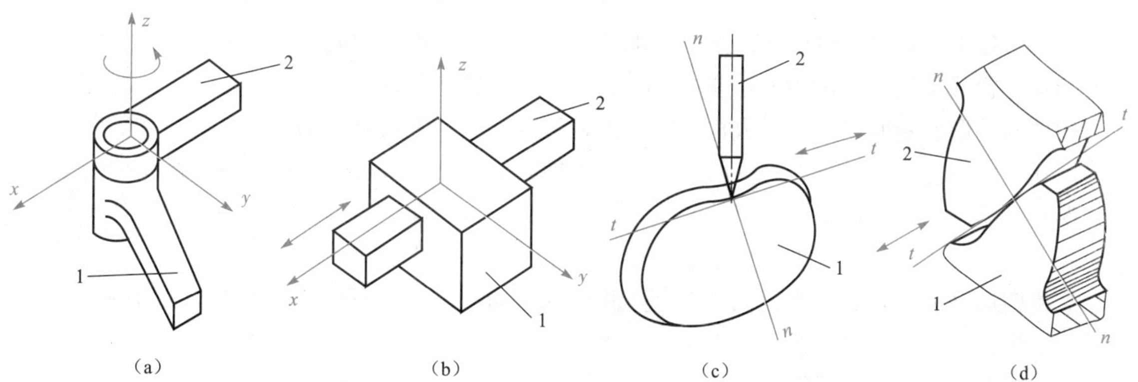

图 2-6　平面运动副

3. 运动链

若干构件通过运动副连接而成的系统称为运动链。运动链分为闭式运动链和开式运动链两种。闭式运动链中的各构件构成了首末封闭的系统（图 2-7（a）、（b））；开式运动链中各构件未构成首末封闭的系统（图 2-7（c）、（d））。在各种机械中，一般采用闭式运动链。

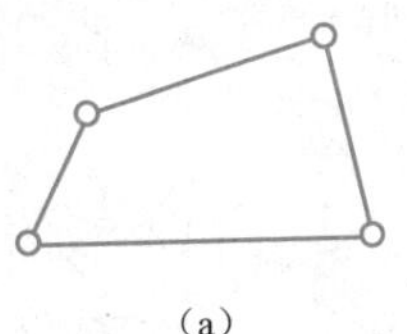
(a)

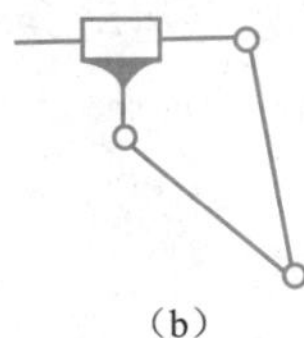
(b)

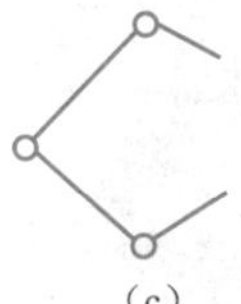
(c)

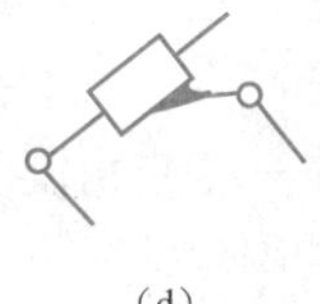
(d)

图 2-7　运动链

4. 机构

在运动链中，将某一个构件加以固定而成为机架，而另一构件（或少数几个构件）按给定的规律独立运动时，其余构件均随之作确定的相对运动，则此运动链便成为机构，如图 2-8 所示。机构是由原动件、从动件和机架三部分组成。

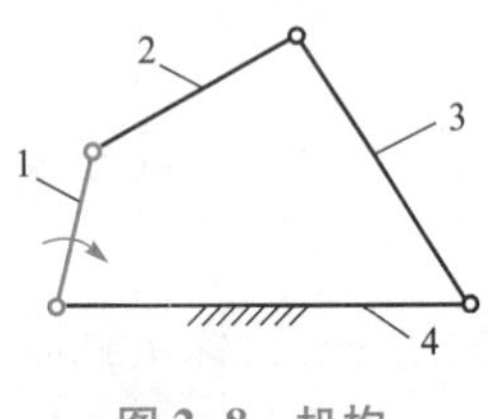

图 2-8　机构

（1）原动件。按照给定运动规律独立运动的构件称为原动件（或主动件），如图 2-8 中的构件 1。原动件上须标上带箭头的圆弧或直线。

（2）从动件。机构中随原动件作确定的相对运动的构件称为从动件。在机构中除了机架与原动件之外，其他构件都是从动件。如图 2-8 中的构件 2 和构件 3。

（3）机架。机构中固定不动的构件称为机架，如图 2-8 中的构件 4。

组成机构的各构件的相对运动均在同一平面或相互平行的平面内，则称此机构为平面机构；机构的各构件的相对运动不在同一平面或平行平面内，则此机构为空间机构。本章重点讨论平面机构的结构问题。

2.2.2　平面机构的运动简图

机构各构件间的相对运动，是由原动件的运动规律、机构中所有运动副的类型、数目及其相对位置（即转动副的中心位置、移动副的中心线位置和高副接触点的位置）决定，而与构件的外形、断面尺寸、组成构件的零件数目及其固联方式和运动副的具体结构等因素无关。在对机构进行运动和动力分析，或者对机构的结构进行分析时，可以不考虑构件的复杂外形和运动副的具体构造，用简单的线条和符号代表构件和运动副，并按比例定出各运动副的相对位置。这种能准确表达机构运动情况的简化图形称为机构运动简图。

机构运动简图必定与原机械具有完全相同的运动特性，因而可以用机构运动简图对机械进行结构、运动及动力分析。若只是为了表示机构的结构特征，不是严格地按精确的比例绘制的简图，称为机构示意图。

机构运动简图符号已有标准，该标准对运动副、构件及各种机构的表示符号作了规定，如表 2-1 所示。

表 2-1 常用运动副的符号

名称		符号	
		两运动构件的连接	运动构件与固定构件的连接
平面副	转动副		
	移动副		
	平面高副		
空间副	螺旋副		固定螺母 固定螺杆
	球面副		

绘制平面机构运动简图的步骤：

（1）首先必须搞清楚所要绘制机械的结构及运动情况。需先找出其原动件及机架，然后循着运动传递的路线把机械的原动部分和传动部分之间的传递情况搞清楚。

（2）搞清楚该机械中构件的数目，并按照各构件之间的接触情况及相对运动的性质来确定各个运动副的类型。

（3）选择与机械中多数构件的运动平面相平行的平面作为绘制机构运动简图的投影面。

（4）选择适当的长度比例尺 μ_l（μ_l=实际长度（m）/图示长度（mm）），用表 2-1 中给出机构简图符号，绘制机构运动简图。在原动件上标出箭头以表示其运动方向。

以下举例说明机构运动简图的绘制方法。

例 2-1 绘制如图 2-9 所示冲床机构的运动简图。

解 当冲床的偏心轮 2 在驱动电机的带动下按顺时针方向等速转动时，通过构件 3、4 和冲头 6 作上下往复移动，完成冲压工艺动作。运动规律已知的偏心轮 2 是原动件，机床床身 1 是相对地面静止不动的机架，其余构件 3、4、5 和冲头 6 是从动件。构件 3 和原动件、构件 4、5 之间构成转动副，其回转中心为 A、B、C，并且它们分别与机架和构件 6 组成转动副，而构件 6 与机架以移动副的形式连接。可见，冲床共有 6 个转动副和 1 个移动副。选择与机构运动平面平行的平面作为其投影面，选适当尺寸比例，按规定的运动副和构件符号，绘制出其机构运动简图（图 2-9（b））。

例 2-2 绘制如图 2-10 所示颚式破碎机的运动简图。

解 如图 2-10（a）颚式破碎机，它由六个构件组成。根据机构的工作原理，构件 6 是机架，原动件为曲柄 1，它分别与机架 6 和构件 2 组成转动副，其回转中心分别为 A 点和 B 点。构件 2 是一个三副构件，它还分别与构件 3 和 5 组成转动副。构件 5 与机架 6、构件 3 与动颚板 4、动颚板 4 与机架 6 也分别组成转动副，它们的回转中心分别为 C、F、G、D 和 E 点。在选定合适的长度比例尺和投影面后，定出各转动副的回转中心点 A、B、C、D、E、

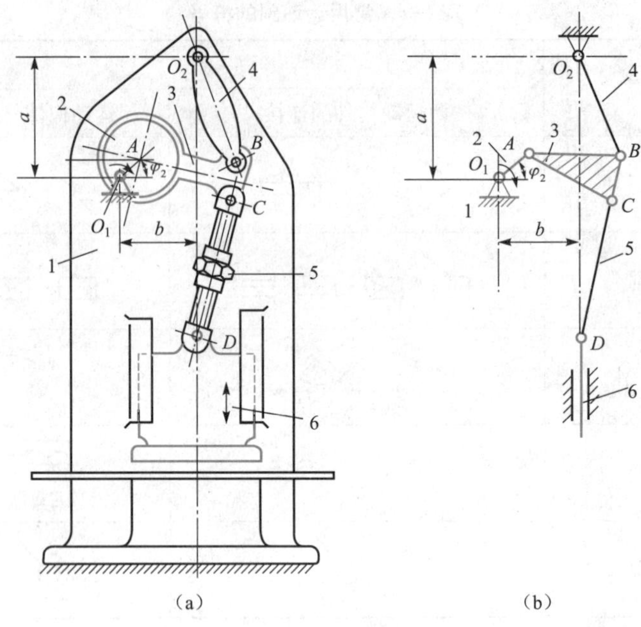

图 2-9　冲床机构及其运动简图

F、G 的位置，并用转动副符号表示，用直线把各转动副连接起来，在机架上加上短斜线，在原动件上加上箭头，即得如图 2-10（b）所示的机构运动简图。

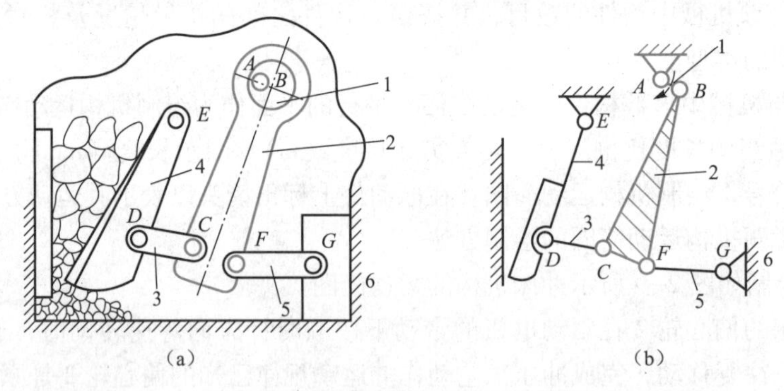

图 2-10　颚式破碎机及其运动简图

2.3　平面机构自由度的计算

2.3.1　平面机构的自由度

机构的自由度是指机构中的各构件相对于机架所具有的独立运动数目。显然，机构的自

由度与组成机构的构件的数目和运动副的类型及数目有关，以下仅讨论平面机构自由度。

在平面机构中，各构件只作平面运动。当构件不和其他构件组成运动副时，共有三个自由度（即分别沿 x 轴及 y 轴的移动，绕与运动平面垂直的轴线的转动）。所以，如果机构中共有 n 个活动构件（机架不动，不计算在内），当各构件未组成运动副时，共有 $3n$ 个自由度。但当各构件构成运动副时，形成一个低副相当于引入两个约束，形成一个高副相当于引入一个约束，则自由度减少的数目等于运动副引入的约束数目。因此，如果在该机构中各构件间共构成 P_L 个低副和 P_H 个高副，那么机构的自由度可按下式计算

$$F=3n-2P_L-P_H \tag{2-1}$$

例 2-3 试算图 2-9（b）所示冲床机构的自由度。

解 由图可看出，此机构共有 5 个活动构件（构件 2、3、4、5、6），形成 7 个低副（转动副 O_1、O_2、A、B、C、D 和一个移动副），没有高副，故按式（2-1）可计算其自由度为

$$F=3n-2P_L-P_H=3\times5-2\times7-0=1$$

例 2-4 试计算图 2-10（b）所示颚式破碎机的自由度。

解 由图可知，此机构共有 5 个活动构件，即 $n=5$；7 个低副（转动副），即 $P_L=7$；没有高副，即 $P_H=0$，则按式（2-1）可计算其自由度为

$$F=3n-2P_L-P_H=3\times5-2\times7-0=1$$

2.3.2 平面机构具有确定运动的条件

为了让机构按照一定的要求进行运动和动力的传递及变换，当原动件按给定的运动规律运动时，其余从动件构件也应随之运动且其运动规律也是确定的，此时机构的运动就确定，否则机构就不能产生运动或作无规律运动。

如图 2-11（a）所示的平面机构中只有三个构件，其自由度为 $F=3\times2-2\times3=0$，表明该机构中各构件间已无相对运动，只构成了一个刚性桁架。

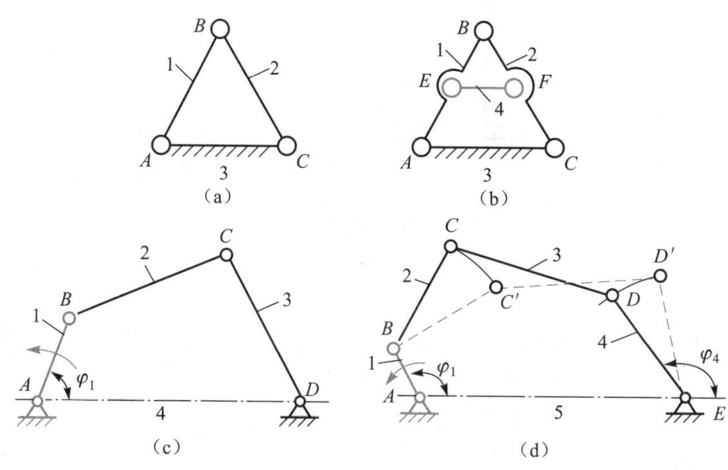

图 2-11 简单机构

如图 2-11（b）所示的平面四杆机构中，其自由度为 $F=3\times3-2\times5-0=-1$，表明该机构

由于约束过多称为超静定桁架。

如图 2-11（c）所示的平面四杆机构中，其自由度为 $F=3\times3-2\times4-0=1$。如果取构件 1 为原动件，则构件 1 每转过一个角度，构件 2 和构件 3 便有一个确定的相对运动；如果同时取构件 1 和构件 3 为原动件，则可以看出各构件的运动关系将发生矛盾，最薄弱的构件将损坏。

如图 2-11（d）所示的平面五杆机构中，其自由度为 $F=3\times4-2\times5-0=2$。如果同时取构件 1 和构件 4 作为原动件，则从演示中可以看出，构件 2 和构件 3 具有确定的运动，即该机构有确定的运动。如果只取构件 1 作为原动件，其余三个活动构件 2、3、4 作不确定的运动。

综上所述，机构具有确定运动的条件为：机构的原动件的数目大于 0，且等于机构的自由度的数目。当机构的原动件的数目小于机构的自由度的数目时，机构的运动将不确定；当机构的原动件的数目大于机构的自由度的数目时，将导致机构中最薄弱的环节损坏。

2.3.3 计算机构自由度时应注意的问题

在进行机构的自由度计算时，有时会遇到计算的机构的自由度数与实际机构的自由度数不一致的情况。这是因为有些特殊情况未得到正确处理。下面是在计算机构的自由度时需要注意的事项。

1. 复合铰链

两个以上构件在同一处以转动副相连接，所构成的运动副称为复合铰链。如图 2-12（a）所示，三个构件在一起以转动副相连接构成的复合铰链。如图 2-12（b）所示，三个构件共构成两个运动副。若有 K 个构件在同一处组成复合铰链，则其构成的转动副数目应为（$K-1$）个。

例 2-5 如图 2-13 所示，求摇筛机构的自由度。

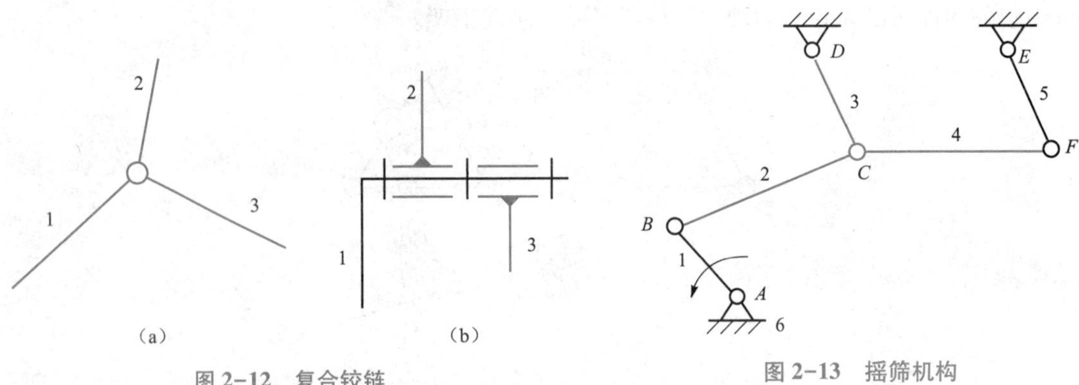

图 2-12 复合铰链

图 2-13 摇筛机构

解 构件 2、3、4 同在 C 处组成 2 个转动副成为复合铰链，即 $n=5$，$P_L=7$，$P_H=0$，因此，该机构的自由度为

$$F=3n-2P_L-P_H=3\times5-2\times7-0=1$$

2. 局部自由度

若机构中某些构件所具有的自由度仅与其自身的局部运动有关，并不影响其他构件的运

动，则称这种自由度为局部自由度。例如凸轮机构的滚子从动件，滚子从动件的目的是为了减少高副元素的磨损，但是滚子绕自身轴线的运动并不影响其他构件的运动（如图 2-14（b））所示，把滚子和推杆焊接在一起，也不影响其他构件的运动），它只是一个局部自由度。所以在含有局部自由度的机构中计算自由度时，不考虑局部自由度。因为在考虑局部自由度时，如果在凸轮机构的从动件上增加一个滚子，从而引进了三个自由度和一个低副，相当于引进了一个自由度，即 $n=3$，$P_L=3$，$P_H=1$。根据式（2-1）可得：$F=3n-2P_L-P_H=3\times3-2\times3-1=2$，此结果是错误的。所以在计算此机构的自由度时，应除去局部自由度，即设想把滚子与安装滚子的构件固结在一起视为一个构件。由图 2-14（b）可重新计算凸轮机构的自由度，$n=2$，$P_L=2$，$P_H=1$，则此机构的自由度应为

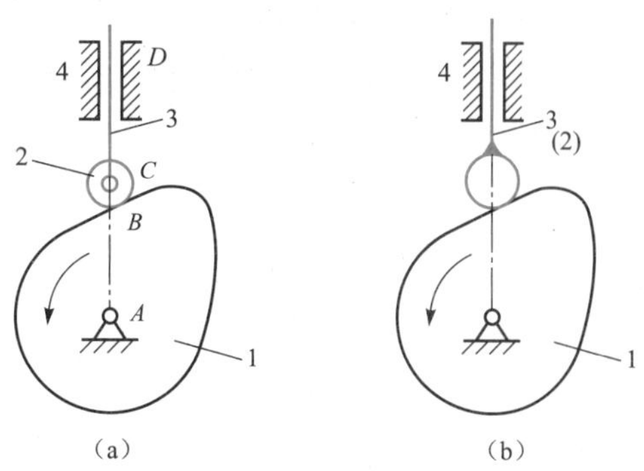

图 2-14　局部自由度

$$F=3n-2P_L-P_H=3\times2-2\times2-1=1$$

3. 虚约束

在特定几何条件或结构条件下，某些运动副所引入的约束可能与其他运动副所起的限制作用一致，这种不起独立限制作用的重复约束称为虚约束。在计算自由度时，应将虚约束除去不计。虚约束常在下列情况下发生。

（1）连接构件与被连接构件上连接点的轨迹重合。如图 2-15（a）所示，平行四边形机构中，连杆 3 作平动，如果杆 5 平行且等于杆 2 和杆 4，杆 5 上 E 点的运动轨迹和杆 3 上的 E 点的运动轨迹重合。此时杆 5 对构件 3 的运动情况并未影响，而只是改善了机构的受力状况，增强机构工作的稳定性。但是，该机构增加了一个杆和两个转动副，相当于引进了 3 个自由度和 4 个约束，即增加了机构一个虚约束。则机构的自由度为：$F=3n-2P_L-P_H=3\times3-2\times4-0=1$，如图 2-15（b）所示。如果杆 5 不平行杆 2 与杆 4，则杆 5 与杆 3 的轨迹不再重合，如图 2-15（c）所示。此时机构的自由度为：$F=3n-2P_L-P_H=3\times4-2\times6-0=0$。

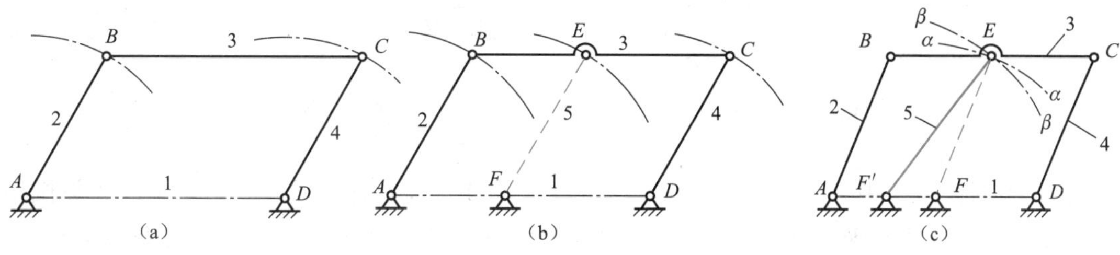

图 2-15　运动轨迹重合引入虚约束

（2）两构件上某两点间的距离在运动过程中始终保持不变。在机构运动的过程中，若两构件上的两点间的距离始终保持不变时，将此两点用构件和运动副连接，则也会引入虚约束，如图 2-16 所示。

（3）两构件构成多个移动方向一致的移动副或多个轴线重合的转动副。为了增加构

件接触的稳定性或满足结构的需要，每增加一个移动副或转动副，就引入了一个虚约束，所以在计算机构的自由度时，只需考虑其中一处的约束，其余各处带入的约束均为虚约束，如图 2-17 所示。

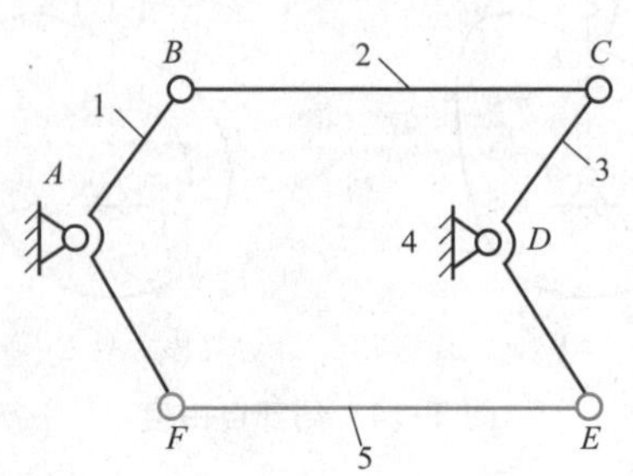

图 2-16　平行四杆机构

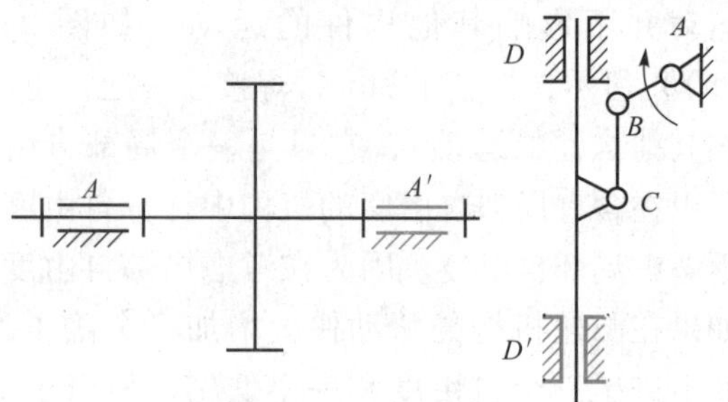

图 2-17　虚约束

（4）在机构中对运动不起作用的对称部分。在图2-18 所示的周转轮系中，为了提高承载能力并使机构受力均匀，在主动齿轮 1 和内齿轮 3 之间对称布置了三个齿轮，从运动传递的角度来说仅有一个齿轮起独立传递运动的作用，其余两个齿轮带入的约束为虚约束。这里每增加一个行星轮（包括两个高副和一个低副）便引进一个虚约束。

虚约束的存在虽然对机构的运动没有影响，但可以改善机构的受力情况，可以增加构件的刚性，因此得到广泛使用。由于虚约束对机构的几何条件要求较高，对机构的加工和装配精度提出了更高的要求。

例 2-6　如图 2-19 所示，计算筛料机构的自由度，并判断该机构是否具有确定的相对运动。

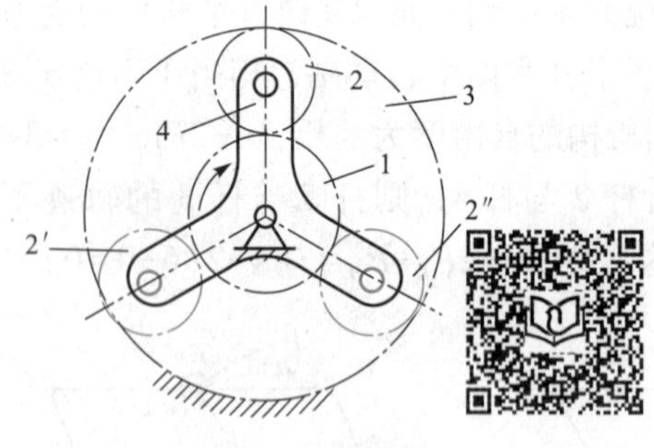

图 2-18　周转轮系

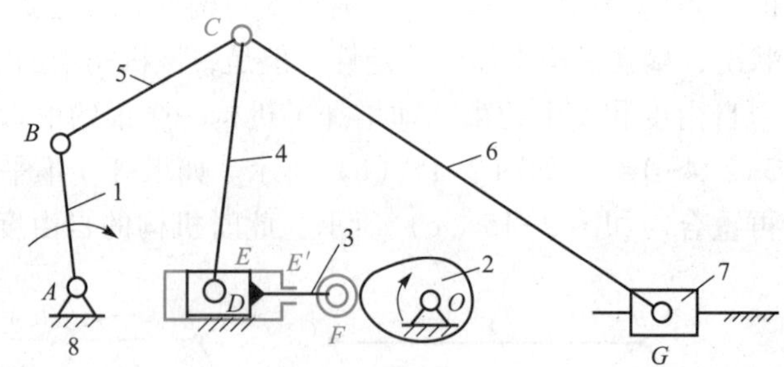

图 2-19　筛料机构

解　因在此机构中，C 处有 3 个杆件组成复合铰链，该处有 2 个转动副。构件 3 与机架 8 构成导路平行的两个移动副 E 和 E'，其中一个为虚约束。构件 3 的右端 F 处安装了滚子，滚子与构件 3 之间的独立运动是局部自由度。因此，计算机构自由度时不计滚子及其转动副，即将滚子与构件 3 视为固定连接。因此，该机构有 7 个活动构件、7 个转动副、2 个移动副、1 个高副，则 $n=7$，$P_L=7+2$ 和 $P_H=1$，代入式（2-1）得机构自由度为

$$F=3n-2P_L-P_H=3\times7-2\times9-1=2$$

由于取相对于机架 8 都有 1 个独立运动的构件 1 和 2 为原动件，输入的已知独立运动数目等于机构的自由度，所以该机构的从动件有确定的相对运动。

2.4 平面机构的组成原理、结构分类和结构分析

2.4.1 平面机构的高副低代

如果机构中含有高副，则为了平面机构的结构分析，可根据一定的条件将机构中的高副虚拟地以低副来代替。这种高副以低副来代替的方法称为高副低代。进行高副低代的条件是：① 代替前后的机构的自由度完全相同；② 代替前后机构的瞬时速度和瞬时加速度完全相同。

如图 2-20 所示为一高副机构，其高副两元素均为圆弧。在机构运动时，构件 1 和构件 2 分别绕 A 点和 B 点转动。显然，两圆连心线 K_1K_2（亦即两圆弧在接触点处的公法线）的长度将保持不变，即 $K_1K_2=r_1+r_2$。同时 AK_1 及 BK_2 的长度也都保持不变。因此，如果我们设想在 K_1、K_2 间加上一个虚拟的构件，并分别与构件 1 及构件 2 在 K_1 点和 K_2 点构成转动副（如图中虚线所示），以代替由该两圆弧所构成的高副，显然，这样代替对机构的运动并不发生任何改变，也就是说它能满足高副低代的第二个条件。而且在此代替中，由于一个被代替的高副具有一个约束，而一个代替构件和两个转动副也具有一个约束，所以显然这种代替也不会改变机构的自由度，亦即这样的代替也满足高副低代的第一个条件。

图 2-21（a）所示为具有任意曲线轮廓的高副机构，过接触点 C 作公法线 n—n，在此公法线上确定接触点的曲率中心 O_1、O_2，构件 4 通过转动副 O_1 和 O_2 分别与构件 1 和构件 2 相连，便可得到图 2-21（b）所示的代替机构 AO_1O_2B。当机构运动时，随着接触点的改变，其接触点的曲率半径及曲率中心的位置也随之改变，因而在不同的位置有不同的代替机构。

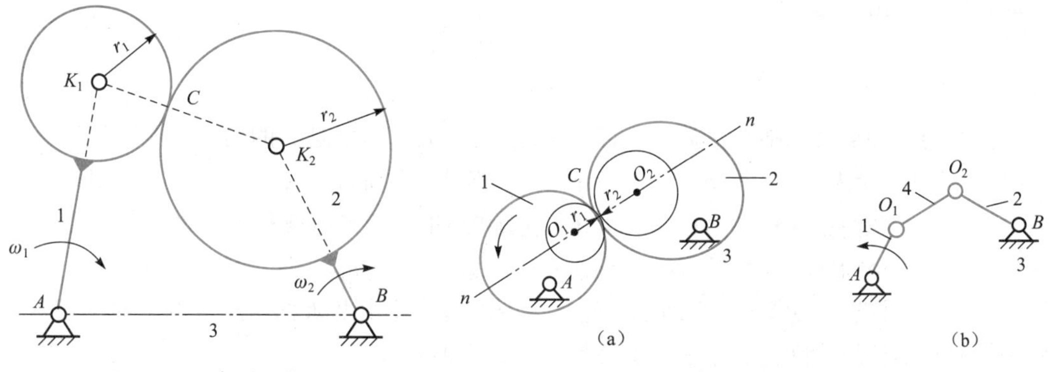

图 2-20　高副机构　　　图 2-21　任意曲线轮廓高副机构

根据以上的分析，高副低代就是用一个带有两个转动副的构件来代替一个高副，这两个转动副分别处在高副接触点的两个曲率中心。若高副两元素之一为点，如图 2-22（a）所

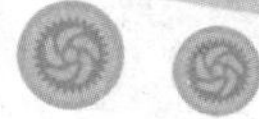

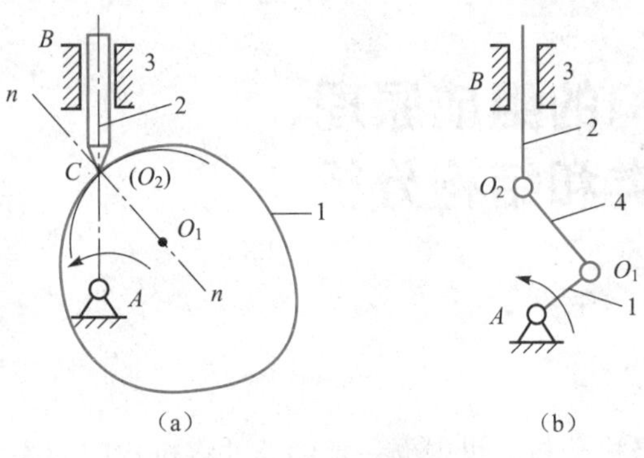

图 2-22　尖顶从动件凸轮机构

示，则因其曲率半径为零，所以曲率中心与两构件的接触点 C 重合，其瞬时代替机构如图 2-22（b）所示。

若高副两元素之一为一直线（图 2-23（a）），则因直线的曲率中心在无穷远处，所以这一端的转动副将转化为移动副。其瞬时代替机构如图 2-23（b）或（c）所示。

由上述可知，平面机构中的高副均可以用低副来代替，所以任何平面机构都可以化为只含低副的机构。

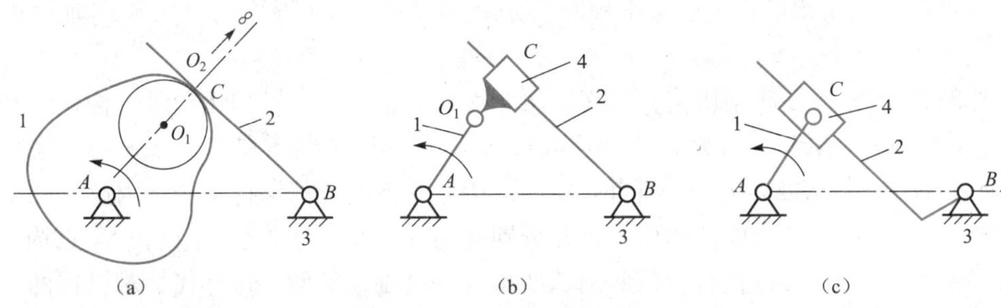

图 2-23　摆动从动件盘形凸轮机构

2.4.2　平面机构的组成原理

任何机构都由原动件、从动件和机架三部分组成。因为机构中原动件的数目等于其自由度的数目，所以从动件系统的自由度必为零。若将机构的机架和原动件与从动件系统拆开，则其余构件构成自由度为零的构件组。该构件组有时还可以继续拆分。我们对那些不可再拆的自由度为零的构件组称为基本杆组（简称杆组）。设基本杆组是由 n 个构件和 P_L 个低副组成，则其自由度为

$$F=3n-2P_L=0 \tag{2-2}$$

即

$$P_L=3n/2 \tag{2-3}$$

由于构件和运动副必为整数，所以 n 应是 2 的倍数，P_L 是 3 的倍数。则它们的组合为 $n=2$，$P_L=3$；$n=4$，$P_L=6$；$n=6$，$P_L=9$；…，显然，最简单的基本杆组是由 2 构件和 3 个低副构成的。我们把这种基本杆组称为Ⅱ级杆组，Ⅱ级杆组有四种不同的类型，如图2-24所示。而由 4 个构件和 6 个低副所组成，而且都是有一个包含有 3 个低副的构件，此种基本杆组称为Ⅲ级杆组，如图 2-25 所示。绝大多数的机构是由Ⅱ级杆组构成的。对于Ⅲ级以上更高级的基本杆组，因在实际中很少遇到，此处不再列举。

平面机构的组成原理是：任何机构均可以看成是由若干个基本杆组依次连接于原动件和机架而构成的。当设计一新机构时，可先选定机架，并将等于该机构自由度数的若干个原动件以运动副连接于机架上（注意，每个原动件应只有一个自由度），然后再将一个个基本杆组依次连接于机架和原动件上而构成。

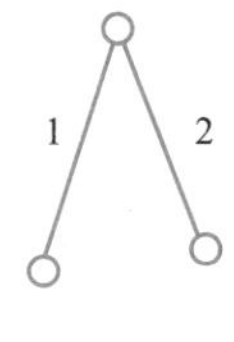

(a)

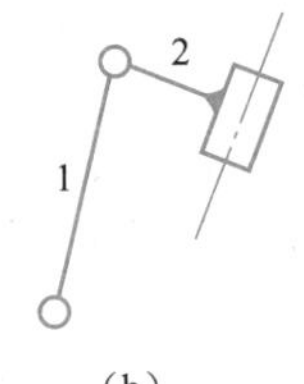

(b)

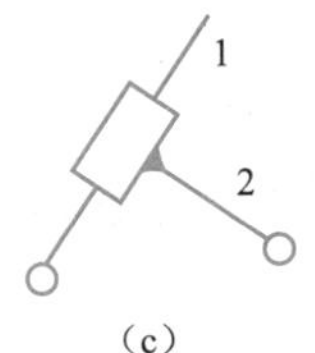

(c)

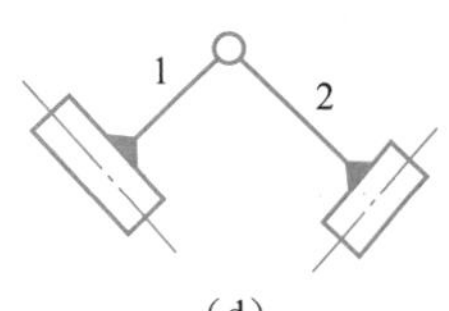

(d)

图 2-24　Ⅱ级杆组的四种类型

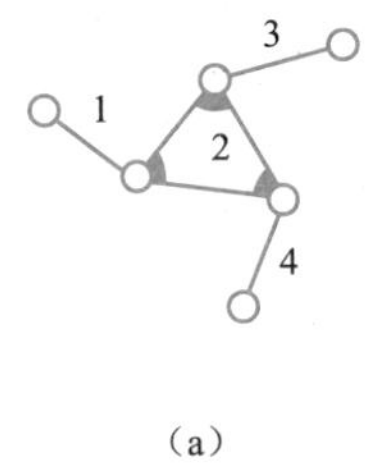

(a)

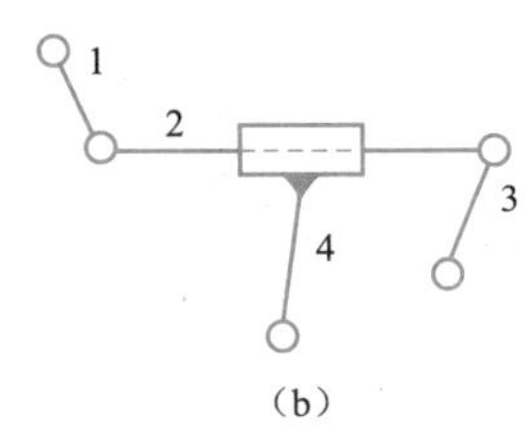

(b)

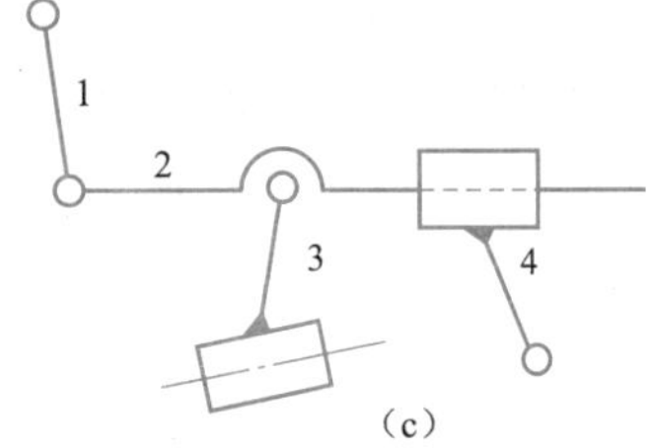

(c)

图 2-25　Ⅲ级杆组的几种组合形式

2.4.3　平面机构的结构分析

在同一机构中，可包含不同级别的杆组。平面机构的级别是由所含杆组的最高级别所决定的。我们把所含杆组的最高级别为Ⅱ级的机构称为Ⅱ级机构，把所含杆组的最高级别为Ⅲ级的机构称为Ⅲ级机构。机构的结构分析就是将已知机构分解为原动件、机架和若干基本杆组，并确定机构的级别。通过结构分析，可以了解机构的组成，对机构创新具有启发作用，也便于对已有机构进行运动分析和受力分析。机构结构分析的内容和步骤如下：

(1) 检查并去除机构中的局部自由度和虚约束。

(2) 计算自由度，并确定原动件。对同一机构，若选不同构件为原动件，可能会得到不同级别的机构。

(3) 将机构中的高副全部用低副代替。

(4) 从远离原动件的构件开始，先试拆Ⅱ级杆组，若拆不出，再试拆Ⅲ级杆组。每次拆出基本杆组后，剩下的构件系统仍为机构，其自由度与原机构相同。对于原动件与机架相连的机构，应一直拆到剩下机架和原动件为止。

(5) 最后确定出机构的级别。

例 2-7　如图 2-26 (a) 所示为联合收割机清除机构，分析此机构的结构并确定其级别。

解　(1) 计算机构的自由度。该机构的 $n=7$，$P_L=10$，$P_H=0$。$F=3n-2P_L-P_H=3\times7-2\times10-0=1$。构件 1 为原动件。

(2) 进行结构分析。从远离原动件的一端拆下构件 7 与 8 这个杆组，剩余部分 1、2、3、4、5、6 仍为一个自由度等于 1 的机构。在这个剩下的新机构中，继续从远离原动件的地方先试拆Ⅱ级杆组，由于不能再拆出Ⅱ级杆组，所以试拆Ⅲ级杆组。如拆下由构件 2、3、4、5 ($n=4$，$P_L=6$，构件 3 上有三个低副) 组成的Ⅲ级杆组，这时只剩下原动件 1 及机架 6。如图 2-26 (b) 所示。

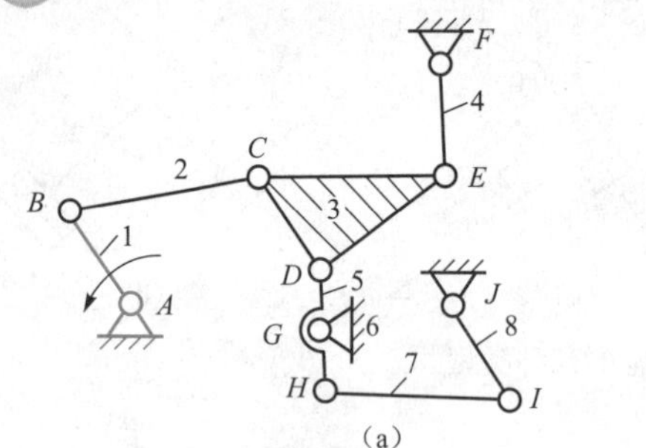

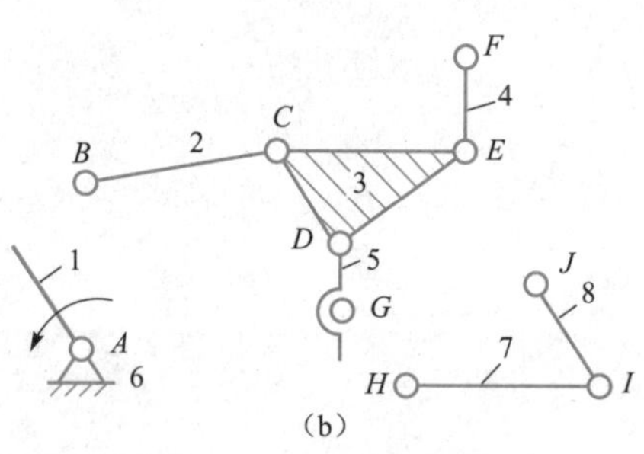

图 2-26 联合收割机清除机构结构分析

（3）确定机构的级别。由于该机构是由一个Ⅱ级组、一个Ⅲ级组和原动件 1 与机架 6 所组成，基本杆组的最高级别为Ⅲ级组，所以该机构为Ⅲ级机构。

【重点要领】

运动副要分高低，接触形式分仔细。
点线接触是高副，面面接触属低副。
平面低副有两种，转动副与移动副。
机构运动确定否，需要验证自由度。
机构分析基本功，运动简图会绘制。

思 考 题

2-1 什么是运动副及运动副元素？运动副是如何进行分类的？

2-2 机构具有确定运动的条件是什么？当机构的原动件数少于或多于机构的自由度时，机构的运动将发生什么情况？

2-3 机构运动简图有什么作用？如何绘制机构运动简图？

2-4 在计算机构的自由度时，应注意哪些事项？

2-5 什么是基本杆组？如何确定基本杆组的级别及机构的级别？

2-6 为何要对平面机构进行“高副低代”？“高副低代”应满足的条件是什么？

习 题

2-1 试绘出图 2-27 所示偏心油泵机构的运动简图（其各部分尺寸由图上量取）。该油

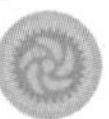

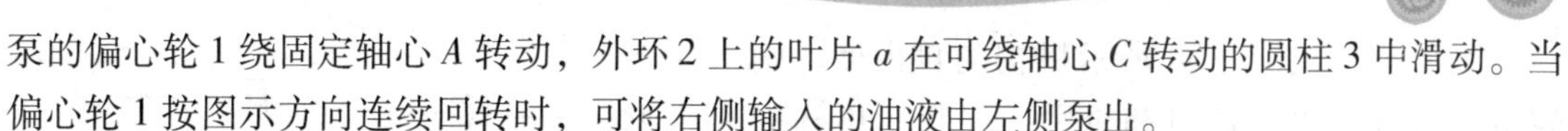

泵的偏心轮 1 绕固定轴心 A 转动，外环 2 上的叶片 a 在可绕轴心 C 转动的圆柱 3 中滑动。当偏心轮 1 按图示方向连续回转时，可将右侧输入的油液由左侧泵出。

2-2　如图 2-28 所示为一具有急回作用的冲床。图中绕固定轴心 A 转动的菱形盘 1 为原动件，其与滑块 2 在 B 点铰链，通过滑块 2 推动拔叉 3 绕固定轴心 C 转动，而拔叉 3 与圆盘 4 为同一构件，当圆盘 4 转动时，通过连杆 5 使冲头 6 实现冲压运动。试绘制其机构运动简图，并计算其自由度。

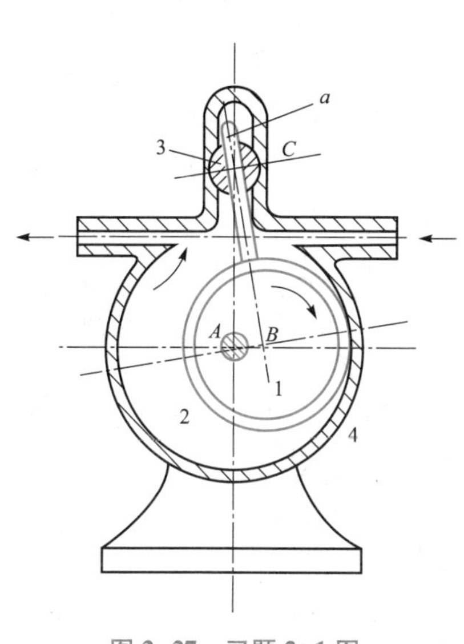

图 2-27　习题 2-1 图

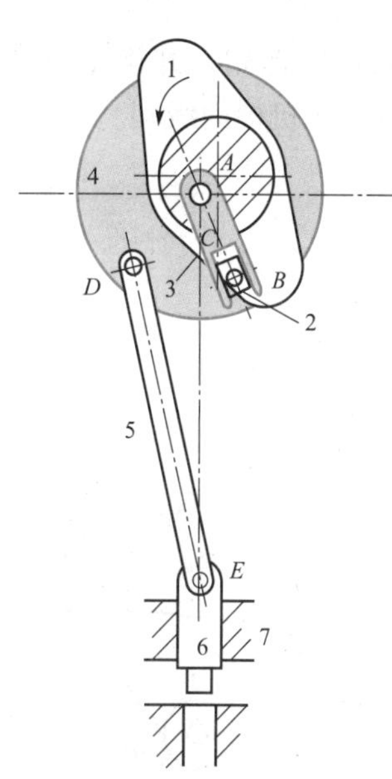

图 2-28　习题 2-2 图

2-3　试计算图 2-29 所示机构的自由度，并判断机构是否具有确定的运动（图中绘有箭头的构件为原动件）。若含有复合铰链、局部自由度和虚约束，需分别指出。

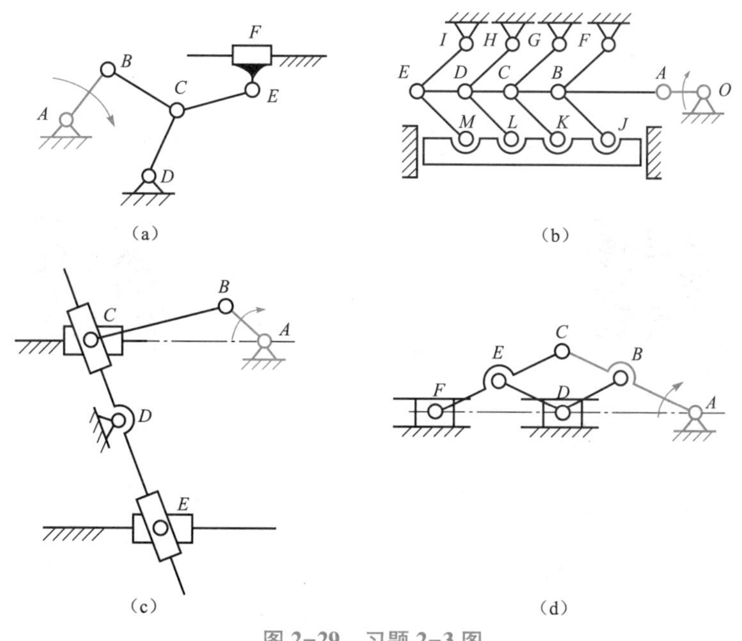

图 2-29　习题 2-3 图

2-4　计算图 2-30 所示机构的自由度。确定机构所含杆组的数目和级别，并判断机构的级别。

2-5　在上题图示的机构中，若改为以 *EF* 构件为原动件。试判定机构的级别是否会改变。

2-6　计算图 2-31 所示机构的自由度，将其中的高副化为低副，并确定其所含杆组的数目和级别以及该机构的级别。

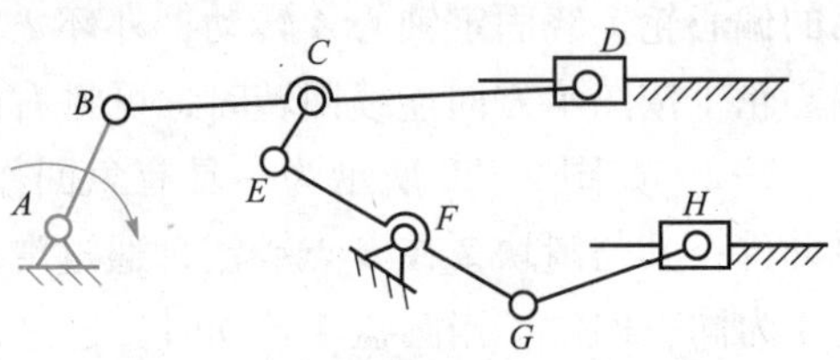

图 2-30　习题 2-4 图

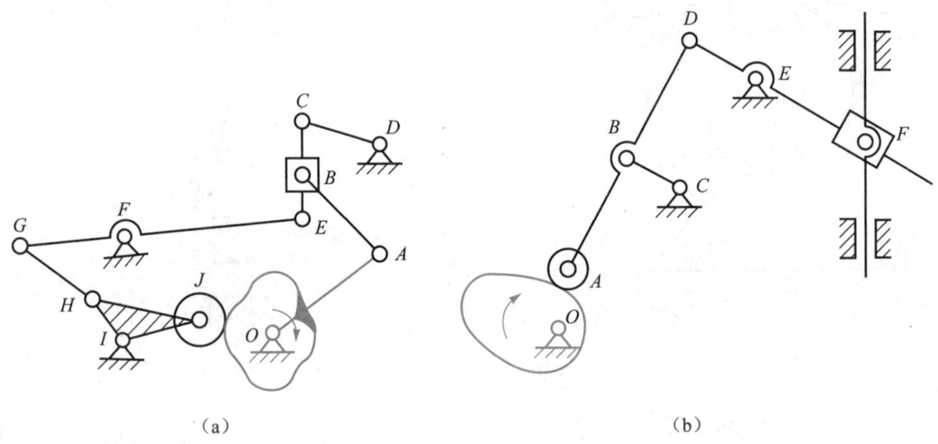

图 2-31　习题 2-6 图

第 2 章
思考题及习题答案

第 2 章
多媒体 PPT

第3章 平面连杆机构

课程思政案例3

【学习目标】

为了能正确分析和设计工程上常用的平面连杆机构，需要熟练掌握平面连杆机构的基本型式及其演化、平面连杆机构的运动和动力特性、平面连杆机构的设计方法。

3.1 平面连杆机构的类型及其演化

连杆机构是由若干刚性构件用低副连接所组成，故又称为低副机构。在连杆机构中，若各运动构件均在相互平行的平面内运动，则称为平面连杆机构；若各运动构件不都在相互平行的平面内运动，则称为空间连杆机构。由于平面连杆机构较空间连杆机构应用更为广泛，故本章着重介绍平面连杆机构。

在平面连杆机构中，结构最简单且应用最广泛的是由四个构件所组成的平面四杆机构，其他多杆机构均可以看成是在此基础上依次增加构件而组成。本节介绍的是平面四杆机构的基本形式及其演化。

3.1.1 平面四杆机构的基本形式

所有运动副均为转动副的四杆机构称为铰链四杆机构，如图3-1所示，它是平面四杆机构的基本形式。在此机构中，构件4为机架，直接与机架相连的构件1和3称为连架杆，不直接与机架相连的构件2称为连杆。能做整周回转的连架杆称为曲柄，如构件1；仅能在某一角度范围内往复摆动的连架杆称为摇杆，如构件3。如果以转动副相连的两构件能做整

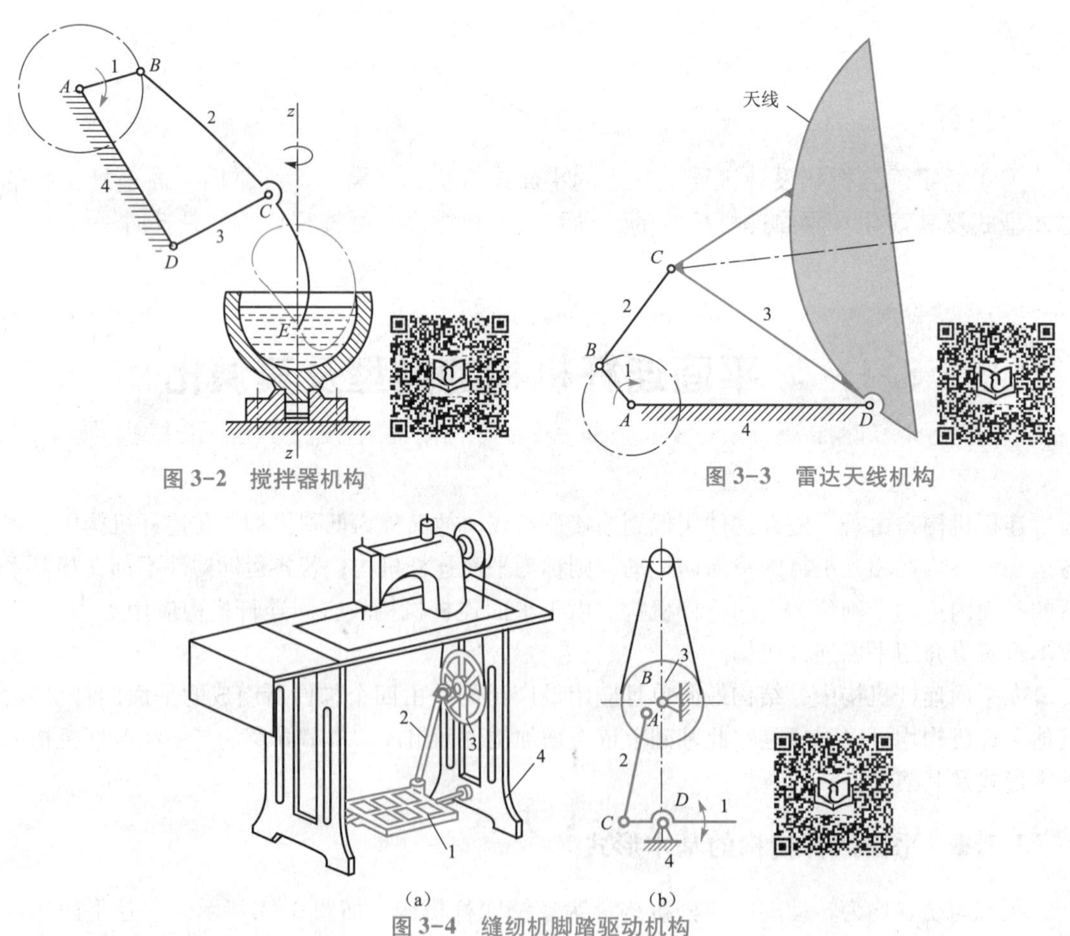

周相对转动，则称此转动副为整转副，如转动副 A、B；不能作整周相对转动的称为摆动副，如转动副 C、D。

在铰链四杆机构中，按连架杆能否做整周转动，可将四杆机构分为三种基本形式。

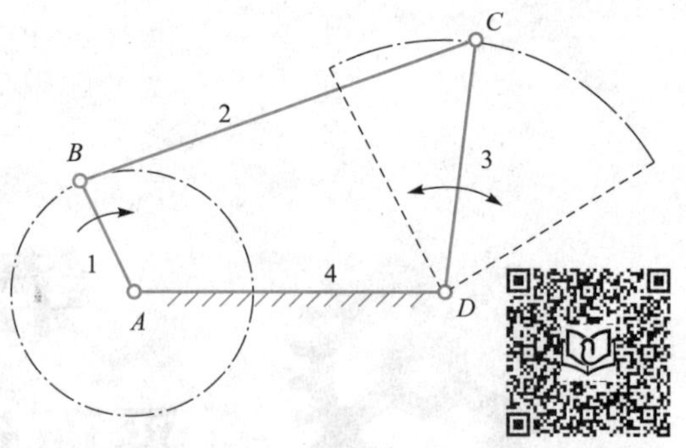

图 3-1　铰链四杆机构

1. 曲柄摇杆机构

在铰链四杆机构中，若两连架杆中有一个为曲柄，另一个为摇杆，则此机构称为曲柄摇杆机构。图 3-2 所示的搅拌器机构，图 3-3 所示的雷达天线机构都是以曲柄为原动件的曲柄摇杆机构的应用实例，前者利用连杆 2 上 E 点的轨迹（点画线所示的曲线）以及容器绕 z—z 轴的转动而将溶液搅拌均匀；后者利用主动曲柄 1 带动与天线固接的从动摇杆 3 摆动，以达到调节天线角度的目的。图 3-4（a）所示为缝纫机脚踏驱动机构，它是以摇杆为原动件的曲柄摇杆机构。脚踏板 1（摇杆）做往复摆动，通过连杆 2 使下带轮 3（固接在曲柄上）转动。图 3-4（b）为该机构的运动简图。

图 3-2　搅拌器机构

图 3-3　雷达天线机构

（a）　（b）

图 3-4　缝纫机脚踏驱动机构

2. 双曲柄机构

在铰链四杆机构中若两个连架杆均为曲柄，则此机构称为双曲柄机构，如图 3-5 所示。

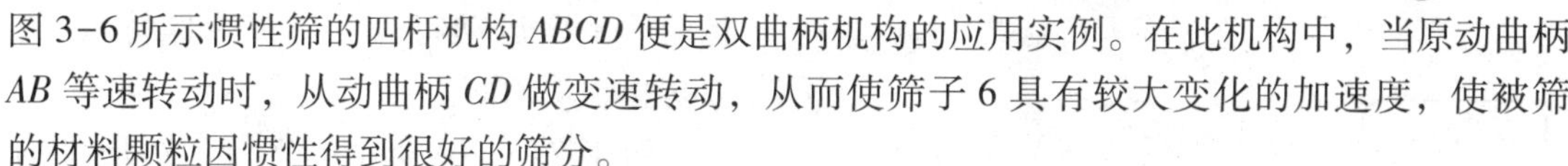

图 3-6 所示惯性筛的四杆机构 *ABCD* 便是双曲柄机构的应用实例。在此机构中，当原动曲柄 *AB* 等速转动时，从动曲柄 *CD* 做变速转动，从而使筛子 6 具有较大变化的加速度，使被筛的材料颗粒因惯性得到很好的筛分。

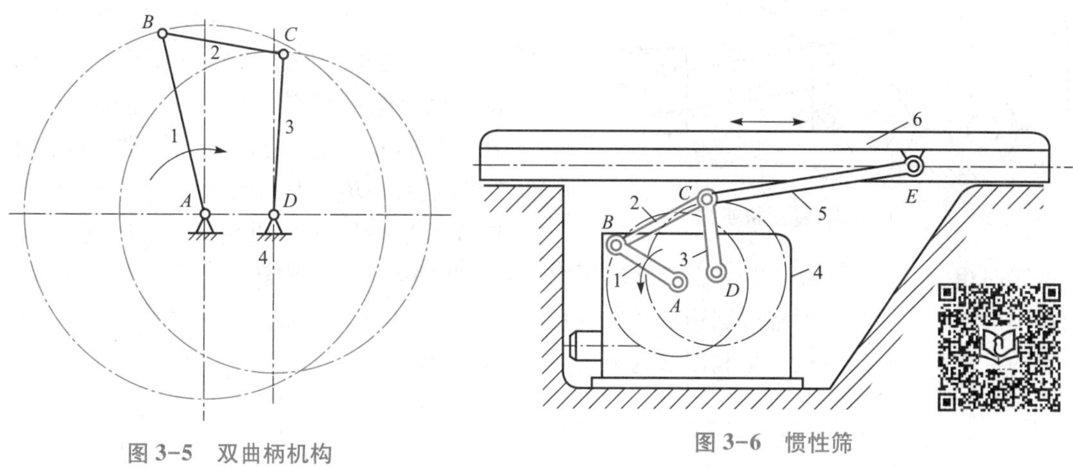

图 3-5　双曲柄机构

图 3-6　惯性筛

在双曲柄机构中，若连杆与机架的长度相等，两个曲柄的长度也相等，且作同向转动，则该机构称为平行四边形机构，如图 3-7 所示。这种机构的运动特点是：其曲柄在任何位置，总是保持平行（*AB*∥*CD*，*AB′*∥*C′D*），所以两曲柄的角速度始终相等；连杆在运动过程中始终作平移运动。如图 3-8（a）所示的机车车轮联动机构便是一个平行四边形机构的应用实例，该机构应用平行四边形机构的前一个运动特点，使被联动的各车轮具有与主动轮 1 完全相同的运动。图 3-8（b）为该机构的运动简图。图 3-9 所示为挖土机中使用的平行四边形机构，它应用了该机

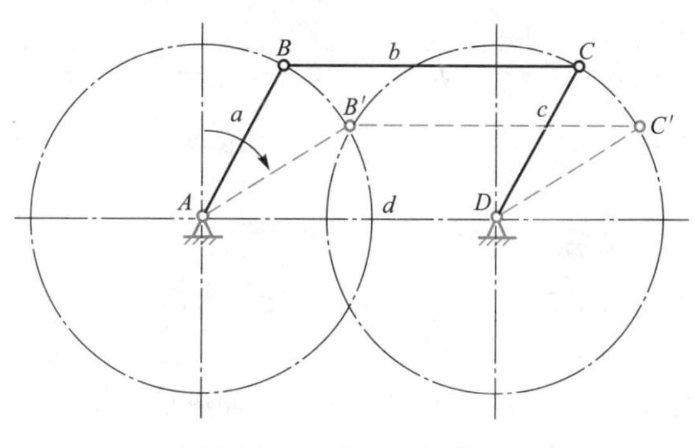

图 3-7　平行四边形机构

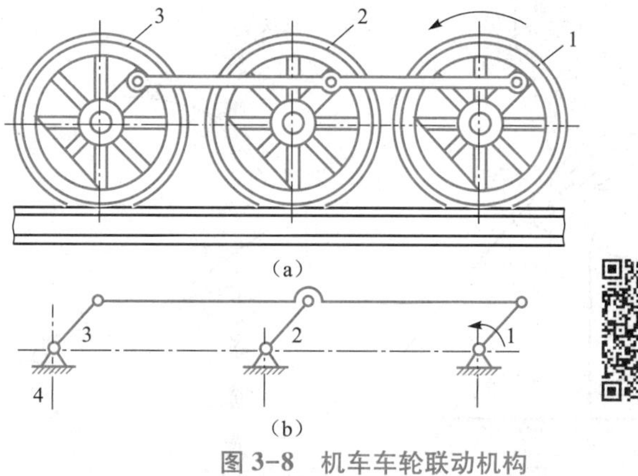

图 3-8　机车车轮联动机构

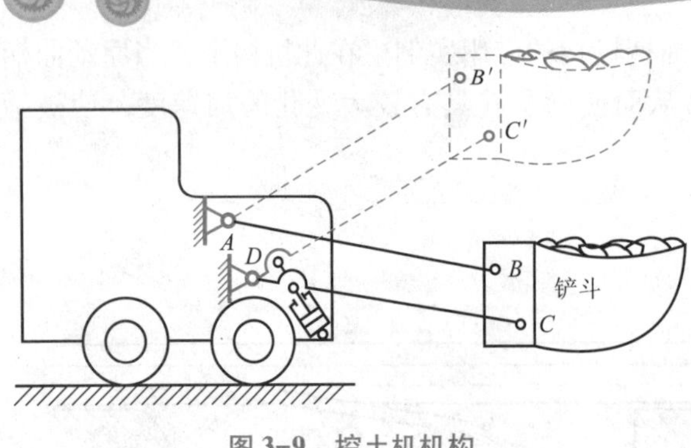

图 3-9　挖土机机构

构的后一个运动特点，使铲斗保持水平，以防止土块洒落。

对于图 3-10 所示的平行四边形机构 $ABCD$，当两曲柄转至水平位置与机架 AD 重合时，连杆 B_1C_1 也与机架重合，若主动曲柄再继续回转，可能出现两种情况：从动曲柄 CD 按原方向继续转动，保持平行四边形 AB_2C_2D；或变为反方向转动，构成逆平行四边形机构 $AB_2C_2'D$，这时两曲柄转向相反，且角速度不等。在实际应用中若需两曲柄等速同向回转时，应注意消除这种运动不确定的可能性，通常可利用从动件自身的惯性或利用加虚约束等方法来解决。图 3-8 所示的机车车轮联动机构就是利用虚约束来使机构始终保持平行四边形。

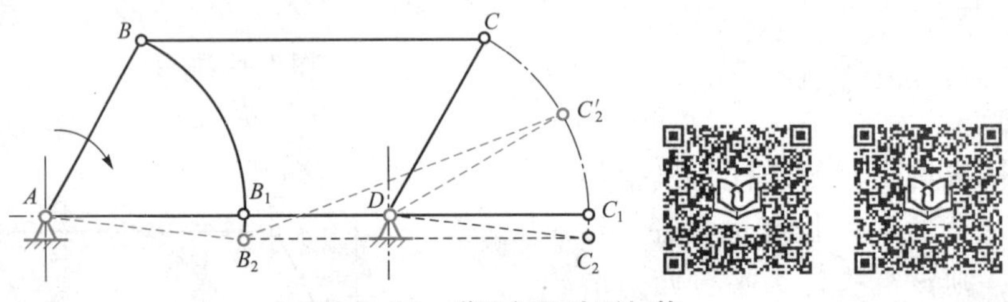

图 3-10　逆平行四边形机构

3. 双摇杆机构

若铰链四杆机构的两连架杆均为摇杆，则称为双摇杆机构。图 3-11 所示的铸造造型机翻箱机构就是双摇杆机构。沙箱 2′与连杆 2 固接，当它在实线位置进行造型震实后，转动主动摇杆 1，使沙箱移至虚线位置，以便进行拔模。图 3-11（b）是该机构的运动简图。图 3-12 所

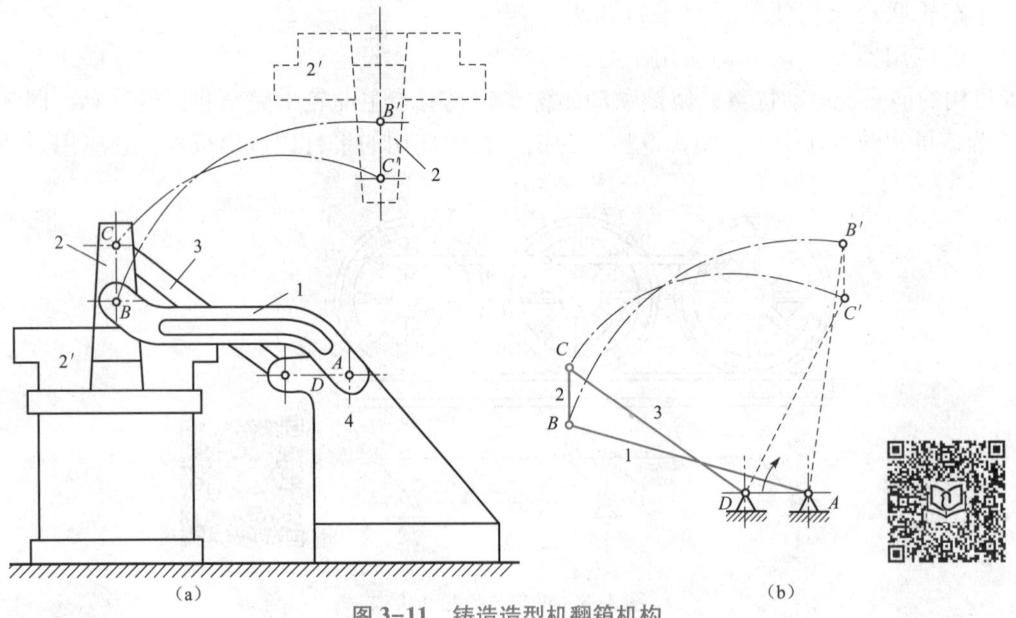

图 3-11　铸造造型机翻箱机构

示的鹤式起重机也应用了一个双摇杆机构。当摇杆 AB 摆动时，连杆 BC 延长部分上的 E 点作近似水平直线运动，使重物避免不必要的升降，以减少能量消耗。

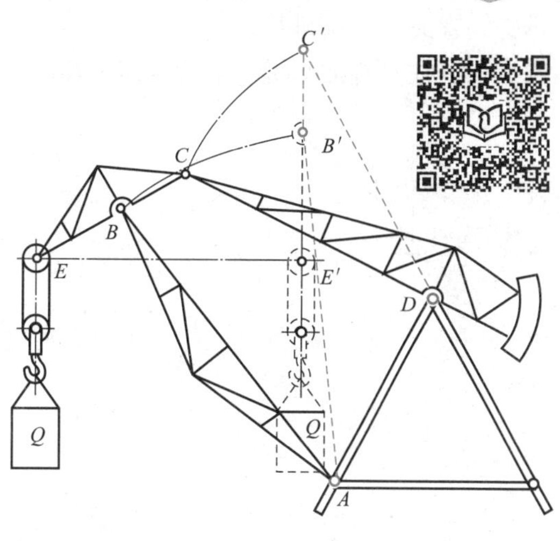

图 3-12　鹤式起重机

在双摇杆机构中，若两摇杆的长度相等，则称为等腰梯形机构，汽车和拖拉机的前轮转向机构就采用了这种机构。如图 3-13 所示，当汽车转向时，两摇杆 AB 和 CD 分别摆过角度 β 和 α，且 $\beta>\alpha$，以便两前轮轴线的交点 O 落在后轮轴线的延长线上。这时整个车身绕 O 点转动，使四个车轮都能在地面上作纯滚动，从而避免轮胎因滑动而产生磨损。实际上要求在任意位置都能满足两前轮轴线的交点 O 均落在后轮轴线的延长线上是困难的，等腰梯形机构仅能近似地满足此要求。

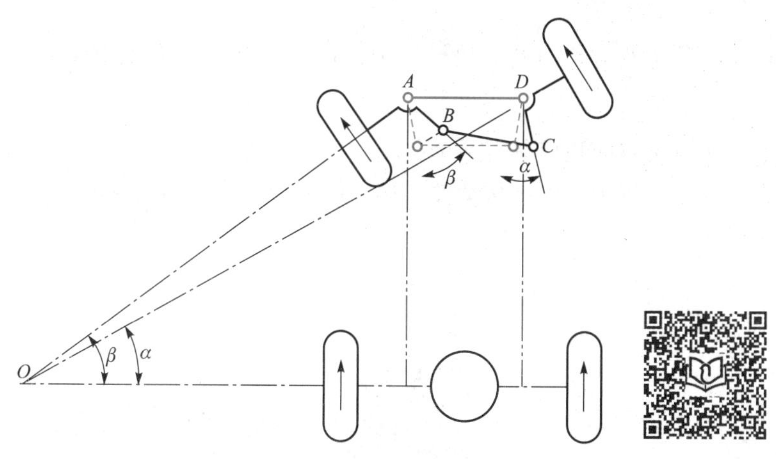

图 3-13　汽车和拖拉机前轮转向机构

3.1.2　平面四杆机构的演化

除了上述三种铰链四杆机构外，在工程实际中还广泛应用着其他类型的四杆机构。这些四杆机构都可以看作是由铰链四杆机构通过下述不同方法演化而来的，掌握这些演化方法，将有利于对连杆机构进行创新设计。

1. 转动副转化成移动副

在图 3-14（a）所示的曲柄摇杆机构中，当曲柄 1 转动时，摇杆 3 上 C 点的轨迹是圆弧 $\widehat{mm}$，且当摇杆长度愈长时，曲线 $\widehat{mm}$ 愈平直。当摇杆为无限长时，$\widehat{mm}$ 将成为一条直线，这时可以把摇杆做成滑块，转动副 D 将演化成移动副，这种机构称为曲柄滑块机构，如图 3-14（b）所示。滑块移动导路到曲柄回转中心 A 之间的距离 e 称为偏距。如果 e 不为

零，称为偏置曲柄滑块机构；如果 e 等于零，称为对心曲柄滑块机构，如图 3-14（c）所示。内燃机、往复式抽水机、空气压缩机及冲床等的主机构都是曲柄滑块机构。

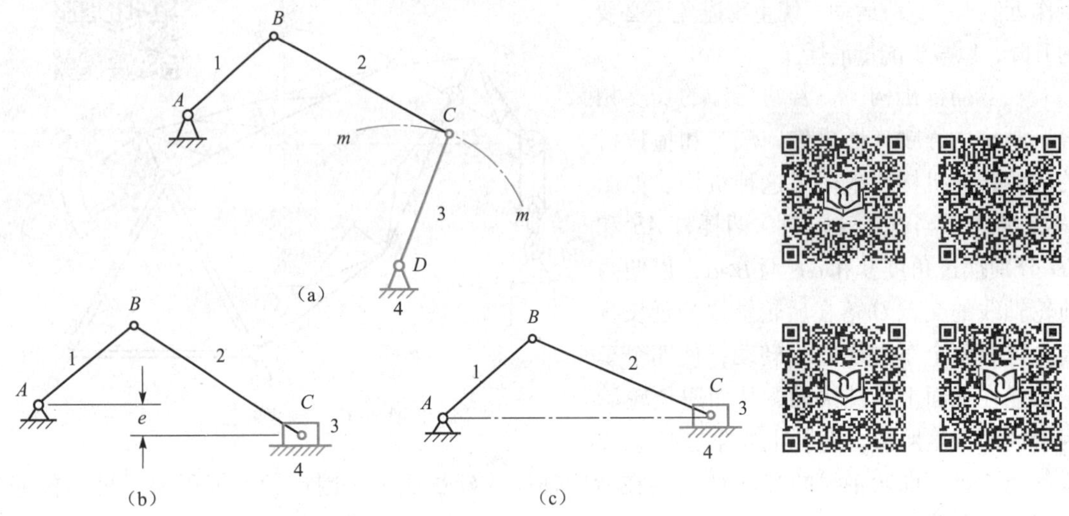

图 3-14　转动副转化为移动副

在图 3-15（a）所示的对心曲柄滑块机构中，连杆 2 上的 B 点相对于转动副 C 的运动轨迹为圆弧 $\widehat{nn}$，如果设想连杆 2 的长度变为无限长，圆弧 $\widehat{nn}$ 将变成直线，如再把连杆做成滑块，则该曲柄滑块机构就演化成具有两个移动副的四杆机构，如图 3-15（b）所示。这种机构多用于仪表、计算装置中。由于从动件位移 s 和曲柄转角 φ 的关系为 $s=l_{AB}\sin\varphi$，故将该机构称为正弦机构。

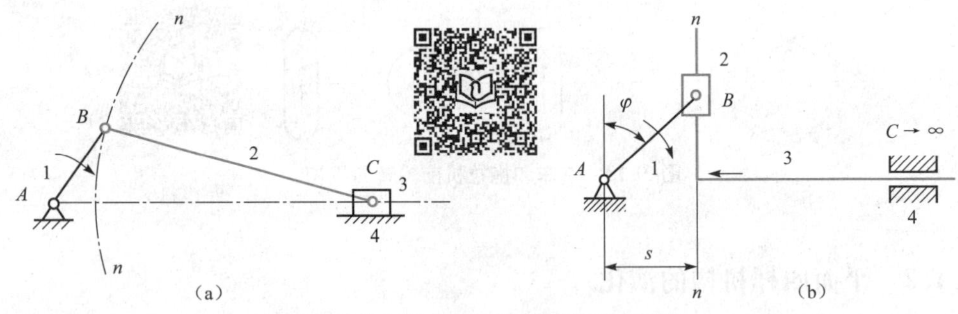

图 3-15　具有两个移动副的四杆机构

2. 选取不同构件为机架

以低副相连接的两构件之间的相对运动关系，不会因取其中哪一个构件为机架而改变，这一性质称为“低副运动可逆性”。根据这一性质，在图 3-1 所示的曲柄摇杆机构中，若改取构件 1 为机架，则得双曲柄机构；若改取构件 3 为机架，则得双摇杆机构；若改取构件 2 为机架，则得另一个曲柄摇杆机构。习惯上称后三种机构为第一种机构的倒置机构，如表 3-1 所示。

同理，根据低副运动可逆性，当在曲柄滑块机构中固定不同构件为机架时，便可以得到

具有一个移动副的几种四杆机构，如表 3-1 所示。当杆状构件 4 与块状构件 3 组成移动副时，若杆状构件 4 为机架，则称其为导路；若杆状构件 4 做整周转动，称其为转动导杆；若杆状构件 4 做非整周转动，称其为摆动导杆；若杆状构件 4 做移动，则称其为移动导杆。对于具有两个移动副的四杆机构，当取不同构件为机架时，便可得到 4 种不同形式的四杆机构，如表 3-1 所示。

表 3-1　四杆机构的几种形式

Ⅰ铰链四杆机构	Ⅱ含有一个移动副的四杆机构	Ⅲ含有两个移动副的四杆机构	机架
曲柄摇杆机构	曲柄滑块机构	正弦机构　正切机构	4
双曲柄机构	转动导杆机构	双转块机构	1
曲柄摇杆机构	摆动导杆机构 曲柄摇块机构	正弦机构	2
双摇杆机构	移动导杆机构	双滑块机构	3

带有一个或两个移动副的机构，变换机架时的应用实例可参看表 3-2 和表 3-3。

表 3-2　带有一个移动副的机构及其应用

作为机架的构件	机构简图	应用实例
4	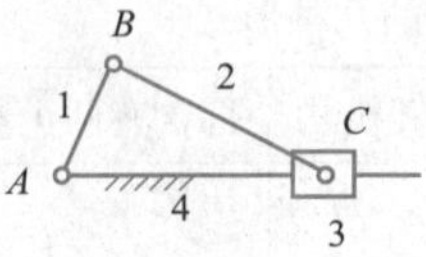 曲柄滑块机构	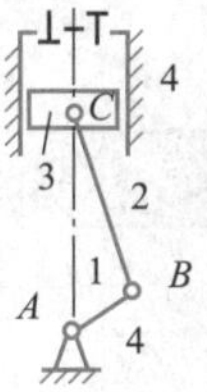 内燃机、压缩机、冲床等
1	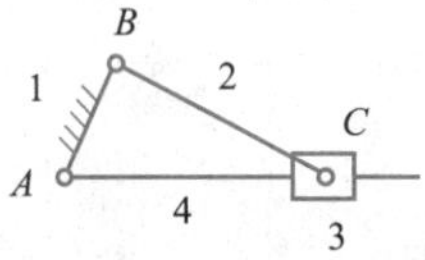 转动导杆机构	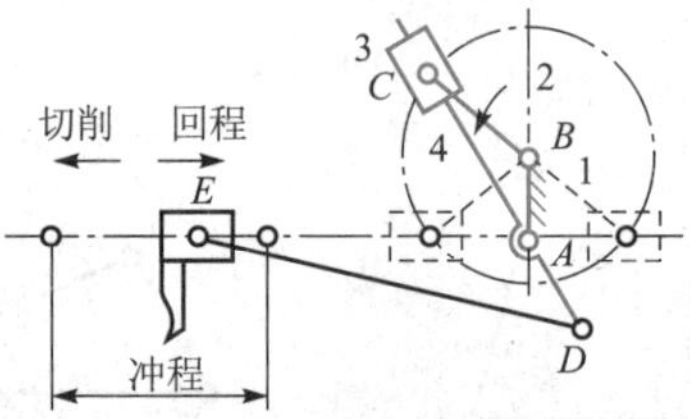 小型刨床
2	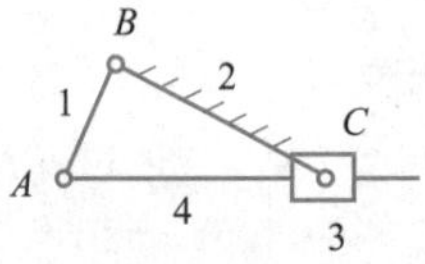 曲柄摇块机构	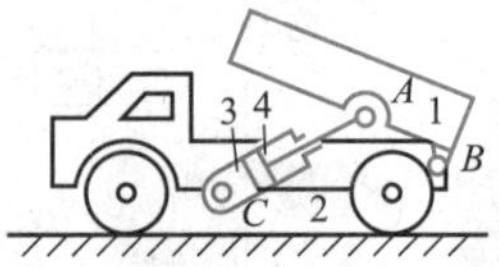 自卸汽车卸料机构
3	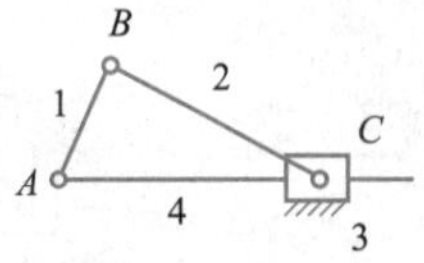 移动导杆机构	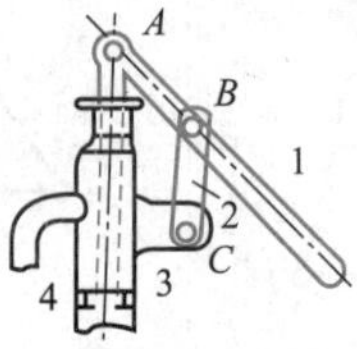 手压抽水机

表 3-3　带有两个移动副的机构及其应用

作为机架的构件	机构简图	应用实例
3	双滑块机构	椭圆仪
2 或 4	曲柄移动导杆机构 （正弦机构）	缝纫机针杆机构
1	双转块机构	十字滑块联轴器

3. 变换构件的形态

在图 3-16（a）所示的机构中，滑块 3 绕 C 点作定轴往复摆动，此机构称为曲柄摇块机构。在设计机构时，若由于实际需要，可将此机构中的杆状构件 2 做成块状，而将块状构件

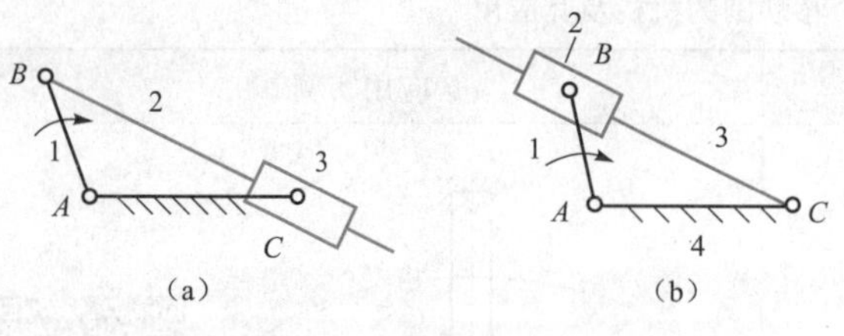

图 3-16　变换构件形态

3 做成杆状构件，如图 3-16（b）所示。此时构件 3 为摆动导杆，故称此机构为摆动导杆机构。这两种机构本质上完全相同。

4. 扩大转动副的尺寸

在图 3-17（a）所示的曲柄摇杆机构中，如果将曲柄 1 端部的转动副 B 的半径加大至超过曲柄 1 的长度 $\overline{AB}$，便得到如图 3-17（b）所示的机构。此时，曲柄 1 变成了一个几何中心为 B、回转中心为 A 的偏心圆盘，其偏心距 e 即为原曲柄长。该机构与原曲柄摇杆机构的运动特性完全相同，其机构运动简图也完全一样。在设计机构时，当曲柄长度很短、曲柄销需承受较大冲击载荷而工作行程很小时，常采用这种偏心盘结构形式，在冲床、剪床、压印机床、柱塞油泵等设备中均可见到这种结构。

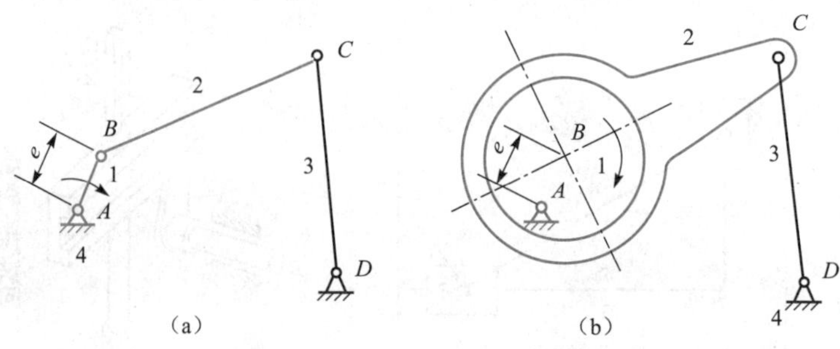

图 3-17　偏心盘结构

综上所述，四杆机构的各种类型之间具有一定的内在联系。它们之间可通过下述各种方式进行演化：

（1）转动副转化成移动副。例如改变铰链四杆机构中构件的相对长度，可将其演化成带有一个移动副或带有两个移动副的四杆机构。

（2）选取不同的构件为机架。即通过机构倒置，可得到具有不同运动特性的四杆机构。

（3）变换构件的形态。

（4）扩大转动副的尺寸，可形成各种偏心盘机构。

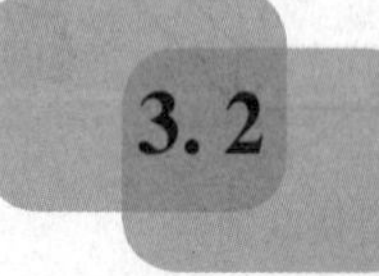

3.2　平面四杆机构曲柄存在的条件

如上节所述，铰链四杆机构分成三种类型：曲柄摇杆机构、双曲柄机构和双摇杆机构。这三种类型的主要区别在于机构中是否存在曲柄及存在几个曲柄。那么在什么条件下，四杆机构中才有曲柄存在呢？下面就以铰链四杆机构为例来分析曲柄存在的条件。

若铰链四杆机构中存在曲柄，必然有转动副为整转副。机构中具有整转副的构件是关键

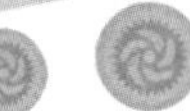

构件，因为只有这种构件才有可能用电动机等连续转动的装置来驱动。若具有整转副的构件是机架铰接的连架杆，则该构件即为曲柄。首先以图 3-18 所示的四杆机构为例，说明转动副为整转副的条件。

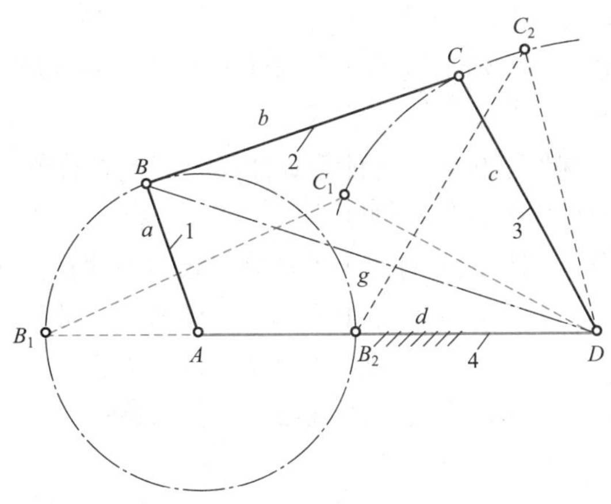

图 3-18　转动副成为整转副的条件辅助证明图

在图 3-18 中，设 $d>a$，在杆 1 绕转动副 A 转动的过程中，铰链点 B 与 D 之间的距离 g 是不断变化的，当 B 点到达图示点 B_1 和 B_2 两位置时，g 值分别达到最大值 $g_{max}=d+a$ 和最小值 $g_{min}=d-a$。

如要求杆 1 能绕转动副 A 相对杆 4 做整周转动，则杆 1 应能经过 AB_1 和 AB_2 这两个关键位置，即可以构成$\triangle B_1C_1D$ 和三角形$\triangle B_2C_2D$。根据三角形构成原理即可以推出以下各式。

由$\triangle B_1C_1D$ 可得

$$a+d\leqslant b+c \tag{a}$$

由$\triangle B_2C_2D$ 可得

$$b-c\leqslant d-a$$

$$c-b\leqslant d-a$$

即

$$a+b\leqslant c+d \tag{b}$$

$$a+c\leqslant b+d \tag{c}$$

将式（a）、（b）、（c）分别两两相加可得

$$\left.\begin{array}{l} a\leqslant b \\ a\leqslant c \\ a\leqslant d \end{array}\right\} \tag{3-1}$$

如 $d<a$，用同样的方法可以得到杆 1 能绕转动副 A 相对于杆 4 做整周转动的条件

$$d+a\leqslant b+c \tag{d}$$

$$d+b\leqslant a+c \tag{e}$$

$$d+c\leqslant a+b \tag{f}$$

即

$$\left.\begin{array}{l} d\leqslant a \\ d\leqslant b \\ d\leqslant c \end{array}\right\} \tag{3-2}$$

式（3-1）和式（3-2）说明，组成整转副 A 的两个构件中，必有一个为最短杆；式(a)、(b)、(c) 和式 (d)、(e)、(f) 说明，该最短杆与最长杆的长度之和必小于或等于其余两构件的长度之和，该长度之和关系称为“杆长之和条件”。

综合归纳以上两种情况（即 $a<d$ 和 $a>d$），可得出如下结论：在铰链四杆机构中，如果某个转动副能成为整转副，则它所连接的两个构件中，必有一个为最短杆，并且四个构件的长度关系满足杆长之和条件。

曲柄是连架杆，整转副处于机架上才能形成曲柄。因此具有整转副的铰链四杆机构是否存在曲柄，还应根据取何杆作为机架来判断。

（1）取最短杆为机架，则机架上有两个整转副，故得双曲柄机构。

（2）取最短杆的邻边为机架时，机架上只有一个整转副，故得曲柄摇杆机构。

（3）取最短杆的对边为机架，则机架上没有整转副，故得双摇杆机构。

如果四杆机构不满足杆长之和条件，则机构中不存在整转副，因此不论选取哪个构件为机架，所得机构均为双摇杆机构。

由于曲柄滑块机构和导杆机构均是由铰链四杆机构演化而来，故按照同样的思路和方法，可得出这两种机构具有整转副的条件。

3.3 平面四杆机构的工作特性

在设计平面四杆机构时，通常需要考虑其某些工作特性，因为这些特性不仅影响机构的运动性质和传力情况，而且还是一些机构的主要设计依据。

3.3.1 急回特性和行程速度变化系数

在工程上，往往要求作往复运动的从动件，在工作行程时的速度慢些，而空行程时的速度快些，以缩短非生产时间，提高生产率。这种运动性质称为急回特性。在具有急回特性的机构中，原动件做等速回转时，从动件在空行程中的平均速度（或角速度）与工作行程中的平均速度（或角速度）之比值，称为行程速度变化系数，以 K 表示。

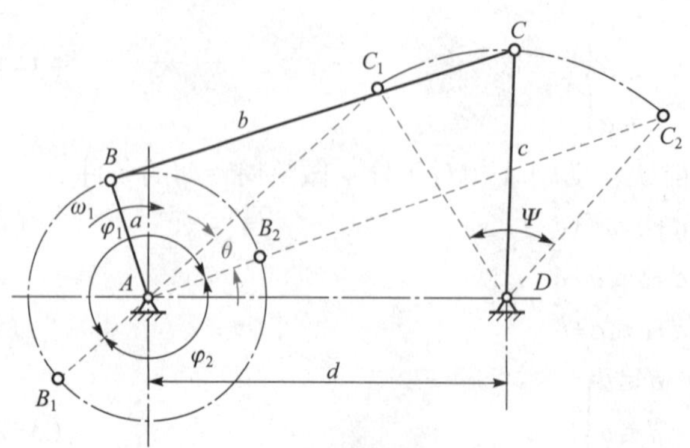

图 3-19　曲柄摇杆机构急回特性

现以图 3-19 所示的曲柄摇杆机构为例来分析讨论。曲柄 AB 以等角速度 ω_1 按顺时针方向转动，它在转动一周的过程中，有两次与连杆 BC 共线（B_1AC_1 和 AB_2C_2），这时摇杆达到极限位置 DC_1 和 DC_2。摇杆处于两极限位置时，对应的曲柄两位置 AB_1 与 AB_2 之间所夹的锐角，称为极位夹角，以 θ 表

示。摇杆 DC_1 与 DC_2 之间的夹角称为从动件的摆角，以 Ψ 表示。摇杆从 DC_1 摆到 DC_2（工作行程）所对应的曲柄转角 $\varphi_1=180°+\theta$，所需的时间 $t_1=\varphi_1/\omega_1$，故摇杆在工作行程中的平均角速度 ω_W 为

$$\omega_W=\frac{\Psi}{t_1}=\frac{\Psi}{\varphi_1/\omega_1}=\frac{\Psi\omega_1}{\varphi_1} \tag{g}$$

同理，摇杆从 DC_2 摆回到 DC_1（空行程）所对应的曲柄转角 $\varphi_2=180°-\theta$，所需的时间 $t_2=\varphi_2/\omega_1$，故摇杆在空行程中的平均角速度 ω_R 为

$$\omega_R=\frac{\Psi}{t_2}=\frac{\Psi}{\varphi_2/\omega_1}=\frac{\Psi\omega_1}{\varphi_2} \tag{h}$$

由于 $\varphi_2<\varphi_1$，根据式（g）和（h）有 $\omega_R>\omega_W$，因此该机构具有急回特性。摇杆的行程速度变化系数 K 为

$$K=\frac{\text{摇杆空行程的平均角速度 }\omega_R}{\text{摇杆工作行程的平均角速度 }\omega_W}=\frac{\Psi\omega_1/\varphi_2}{\Psi\omega_1/\varphi_1}=\frac{\varphi_1}{\varphi_2}$$

所以

$$K=\frac{\varphi_1}{\varphi_2}=\frac{180°+\theta}{180°-\theta} \tag{3-3}$$

由上式可见，当极位夹角 θ 愈大时，K 也愈大，它表示急回程度愈大；当 $\theta=0°$时，$K=1$，则 $\varphi_1=\varphi_2$，$\omega_R=\omega_W$，它表示机构无急回作用。因此行程速度变化系数 K 表示急回运动的特性。

在设计具有急回特性的机构时，通常先给定 K 值，然后求出极位夹角 θ。为此，将式（3-3）改写为

$$\theta=180°\frac{K-1}{K+1} \tag{3-4}$$

3.3.2　压力角和传动角

实际使用的连杆机构，不仅要保证实现预期的运动，而且要求传动时，具有轻便省力、效率高等良好的传力性能。因此，要对机构的传力情况进行分析。

图 3-20 所示的曲柄摇杆机构中，曲柄 1 为原动件，摇杆 3 为从动件。如果不计构件的惯性力、重力和运动副中的摩擦力，则连杆 2 是二力杆件，因此，通过连杆 2 作用在从动件 3 上的驱动力 F 沿着 BC 方向，将力 F 分解为沿其作用点 C 的速度 v_C 方向的分力 F_t 和垂直于 v_C 方向的分力 F_n。设 F 与 v_C 之间的夹角为 α，则由图 3-20 可知

$$\left.\begin{aligned}F_t&=F\cos\alpha\\F_n&=F\sin\alpha\end{aligned}\right\} \tag{i}$$

分力 F_t 是使从动件转动的有效分力，而 F_n 不仅对从动件没有转动效应，而且还会引起转动副 D 中产生附加径向压力和摩擦阻力，所以它是有害分力。由式（i）可知，角度 α 的大小直接影响 F_n 与 F_t 的大小，α 愈小，则 F_n 愈小，而 F_t 愈大。在曲柄摇杆机构中，作用在从动摇杆上的力 F 与其作用点 C 的速度 v_C 之间所夹的锐角，称为从动摇杆在此位置时的压力角，通常也称为连杆机构的压力角。显然压力角愈小，传力性能愈好，对机构工作愈有利。

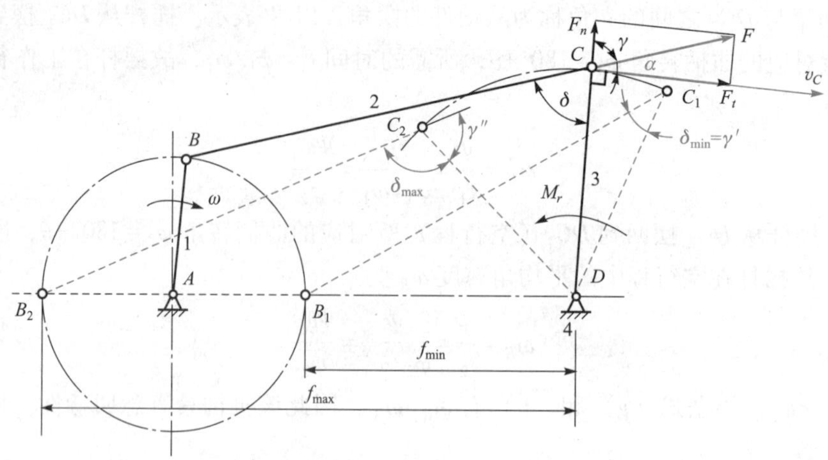

图 3-20 连杆机构压力角和传动角

机构在运转过程中，α 是不断变化的。压力角 α 的余角 γ 称为传动角。如图 3-20 所示，其中连杆 BC 与从动件 CD 之间所夹的锐角 δ 也等于传动角 γ。γ 愈大，对传力愈有利。由于传动角易于观察和测量，因此工程上常以传动角 γ 衡量连杆机构的传力性能。为了使传动角不致过小，常要求其最小值 γ_{min} 大于许用传动角［γ］，即 $\gamma_{min}\geqslant$［γ］。［γ］一般取为 40° 或 50°。

为了校验连杆机构的传力性能，需确定 γ_{min} 出现的位置。在图 3-20 所示的铰链机构中，连杆 BC 与摇杆 CD 之间的夹角 δ 随转动副 B 与 D 之间的距离 f 的变化而变化，f 愈短，δ 也愈小。当曲柄转到与机架相重合的两个位置 AB_2 和 AB_1（图中虚线位置）时，f 分别达到最大值 f_{max} 和最小值 f_{min}，此时所对应的夹角分别为最大值 δ_{max} 和最小值 δ_{min}。当 $\delta_{max}<90°$ 时，$\gamma_{min}=\delta$ min；当 $\delta_{max}>90°$ 时，其传动角 $\gamma''=180°-\delta_{max}$，也可能为最小值，所以应比较 γ' 和 γ''，取两者中较小值作为机构的最小传动角 γ_{min}；当 $\delta_{min}>90°$ 时，$\gamma_{min}=180°-\delta_{max}$。设计时，应使 $\gamma_{min}\geqslant$［γ］。至于 δ_{max} 和 δ_{min} 值可按图 3-20 中的几何关系，用余弦定律求得，也可用图解法求得。

3.3.3 死点位置

图 3-21 所示的曲柄摇杆机构中，若摇杆 1 为原动件，当其处于两极限位置 C_1D 和 C_2D 时，连杆 2 传给从动曲柄 3 的驱动力 F 通过曲柄的转动中心 A，此时传动角 $\gamma=0°$（或压力角 $\alpha=90°$）。驱动力对从动件 3 的有效力矩为零，此时，驱动力将不能驱动机构。同时，曲柄 AB 的转向也不能确定，即不一定按需要的方向回转。机构的这种位置称为死点位置。

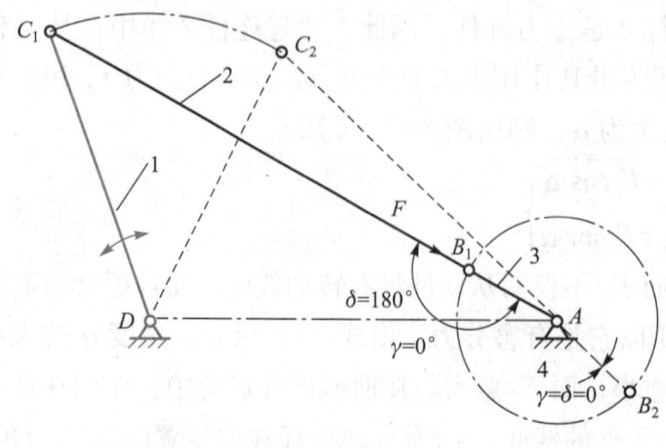

图 3-21 死点位置

对于传动机构来说，机构有死点位置是不利的，为了使机构能顺利地通过死点位置，通常在曲柄轴上安装飞轮，

利用飞轮的惯性来渡过死点位置，例如缝纫机上的大带轮也起到飞轮的作用。

在工程上，许多场合往往利用死点位置来实现一定的工作要求。图 3-22（a）所示为一种连杆式快速夹具，它是一个利用死点位置来夹紧工件的例子。在连杆 2 上的手柄处施以作用力 F，使连杆 2 与连架杆 3 成一直线，这时构件 1 的左端夹紧工件。外力 F 撤除后，工件给构件 1 的反力 N 欲使构件 1 顺时针方向转动，但这时由于连杆机构的传动角 $\gamma=0°$而处于死点位置，从而保持了工件上的夹紧力。放松工件时，只要在手柄上加一个向上的力 F，就可使机构脱离死点位置，从而放松工件。这种夹紧方式广泛地应用于钻夹具、焊接用夹具等场合。图 3-22（b）是飞机起落架处于放下机轮的位置，连杆 BC 与从动件 CD 位于一直线上，因此机构处于死点位置，机轮着地时，承受很大的地面反力而不致使从动件 CD 转动，保持着支撑状态。

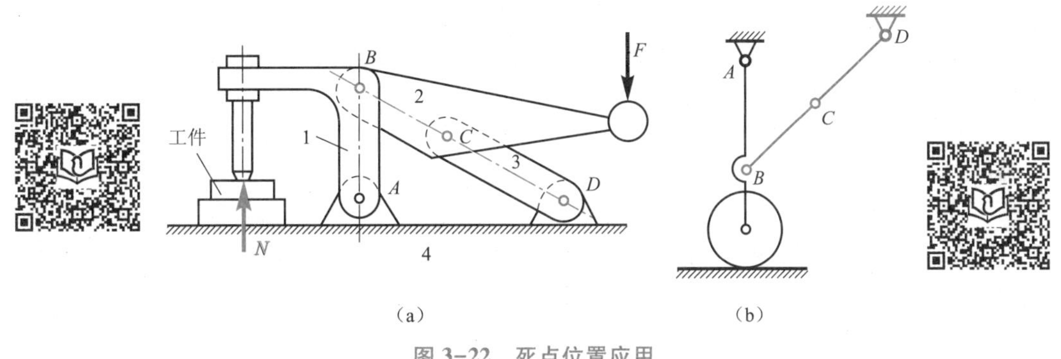

图 3-22　死点位置应用

3.4　平面四杆机构的设计

3.4.1　平面四杆机构设计的基本问题

平面四杆机构在生产中应用非常广泛，形式多种多样，设计中的实际问题也很多，但是可以将这些问题归纳成如下两类基本问题。

（1）实现给定的运动规律。例如要求满足给定的行程速度变化系数，以实现预定的急回特性；又如设计造型机翻箱机构（图 3-11）时，实现连杆的两个给定位置；再如实现两连架杆的几组对应位置等。

（2）实现给定的运动轨迹。例如要求实现图 3-2 所示的搅拌器机构中连杆上 E 点的轨迹等。

设计平面四杆机构，除了上述两类基本问题以外，常常还有附加要求，如传力性能问题、要求 $\gamma_{min} \geqslant [\gamma]$ 等。

平面四杆机构的设计方法有图解法、实验法和解析法等三种，本章主要介绍用图解法设

计平面四杆机构。

3.4.2 按给定的行程速度变化系数设计平面四杆机构

按给定的行程速度变化系数 K 设计具有急回特性的平面四杆机构，就是要使设计的机构的极位夹角 θ 满足式（3-4）。下面通过例题来说明这种机构的具体设计方法。

例 3-1 设已知曲柄摇杆机构中，摇杆 CD 的长度为 c，其摆角为 Ψ，行程速度变化系数为 K，试设计此平面四杆机构。

解 设计的关键是确定曲柄与机架组成的转动副中心 A 的位置。其设计步骤如下。

（1）按式（3-4）计算极位夹角 θ

$$\theta = 180° \frac{K-1}{K+1}$$

（2）根据给定的摇杆长度 c，选取适当的长度比例尺 μ_l，按 $\overline{CD} = c/\mu_l$ 和摆角 Ψ，作摇杆的两极限位置 DC_1 和 DC_2，如图 3-23 所示。

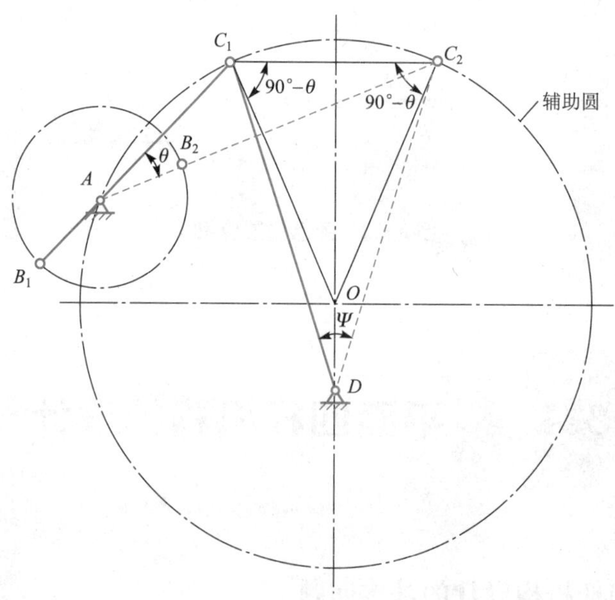

图 3-23 按 K 值设计曲柄摇杆机构

（3）连接$\overline{C_1C_2}$，作$\angle C_1C_2O = \angle C_2C_1O = 90° - \theta$，得到 C_1O 与 C_2O 的交点 O，以 O 为圆心，OC_1 为半径作一个辅助圆，在圆周上任取一点 A，它与 C_1、C_2 连线的夹角 $\angle C_1AC_2$ 等于圆心角 $\angle C_1OC_2$ 之半，而 $\angle C_1OC_2 = 180° - 2(90° - \theta) = 2\theta$，所以 $\angle C_1AC_2 = \theta$。因此，曲柄与机架的铰链中心 A 取在辅助圆上能满足要求的急回特性。

（4）在铰链中心 A 确定后，根据摇杆处于极限位置时曲柄与连杆共线的关系，设曲柄长度为 a，连杆长度为 b，可得

$$\mu_l \overline{AC_1} = b - a$$

$$\mu_l \overline{AC_2} = b + a$$

解此两式，即可得曲柄长度 a 和连杆长度 b

$$\left.\begin{aligned}a&=\frac{\mu_l}{2}\left(\overline{AC_2}-\overline{AC_1}\right)\\b&=\frac{\mu_l}{2}\left(\overline{AC_2}+\overline{AC_1}\right)\end{aligned}\right\}\tag{3-5}$$

式（3-5）中的 $\overline{AC_1}$ 和 $\overline{AC_2}$ 可由图 3-23 中量得。

由本例可知，因曲柄与机架的铰链中心 A 可在辅助圆上任意选取，因此有无穷多个解。如果再给定附加条件，例如给定机架的长度或曲柄的长度，则 A 点在圆周上成为确定的一点，也就是只有一个解。应该注意，A 点在圆周上取在不同位置时，机构的最小传动角 γ_{min} 是不同的，A 点离 C_1 点（或 C_2 点）愈近时，机构的最小传动角 γ_{min} 愈大，反之，γ_{min} 愈小。

3.4.3　按给定连杆位置设计平面四杆机构

1. 按给定连杆的长度及两个位置设计平面四杆机构

设已知连杆 BC 的长度为 b，给定的两个位置为 B_1C_1 和 B_2C_2，如图 3-24 所示，要求设计这一铰链四杆机构。

铰链四杆机构中连杆的运动虽然比较复杂，但连杆上两转动副中心 B 和 C 的运动却比较简单，它们分别沿以机架上面铰链中心 A 和 D 为圆心，以两连架杆的长度为半径的圆弧运动。据此，分别作 B_1、B_2 两点连线的中垂线（垂直平分线）b_{12} 和 C_1、C_2 两点连线的中垂线 c_{12}。显然，分别在中垂线 b_{12} 和 c_{12} 上任意各取一点，都可作为机架上的两个转动副中心 A 和 D，如图 3-24 所示，所以有无穷多个解。若再添加某些附加条件，例如满足整转副的条件、紧凑的机构尺寸、较大的传动角等等，就可从多解之中选取满足附加条件的机构尺寸。

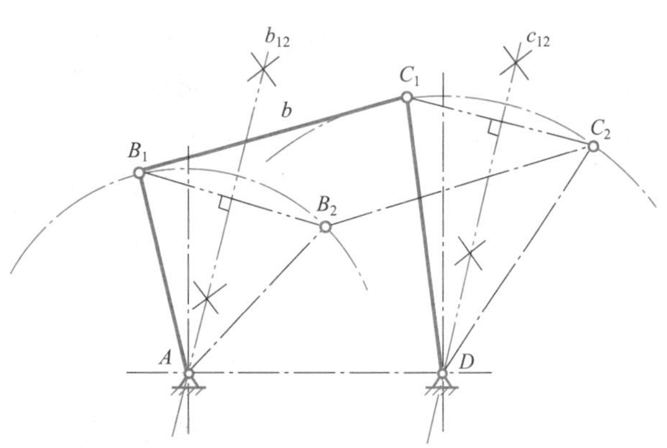

图 3-24　给定连杆两个位置设计平面四杆机构

例 3-2　图 3-25（a）所示是热处理加热炉的炉门启闭机构，图 3-25（b）是炉门处于关闭位置Ⅰ和开启位置Ⅱ的情况。设炉门 2 的尺寸及其上的转动副中心 B 和 C 的位置已选定，要求炉门上 BC 位于图示两位置。试设计此四杆机构。

解　此设计问题是：已知连杆 BC 的长度及其两个位置 B_1C_1 和 B_2C_2，要求设计铰链四杆机构的问题。其设计步骤如下：

（1）取长度比例尺 μ_l，计算出连杆的图示长度 BC，按炉门处于关闭和开启两个位置Ⅰ和Ⅱ作出连杆的两个给定位置 B_1C_1 和 B_2C_2，如图 3-25（b）所示。

（2）分别作 B_1、B_2 和 C_1、C_2 连线的中垂线 b_{12} 和 c_{12}，则机架上两个转动副中心 A 和 D 应分别在中垂线 b_{12} 和 c_{12} 上选取，故有无穷多个解。但如果有附加条件，比如应使固定转轴

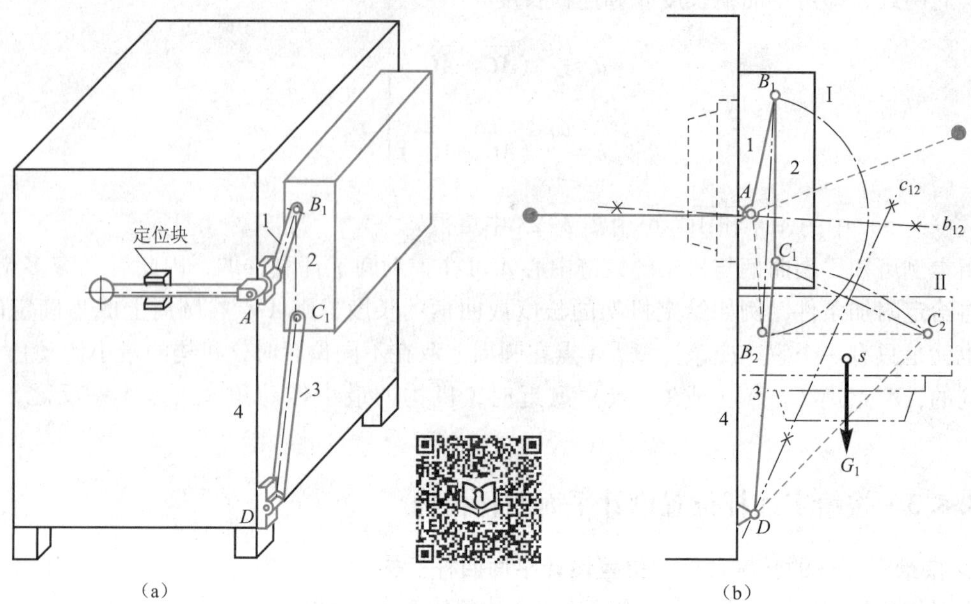

图 3-25　炉门启闭机构设计

A 和 D 安装在炉体上，且有较紧凑的机构尺寸，如图 3-25（b）所示的位置，则答案就是唯一的。此外在设计时，还应在炉壁上安装一个固定手柄的定位块，以便炉门能可靠地停留在图示的两个位置上。

2. 按给定连杆的长度及三个位置设计平面四杆机构

已知连杆 BC 的长度 b 及其三个位置 B_1C_1、B_2C_2 和 B_3C_3，设计此铰链四杆机构。

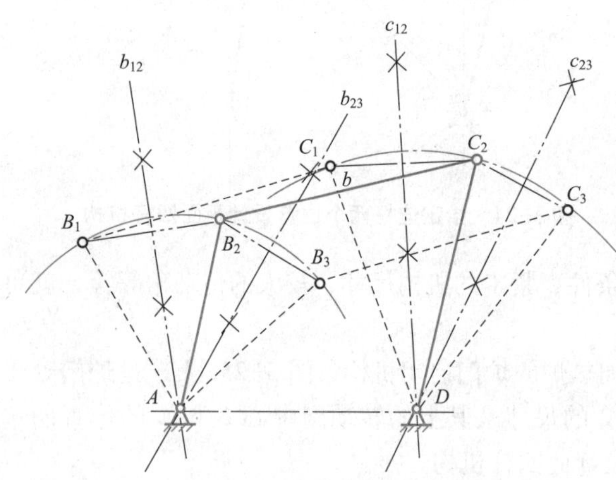

图 3-26　给定连杆三个位置设计四杆机构

该机构设计方法与给定连杆两个位置时相同。如图 3-26 所示，选取适当的长度比例尺 μ_l，画出连杆的三个给定位置。然后分别作出 B_1、B_2 点和 B_2、B_3 点连线的中垂线 b_{12} 和 b_{23}；再作 C_1、C_2 点和 C_2、C_3 点连线的中垂线 c_{12} 和 c_{23}，则中垂线 b_{12} 和 b_{23} 的交点 A 以及 c_{12} 和 c_{23} 的交点 D，即为所要求的机架上两个转动副的中心，从而得到图示的铰链四杆机构 AB_2C_2D，将由图量得的长度乘以比例尺 μ_l，即可得到所求各杆的长度。

由上可知，当已知连杆长度及其三个位置时，所求得的四杆机构是唯一解。

例 3-3　试设计一曲柄滑块机构，利用连杆来实现车门启闭过程中到达的三个给定位置Ⅰ、Ⅱ、Ⅲ，如图 3-27（a）所示。其中位置Ⅰ是车门关闭状态，位置Ⅱ是中间的一个状态，位置Ⅲ是车门全开状态。连杆上铰链中心 B、C 的三个位置分别为 B_1、C_1；B_2、C_2；

B_3、C_3。

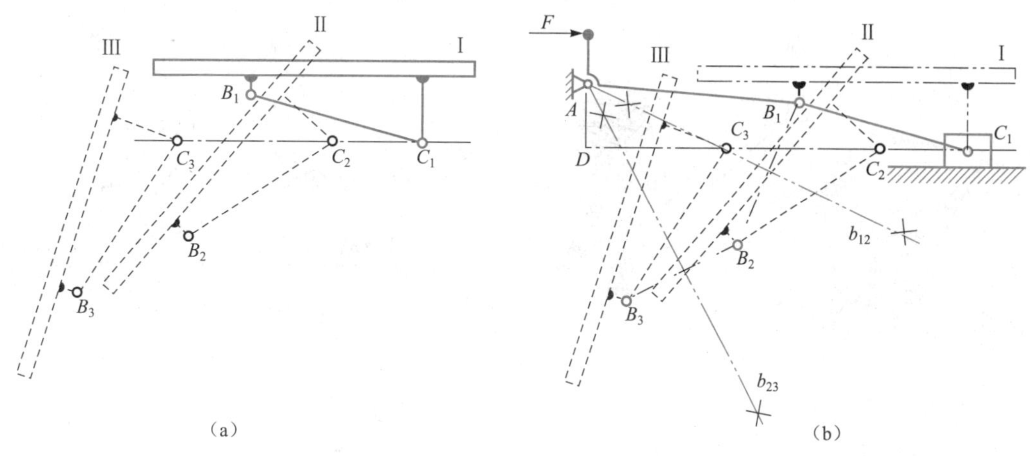

图 3-27　车门启闭机构设计

解　该题是按给定连杆的三个位置来设计曲柄滑块机构，C 点是滑块与连杆组成的铰链点，B 点是曲柄与连杆组成的铰链点。因此，只要分别作 B_1、B_2 和 B_2、B_3 连线的中垂线 b_{12}和 b_{23}，它们的交点 A 即为所要求的曲柄与机架组成的铰链中心，如图 3-27（b）。AB_1C_1 即为所要设计的曲柄滑块机构。由图上量得的尺寸乘以比例尺 μ_l，即可得曲柄的长度 a 和偏距 e。

$$a=\mu_l\,\overline{AB_1}$$

$$e=\mu_l\,\overline{AD}$$

该题中比较困难的问题是车门上的铰链点 B、C 如何选择。如果选择得不恰当，将会使设计出的机构尺寸过大，也可能使最小传动角过小而影响启闭车门的灵活性，甚至发生自锁现象。因此，在实际设计时，常常要反复几次，选择其中最佳的 B、C 位置。读者可作为综合性作业，练习选择 B、C 的位置。

3.4.4　按给定两连架杆的对应位置设计平面四杆机构

1. 按给定两连架杆的两组对应位置设计平面四杆机构

已知连架杆 AB 和机架 AD 的长度，两连架杆 AB 和 DC 的两组对应位置分别为 AB_1、DE_1 和 AB_2、DE_2（其中 E_1、E_2 两点为 DC 杆上任意选取的一点 E 所占据的位置），对应角度关系分别为 φ_1、Ψ_1 和 φ_2、Ψ_2，如图 3-28（a）所示，要求设计此铰链四杆机构。

设计这种四杆机构，就是要确定连杆 BC 和连架杆 CD 的长度，实际上只需确定连杆与连架杆相连的转动副 C。

用图解法设计时，通常将给定两连架杆的对应位置，转化为给定连杆的位置来处理。为此对已有铰链四杆机构 $ABCD$ 进行分析，如图 3-28（b）。连架杆 AB 由 AB_1 顺时针方向转到 AB_2 时，另一连架杆 DC 由 DC_1 顺时针方向转到 DC_2，两连架杆的角位移分别为 $\varphi_{12}=\varphi_1-\varphi_2$ 和 $\Psi_{12}=\Psi_1-\Psi_2$。如果把第二个位置上各构件组成的四边形 AB_2C_2D 视为刚体，

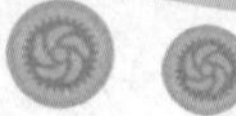

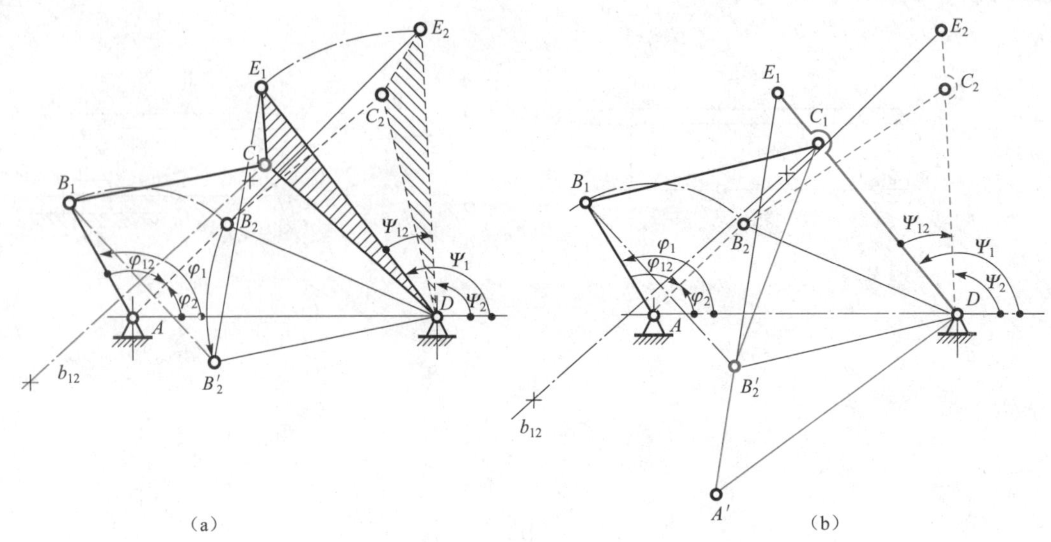

图 3-28 给定连架杆两组位置设计四杆机构

然后将此刚体绕 D 点反转过 Ψ_{12}（即按逆时针方向转），使其中的 DC_2 与 DC_1 相重合，则点 A 和 B_2 将分别转到 A' 和 B_2'。这样，可以认为连架杆 DC 在 DC_1 保持不动，而另一连架杆 AB 由位置 AB_1 运动到 $A'B_2'$。经过反转后，连架杆 DC 转化为机架，而另一连架杆 AB 转化为连杆。因此，AB_1 和 $A'B_2'$ 就是转化后"连杆"的两个给定位置。因杆 BC 的长度不变，即 $\overline{B_1C_1}=\overline{B_2'C_1}$，故欲求的转动副中心 C_1 必在 B_1、B_2' 两点连线的中垂线 b_{12} 上。此法称为反转法。

由上分析可知，设计此机构的关键在于求得 B_2' 点。为了便于设计，可借助 E_1、E_2 两点。在图 3-28（b）中，将点 B_2、E_2、D 和 B_2'、E_1、D 分别连成两个三角形 B_2E_2D 和 $B_2'E_1D$。由于机构在反转过程中被视为刚体，故上述两三角形完全相等。因此，在设计时只要作出 $\triangle B_2'E_1D \cong \triangle B_2E_2D$，即可求出 B_2' 点。在求得 B_2' 点后，再作 B_1、B_2' 两点连线的中垂线 b_{12}；则其上任意一点都可作为转动副中心 C_1，故有无穷多个解。若在中垂线 b_{12} 上任取一点 C_1 作为转动副中心，如图 3-28（a）所示，由于 C_1 不在连架杆 DE 的第一个位置 DE_1 上，因此连架杆 DC 必须与 DE 固接成一个构件 DCE。于是当机构分别在图示的两个位置时，连架杆 DCE 上的直线 DE 分别在 DE_1 和 DE_2 位置，从而满足了设计要求。若附加其他条件，例如 C_1 应取在 DE_1 直线上，这时 C_1 就是 b_{12} 与 DE_1 的交点，只有唯一解，如图 3-28（b）所示。

2. 按给定连架杆的三组对应位置设计平面四杆机构

已知两连架杆的三组对应位置 AB_1、DE_1；AB_2、DE_2；AB_3、DE_3，其对应角分别为 φ_1、Ψ_1；φ_{12}、Ψ_{12}；φ_{13}、Ψ_{13}，连架杆 AB 和机架 AD 的长度分别为 a 和 d，如图 3-29（a）所示。要求设计此铰链四杆机构。

对于这个问题，与给定连架杆的两组对应位置的设计方法相同。设计步骤如下，见图 3-29（b）。

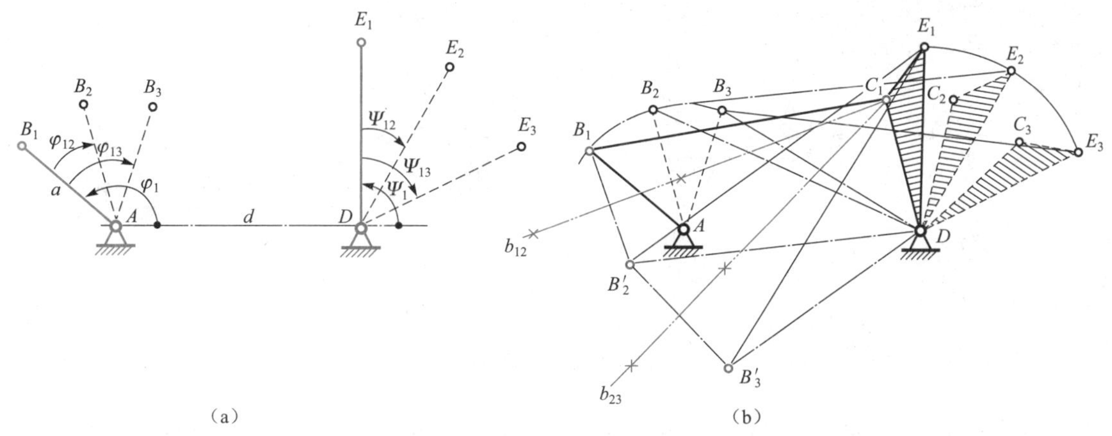

图 3-29　给定连架杆三组位置设计四杆机构

(1) 选取适当的长度比例尺 μ_l，按给定的条件画出两连架杆的三组对应位置 AB_1、DE_1；AB_2、DE_2；AB_3、DE_3，连接 B_2、E_2；B_3、E_3；D、B_2；D、B_3 得两三角形 B_2E_2D 和 B_3E_3D。

(2) 作三角形 $\triangle B_2'E_1D$ 和 $\triangle B_3'E_1D$，并使 $\triangle B_2'E_1D \cong \triangle B_2E_2D$ 、$\triangle B_3'E_1D \cong \triangle B_3E_3D$ ，得到点 B_2' 和 B_3'。

(3) 分别作 B_1、B_2' 和 B_2'、B_3' 连线的中垂线 b_{12} 和 b_{23}，该两直线的交点 C_1，便是连杆 BC 与连架杆 CD 的铰链点。这样求得的图形 AB_1C_1D 就是要设计的铰链四杆机构，其中 C_1E_1D 为一个构件，即为一个连架杆。这样，可以保证当 CD 杆到达 C_1D 位置时，与其相固接成一体的 DE 到达题中要求的位置 DE_1。

(4) 由图上量出尺寸乘以比例尺 μ_l，即得连杆 BC 和连架杆 CD 的长度

$$b=\mu_l\,\overline{B_1C_1}$$

$$c=\mu_l\,\overline{C_1D}$$

由于 b_{12} 和 b_{23} 的交点只有一个，故该机构只有一个解。

例 3-4　设计一曲柄滑块机构，已知曲柄 AB 的长度为 a，曲柄与滑块的三组对应位置如图 3-30（a）所示。当曲柄 1 由位置Ⅰ（φ_1）依次转过角度 φ_{12} 和 φ_{13} 而到达位置Ⅱ和Ⅲ时，滑块 3 由位置Ⅰ′向右依次移动到位置Ⅱ′和Ⅲ′，所对应的位移量分别为 s_{12} 和 s_{13}。要求确定连杆长度 b 和偏距 e。

解　因为曲柄滑块机构可以看作是由曲柄摇杆机构演化而来的，所以仍可应用反转法原理求出反转后的 B_2'、B_3' 两点。不过，在反转时的转动中心 D 已在无穷远处，故实际上只需将点 B_2、B_3 分别沿水平向左移动一定距离即可。具体设计可按如下步骤进行。

(1) 选取适当的长度比例尺 μ_l，按已知条件画出曲柄 1 的三个给定位置 AB_1、AB_2、AB_3，如图 3-30（b）所示。

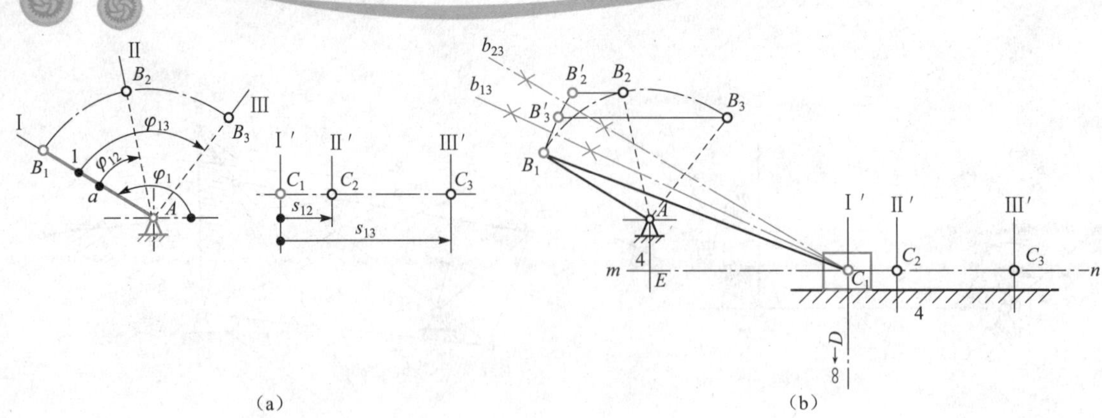

图 3-30 曲柄滑块机构设计

（2）过 B_2、B_3 两点分别作出沿水平向左的两直线，并在其上分别取$\overline{B_2B_2'}=\dfrac{s_{12}}{\mu_l}$、$\overline{B_3B_3'}=\dfrac{s_{13}}{\mu_l}$得到 B_2' 和 B_3' 两点。

（3）分别作 B_1、B_3' 与 B_2'、B_3' 连线的中垂线 b_{13} 和 b_{23}，该两直线的交点 C_1 便是连杆与滑块的铰链点。

（4）连接 B_1、C_1 成直线，并画出滑块，即得所要设计的曲柄滑块机构 AB_1C_1。过 C_1 点作水平线，并画出相应的 C_2、C_3 点，表示连杆与滑块的铰链点 C 所到达的相应位置。

由图上量出的尺寸，并乘上比例尺 μ_l 便可得到连杆的长度 b 和偏距 e。

$$b=\mu_l\,\overline{B_1C_1}$$

$$e=\mu_l\,\overline{AE}$$

【重点要领】

连杆机构应用广，铰链四杆是基型。
其他机构形式多，四杆机构来演化。
曲柄摇杆化滑块，曲柄滑块化导杆。
曲柄存在有条件，杆长之和来判断。
传动角在能运动，曲柄从动死点停。
急回特性有特征，极位夹角相对应。

思 考 题

3-1 铰链四杆机构按连架杆运动形式分为哪三种类型？它们各有什么特点？试举出它

们的应用实例。

3-2 平面四杆机构有哪几种演化方法？其演化的目的是什么？

3-3 什么叫“曲柄”？在铰链四杆机构中曲柄是否一定是最短杆？

3-4 根据图 3-31 中注明的各构件尺寸（单位为 mm）判断各铰链四杆机构的类型。

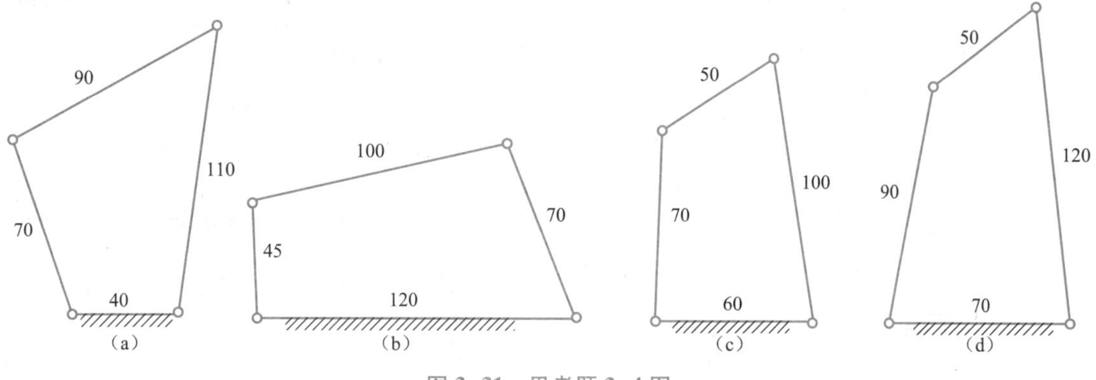

图 3-31 思考题 3-4 图

3-5 偏置曲柄滑块机构和对心曲柄滑块机构是否都有急回特性？为什么？

3-6 什么叫机构的“死点”？它在什么情况下发生？如何利用和避免“死点”位置？

习 题

3-1 在平面四杆机构 $ABCD$ 中，已知 AB、BC、CD 三杆的长度分别为：$l_{AB}=80$ mm，$l_{BC}=160$ mm，$l_{CD}=240$ mm，机架 AD 的长度 l_{AD} 为变量。试求：

（1）当此机构为曲柄摇杆机构时，l_{AD} 的取值范围。

（2）当此机构为双摇杆机构时，l_{AD} 的取值范围。

（3）当此机构为双曲柄机构时，l_{AD} 的取值范围。

3-2 设计一曲柄摇杆机构，已知其摇杆 CD 的长度 $l_{CD}=290$ mm，摇杆两极限位置间的夹角 $\Psi=32°$，行程速度变化系数 $K=1.25$，若机架的长度 $l_{AD}=260$ mm，求连杆的长度 l_{BC} 和曲柄的长度 l_{AB}。并校验最小传动角 γ_{min} 是否在允许值范围内（$[\gamma]=40°$）。

3-3 插床中的主机构如图 3-32 所示，它是由转动导杆机构 ACB 和曲柄滑块机构 ADP 组合而成。已知：$l_{AB}=100$ mm，$l_{AD}=80$ mm，试求：

（1）当插刀 P 的行程速度变化系数 $K=1.4$ 时，曲柄 BC 的长度 l_{BC} 及插刀的行程 h。

（2）若 $K=2$ 时，则曲柄 BC 的长度应调整为多少？此时插刀 P 的行程 h 是否变化？

3-4 偏置曲柄滑块机构中，设曲柄长度 $a=120$ mm，连杆长度 $b=600$ mm，偏距 $e=120$ mm，曲柄为原动件，试求：

（1）行程速度变化系数 K 和滑块的行程 h；

（2）检验最小传动角 γ_{min}，$[\gamma]=40°$；

（3）若 a 与 b 不变，$e=0$ 时，求此机构的行程速度变化系数 K。

3-5 设计一曲柄滑块机构，已知滑块的行程速度变化系数 $K=1.5$，滑块行程 $h=50$ mm，偏距 $e=20$ mm，试求曲柄长度 l_{AB} 和连杆长度 l_{BC}。

3-6 如图3-33所示为一用于控制装置的摇杆滑块机构，若已知摇杆与滑块的对应位置为：$\varphi_1=60°$、$s_1=80$ mm；$\varphi_2=90°$、$s_2=60$ mm；$\varphi_3=120°$、$s_3=40$ mm，偏距 $e=20$ mm。试设计该机构。

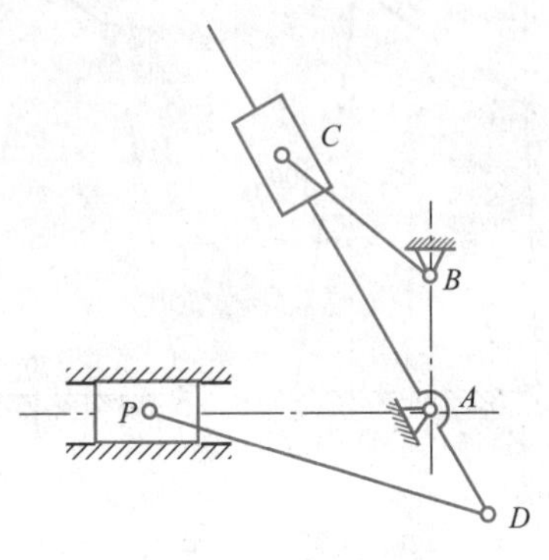

图3-32 习题3-3图

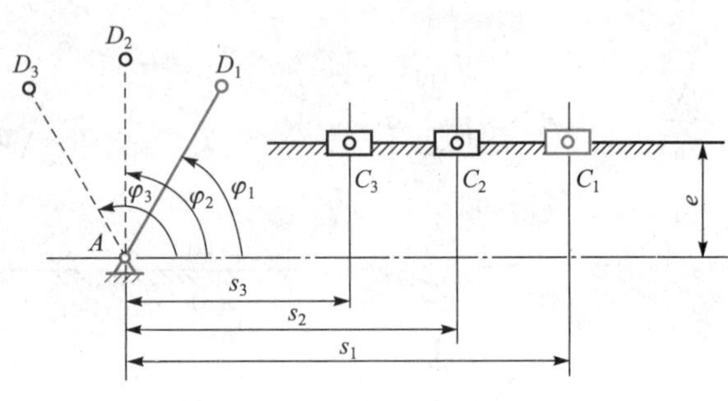

图3-33 习题3-6图

3-7 已知某操纵装置采用一平面四杆机构，其中 $l_{AB}=50$ mm，$l_{AD}=72$ mm，原动件 AB 与从动件 CD 上的一标线 DE 之间的对应角位置关系如图3-34所示。试用图解法设计此四杆机构。

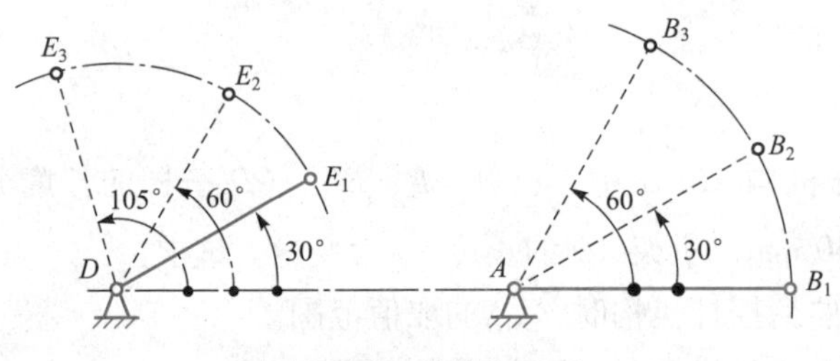

图3-34 习题3-7图

第3章
思考题及习题答案

第3章
多媒体 PPT

第 4 章 凸轮机构

课程思政案例 4

【学习目标】

通过本章凸轮机构的学习，要了解凸轮机构的组成、特点及应用，了解凸轮机构的类型，掌握从动件常用的运动规律，掌握用反转法设计凸轮轮廓曲线。

4.1 凸轮机构的应用和分类

凸轮机构是含有凸轮的一种高副机构，也是一种常用机构。凸轮是一具有曲面轮廓的构件，一般多为原动件（有时为机架）。当凸轮为原动件时，通常作等速连续转动或移动，而从动件则按预期输出特性要求作连续或间歇的往复摆动、移动或平面复杂运动。

4.1.1 凸轮机构的应用

如图 4-1 所示的内燃机配气凸轮机构，原动凸轮 1 连续等速转动，通过凸轮高副驱动从动件 2（阀杆）按预期的输出特性启闭阀门，使阀门既能充分开启，又具有较小的惯性力。

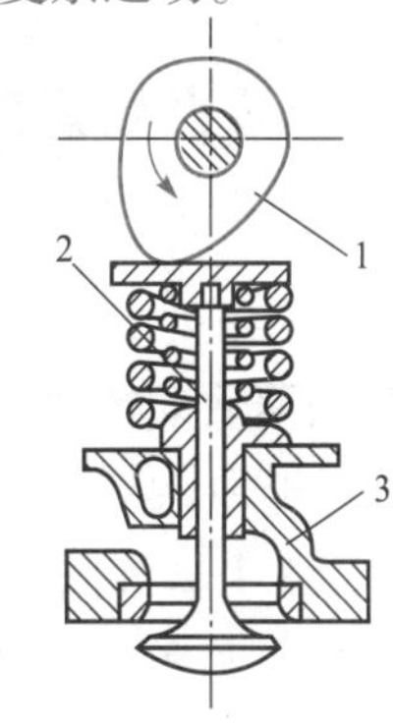

图 4-1 内燃机配气机构

图 4-2 所示为绕线机排线凸轮机构。绕线轴 3 连续快速转动，经蜗杆传动带动凸轮 1 缓慢转动，通过凸轮高副驱动从动件 2 往复摆动，从而使线均匀地缠绕在绕线轴上。

在图 4-3 所示的冲床装卸料凸轮机构中，原动凸轮 1 固定于

冲头上，当其随冲头往复上下运动时，通过凸轮高副驱动从动件2以一定规律往复水平移动，从而使机械手按预期的输出特性装卸工件。

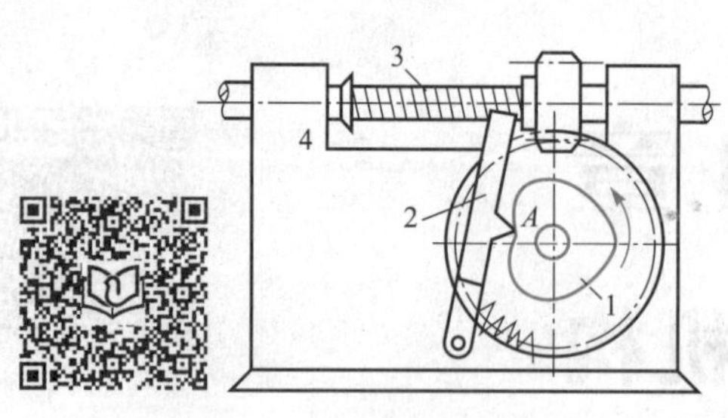

图4-2 绕线机排线机构

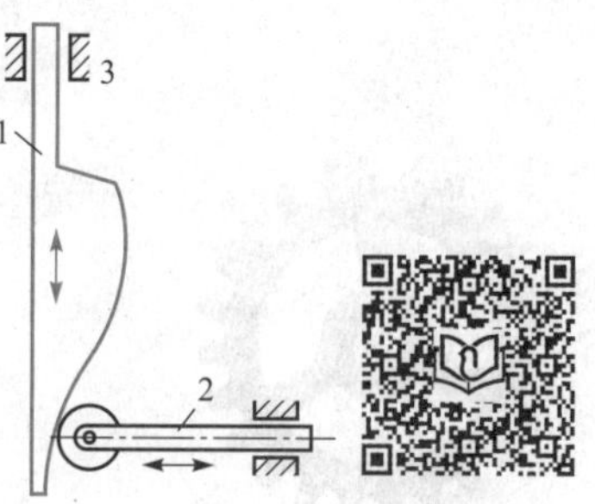

图4-3 冲床装卸料机构

图4-4所示的罐头盒封盖机构亦为一凸轮机构。原动件1连续等速转动，通过带有凹槽的固定凸轮3的高副导引从动件2上的端点 C 沿预期的轨迹——接合缝 S 运动，从而完成罐头盒的封盖任务。

而在图4-5所示的食品输送凸轮机构中，当带有凹槽的圆柱凸轮1连续等速转动时，通过嵌于其槽中的滚子驱动从动件2往复移动，凸轮1每转动一周，从动件2即从喂料器中推出一块食品，并将其送至待包装位置。

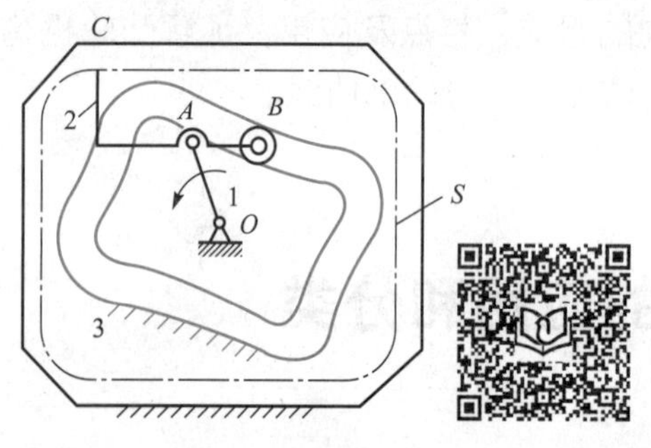

图4-4 罐头盒封盖机构

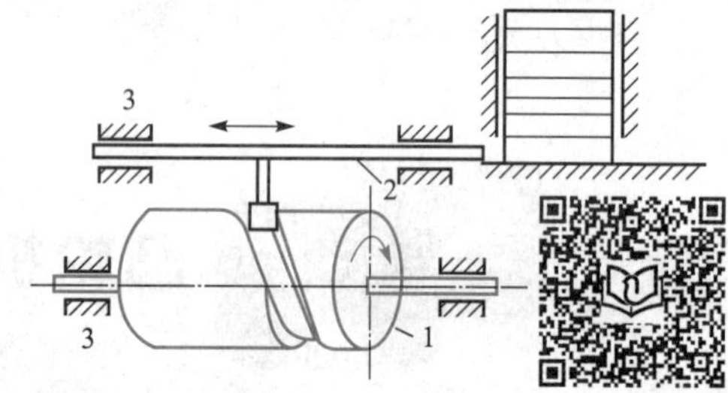

图4-5 食品包装输送机构

从以上诸例可以看出：凸轮机构一般是由三个构件、两个低副和一个高副组成的单自由度机构。

4.1.2 凸轮机构的分类

在凸轮机构中，凸轮可为原动件也可为机架，但多数情况下，凸轮为原动件。

从不同角度出发，凸轮机构可作如下几种分类。

1. 按两活动构件之间的相对运动特性分类

（1）平面凸轮机构。两活动构件之间的相对运动为平面运动的凸轮机构，如图4-1、图4-2、图4-3和图4-4所示。其按凸轮形状又可分为：

① 盘形凸轮。它是凸轮的基本形式，是一个相对机架作定轴转动或为机架且具有变化向径的盘形构件，如图4-1、图4-2和图4-4所示。

② 移动凸轮。它可视为盘形凸轮的演化形式，是一个相对机架作直线移动或为机架且具有变化轮廓的构件，如图 4-3 所示。

（2）空间凸轮机构。两活动构件之间的相对运动为空间运动的凸轮机构，如图 4-5 所示。其按凸轮形状又可分为圆柱凸轮、圆锥凸轮、弧面凸轮和球面凸轮等。

2. 按从动件运动副元素形状分类

（1）尖顶从动件。如图 4-2 所示。尖顶能与任意复杂凸轮轮廓保持接触，因而能实现任意预期的运动规律。尖顶与凸轮呈点接触，易磨损，故只宜用于受力不大的场合。

（2）滚子从动件。如图 4-3、图 4-4 和图 4-5 所示。为克服尖顶从动件的缺点，在尖顶处安装一个滚子，即成为滚子从动件。它改善了从动件与凸轮轮廓间的接触条件，耐磨损，可承受较大载荷，故在工程实际中应用最广泛。

（3）平底从动件。如图 4-1 所示。平底从动件与凸轮轮廓接触为一平面，显然它只能与全部外凸的凸轮轮廓作用。其优点是：压力角小、效率高、润滑好，故常用于高速运动场合。

根据运动形式的不同，以上三种从动件还可分为直动从动件，如图 4-1、图 4-3 和图 4-5 所示；摆动从动件，如图 4-2 所示；作平面复杂运动从动件，如图 4-4 所示。

3. 按凸轮高副的锁合方式分类

（1）力锁合。利用重力、弹簧力或其他外力使组成凸轮高副的两构件始终保持接触。如图 4-1、图 4-2 所示。

（2）形锁合。利用特殊几何形状（虚约束）使组成凸轮高副的两构件始终保持接触。如图 4-4、图 4-5 所示，它是利用凸轮凹槽两侧壁间的法向距离恒等于滚子的直径来实现的，称为槽道凸轮机构。图 4-6 所示的凸轮机构，是利用凸轮轮廓上任意两条平行切线间的距离恒等于框形从动件内边的宽度 L 来实现的，称为等宽凸轮机构。图 4-7 所示的凸轮机构，是利用过凸轮轴心所作任一径向线上与凸轮轮廓相切的两滚子中心之距离 D 处处相等来实现的，称为等径凸轮机构。图 4-8 所示的凸轮机构，是利用彼此固连在一起的一对凸轮和从动件上的一对滚子来实现，称为共轭凸轮机构。

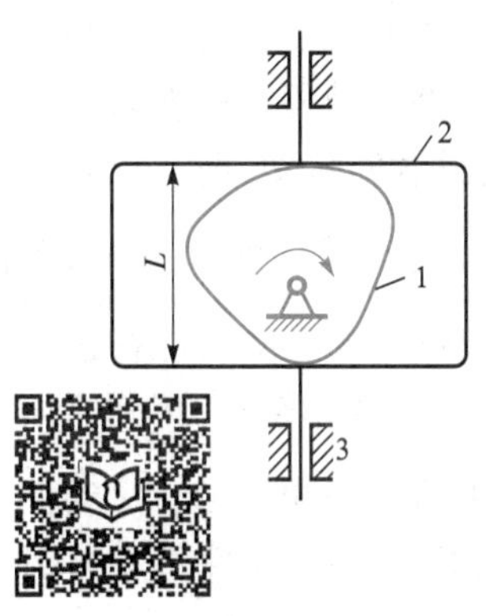

图 4-6　等宽凸轮机构

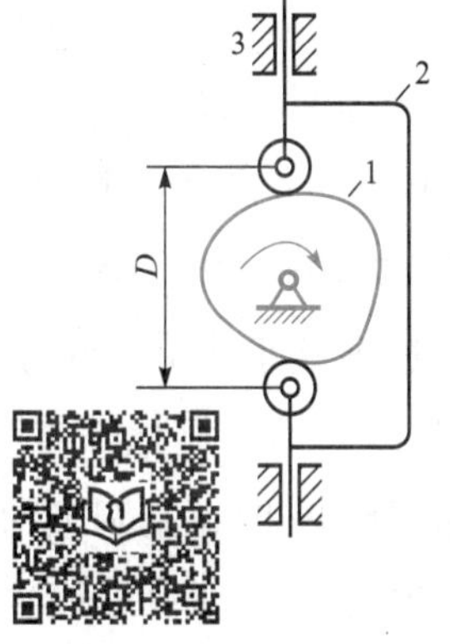

图 4-7　等径凸轮机构

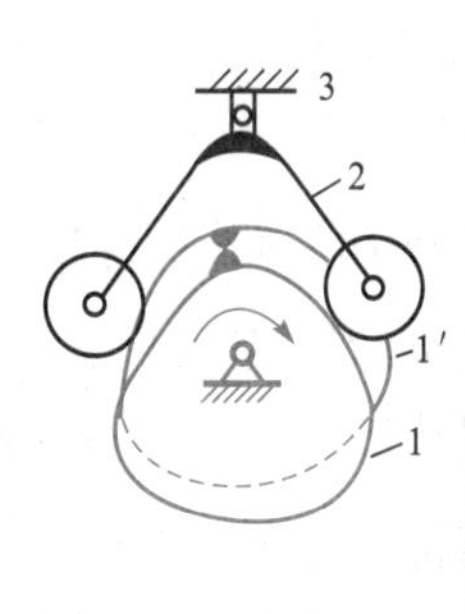

图 4-8　共轭凸轮机构

凸轮机构的优点是：只要设计出适当的凸轮轮廓，即可使从动件实现任意预期的运动规律，并且结构简单、紧凑、工作可靠。其缺点是：凸轮为高副接触（点或线），压强较大，

容易磨损，凸轮轮廓加工比较困难，费用较高。

4.1.3 凸轮机构设计的基本内容与步骤

所谓凸轮机构设计，就是确定机构的类型和设计凸轮轮廓。其基本内容与设计步骤如下：

（1）根据工作要求，合理地选择凸轮机构的形式；

（2）根据机构工作要求、载荷情况及凸轮转速等，确定从动件的运动规律；

（3）根据凸轮在机器中安装位置的限制、从动件行程、许用压力角及凸轮种类等，初步确定凸轮基圆半径；

（4）根据从动件的运动规律，用图解法或解析法设计凸轮轮廓线；

（5）校核压力角及轮廓的最小曲率半径；

（6）进行结构设计。

本章主要讨论前五项设计内容。

4.2 从动件常用运动规律

4.2.1 凸轮机构的工作过程分析

图4-9（a）所示为对心式尖底直动从动件盘形凸轮机构，以凸轮轮廓最小向径 r_0 为半径所作的圆称为基圆，r_0 称为基圆半径。在图示位置，从动件的尖底与凸轮轮廓上 A 点相接触，从动件处于上升的起始位置。当凸轮以等角速度 ω 逆时针回转 Φ 角时，凸轮的曲线轮廓 $\widehat{AB}$ 部分将依次与从动件尖底接触。由于这段轮廓的向径是逐渐增大的，故从动件尖底被凸轮轮廓推动，以一定的运动规律由离回转中心最近位置 A 到达最远位置 B'，这个过程称为推程。它所走过的距离 AB' 即为从动件的最大位移，称为从动件的升程，以 h 表示。与推程相对应的凸轮转角 Φ 称为推程运动角，简称推程角。当凸轮继续回转 Φ_s 时，以 O 为圆心的一段圆弧 $\widehat{BC}$ 与从动件接触，从动件将停留在最高位置不动，与此对应的 Φ_s 称为远休止角。凸轮继续回转 Φ' 时，由向径逐渐减小的 $\widehat{CD}$ 段与尖底依次相接触，从动件将按一定的运动规律从最高位置下降到最低位置，这一过程称为回程，相应的凸轮转角 Φ' 称为回程运动角，简称回程角。当凸轮继续回转 Φ_s' 时，基圆上的圆弧 $\widehat{DA}$ 与尖底相接触，从动件在离回转中心最近的位置停留不动，Φ_s' 称为近休止角。凸轮连续转动，从动件将重复升—停—降—停的运动循环。

以直角坐标系的纵坐标代表从动件位移 s，横坐标代表凸轮转角 φ（因凸轮通常以等角速转动，故也代表时间 t），则可以画出从动件位移 s 与凸轮转角 φ 之间的关系曲线，如图4-9（b）所示，称为从动件的位移线图。对从动件位移线图进行一次求导可作出从动件

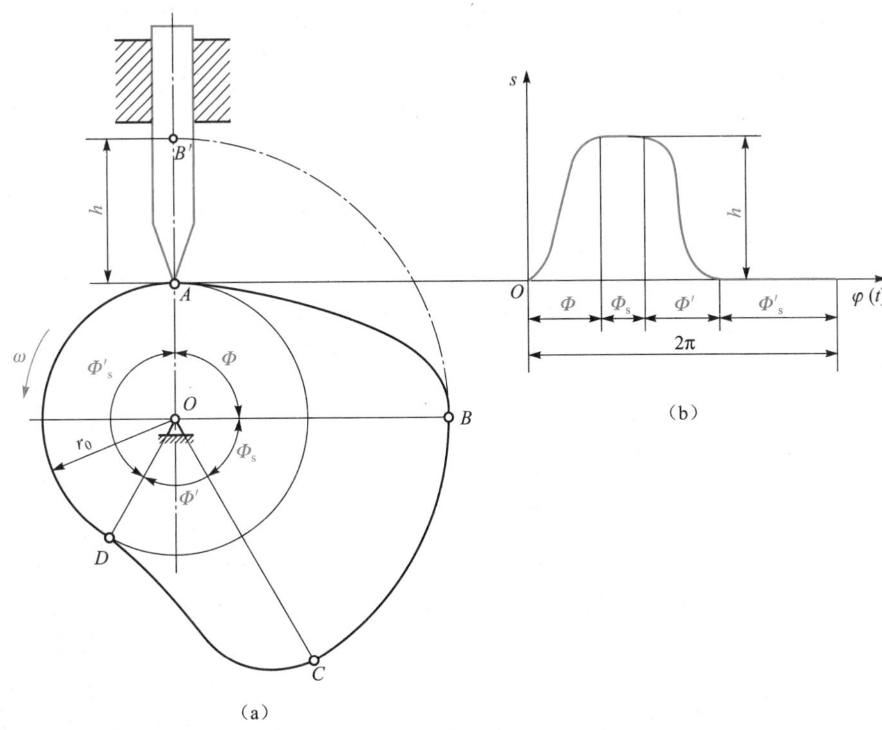

图 4-9　凸轮机构的工作过程说明辅助图

的速度线图，进行二次求导可得加速度线图。

由上述可知，凸轮的轮廓形状决定了从动件的运动规律。反之，从动件不同的运动规律要求凸轮具有不同的轮廓曲线形状，因此在设计凸轮轮廓之前应首先确定从动件的运动规律。

4.2.2　从动件常用的运动规律及特点

从动件的运动规律，是指从动件在推程或回程中，其位移 s、速度 v 和加速度 a 随凸轮转角 φ（或时间 t）而变化的规律。本节介绍常用的几种运动规律。

1. 等速运动规律

从动件推程或回程的速度为常数时，称为等速运动规律。

设在推程阶段凸轮以等角速度 ω 转动，经过时间 T，凸轮转过推程角 Φ，从动件升程为 h。则从动件速度为

$$v=\frac{h}{T}=v_0 \text{（常数）}$$

将速度 v 分别对时间求导和积分，可得从动件的加速度 a 和位移 s 的方程

$$a=\frac{\mathrm{d}v}{\mathrm{d}t}=0$$

$$s=\int v\mathrm{d}t=v_0 t+C=\frac{h}{T}t+C$$

依据边界条件：当 $t=0$ 时，$s=0$，则 $C=0$，于是得出

$$s=\frac{h}{T}t$$

因凸轮转角 $\varphi=\omega t$，$\Phi=\omega T$，则

$$t=\frac{\varphi}{\omega}$$

$$T=\frac{\Phi}{\omega}$$

将上式代入上列各方程，可得从动件的运动方程为

$$\left.\begin{aligned} s&=\frac{h}{\Phi}\varphi \\ v&=\frac{h}{\Phi}\omega \\ a&=0 \end{aligned}\right\} \tag{4-1}$$

根据上述运动方程式作出的从动件运动线图如图 4-10 所示。由图可知从动件在行程开始和结束的瞬间，速度有突变，其加速度在理论上分别达到正的无穷大和负的无穷大。因此，在这两个位置上，从动件的惯性力理论上也为无穷大。虽然，由于材料的弹性变形等原因，加速度和惯性力不会达到无穷大，但其量值仍然很大，将在机构中产生强烈的冲击，我们称这样的冲击为刚性冲击。因此，等速运动规律只适用于低速轻载的场合。

回程时，凸轮转过回程角 Φ'，从动件相应从 $s=h$ 逐渐减小到零。通过类似的方法可得出回程时作等速运动的从动件的运动方程

$$\left.\begin{aligned} s&=h-\frac{h}{\Phi'}\varphi \\ v&=-\frac{h}{\Phi'}\omega \\ a&=0 \end{aligned}\right\} \tag{4-2}$$

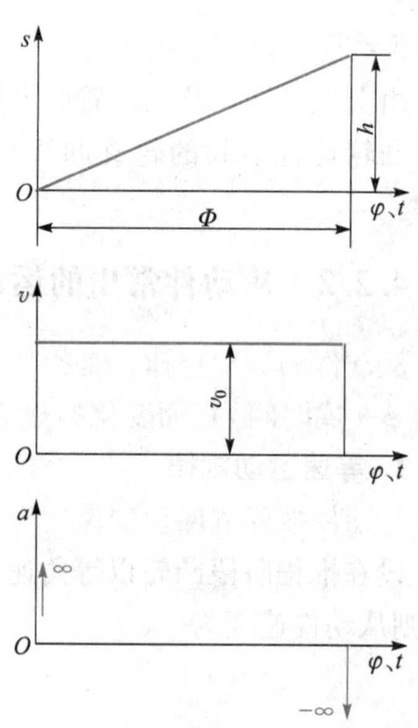

图 4-10　等速运动推程段从动件运动线图

2. 等加速等减速运动规律

所谓等加速等减速运动，是指从动件在一个行程 h 中，先作等加速运动，后作等减速运动。如果其加速段与减速段的时间相等，加速度和减速度的绝对值相等，则从动件在每段时间中的位移也相等，各为 $h/2$。又因凸轮作等速转动，所以与每段时间相应的凸轮转角也相等，各为 $\Phi/2$ 或 $\Phi'/2$。

在推杆推程等加速运动区间，设从动件加速度 $a=a_0$（常数），对加速度 a 进行时间的一次和两次积分，可得速度和位移方程为

$$v=\int a\mathrm{d}t=a_0t+C_1$$

$$s=\int v\mathrm{d}t=\frac{1}{2}a_0t^2+C_1t+C_2$$

根据边界条件：当 $t=0$ 时，$v=0$，$s=0$，得 $C_1=0$，$C_2=0$；当 $t=\frac{T}{2}$时，$s=\frac{h}{2}$。又知 $t=\frac{\varphi}{\omega}$、$T=\frac{\Phi}{\omega}$，可得从动件推程等加速段运动方程

$$\left.\begin{aligned}s&=\frac{2h}{\Phi^2}\varphi^2\\v&=\frac{4h\omega}{\Phi^2}\varphi\\a&=a_0=\frac{4h\omega^2}{\Phi^2}\end{aligned}\right\}\left(0\leqslant\varphi\leqslant\frac{\Phi}{2}\right)\tag{4-3a}$$

同理可得从动件推程等减速段运动方程

$$\left.\begin{aligned}s&=h-\frac{2h}{\Phi^2}(\Phi-\varphi)^2\\v&=\frac{4h\omega}{\Phi^2}(\Phi-\varphi)\\a&=-\frac{4h\omega^2}{\Phi^2}\end{aligned}\right\}\left(\frac{\Phi}{2}\leqslant\varphi\leqslant\Phi\right)\tag{4-3b}$$

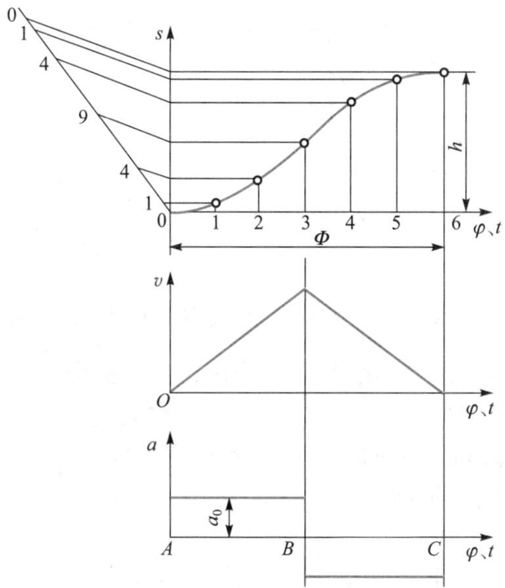

图 4-11　等加速等减速推程段从动件运动线图

根据式（4-3a）和式（4-3b）可以画出从动件推程时作等加速等减速运动的运动线图如图 4-11 所示。由运动线图可以看出，加速度曲线在 A、B、C 三处有有限的突变，因而引起惯性力的突变也为有限值。所以在凸轮机构中存在有限的冲击，这种冲击称为柔性冲击。这种运动规律适用于中速轻载的场合。

由式（4-3a）、式（4-3b）可知，从动件在作等加速等减速运动时，位移曲线应该是两条光滑相接的反向抛物线，所以这种运动规律又称为抛物线运动规律。又知从动件的位移与凸轮转角的平方成正比，故在前半个行程中，当凸轮转过相同等份转角 φ 为 1、2、3、… 时，从动件相应的位移量 s 为 1∶4∶9∶…。据此，即可用作图法画出其位移曲线（图 4-11）。对于后半个行程，从动件作等减速运动，由图 4-11 可知，其位移线图的画法与前半行程等加速位移线图的画法基本相同。

用类似的方法可得从动件回程等加速段、等减速段的运动方程

$$\left.\begin{aligned}s&=h-\frac{2h}{\Phi'^2}\varphi^2\\v&=-\frac{4h\omega}{\Phi'^2}\varphi\\a&=-\frac{4h\omega^2}{\Phi'^2}\end{aligned}\right\}\text{（等加速段）}\qquad(4-4a)$$

$$\left.\begin{aligned}s&=\frac{2h}{\Phi'^2}(\Phi'-\varphi)^2\\v&=-\frac{4h\omega}{\Phi'^2}(\Phi'-\varphi)\\a&=\frac{4h\omega^2}{\Phi'^2}\end{aligned}\right\}\text{（等减速段）}\qquad(4-4b)$$

3. 简谐运动规律

当一个质点在圆周上做匀速运动时，它在这个圆的直径上的投影所构成的运动称为简谐运动。从动件作简谐运动时，其运动线图如图 4-12 所示。由位移线图可以看出，其位移曲线方程为

$$s=R-R\cos\theta$$

式中，$R=\frac{h}{2}$，且当 $\varphi=0$ 时，$\theta=0$；$\varphi=\Phi$ 时，$\theta=\pi$，故得 $\theta=\frac{\pi}{\Phi}\varphi$。将 R 及 θ 值代入上式并对时间求导，可得从动件推程简谐运动方程

$$\left.\begin{aligned}s&=\frac{h}{2}\left[1-\cos\left(\frac{\pi}{\Phi}\varphi\right)\right]\\v&=\frac{\pi h\omega}{2\Phi}\sin\left(\frac{\pi}{\Phi}\varphi\right)\\a&=\frac{\pi^2h\omega^2}{2\Phi^2}\cos\left(\frac{\pi}{\Phi}\varphi\right)\end{aligned}\right\}\qquad(4-5)$$

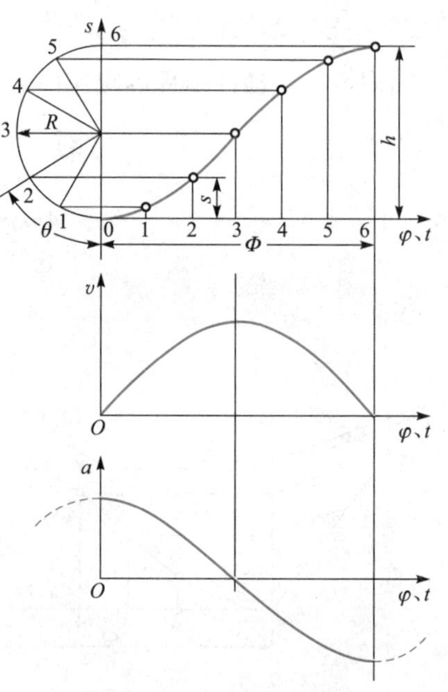

图 4-12 简谐运动推程段从动件运动线图

由式（4-5）可知，从动件作简谐运动时，其加速度按余弦曲线变化，故又称余弦加速度规律。由运动线图可知，这种运动规律在始末两点加速度有突变，故也存在柔性冲击，所以也只适用于中速场合。只有当从动件作无停留区间的升—降—升连续往复运动时，才可以获得连续的加速度曲线（图中虚线所示）而用于高速传动。

类似地，可得从动件回程简谐运动方程

$$\left.\begin{aligned}s&=\frac{h}{2}\left[1+\cos\left(\frac{\pi}{\Phi'}\varphi\right)\right]\\v&=-\frac{\pi h\omega}{2\Phi'}\sin\left(\frac{\pi}{\Phi'}\varphi\right)\\a&=-\frac{\pi^2h\omega^2}{2\Phi'^2}\cos\left(\frac{\pi}{\Phi'}\varphi\right)\end{aligned}\right\}\qquad(4-6)$$

4. 摆线运动规律

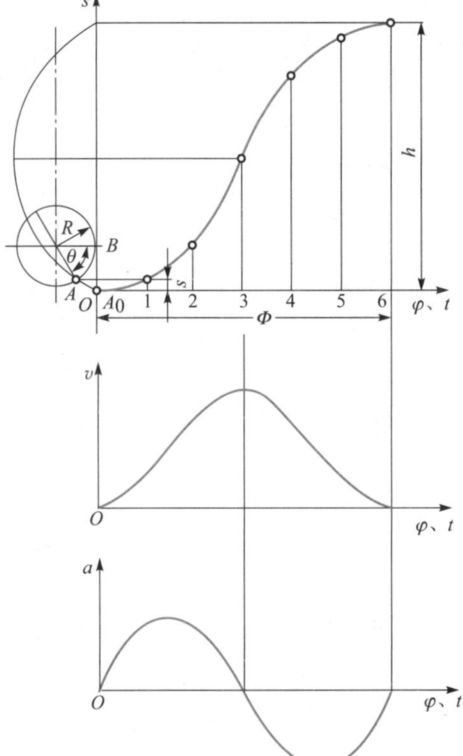

图 4-13　摆线运动推程段从动件运动线图

如图 4-13 所示，当滚圆沿纵轴匀速纯滚动时，圆周上某定点 A 将描出一条摆线。A 点沿摆线运动时在纵轴上的投影即构成摆线运动规律，其运动线图见图 4-13。由位移线图可知其位移曲线方程为

$$s=A_0B-R\sin\theta=R\theta-R\sin\theta$$

因半径为 R 的圆滚动一周其圆心的行程 $h=2\pi R$，则 $R=\dfrac{h}{2\pi}$；又 $\dfrac{\theta}{2\pi}=\dfrac{\varphi}{\Phi}$，则 $\theta=2\pi\dfrac{\varphi}{\Phi}$。将 R 及 θ 代入上式并对时间求导，可得从动件推程摆线运动方程

$$\left.\begin{aligned}s&=h\left[\frac{\varphi}{\Phi}-\frac{1}{2\pi}\sin\left(\frac{2\pi}{\Phi}\varphi\right)\right]\\v&=\frac{h\omega}{\Phi}\left[1-\cos\left(\frac{2\pi}{\Phi}\varphi\right)\right]\\a&=\frac{2\pi h\omega^2}{\Phi^2}\sin\left(\frac{2\pi}{\Phi}\varphi\right)\end{aligned}\right\}\tag{4-7}$$

由式（4-7）可知，当从动件按摆线运动规律运动时，从动件加速度按正弦曲线变化故又称为正弦加速度运动规律。从运动线图可知，这种运动规律的速度、加速度均是连续变化的，没有突变，所以机构中既没有刚性冲击又没有柔性冲击，可用于高速传动。

通过类似方法，可得从动件回程摆线运动方程

$$\left.\begin{aligned}s&=h\left[1-\frac{\varphi}{\Phi'}+\frac{1}{2\pi}\sin\left(\frac{2\pi}{\Phi'}\varphi\right)\right]\\v&=-\frac{h\omega}{\Phi'}\left[1-\cos\left(\frac{2\pi}{\Phi'}\varphi\right)\right]\\a&=-\frac{2\pi h\omega^2}{\Phi'^2}\sin\left(\frac{2\pi}{\Phi'}\varphi\right)\end{aligned}\right\}\tag{4-8}$$

4.3　凸轮轮廓曲线设计

根据机器的工作要求，确定了凸轮机构的形式，选定了从动件的运动规律，并决定了凸轮的基圆半径和转动方向之后，即可进行凸轮轮廓曲线的设计。凸轮轮廓曲线设计的方法分为图解法和解析法。本章主要介绍图解法。

4.3.1 反转法作图原理

用图解法绘制凸轮轮廓曲线所依据的方法是“反转法”。

如图 4-14 所示，如果给整个机构加一个与凸轮角速度 ω 大小相等方向相反的公共角速度（$-\omega$），于是，凸轮静止不动，而从动件和导路一方面以角速度（$-\omega$）绕 O 点转动，另一方面从动件又以一定的运动规律相对导路往复运动。由于从动件尖底始终与凸轮轮廓接触，所以从动件尖底的运动轨迹即为凸轮的轮廓曲线。根据这一原理便可作出各种类型凸轮机构的凸轮轮廓曲线。

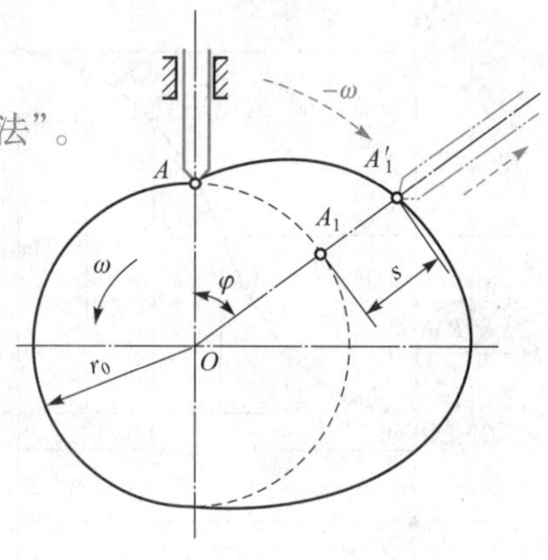

图 4-14 “反转法”作图原理说明图

4.3.2 直动从动件盘形凸轮轮廓设计

1. 尖底从动件

图 4-15（a）所示为尖底偏置直动从动件盘形凸轮机构，图 4-15（b）为给定的从动件位移线图。设已知凸轮基圆半径 r_0，从动件导路与凸轮回转中心的偏距为 e，凸轮以等角速度 ω 顺时针方向转动，求作凸轮轮廓曲线。作图步骤与方法如下。

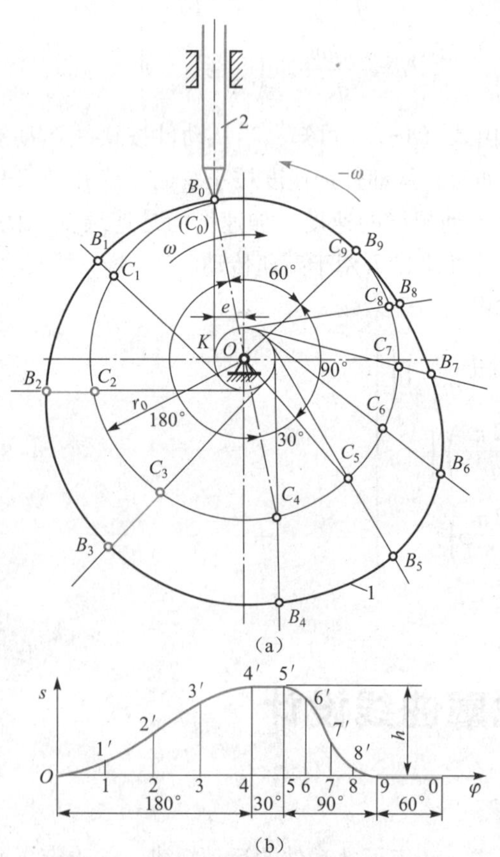

图 4-15 尖底偏置直动从动件盘形凸轮轮廓图解设计

（1）取与位移曲线相同的比例尺 μ_l 画出基圆和偏距圆。过偏距圆上任一点 K 作从动件导路与偏距圆相切。导路与基圆的交点 $B_0(C_0)$ 即是从动件尖底的起始位置。

（2）将位移曲线的推程角和回程角分别作若干等份（图中各为 4 等份）。

（3）自 OC_0 开始，沿与 ω 相反的方向，取推程角 180°、远休止角 30°、回程角 90°、近休止角 60°。并将推程角和回程角分成与位移曲线相对应的等份，得点 C_1、C_2、C_3…。

（4）过 C_1、C_2、C_3…各点作偏距圆的一系列切线，它们便是反转后从动件在各个位置时的导路。

（5）沿以上各切线由基圆上各对应点 C_1、C_2、C_3…向外量取从动件在各位置的位移量，即线段 $C_1B_1=11'$、$C_2B_2=22'$、$C_3B_3=33'$…，得出反转后尖底的一系列位置点 B_1、B_2、B_3…。

（6）将点 B_0、B_1、B_2…连成光滑曲线

（远休止段和近休止段用等径圆弧），即得所求凸轮轮廓曲线。

以上当 $e=0$ 时，即得尖底对心直动从动件盘形凸轮轮廓，这时偏距圆的切线即为过点 O 的径向线，其余设计方法及步骤与上述相同。

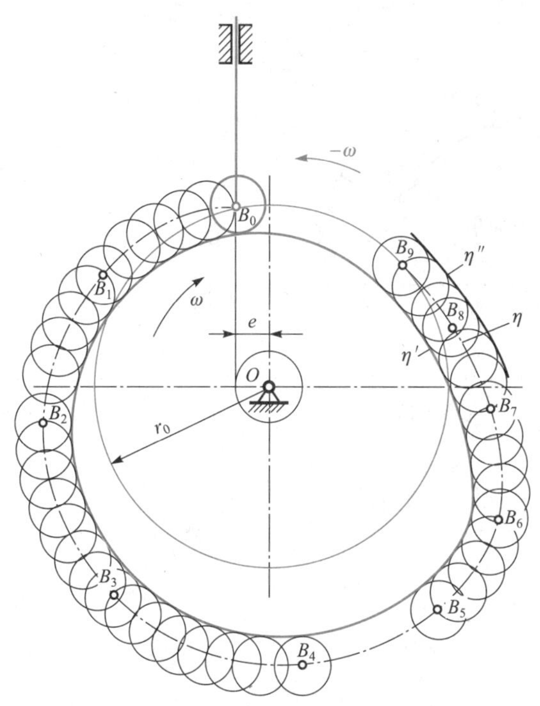

图 4-16　滚子偏置直动从动件盘形凸轮轮廓图解设计

2. 滚子从动件

图 4-16 所示为滚子偏置直动从动件盘形凸轮机构。为讨论方便，仍采用上述的已知条件，只是在从动件端部加上一个半径为 r_T 的滚子。

由于滚子中心是从动件上的一个固定点，该点的运动就是从动件的运动，因此可取滚子中心作为参考点（相当于尖底从动件的尖底），按设计尖底从动件凸轮轮廓的方法绘出凸轮轮廓曲线 η。η 称为凸轮的理论轮廓曲线。由于滚子始终与凸轮轮廓保持接触，滚子中心与凸轮轮廓线沿法线方向的距离恒等于滚子半径 r_T。因此，以滚子半径为半径，以理论轮廓曲线 η 上各点为圆心，作一系列滚子圆，最后作这些滚子圆的内包络线 η'（对于凹槽凸轮还应作外包络线 η''），η' 即为滚子从动件盘形凸轮的实际轮廓。

应当指出，凸轮的基圆指的是其理论轮廓的基圆。凸轮的实际轮廓曲线与理论轮廓曲线间的法向距离始终等于滚子半径，所以它们互为等距曲线。

3. 平底从动件

图 4-17 所示为平底对心直动从动件盘形凸轮机构。其廓线求法也与上述相仿，首先将从动件导路中心线与平底的交点 B_0 视为尖底从动件的尖底，再按上述方法求出凸轮的理论轮廓曲线上的一系列点 B_1、B_2、B_3…，然后过这些点作一系列代表从动件平底位置的直线，最后作此直线族的内包络线，即得到凸轮的实际廓线。

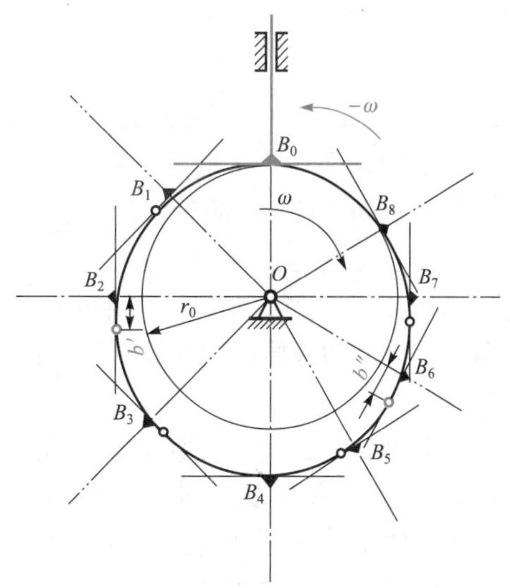

图 4-17　平底对心直动从动件盘形凸轮轮廓图解设计

4.3.3　摆动从动件盘形凸轮轮廓设计

图 4-18（a）所示为尖底摆动从动件盘形凸轮机构。设已知凸轮基圆半径为 r_0，凸轮轴心与从动件摆动中心的中心距为 a，从动件长度为 l_{AB}，推程时从动件逆时针摆动，最大摆角 Ψ_{max}，凸轮

以等角速度 ω 顺时针转动，从动件位移线图如图 4-18（b）所示。求作此凸轮的轮廓。

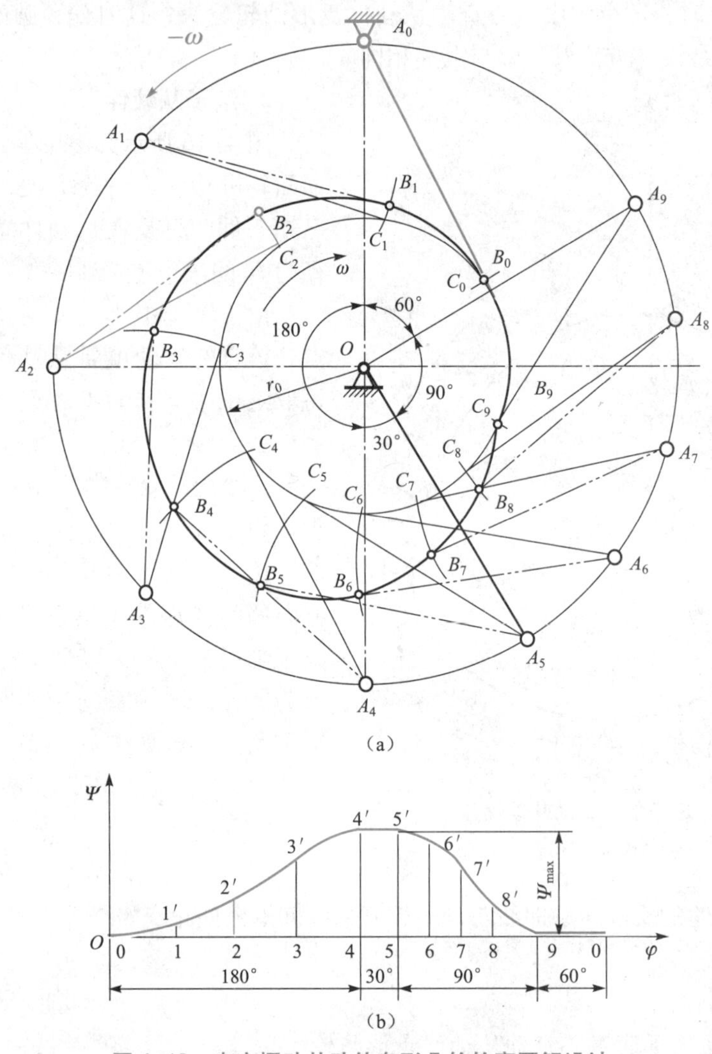

图 4-18　尖底摆动从动件盘形凸轮轮廓图解设计

摆动从动件盘形凸轮轮廓的求法也是利用反转法。其作图步骤如下。

（1）选定适当的比例尺 μ_l，按给定的中心距 a/μ_l 定出 O、A_0 的位置。以 O 为圆心、r_0/μ_l 为半径作基圆，与以 A_0 为圆心、$AB=l_{AB}/\mu_l$ 为半径所作的圆弧交于 B_0（C_0）点，它便是从动件尖底的起始位置。如果要求摆杆在推程中按顺时针方向摆动时，则应在 OA_0 的左侧取交点 B_0。

（2）将 $\Psi—\varphi$ 线图的推程角和回程角分为若干等份（图中各为 4 等份）。

（3）以 O 为圆心，OA_0 为半径作圆。自 A_0 点开始，沿（$-\omega$）方向顺次作出推程角 180°、远休止角 30°、回程角 90°、近休止角 60°。再将推程角和回程角各分为与图 4-18（b）相对应的等份，得点 A_1、A_2、A_3…。它们便是反转后从动件在各位置的回转中心。

（4）分别以 A_1、A_2、A_3…为圆心，以 AB 为半径作一系列圆弧与基圆交点 C_1、C_2、C_3…，再分别作 $\angle C_1A_1B_1=\Psi_1$、$\angle C_2A_2B_2=\Psi_2$…，各个角的边 A_1B_1、A_2B_2…与前面相应圆

弧的交点为 B_1、B_2…。

（5）将点 B_0、B_1、B_2…连成光滑的曲线（远休止段及近休止段为等径圆弧），即得该凸轮的轮廓曲线。

由图 4-18（a）可以看到，此凸轮轮廓与直线 AB 在某些位置（如 A_2B_2、A_3B_3 等）已经相交。为此，应将摆杆做成弯杆，以避免干涉。

同前所述，若采用滚子或平底从动件时，上面求得的轮廓曲线即为理论轮廓曲线，其相应的实际廓线可参照前述方法作出。

4.3.4　滚子直动从动件圆柱凸轮轮廓设计

图 4-19（a）所示为滚子直动从动件圆柱凸轮机构。圆柱凸轮轮廓曲线是位于圆柱面上的一条空间曲线，因而不能直接在平面上表示。但若将此圆柱沿平均半径为 r_m 的圆柱面展开，展开后就相当于长度为 $2\pi r_m$ 的移动凸轮，见图 4-19（b）。因此，它的轮廓曲线可用平面凸轮的设计方法设计。图中横坐标 x 表示移动凸轮的位移 $r_m\varphi$，φ 为圆柱凸轮转角；纵坐标 s 表示从动件的位移，其行程为 h。当凸轮移动速度 $v=r_m\omega$ 时，假想给整个凸轮机构加上一个（$-v$）的公共速度。显然，这时从动件与凸轮的相对运动没有改变，而此时凸轮将静止不动，从动件一方面随其导路一起沿（$-v$）方向移动，同时又在导路中作往复移动，从动件在此复合运动中，其滚子中心 B 的轨迹即为圆柱凸轮的展开理论轮廓。以理论轮廓 η 上各点为中心，作一系列滚子圆，再作一系列滚子圆的包络线 η' 和 η''，即得圆柱凸轮凹槽两侧的展开实际廓线。

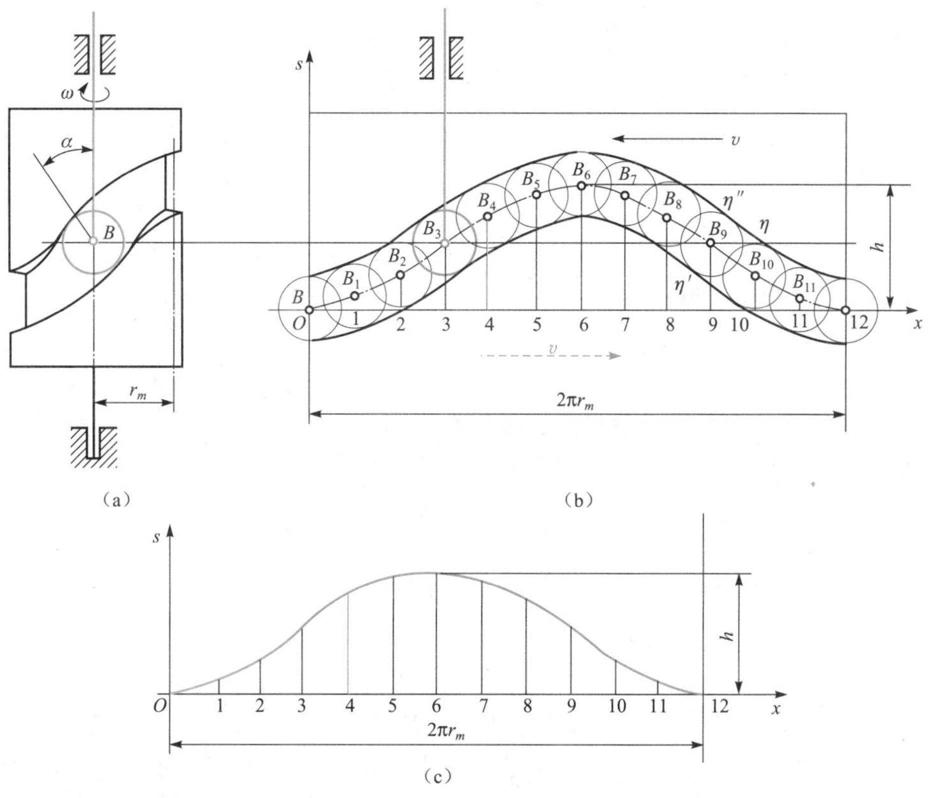

图 4-19　滚子直动从动件圆柱凸轮轮廓图解设计

4.3.5 凸轮的制造方法

对于小批量或单件生产的凸轮，其制造方法通常有以下两种。

1. 铣、锉削加工

对于低速、轻载的凸轮，可以应用反转法原理在未淬火的凸轮轮坯上通过图解法绘制出轮廓曲线，采用铣床或手工锉削的办法加工而成。如凸轮需要进行淬火处理，只得采用人工修磨办法将凸轮淬火过程中产生的变形修去。

2. 数控加工

目前最常用的加工方法是采用数控线切割机床对淬火凸轮坯进行加工。加工时采用解析法，通常采用以凸轮回转中心为极点的极坐标来表示出凸轮轮廓曲线的极坐标值（ρ，θ），应用专用编程软件编程，然后切割而成。此方法加工的凸轮精度高，适用于高速、重载的场合。

若采用数控铣床加工凸轮坯时，则应采用直角坐标系解析法设计凸轮轮廓曲线。用此方法时无法加工淬火凸轮。

4.4 凸轮机构基本尺寸的确定

前面在讨论凸轮轮廓曲线设计时，基圆半径和滚子半径等基本尺寸都是预先给定的。在实际设计中，这些尺寸参数需由设计者在综合考虑凸轮机构的受力情况是否良好、结构是否紧凑等因素后自行选定。

4.4.1 凸轮机构压力角的确定及校核

1. 压力角及许用压力角

凸轮机构中，从动件运动方向与从动件所受凸轮作用力（不计摩擦）方向之间所夹的锐角称为压力角。图4-20为对心直动尖底从动件盘形凸轮机构在推程中的受力情况，F_Q 为作用在从动件上的载荷，包括工作阻力、从动件重力、弹簧力和惯性力等。当不计摩擦时，凸轮作用于从动件上的推力 F 是沿轮廓法线方向的，而从动件运动方向保持不变。因此，凸轮机构工作时，压力角 α 的大小是变化的，推力 F 可正交分解为 F' 和 F''。其中 F' 沿从动件运动方向，是克服 F_Q 的有用分力；F'' 垂直于从动件运动方向，对导路产生侧面压力，是引起从动件与导路间摩擦阻力的有害分力。F' 和 F'' 的大小分别为

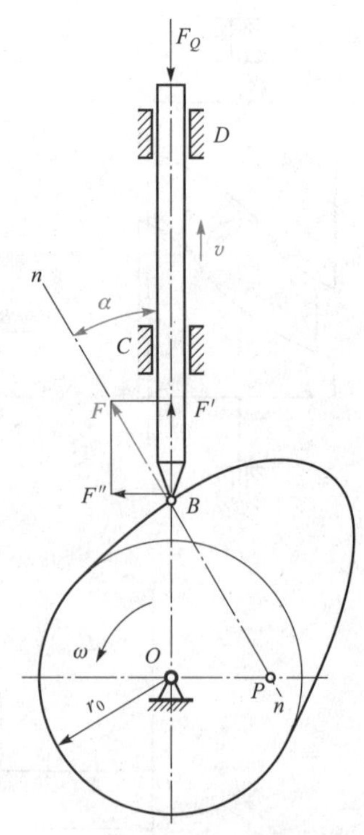

图4-20 对心直动尖底从动件盘形凸轮机构受力分析

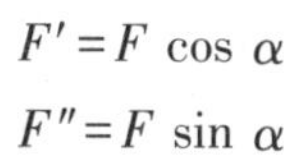

$$F'=F\cos\alpha$$
$$F''=F\sin\alpha$$

可见压力角 α 是影响凸轮机构受力状况的一个重要参数。α 愈大，则有用分力 F' 愈小，有害分力 F'' 愈大，由 F'' 引起的导路中的摩擦阻力就愈大，机构的效率就愈低。当 α 增大到某一数值时，由 F'' 引起的摩擦阻力将会超过有用分力 F'，此时凸轮就不能推动从动件运动，即机构发生自锁。此时的压力角称为极限压力角 $\alpha_{\lim}$，它的数值不仅与接触面间的摩擦系数有关，而且还与从动件的支承间距（CD），悬臂长度（CB）等有关。实际上，当 α 增加到接近 $\alpha_{\lim}$ 时，即使尚未自锁，但为了克服同样大小的工作载荷，所需的驱动力 F 急剧增加，也将导致效率降低和轮廓的严重磨损。为此，在实际设计中，为安全起见，规定了压力角的许用值。在一般设计中，可取下列经验数值。

直动从动件，推程时 $[\alpha]=30°\sim40°$。

摆动从动件，推程时 $[\alpha]=40°\sim50°$。

由于回程时从动件的运动不是由凸轮推动的，所以无论是直动还是摆动从动件凸轮机构，发生自锁的可能性均很小。因此一般取 $[\alpha]=70°\sim80°$。对于滚子从动件，如润滑条件好，支承刚性也较好时，推程许用压力角可取较大数值，否则取较小数值。

2. 压力角的确定

如图 4-21 所示为滚子偏置直动从动件盘形凸轮机构推程的一个位置。$\overline{nn}$ 为过接触点 K 的公法线，$\overline{nn}$ 与过 O 点的导轨垂线交于 P 点，P 点即为此瞬时位置凸轮与从动件的相对速度瞬心。于是有

$$L_{OP}=\frac{v}{\omega}=\left|\frac{\mathrm{d}s/\mathrm{d}t}{\mathrm{d}\varphi/\mathrm{d}t}\right|=\left|\frac{\mathrm{d}s}{\mathrm{d}\varphi}\right|$$

由此可得到直动从动件盘形凸轮机构的压力角计算公式

$$\tan\alpha=\frac{OP\mp OQ}{BQ}=\frac{|\mathrm{d}s/\mathrm{d}\varphi|\mp e}{s+s_0}=\frac{|\mathrm{d}s/\mathrm{d}\varphi|\mp e}{s+\sqrt{r_0^2-e^2}} \tag{4-9}$$

图 4-21 凸轮机构压力角计算辅助图

式中，偏距 e 前面的正负号取法不仅与凸轮转向有关，而且与从动件导路中心线相对于凸轮轴心的偏置位置有关。

凸轮逆时针回转时：

右偏置，推程取“-”号，回程取“+”号。

左偏置，推程取“+”号，回程取“-”号。

凸轮顺时针回转时，正负号取法与上述相反。

由式（4-9）可知，压力角的大小与从动件的偏置方向及凸轮转向有关。因此，为减小凸轮机构推程中的压力角，当凸轮逆时针转动时，从动件应右偏置，当凸轮顺时针转动时，从动件应左偏置。当然在推程中减小压力角，必然会使回程中的压力角增大。

令式（4-9）中 $e=0$，即得对心直动从动件盘形凸轮机构的压力角计算公式

$$\tan\alpha=\frac{|\mathrm{d}s/\mathrm{d}\varphi|}{s+r_0} \tag{4-10}$$

由式（4-9）、式（4-10）可知，对直动从动件盘形凸轮机构，当偏距及从动件运动规律一定时，增大基圆半径，机构的最大压力角值将减小，机构传力性能得到改善，但机构尺寸随之增大；反之，若减小基圆半径，机构尺寸减小，但其最大压力角增大，导致机构传力性能恶化。可见结构紧凑与改善传力性能互为矛盾。对此，通常采用的设计原则是：在保证机构的最大压力角 $\alpha_{\max}\leqslant[\alpha]$ 的条件下，选取尽可能小的基圆半径。而 $\alpha_{\max}=[\alpha]$ 时对应的基圆半径，显然是满足特定条件下的最小基圆半径，用 $r_{0\min}$ 表示。

此外，由上面两式还可以看出，在同样的情况下，偏置式比对心式有较小的压力角。

$\alpha_{\max}$ 的值可通过式（4-9）求得，也可由图解法在轮廓线上较陡的部位选择一些点，画出这些点处的压力角。求出 $\alpha_{\max}$ 后，可检验是否满足 $\alpha_{\max}\leqslant[\alpha]$。如不满足 $\alpha_{\max}\leqslant[\alpha]$，则要改变某些参数（如增大基圆半径等），重新设计凸轮的轮廓曲线。

4.4.2 基圆半径的确定

由式（4-9）可知，在其他参数相同的情况下基圆半径 r_0 越小，凸轮的压力角越大，机构的性能越差。根据 $\alpha_{\max}\leqslant[\alpha]$ 的要求，可按式（4-9）求出 $r_{0\min}$。也可先根据凸轮的具体结构条件试选凸轮基圆半径 r_0，对所设计的凸轮轮廓校核压力角，若不满足要求则增大 r_0 然后再设计校核，直至满足 $\alpha_{\max}\leqslant[\alpha]$ 为止。

4.4.3 滚子半径的选择

采用滚子推杆时，对于滚子半径的选择，要考虑滚子的结构、强度及凸轮轮廓曲线的形状等多方面因素。

如图4-22（a）所示内凹的凸轮轮廓曲线，η' 为实际廓线，η 为理论廓线，实际廓线的曲率半径 ρ' 等于理论廓线的曲率 ρ 与滚子半径 r_T 之和，即 $\rho'=\rho+r_T$。这样，不论滚子大小如何，实际廓线总可以作出。对于外凸的凸轮轮廓曲线，其实际廓线的曲率半径等于理论廓线的曲率半径 ρ 与滚子半径 r_T 之差，即 $\rho'=\rho-r_T$，实际轮廓线是否能够作出取决于 ρ 与 r_T 之间的相对大小，可分为以下三种情况。

（1）$\rho>r_T$ 时，如图4-22（b）所示，实际廓线的曲率半径 $\rho'>0$，实际轮廓为平滑的曲线。

（2）$\rho=r_T$ 时，如图4-22（c）所示，实际廓线的曲率半径 $\rho'=0$，于是实际廓线出现尖点，凸轮轮廓很容易磨损。

（3）$\rho<r_T$ 时，如图4-22（d）所示，实际廓线的曲率半径 $\rho'<0$，这时，实际廓线出现交叉，图中阴影部分在实际制造中将被切去，致使推杆不能按预期的运动规律运动，这种现

$\rho'=\rho+r_T$

(a)

$\rho>r_T$
$\rho'=\rho-r_T>0$

(b)

$\rho=r_T$
$\rho'=\rho-r_T=0$

(c)

$\rho<r_T$
$\rho'=\rho-r_T<0$

(d)

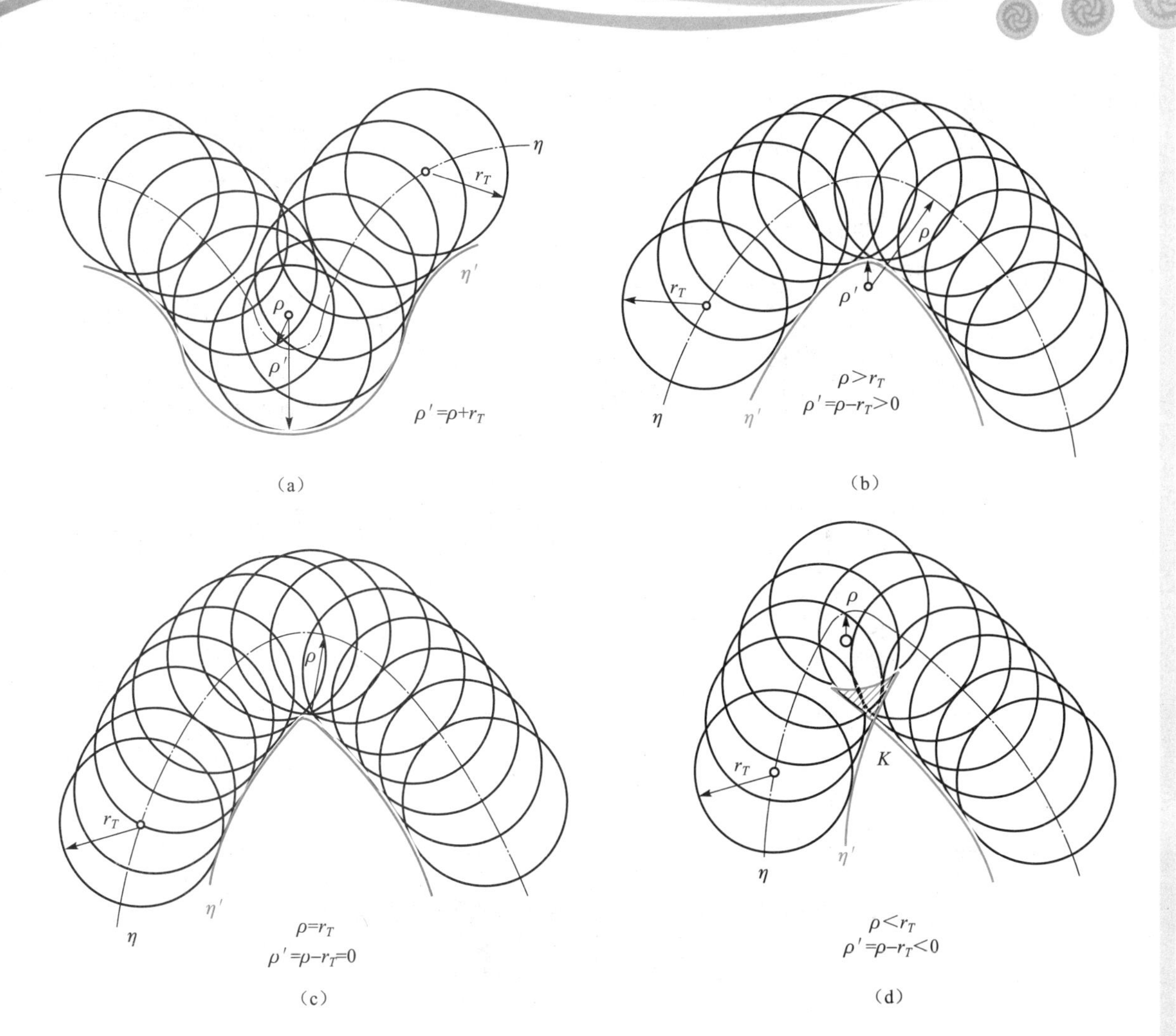

图 4-22　滚子半径与凸轮轮廓

象称为失真。

综上所述，对于外凸的凸轮轮廓曲线，应使滚子半径 r_T 小于理论廓线最小曲率半径 $\rho_{\min}$，通常取 $r_T \leqslant 0.8\rho_{\min}$。

凸轮实际廓线的最小曲率半径 $\rho'_{\min}$ 一般不应小于 1～5 mm。如不能满足，应适当减小滚子半径或加大基圆半径后重新设计。另外，滚子的尺寸还受其强度、结构的限制，因而不能太小，通常可取 $r_T=(0.1\sim0.5)\ r_0$，其中 r_0 为基圆半径。

4.4.4　平底长度的确定

由图 4-17 可知，平底与凸轮工作轮廓的切点随着导路在反转中的位置而发生改变，从图上可以找到平底左右两侧离导路最远的两个切点至导路的距离 b' 和 b''。为了保证在所有位置上平底都能与轮廓相切，从动件平底长度 L 应取为

$$L=2l_{\max}+(5\sim7)\ \text{mm} \tag{4-11}$$

式中，$l_{\max}$ 为 b' 和 b'' 中的较大者。

对于平底从动件凸轮机构，有时也会产生“失真”现象。如图4-23所示，由于设计时从动件平底在 B_1E_1 和 B_3E_3 位置时的交点落在 B_2E_2 位置之内，因而使凸轮的实际廓线（图示虚线轮廓）不能与位于 B_2E_2 依置的平底相切，或者说平底必须从 B_2E_2 位置下降一定距离才能与凸轮实际轮廓相切，这就出现了“失真”现象。为了避免这一现象，可适当增大凸轮的基圆半径。图中将基圆半径 r_0 增大到 r_0'，就解决了失真问题。

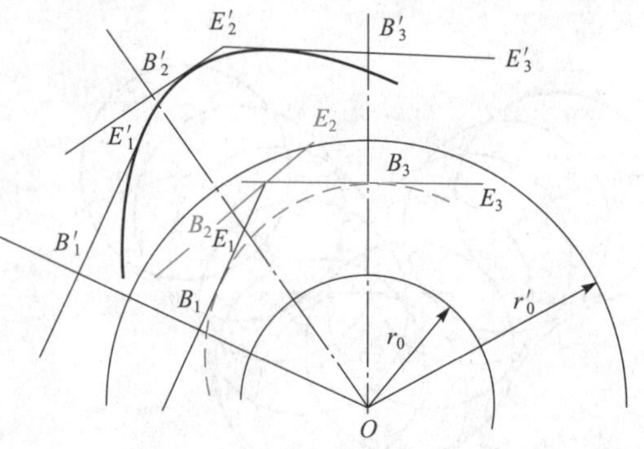

图4-23 平底从动件凸轮机构的运动“失真”

【重点要领】

凸轮接触是高副，运动复杂且精确。
常用规律要记牢，冲击情况各不同。
运动规律机器定，凸轮轮廓来对应。
反转方法加行程，轮廓曲线便确定。
基本尺寸看动力，运转轻便还紧凑。

思考题

4-1 从动件的常用运动规律有哪几种？它们各有什么特点？各适用什么场合？

4-2 当要求凸轮机构从动件的运动没有冲击时，应选用何种运动规律？

4-3 何谓凸轮机构的理论轮廓线？何谓凸轮机构的实际轮廓线？两者有何区别与联系？

4-4 什么叫压力角？压力角的大小对凸轮机构有何影响？

4-5 如何确定凸轮机构中凸轮的基圆半径？

4-6 如何确定滚子从动件的滚子半径和平底从动件的平底长度？

习题

4-1 如图4-24所示，试用作图法在图上标出各凸轮从图示位置按逆时针方向转过45°后凸轮机构的压力角。

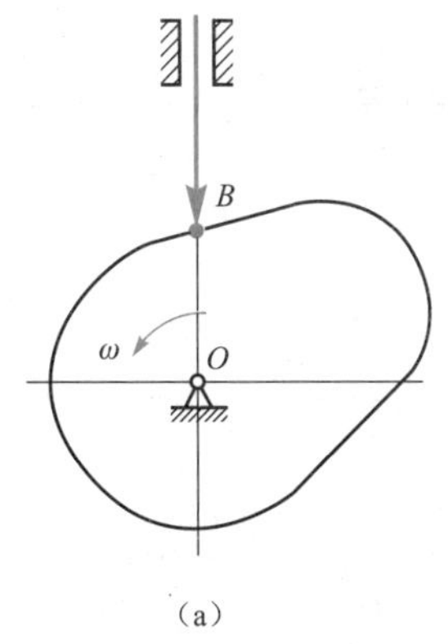

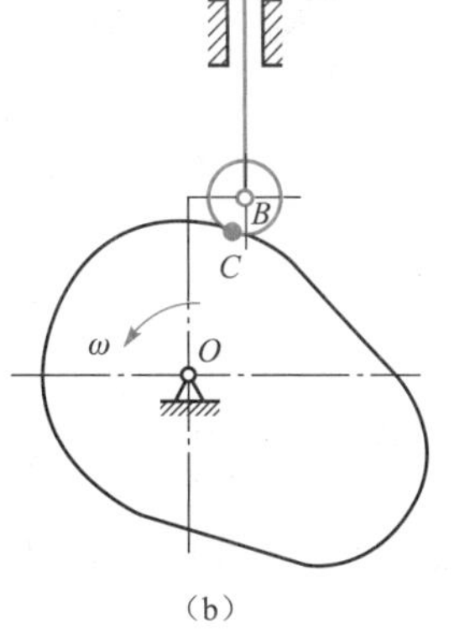

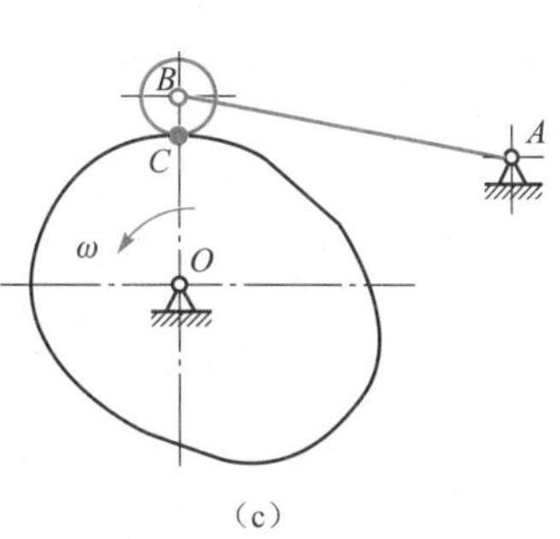

图 4-24　习题 4-1 图

4-2　如图 4-25 所示为两种凸轮机构的工作轮廓，推程起始点均为 C_0（D_0）点。随着凸轮的转动，接触点由 C_0（D_0）点移到 D 点，试标注出凸轮在 D 点接触时的压力角 α 以及凸轮所对应的转角 φ。

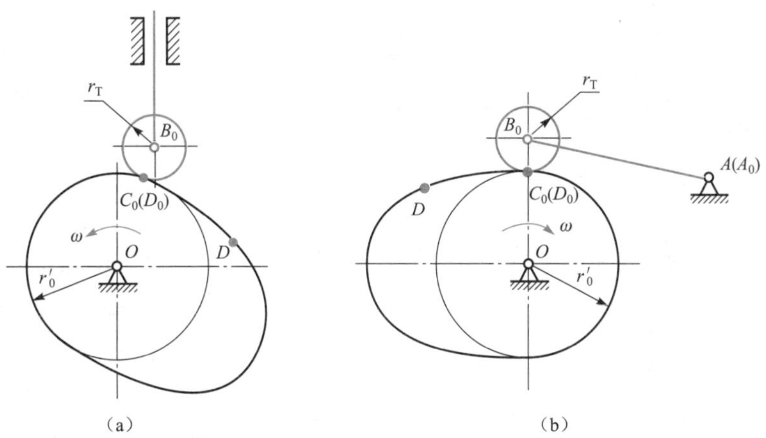

图 4-25　习题 4-2 图

4-3　已知从动件的运动规律如下：$\Phi=180°$，$\Phi_s=30°$，$\Phi'=120°$，$\Phi_s'=30°$，从动件在推程中以余弦加速度上升，在回程中以等加速等减速下降，行程 $h=30$ mm。试用图解法绘制从动件的位移曲线（要求推程运动角和回程运动角各分为 10 等份）

4-4　设计一对心平底直动从动件盘形凸轮机构。凸轮回转方向和从动件初始位置如图 4-26 所示，已知理论轮廓的基圆半径 $r_0=40$ mm，从动件运动规律同题 4-3，试用图解法绘出凸轮轮廓，并决定从动件平底应有的长度（要求推程运动角和回程运动角各分为 8 等份）。

4-5　试用图解法设计如图 4-27 所示一偏置滚子直动从动件盘形凸轮。已知凸轮以等角速度按顺时针方向转动，从动件的行程 $h=30$ mm，从动件导路偏置于凸轮轴心 O 的左侧，偏距 $e=$ 10 mm，理论轮廓的基圆半径 $r_0=40$ mm，滚子半径 $r_T=12$ mm。从动件运动规律与题 4-3 相同。

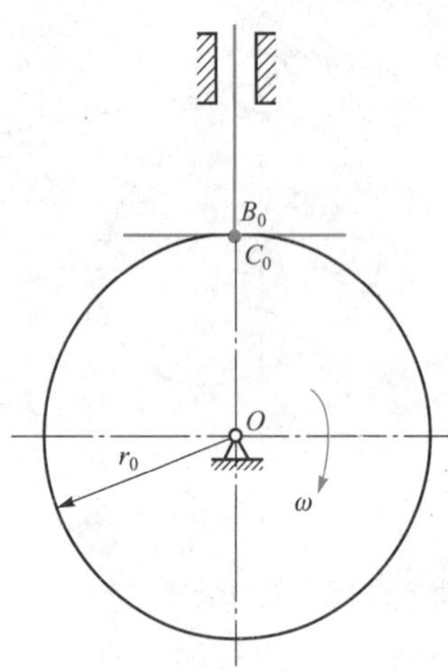

图 4-26　习题 4-4 图

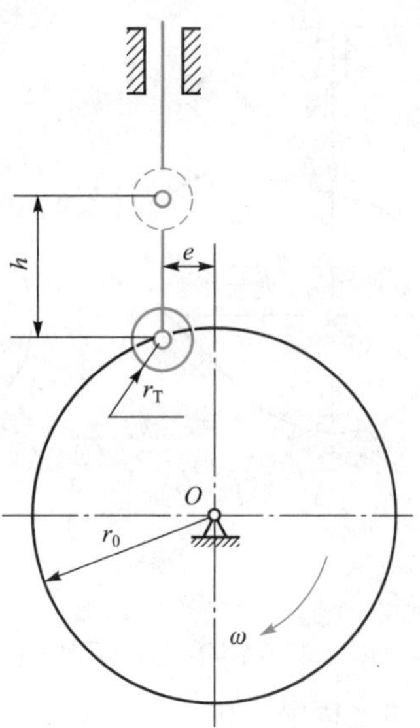

图 4-27　习题 4-5 图

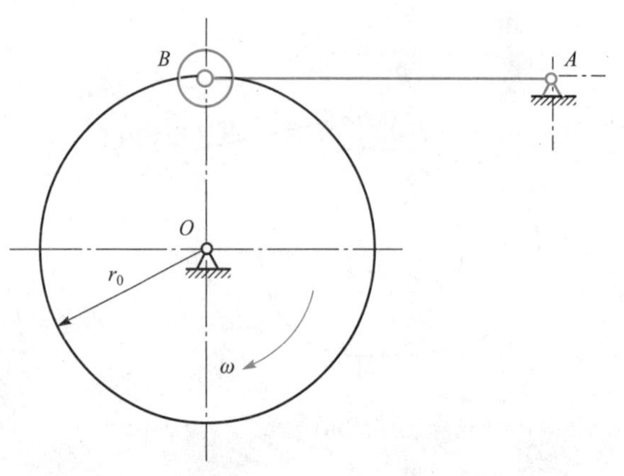

图 4-28　习题 4-6 图

4-6　试用图解法设计一滚子摆动从动件盘形凸轮。已知摆动从动件 AB 在起始位置时垂直于 OB，如图 4-28 所示，l_{AB} = 80 mm，$r_0 = l_{OB}$ = 40 mm，滚子半径 r_T = 10 mm，凸轮以等角速度 ω 沿顺时针方向转动。当其转过 180°时，从动件以余弦加速度规律向上摆动 Ψ_0 = 30°，当凸轮又转过 180°时，从动件以正弦加速度运动规律向下摆回到初始位置。

第 4 章
思考题及习题答案

第 4 章
多媒体 PPT

第 5 章 齿轮传动

课程思政案例 5

【学习目标】

要完成齿轮传动设计，需掌握齿轮传动的类型和特点、齿轮的参数选择和几何尺寸计算、齿轮材料和齿轮传动精度确定、齿轮传动的设计计算。

5.1 齿轮传动的特点和类型

齿轮传动是现代机械中广泛应用的一种传动方式，它可以传递空间任意两轴间的运动和动力，而且传动平稳可靠，效率也高，并且可以改变转动速度和转动方向。

5.1.1 齿轮传动的特点

齿轮传动和其他形式的传动相比较，具有下列优点：传动效率高，传动比稳定，安全可靠，传动的功率和速度范围大，寿命长，可以传递空间任意两轴间的运动和动力，结构紧凑；它的缺点是：制造和安装精度要求高，成本高，不宜用于轴间距离较大的传动，精度低时振动和噪声较大，是机器的主要噪声源之一。

5.1.2 齿轮传动的类型

齿轮传动的类型很多，按照不同的分类方法可分为不同的类型。

根据一对齿轮在啮合过程中其传动比是否恒定，可将齿轮传动分为两大类：定传动比齿轮传动和变传动比齿轮传动。定传动比传动中的齿轮都是圆形的（如圆柱形和圆锥形等），所以又称为圆形齿轮传动；变传动比齿轮传动中的齿轮一般为非圆形的，它主要用于一些具有特殊要求的机械中，如在某些流量计中常用椭圆齿轮来测量液体的流量。本章只研究定传动比齿轮传动。

根据一对齿轮在啮合过程中传动的相对运动是平面运动还是空间运动，齿轮传动又可分为平面齿轮传动（图 5-1（a）、（b）、（c）、（d）、（h））和空间齿轮传动（图 5-1（e）、（f）、（g））。

根据相互啮合的两齿轮的相对位置、齿线的形状，齿轮传动又可分为：① 平行轴齿轮传动，它包括直齿圆柱齿轮传动（图 5-1（a））、斜齿圆柱齿轮传动（图 5-1（b））和人字齿轮传动（图 5-1（c））。直齿圆柱齿轮又称为正齿轮或简称为直齿轮，直齿轮传动又可分为外啮合齿轮传动（两齿轮的转动方向相反，如图 5-1（a））、内啮合齿轮传动（两齿轮的转动方向相同，如图 5-1（d））和齿轮与齿条传动（图 5-1（h））。② 相交轴齿轮传动，如锥齿轮传动（图 5-1（e）、（f））。③ 交错轴齿轮传动，包括交错轴斜齿轮传动（图 5-1（g））、蜗轮蜗杆传动。

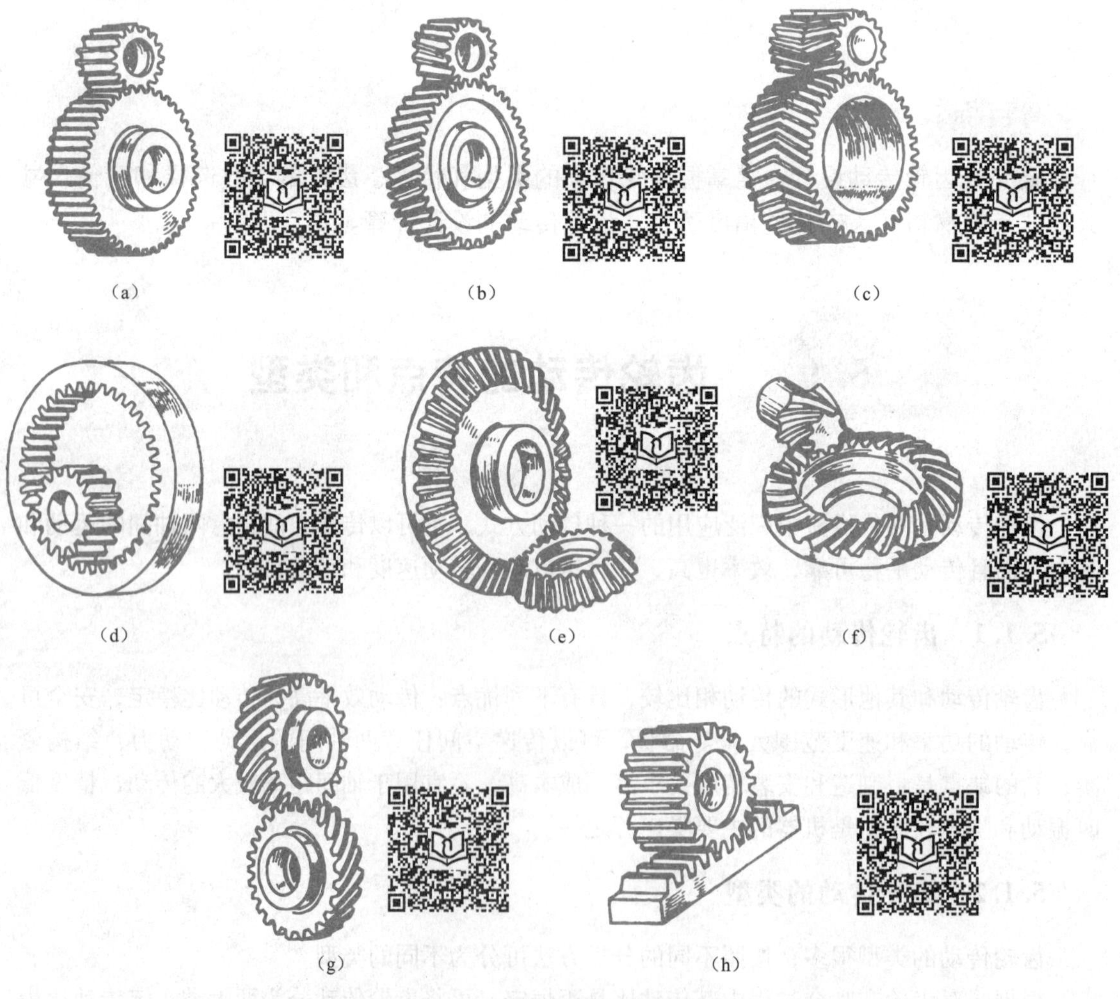

图 5-1　齿轮传动的主要类型

根据齿面的硬度，齿轮传动可分为软齿面传动和硬齿面传动两种。两轮齿面硬度 HBW≤350 时称为软齿面传动；HBW>350 时称为硬齿面传动。

根据齿轮传动的工作条件情况，又可分为开式齿轮传动、半开式齿轮传动和闭式齿轮传动。开式齿轮传动的齿轮完全外露，外界的杂物易落入啮合区，齿面易磨损，润滑性能差，齿轮的工作条件较差。半开式齿轮传动和开式齿轮传动相比，工作条件好，大齿轮部分浸入油池内并有简单的防护罩，但仍有外界异物侵入。闭式齿轮传动的齿轮封闭在刚性箱体内，可保证良好的工作条件，应用广泛。

根据齿廓曲线的形状，又可分为渐开线齿轮传动、摆线齿轮传动和圆弧线齿轮传动三种，其中渐开线齿轮由于制造、安装方便，应用最为广泛。

齿轮传动的类型虽然很多，但直齿轮传动是齿轮传动中最简单、最基本的类型，所以本章以直齿轮为重点，就其啮合原理、传动参数和几何尺寸计算等问题进行较为详尽的研究，然后以此为基础对其他类型的齿轮传动进行讨论。

5.2　齿廓啮合基本定律和渐开线齿廓

一对齿轮的传动是靠主动轮轮齿的齿廓推动从动轮轮齿的齿廓来实现的。所以主动轮按一定的角速度转动时，从动轮的角速度显然与两轮齿廓的形状有关，换句话说，两齿轮传动时其传动比的变化规律与两轮轮齿的曲线形状有关。下面先分析齿廓曲线与齿轮传动比的关系（齿廓啮合的基本定律），然后再来讨论齿廓曲线问题。

5.2.1　齿廓啮合基本定律

1. 传动比

相互啮合的一对齿轮中主动齿轮的瞬时角速度与从动齿轮的瞬时角速度之比称为瞬时传动比，常用 i 表示。当不考虑两齿轮的转动方向时有如下关系成立。

$$i=\frac{\omega_1}{\omega_2} \tag{5-1}$$

通常主动轮以“1”表示，从动轮以“2”表示。ω_1 为主动轮的角速度，ω_2 为从动轮的角速度。在一般减速情况下，$i>1$。

对于齿轮传动，不论是定传动比齿轮传动还是变传动比齿轮传动，其瞬时传动比必须是恒定的，否则当主动轮以等角速度回转时，从动轮的角速度为变量，从而引起齿轮装置的冲击、振动与噪声，它不仅影响齿轮传动的工作精度和平稳性，甚至可导致轮齿过早地失效。

那么齿廓啮合时齿廓曲线形状符合什么条件时，才能满足瞬时传动比是恒定的这一基本要求？这就是要讨论的齿廓啮合基本定律。

2. 齿廓啮合基本定律

图 5-2 表示两相啮合的圆柱齿轮的齿廓 E_1、E_2 在 K 点接触。主动轮 1 与从动轮 2 分别

以角速度 ω_1（顺时针方向）和 ω_2（逆时针方向）绕各自的轴线 O_1、O_2 旋转，过 K 点作两齿廓的公法线 nn，与两轮连心线 O_1O_2 交于 C 点。根据三心定理可知，C 点为两轮在该瞬时位置的相对瞬心。所以 $v_{C1}=v_{C2}$，即 $\overline{O_1C}\omega_1=\overline{O_2C}\omega_2$，因此这对齿轮的瞬时传动比为

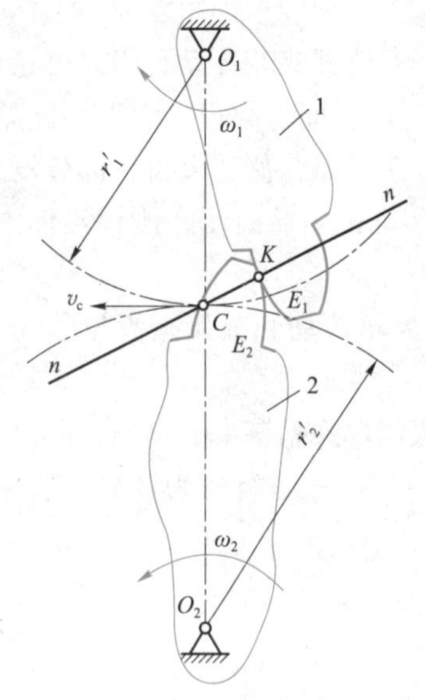

图 5-2　齿廓曲线与齿轮传动比的关系

$$i_{12}=\frac{\omega_1}{\omega_2}=\frac{\overline{O_2C}}{\overline{O_1C}} \tag{5-2}$$

式（5-2）表明：为使两轮的传动比恒定，则应使 $\overline{O_2C}/\overline{O_1C}$ 为常数。安装完毕后两轮中心 O_1、O_2 固定不变，故要使 $\overline{O_2C}/\overline{O_1C}$ 为常数，必须使 C 点为 O_1O_2 连线上的一个固定点。由此可得出如下结论：为了使两齿轮的传动比为一常数，齿廓的形状必须能实现不论齿廓在任何位置接触，过接触点所作的两齿廓的公法线必须与连心线交于一定点 C，这就是齿廓啮合基本定律。

上述过两齿廓接触点所作的公法线与两轮中心连线的交点 C 称为啮合节点，简称为节点。以 O_1、O_2 为圆心，过节点所作的圆称为节圆。$\overline{O_1C}$、$\overline{O_2C}$ 为两齿轮的节圆半径，分别用 r_1' 和 r_2' 表示。当两齿轮相互啮合传动时，其运动相当于两节圆作纯滚动。

同理，由式（5-2）可知，如两齿轮作变传动比传动时，节点 C 不再是一个定点，而是在连心线上按相应的规律移动。

3. 共轭齿廓

凡能满足齿廓啮合基本定律的一对齿轮的齿廓称为共轭齿廓。作为共轭齿廓的曲线，从理论上讲有无穷多。然而在选择齿廓曲线时，除满足齿廓啮合基本要求之外，还必须满足制造、安装和强度等要求，因此在机械中，常采用渐开线、摆线或圆弧等几种曲线作为齿轮的齿廓曲线。而生产实践中应用最广泛的是渐开线齿轮，故本章只讨论渐开线齿轮传动。

5.2.2　渐开线的形成、性质和参数方程

1. 渐开线的形成

当一直线沿半径为 r_b 的圆作纯滚动时（图 5-3（a）），此直线上任意一点 K 的轨迹 AK 称为该圆的渐开线，该圆称为基圆，该直线称为发生线，渐开线 AK 所对应的中心角 θ_K 称为渐开线 AK 段的展角。

2. 渐开线的性质

根据渐开线的形成过程，可知渐开线具有下列特性。

（1）当发生线从位置Ⅰ滚到位置Ⅱ时，发生线沿基圆滚过的长度等于基圆上被滚过的弧长，即 $\overline{BK}=\overset{\frown}{AB}$。

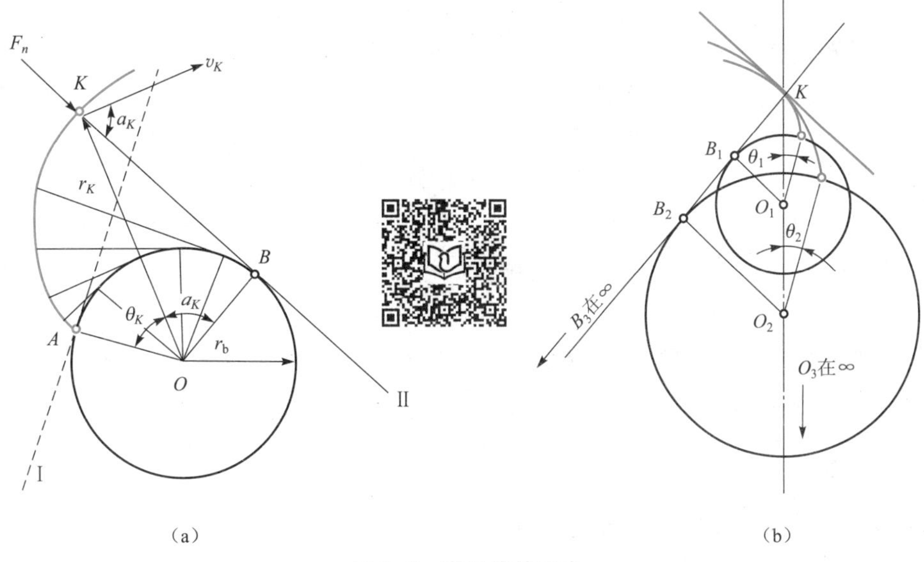

图 5-3　渐开线的形成

（2）渐开线上任意点的法线恒为基圆的切线。因发生线 BK 沿基圆作纯滚动，故它与基圆的切点 B 即为其速度瞬心，所以发生线 BK 即为渐开线在点 K 的法线。又因发生线恒切于基圆，故可得出结论：渐开线上任意点的法线恒为基圆的切线。

（3）渐开线上各点的曲率半径不相等。发生线与基圆的切点 B 也是渐开线在 K 点的曲率中心，而线段 BK 是渐开线在点 K 的曲率半径。由图 5-3（a）可见渐开线愈接近于基圆的部分，其曲率半径愈小，即曲率愈大。

（4）渐开线的形状取决于基圆的大小。在展角相同的情况下，基圆的大小不同渐开线的曲率也不同。由图 5-3（b）可见，当展角 θ 相同时，基圆半径愈小，其渐开线的曲率半径也愈小；基圆半径愈大，其渐开线的曲率半径也愈大；当基圆半径为无穷大时，其渐开线就变成一条直线。齿条的齿廓曲线就是变成直线的渐开线。

（5）基圆内无渐开线。因渐开线是从基圆开始向外展开的，所以基圆内无渐开线。

以上五点是研究渐开线齿轮啮合原理的出发点。

3. 渐开线的参数方程

在实际工作中，为了研究渐开线齿轮的传动和计算轮齿厚度等几何尺寸，常常需要用到渐开线的方程式。下面就根据渐开线的形成过程来推导它的方程式。

如图 5-3（a）所示，A 为渐开线在基圆上的起点，K 为渐开线上的任意点，它的向径用 r_K 表示，渐开线 AK 段的展角为 θ_K。当此渐开线作为齿轮的齿廓并且与其共轭齿廓在点 K 啮合时，则此齿廓在 K 点所受正压力的方向（即齿廓曲线在该点的法线）与点 K 速度方向线（沿 v_K 方向）之间所夹的锐角，称为渐开线在点 K 的压力角，以 α_K 表示。

由△OBK 可知
$$r_K=\frac{r_b}{\cos\alpha_K}$$

又
$$\tan\alpha_K=\frac{\overline{BK}}{r_b}=\frac{\widehat{AB}}{r_b}=\frac{r_b(\alpha_K+\theta_K)}{r_b}=\alpha_K+\theta_K$$

故
$$\theta_K=\tan\alpha_K-\alpha_K$$

由上式可知，展角 θ_K 是随压力角 α_K 的变化而变化，只要给定 α_K，则该点的展角 θ_K 就可以计算出来，所以称展角 θ_K 为压力角 α_K 的渐开线函数，工程上常用 inv α_K 表示 θ_k，即

$$\theta_K=\mathrm{inv}\ \alpha_K=\tan\alpha_K-\alpha_K$$

综上所述，可得渐开线的极坐标参数方程为

$$\left.\begin{aligned}r_K&=\frac{r_\mathrm{b}}{\cos\alpha_K}\\ \mathrm{inv}\ \alpha_K&=\tan\alpha_K-\alpha_K\end{aligned}\right\}\tag{5-3}$$

为计算方便将不同压力角 α_K 的渐开线函数列入渐开线函数表中（该表在相关手册中均可查到，这里省略），以便查用。

5.2.3 渐开线齿廓的啮合特点

1. 渐开线齿廓满足齿廓啮合基本定律

如图 5-4 所示渐开线齿廓 E_1、E_2 在任意点 K 接触，过 K 点作两齿廓的公法线 nn 与两轮的连心线交于 C 点。根据渐开线性质，此公法线 nn 必同时与两基圆相切，其切点为 N_1、N_2，即 n_1n_2 必为两基圆的内公切线。在齿轮传动过程中，两基圆的大小及位置均不变，即两基圆为定圆。而两定圆在同一方向的内公切线只有一条，它与连心线交点的位置不变。故两齿廓无论在什么位置处接触，过接触点所作两齿廓的公法线必与两基圆的内公切线重合，且均通过连心线上同一点 C。这说明渐开线齿廓满足齿廓啮合基本定律，其传动比 i_{12} 为

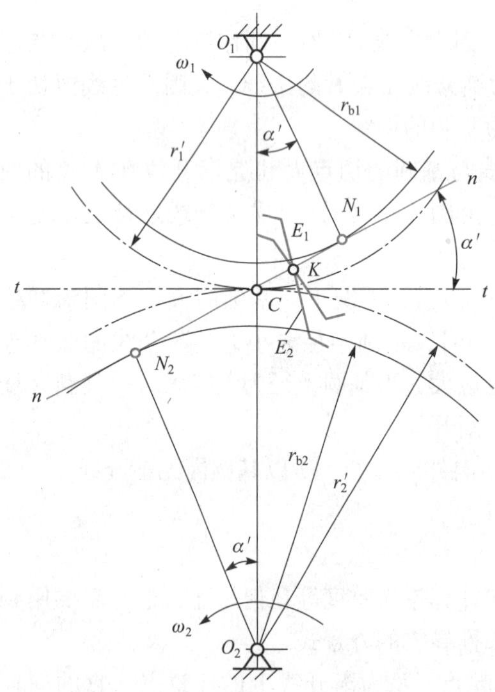

图 5-4 渐开线齿廓的啮合传动

$$i_{12}=\frac{\omega_1}{\omega_2}=\frac{\overline{O_2C}}{O_1C}$$

又由图 5-4 知：$\triangle O_1N_1C\backsim\triangle O_2N_2C$，故

$$i_{12}=\frac{\omega_1}{\omega_2}=\frac{\overline{O_2C}}{\overline{O_1C}}=\frac{r_2'}{r_1'}=\frac{r_{b2}}{r_{b1}}=\text{常数}\tag{5-4}$$

式中，r_1'、r_2' 分别为两轮的节圆半径；r_{b1}、r_{b2} 分别为两轮基圆半径。式（5-4）表示渐开线齿轮的传动比不仅与两轮节圆半径成反比，同时也等于两轮基圆半径的反比。

2. 四线合一

如图 5-4 所示，一对渐开线齿廓在任意一点 K 啮合，过 K 点作两齿廓的公法线 nn，根据渐开线性质，该公法线就是两基圆的公切线。由于齿轮基圆的大小和位置均固定，公法线 nn 是唯一的。因此不管齿轮在哪一点啮合，啮合点总在这条公法线上，该公法线又可称为啮合线。由于两个齿轮啮合传动时其正压力是沿着公法线方向的，因此对渐开线齿廓的齿轮

传动来说，啮合线、过啮合点的公法线、基圆的内公切线和正压力作用线四线合一。

3. 啮合角不变

啮合线 N_1N_2 与两节圆的公切线 tt 所夹的锐角称为啮合角，用 α' 表示，由图 5-4 可知，渐开线齿轮传动中啮合角为常数。

一对相啮合的渐开线齿廓的啮合角在数值上等于渐开线在节圆上的压力角。显然齿轮传动时啮合角不变表示齿廓间压力方向不变。若传递的转矩不变，其压力大小和方向保持不变，因而传动较平稳，这也是渐开线齿轮传动的一大优点。

4. 中心距可分性

由式 5-4 可知渐开线齿轮的传动比是常数。当渐开线齿轮加工完成之后，它的基圆的大小就已确定了，因此在安装时若中心距略有变化，因基圆不变，则就不会改变其瞬时传动比的大小，渐开线齿廓的这个特性称为中心距可分性。这个特性对齿轮传动来说是十分重要的。利用这个独有的特性，即使是齿轮在制造或安装时产生误差，或者是在运转过程中产生的轴承磨损等情况，仍能保持传动比不变，继而保持良好的传动特性。

5.3　渐开线标准直齿轮的参数与计算

5.3.1　渐开线齿廓各部分的名称、定义

为了进一步研究齿轮的传动原理和齿轮的设计问题，必须先将齿轮各部分的名称、符号及其尺寸间的关系加以介绍。

图 5-5 所示为标准外直齿轮的一部分，其各部分的名称及代号如下。

齿轮的齿数：在齿轮整个圆周上轮齿的总数，常用 z 表示。

齿顶圆：轮齿齿顶圆柱面与端平面的交线称为齿顶圆，其直径和半径分别用 d_a 和 r_a 表示。

齿根圆：齿轮上相邻两齿之间的空间部分称为齿槽；轮齿齿槽底部圆柱面与端平面的交线称为齿根圆，其直径和半径分别用 d_f 和 r_f 表示。

基圆：渐开线圆柱齿轮上的假想圆，形成渐开线齿廓的发生线在此假想圆的圆周上作纯滚动时，此假想圆就称为基圆，其直径和半径分别用 d_{b} 和 r_{b} 表示。

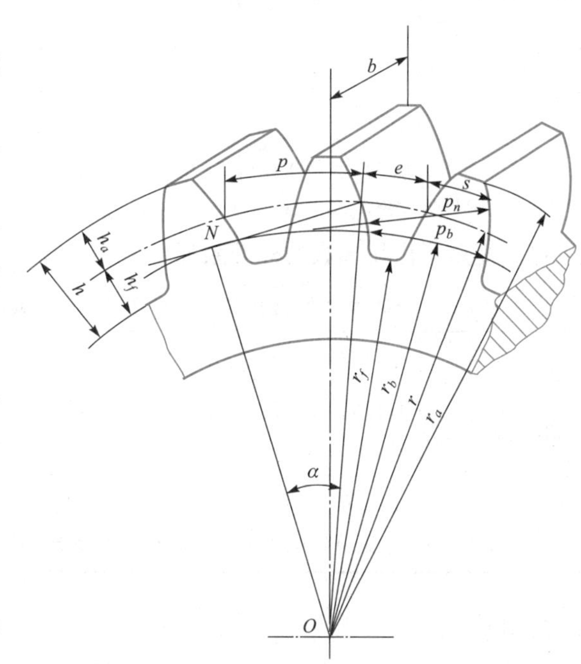

图 5-5　外直齿轮各部分的名称、代号

齿槽宽：任意圆周上，一个齿槽的两侧齿廓之间的弧长称为该圆上的齿槽宽，用 e_K 表示。

齿厚：沿任意圆周所量得的轮齿的弧线长度称为该圆上的齿厚，用 s_K 表示。

齿距：沿任意圆周所量得的相邻两齿上对应点之间的弧长称为该圆上的齿距，用 p_K 表示。由图 5-5 可以看出，在同一圆周上，齿距等于齿厚与齿槽宽之和，即

$$p_K = e_K + s_K \tag{5-5}$$

分度圆：在齿顶圆和齿根圆之间人为取的一个作为轮齿尺寸计算基准的圆，其直径和半径分别用 d 和 r 表示。对标准齿轮而言，齿厚 s 与齿槽宽 e 相等的那个圆即为分度圆。

齿宽：齿轮的有齿部分沿分度圆柱面的轴线方向所量得的宽度称为齿宽，用 b 表示。

齿顶高：齿顶圆与分度圆之间的径向距离称为齿顶高，用 h_a 表示。

齿根高：齿根圆与分度圆之间的径向距离称为齿根高，用 h_f 表示。

齿高：齿顶圆至齿根圆之间的径向距离称为全齿高（或齿高），用 h 表示。$h=h_a+h_f$。

5.3.2 渐开线标准直齿轮的基本参数

齿轮各部分尺寸很多，但决定齿轮尺寸和齿形的基本参数只有五个，即齿轮的齿数 z、模数 m、压力角 α、齿顶高系数 h_a^* 及顶隙系数 c^*。上述参数除齿数外均已标准化。

1. 模数 m

分度圆直径 d 与齿距 p 及齿数 z 之间的关系为

$$\pi d = pz \text{ 或 } d = \frac{p}{\pi}z$$

式中，π 为无理数，计算 d 时很不方便。为便于齿轮的设计和制造，人为地把分度圆上的齿距 p（单位为：mm）与无理数 π 的比值 p/π 规定为一些简单的有理数，即齿距除以 π 所得的商称为模数，用 m 表示，以 mm 为单位，即

$$m = \frac{p}{\pi}$$

所以

$$d = mz \tag{5-6}$$

模数是齿轮几何尺寸计算中的重要基本参数。m 越大，则 p 越大，轮齿就越大，轮齿的抗弯曲能力也就越高，故 m 是轮齿抗弯曲能力的重要标志。为了便于计算、制造和互换，国家已经规定了齿轮模数的标准系列（表 5-1）。

表 5-1 通用机械用和重型机械用渐开线圆柱齿轮模数（GB/T 1357—2008） mm

第一系列	1，1.25，1.5，2，2.5，3，4，5，6，8，10，12，16，20，25，32，40，50
第二系列	1.125，1.375，1.75，2.25，2.75，3.5，4.5，5.5，（6.5），7，9，11，14，18，22，28，36，45

注：1. 选用模数时应优先选用第一系列，其次选用第二系列，括号内模数尽量不选用。
2. 本表适用于渐开线圆柱齿轮，对斜齿轮是指法面模数。

2. 压力角

如前所述，渐开线上各点的压力角是变化的。为设计、制造方便，我国规定：分度圆上

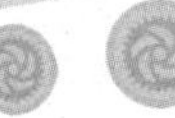

的压力角为标准压力角 $\alpha=20°$。此外，有些国家也采用 14.5°、15°、25°等标准。如不加指明，压力角就指的是分度圆上的压力角。

因此分度圆可定义为：齿轮具有标准模数和标准压力角的圆。

3. 齿顶高系数 h_a^* 和顶隙系数 c^*

如果用模数来表示齿高，则齿顶高和齿根高的关系式为

$$\left.\begin{aligned} h_a &= h_a^* m \\ h_f &= (h_a^* + c^*) m \end{aligned}\right\} \tag{5-7}$$

式中，h_a^* 和 c^* 分别称为齿顶高系数和顶隙系数。

我国规定的标准值为

对于正常齿制　$h_a^*=1$，　$c^*=0.25$

对于短齿制　$h_a^*=0.8$，　$c^*=0.3$

顶隙：在一对齿轮的啮合传动中，一个齿轮的齿顶圆与另一个齿轮的齿根圆之间的径向间隙，用 c 表示。用顶隙系数和模数表示为

$$c=c^* m \tag{5-8}$$

至此，可得齿顶圆直径、齿根圆直径的计算公式

$$\left.\begin{aligned} d_a &= d+2h_a = m(z+2h_a^*) \\ d_f &= d-2h_f = m(z-2h_a^*-2c^*) \end{aligned}\right\} \tag{5-9}$$

对于模数、压力角、齿顶高系数及顶隙系数均为标准值，且分度圆上的齿厚等于齿槽宽的齿轮，称为标准齿轮。

5.3.3　内齿轮的齿廓特点

图 5-6 为一内齿轮。内齿轮的轮齿分布在空心圆柱的内表面上。相同基圆的内、外齿轮的齿廓曲线为完全相同的渐开线，但轮齿的形状不同，有以下不同点。

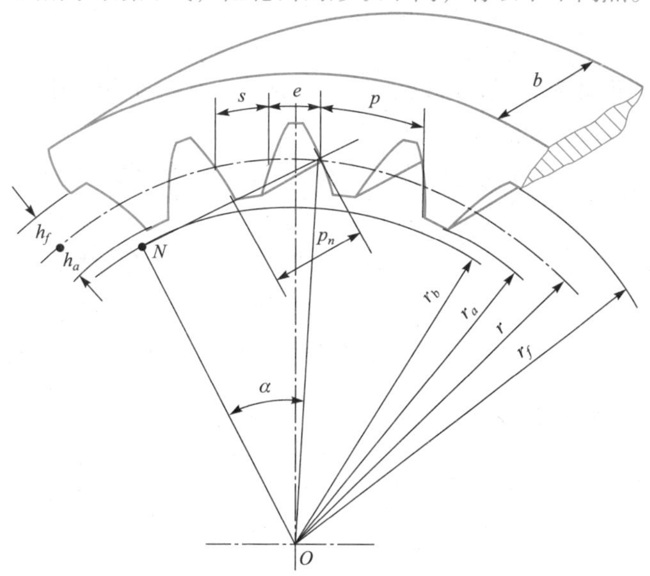

图 5-6　内直齿轮各部分的名称、代号

（1）外齿轮的轮齿是外凸的，而内齿轮的轮齿是内凹的。所以内齿轮的齿厚相当于外齿轮的齿槽宽，内齿轮的齿槽宽相当于外齿轮的齿厚。

（2）内齿轮的齿顶圆小于齿根圆，而外齿轮的齿顶圆大于齿根圆。

（3）为保证内齿轮的齿顶部分都是渐开线，齿顶圆必须大于基圆。

基于上述特点，内齿轮的某些几何尺寸计算，就不同于外齿轮。例如齿顶圆直径和齿根圆直径

$$\left.\begin{aligned} d_a &= d-2h_a = m\ (z-2h_a^*) \\ d_f &= d+2h_f = m\ (z+2h_a^*+2c^*) \end{aligned}\right\} \tag{5-10}$$

5.3.4 齿条的齿廓特点

图5-7所示为一齿条。齿条是圆柱齿轮的特殊形式，当齿轮的齿数增大到无穷多时，其圆心位于无穷远处，渐开线齿廓曲线变为直线，同时，齿顶圆、齿根圆、分度圆也变为相应的齿顶线、齿根线、分度线（也称为齿条中线）。齿条与齿轮相比有以下两点不同。

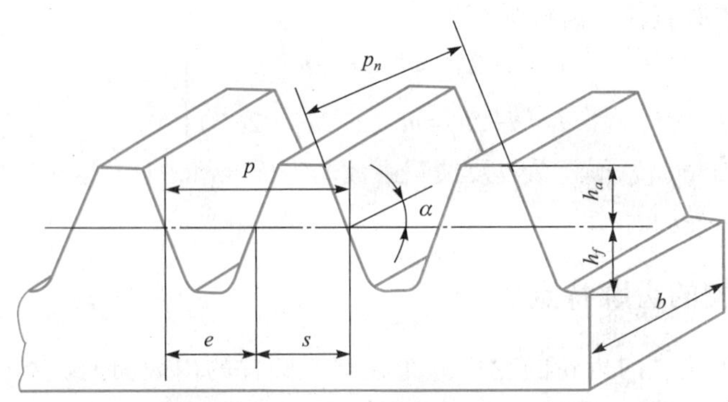

图5-7 齿条各部分的名称、代号

（1）由于齿条的齿廓为直线，所以齿廓上各点的法线都是相互平行的，且在传动时齿条作平动，齿廓上的各点速度的方向都相同。为此，齿条齿廓上各点的压力角都相等，其大小为标准值，即 $\alpha=20°$。齿条齿廓的倾角称为齿形角，由图可知，其值等于压力角。

（2）由于齿条的各同侧齿廓都是平行的，所以在与分度线相平行的任一直线上的齿距都相等，但齿厚与齿槽宽只有在分度线上相等，即 $s=e$。在与分度线相平行的其他各直线上的齿厚与齿槽宽均不相等。

齿条的几何尺寸如 h_a、h_f、s、e 等，可参照外齿轮的几何尺寸计算公式进行计算。

5.3.5 标准直齿轮几何尺寸计算

标准直齿轮的各部分尺寸的计算公式见表5-2。

表 5-2　标准直齿轮几何尺寸计算公式

mm

名　称	符　号	计　算　公　式	
分度圆直径	d	$d=mz$	
基圆直径	d_b	$d_b=d\cos\alpha$	
齿顶高	h_a	$h_a=h_a^* m$	
齿根高	h_f	$h_f=(h_a^*+c^*)m$	
齿高	h	$h=h_a+h_f=(2h_a^*+c^*)m$	
顶隙	c	$c=c^* m$	
齿顶圆直径	d_a	$d_a=d\pm 2h_a=m(z\pm 2h_a^*)$	
齿根圆直径	d_f	$d_f=d\mp 2h_f=m(z\mp 2h_a^*\mp 2c^*)$	
齿距	p	$p=m\pi$	
齿厚	s	$s=\frac{p}{2}=\frac{m\pi}{2}$	
齿槽宽	e	$e=\frac{p}{2}=\frac{m\pi}{2}$	
标准中心距	a	$a=\frac{1}{2}(d_2\pm d_1)=\frac{1}{2}(z_2\pm z_1)m$	
任意圆齿厚	S_K	$S_K=S\frac{r_K}{r}-2r_K(\mathrm{inv}\alpha_K-\mathrm{inv}\alpha)$	
公法线长度	W_K	$W_K=m\cos\alpha[(k-0.5)\pi+z\mathrm{inv}\alpha]$	齿轮参数测绘
注：在同一公式中有上下运算符号的，上面的符号用于外啮合齿轮或外齿轮，下面的符号用于内啮合齿轮或内齿轮。			

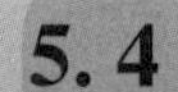

5.4　渐开线标准直齿轮的啮合传动

以上仅就单个齿轮进行了研究，对于一对渐开线齿轮来说，必须满足什么条件才能保证传动时能正确啮合以及必须满足什么条件才能保证齿轮传动能连续进行，这些都是关系到齿轮传动性能的关键问题，以下我们就这些问题分别进行研究。

5.4.1　渐开线齿轮的啮合过程

如图 5-8 所示为一对渐开线直齿轮的啮合情况，齿轮 1 为主动轮，齿轮 2 为从动轮，一对齿轮的啮合是从主动轮的齿根推动从动轮的齿顶开始的，因此起始啮合点 A 是从动轮的齿

顶圆与啮合线 N_1N_2 的交点。随着齿轮传动的进行，两轮齿的啮合点沿啮合线向左下方移动。当啮合点移至主动轮 1 的齿顶圆与啮合线 N_1N_2 的交点 B 时该对轮齿啮合终止，B 为终止啮合点。从一对轮齿的啮合过程看啮合点实际走过的轨迹只是啮合线 N_1N_2 上的一段 AB，所以称线段 AB 为齿廓啮合的实际啮合线段。随着齿顶圆的增大，AB 线段可以加长，但不会超过 N_1、N_2 点，N_1、N_2 称为啮合极限点，N_1N_2 为理论上可能的最大啮合线段称为理论啮合线段。

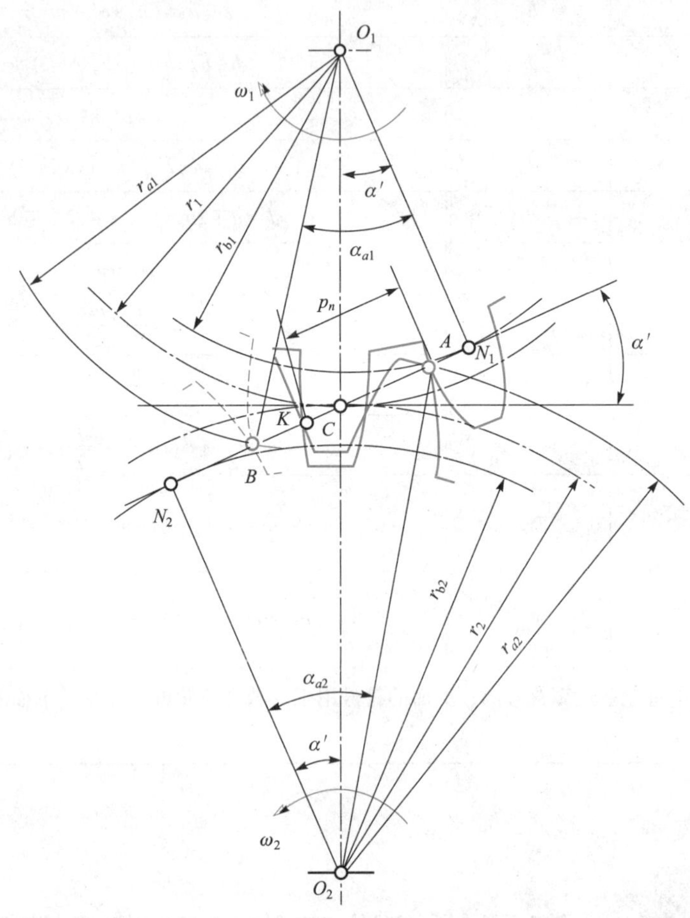

图 5-8　一对渐开线直齿轮的啮合传动

从上面的分析知，在一对轮齿啮合的过程中，轮齿的齿廓只是从齿顶到齿根的一段齿廓参加啮合，实际参加啮合的这一段齿廓称为齿廓的实际啮合段。

5.4.2　渐开线齿轮正确啮合条件

由前述知，一对渐开线齿廓是能满足齿廓啮合基本定律的，并能保证传动比是常数，但并不等于任意两个渐开线齿轮搭配后都能正确地啮合。齿轮传动是靠齿轮上的轮齿依次啮合来实现的，每一对轮齿毕竟只能在有限的区间啮合，随后便要分离，而由后一对轮齿接替。如图 5-9 所示，当前一对轮齿在啮合线上的 a 点接触时，如果后一对轮齿也处于啮合线上，就应在齿廓与啮合线的交点 b 处接触。为满足这一要求，必须使齿轮 1 与齿轮 2 上相邻两齿

的同侧齿廓的法线距离（称为齿轮的法向齿距）相等，即 $p_{n1}=p_{n2}$。根据渐开线的性质，齿轮的法向齿距与其基圆齿距在数值上相等（$p_n=p_b$），于是得

$$p_{b1}=p_{b2}$$

$$p_{b1}=p_1\cos\alpha_1=\pi m_1\cos\alpha_1$$

$$p_{b2}=p_2\cos\alpha_2=\pi m_2\cos\alpha_2$$

故可得齿轮副的正确啮合条件为

$$m_1\cos\alpha_1=m_2\cos\alpha_2 \tag{5-11}$$

由于模数和压力角已经标准化，为满足式（5-11），则应使

$$\left.\begin{aligned}m_1=m_2=m\\ \alpha_1=\alpha_2=\alpha\end{aligned}\right\} \tag{5-12}$$

式（5-12）表明渐开线齿轮传动的正确啮合条件又可表述为：两轮的模数和压力角必须分别相等。根据齿轮传动的正确啮合条件，齿轮传动的传动比又可写成

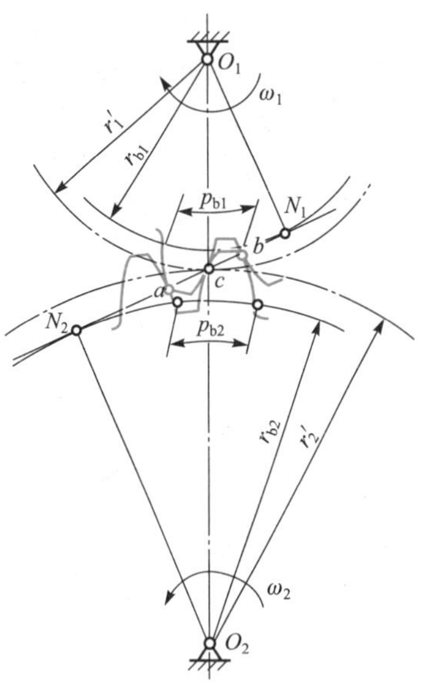

图 5-9　渐开线齿轮的正确啮合条件

$$i_{12}=\frac{\omega_1}{\omega_2}=\frac{d'_2}{d'_1}=\frac{d_{b2}}{d_{b1}}=\frac{d_2}{d_1}=\frac{z_2}{z_1} \tag{5-13}$$

5.4.3　齿轮传动的中心距和啮合角

1. 齿侧间隙

当一对齿轮传动时，一个齿轮节圆上的齿槽宽 e' 与另一齿轮节圆上的齿厚 s' 之差称为齿侧间隙，简称侧隙。齿轮啮合传动时，为避免齿轮反转时发生冲击和出现空程，理论上要求无齿侧间隙，即要求 $s'_1=e'_2$、$e'_1=s'_2$。实际上侧隙存在有利于齿面润滑，可补偿加工与装配误差、齿轮的热膨胀和热变形等，所以在两轮的齿侧间必须要有一定的侧隙，但为避免轮齿间的冲击，要求这种侧隙应很小，通常靠公差来保证。理论上无侧隙的齿轮啮合称为无侧隙啮合。

2. 标准安装

如图 5-10（a）所示，为保证齿轮无侧隙啮合，使齿轮的分度圆与节圆重合，啮合角等于分度圆的压力角（$\alpha'=\alpha$），这种安装方式称为标准安装，此时的中心距称为标准中心距，以 a 表示。

$$a=r'_1+r'_2=r_1+r_2=m(z_1+z_2)/2 \tag{5-14}$$

3. 顶隙

在一对齿轮啮合传动中，一个齿轮的齿根圆与另一个齿轮的齿顶圆之间在径向上的间隙称为顶隙。顶隙的存在是为了避免一个齿轮的齿顶与另一齿轮的齿根相抵触以及保证润滑油的存放空间。由图 5-10 可见，传动中心距变化时，顶隙将随之变化。两齿轮标准安装时，可保证顶隙 c 为标准顶隙 c^*m。

4. 非标准安装

由于齿轮的制造和安装误差、轴受力而产生变形以及轴承磨损等原因，使实际安装中心

距与标准安装中心距不一致，这种方式称为非标准安装，此时的中心距称为非标准安装中心距，以 a' 表示。如图5-10（b）所示，齿轮传动的实际中心距 a' 大于标准中心距 a，此时节圆与分度圆分离，啮合角大于分度圆上的压力角，两轮的节圆半径大于各自的分度圆半径。

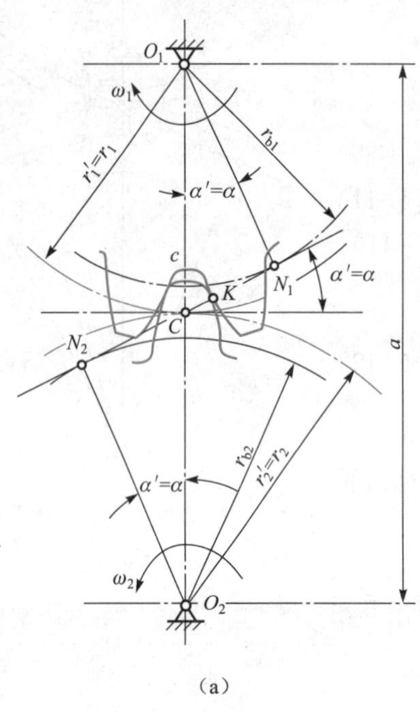

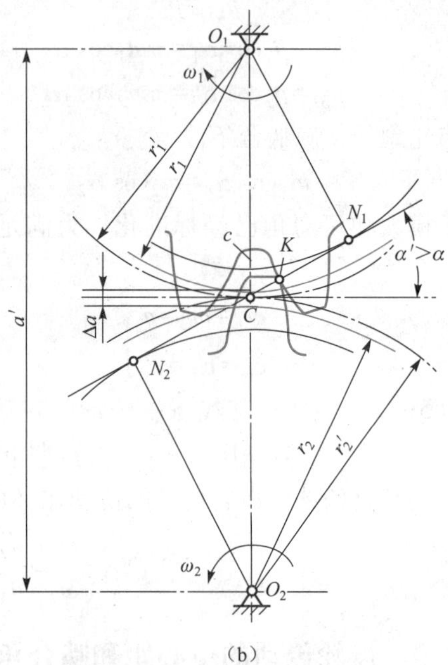

图5-10　齿轮传动的中心距和啮合角

根据渐开线方程可知 $r_b = r_K \cos\alpha_K$，于是有

$$r_{b1} = r_1\cos\alpha = r_1'\cos\alpha'$$

$$r_{b2} = r_2\cos\alpha = r_2'\cos\alpha'$$

两式相加得

$$r_{b1}+r_{b2} = (r_1+r_2)\cos\alpha = a\cos\alpha$$

$$r_{b1}+r_{b2} = (r_1'+r_2')\cos\alpha' = a'\cos\alpha'$$

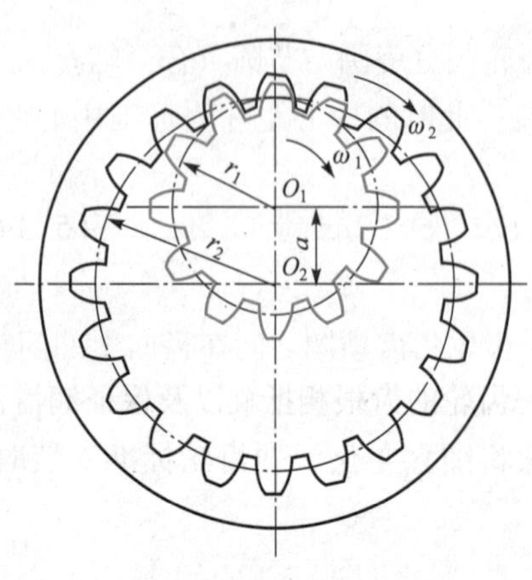

图5-11　内啮合齿轮传动

故可得两轮的中心距与啮合角之间的关系式为

$$a'\cos\alpha' = a\cos\alpha \tag{5-15}$$

由上式可知：当 $a'>a$ 时，$\alpha'>\alpha$。

5. 内啮合齿轮传动时的中心距与啮合角

图5-11为两渐开线齿轮内啮合传动的情况。与外啮合齿轮传动一样当按标准中心距安装时，两轮的节圆与各自的分度圆重合，其啮合角也等于分度圆压力角。其标准中心距 a 为

$$a = r_2 - r_1 = m(z_2 - z_1)/2 \tag{5-16}$$

当两齿轮非标准安装时，实际中心距与标准中心距不一致，此时节圆与分度圆分离，啮合角小于分度圆上的压力角，实际中心距小于标准中心距。

根据渐开线方程，仍可得到内啮合传动时两轮中心距与啮合角之间的关系式为

$$a'\cos\alpha' = a\cos\alpha$$

6. 齿轮与齿条啮合传动

图 5-12 为齿轮与齿条啮合传动的情况，啮合线 N_1N_2 垂直于齿条齿廓且与齿轮基圆切于 N_1 点，由于齿条基圆无穷大，则 N_2 点在无穷远处。过齿轮中心且垂直于齿条分度线的直线与啮合线的交点 C 为啮合传动的节点。

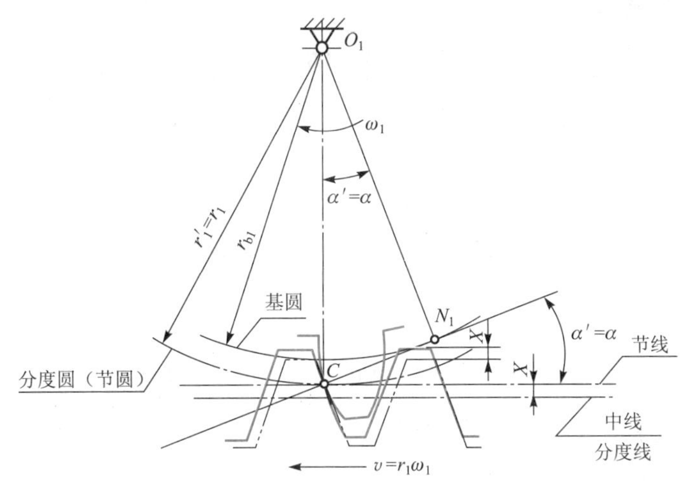

图 5-12　齿轮与齿条啮合传动

齿轮分度圆与齿条分度线相切时的安装称为标准安装。此时齿轮分度圆与节圆重合，齿条分度线与节线重合。所以啮合角 α' 等于齿轮分度圆压力角和齿条齿形角 α。

当齿轮齿条非标准安装时，例如将齿条沿 O_1C 方向远离或靠近齿轮中心，由于齿条在平移中齿廓方向不变，所以垂直于齿条齿廓的啮合线位置不变，因而节点不变，故齿轮的节圆不变，仍和分度圆重合，但齿条的节线已不再和分度线重合。另外，由于啮合线方向不变，所以啮合角 α' 不变，恒等于齿轮分度圆的压力角，亦即是齿条的齿形角 α。

5.4.4　直齿轮传动的重合度

1. 齿轮连续传动的条件

从齿轮啮合的过程（见图 5-8）看，使齿轮传动能连续进行，必须使前一对轮齿尚未脱离啮合时后一对轮齿进入啮合，如果前一对轮齿到达 B 点终止啮合时，而后一对轮齿尚未在啮合线上进入啮合，则不能保证两轮实现定传动比的连续传动，从而破坏了传动的平稳性。为避免此种现象发生，应使 $\overline{AB} \geqslant p_n$，即要求实际啮合线段 $\overline{AB}$ 不小于齿轮的法向齿距 p_n。当 $\overline{AB}=p_n$ 时，表明除了正好在 A、B 接触的瞬间是两对轮齿接触外，始终只有一对轮齿处于啮合状态；当 $\overline{AB}<p_n$ 时，当前一对轮齿在 B 点脱离啮合时后一对轮齿尚未进入啮合，此时传动中断；当 $\overline{AB}>p_n$ 时，表示至少有一对轮齿处于啮合状态，传动能够很好连续。

综上所述，齿轮连续传动的条件为：两齿轮的实际啮合线段 $\overline{AB}$ 应不小于齿轮的法向齿距 p_n。

2. 重合度

通常用 ε 表示 $\overline{AB}/p_n$，并称之为重合度，它表示一对齿轮在啮合过程中同时啮合的轮齿对数，反映齿轮传动的连续性。ε 大表明同时啮合的轮齿的对数多，齿轮传动的承载能力高，每对轮齿的负荷小，负荷变动量小，传动平稳，因此 ε 是衡量齿轮传动质量的指标之一。齿轮连续传动时要求

$$\varepsilon=\frac{\overline{AB}}{p_n}=\frac{\overline{AB}}{p_\mathrm{b}}\geqslant 1 \tag{5-17}$$

ε 可用下列公式计算：

对于外啮合齿轮传动

$$\varepsilon=\frac{1}{2\pi}[z_1(\tan\alpha_{a1}-\tan\alpha')+z_2(\tan\alpha_{a2}-\tan\alpha')] \tag{5-18}$$

对于内啮合齿轮传动

$$\varepsilon=\frac{1}{2\pi}[z_1(\tan\alpha_{a1}-\tan\alpha')-z_2(\tan\alpha_{a2}-\tan\alpha')] \tag{5-19}$$

对于齿轮齿条传动

$$\varepsilon=\frac{1}{2\pi}\left[z_1(\tan\alpha_{a1}-\tan\alpha)+\frac{2h_a^*}{\sin\alpha\cos\alpha}\right] \tag{5-20}$$

式中，α_a 为齿顶圆压力角，$\alpha_a=\arccos\dfrac{r_\mathrm{b}}{r_a}$；$\alpha'$为啮合角，$\alpha'=\arccos\dfrac{r_\mathrm{b}}{r'}$。

从上述公式可以看出 ε 的大小与模数无关，而随齿数的增多而增大，随啮合角的增大而减小。

当齿数趋向无穷多，齿轮变成齿条时，ε 增大。两个齿条啮合时得到直齿轮重合度的最大值 $\varepsilon_{\max}$ 为

$$\varepsilon_{\max}=\frac{4h_a^*}{\pi\sin 2\alpha} \tag{5-21}$$

对于 $\alpha=20°$，$h_a^*=1$ 的一对标准直齿轮啮合传动的 $\varepsilon_{\max}=1.981$。

考虑到齿轮的制造和安装误差，应使 ε 大于许用重合度［ε］，许用重合度［ε］的值随齿轮机构的使用要求和安装精度而定，常用的［ε］推荐值见表5-3。

表5-3　［ε］的推荐值

适用行业	齿轮精度	［ε］	适用行业	齿轮精度	［ε］
汽车、拖拉机制造业	6	1.1～1.2	纺织机械制造业	8	1.3～1.4
机床制造业	7	1.3	一般机械制造业	9	1.4

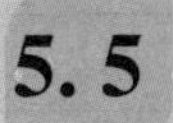

5.5 渐开线齿轮的切削加工和根切现象

5.5.1 渐开线齿轮的加工方法

渐开线齿轮轮齿的加工方法很多，有铸造、热轧、冲压和切削、电加工法等方法，其中最常用的是切削加工齿廓，按其切齿原理可分为仿形法和范成法两种。

1. 仿形法加工

仿形法是在普通铣床上利用渐开线齿形的成形铣刀将被加工齿轮齿槽部分的材料铣掉来切制齿轮齿形的加工方法。刀刃的形状和被切齿轮的齿槽形状完全相同。常用的刀具有盘形铣刀（图 5-13（a））和指状铣刀（图 5-13（b））两种。

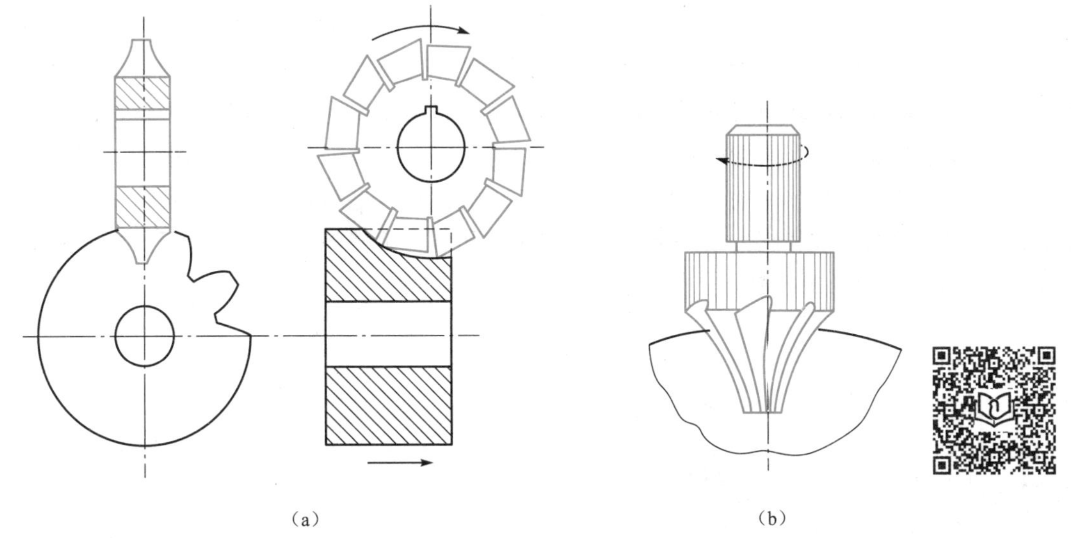

图 5-13　仿形法加工齿轮

利用盘形铣刀切制齿轮时，铣刀绕自身的轴线旋转，同时轮坯沿齿轮轴线方向移动，切出一个齿槽两侧的齿廓，然后将轮坯退回原位置，用分度盘将轮坯转动 $360°/z$，依次加工出其他轮槽。利用指状铣刀加工齿轮的方法与用盘形铣刀相似，只是常用于加工大模数齿轮（$m \geqslant 8$），并可切制人字齿轮。

由于渐开线的形状与基圆有关，而 $r_b = r\cos\alpha = (mz\cos\alpha)/2$，当压力角为 20° 不变时，齿数或模数改变时，渐开线的形状都会发生变化。因此，要铣出准确的渐开线齿形，就要求同一模数下，不同的齿数各有一把刀具。这样就使得铣刀的数量过多，在生产实际中是不可能做到的。一般情况下，同一模数的铣刀通常有 8 把，每把铣刀可加工一定齿数范围的齿轮。每把铣刀切制齿轮的齿数范围见表 5-4。所以这种方法加工出的齿轮精度低、生产效率低，不宜用于大批量生产，由于它可以在普通铣床上加工，故常用于维修和小批量生产。

表 5-4 铣刀切制齿轮的齿数范围

铣刀号数	1	2	3	4	5	6	7	8
齿数范围	12～13	14～16	17～20	21～25	26～34	35～54	55～134	≥135

2. 范成法

范成法又称为展成法或包络线法，这是目前齿轮加工中最常用的一种方法。它是利用一对齿轮互相啮合时其共轭齿廓互为包络线的原理来加工轮齿的。这种方法强制刀具同齿坯相对运动（同时进行切削），它们之间的运动关系同一对齿轮啮合一样，以此来保证齿形的正确和分度的均匀。对于模数 m 和压力角 α 相同而齿数不同的齿轮，可以用同一把刀具进行加工。常用的刀具有齿轮形刀具（如齿轮插刀）和齿条形刀具（如齿条插刀和齿轮滚刀）两大类。范成法加工种类很多，其常用的切齿方法如下：

（1）齿轮插刀加工。用齿轮插刀加工齿轮的情况如图 5-14 所示，插刀像具有刀刃的外齿轮。用齿轮插刀切制齿轮时刀具与齿坯之间的相对运动主要有：① 范成运动，即齿轮插刀与齿坯以恒定的传动比作回转运动，它如同齿轮啮合传动一样，直到全部齿槽切削完毕；② 切削运动，即齿轮插刀沿齿坯的轴线方向作往复切削运动；③ 进给运动，即在切削过程中，齿轮插刀还需向齿坯中心移动，直至达到规定的轮齿高度为止。此外，为防止退刀时刀具与齿坯发生摩擦，损伤已切好的齿面，在插刀退刀时，齿坯需有一个让刀运动。

由于插刀的齿廓是精确的渐开线，所以加工出的齿廓也是渐开线。根据齿轮的正确啮合条件，被切齿轮的模数和压力角一定与插刀的模数和压力角相等，故用一把刀具可加工出模数 m 和压力角 α 相同而齿数不同的所有齿轮。

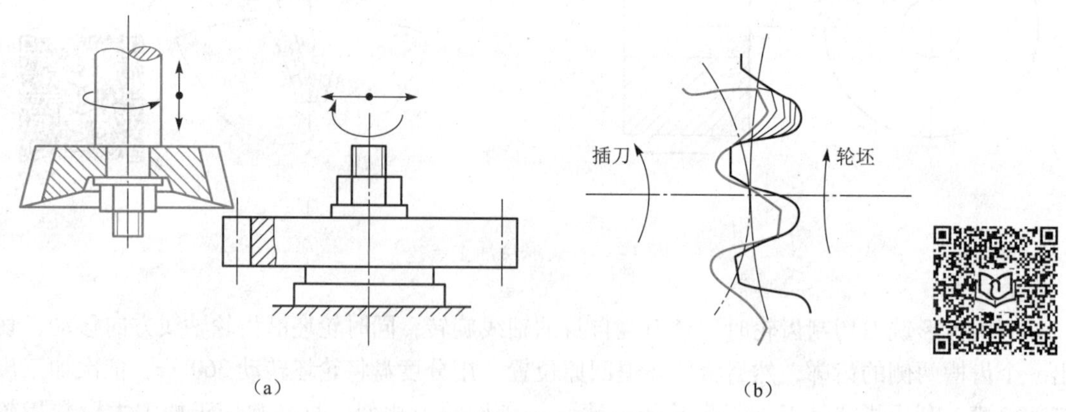

图 5-14 齿轮插刀加工齿轮

（2）齿条插刀加工。用齿条插刀加工齿轮的情形如图 5-15 所示。当齿轮插刀的齿数增加到无穷多时，其基圆半径变为无穷大，渐开线齿廓变为直线齿廓，齿轮插刀就变成了齿条插刀。因此，其切齿原理与用齿轮插刀加工齿轮的原理相同。

用上述两种加工方法加工齿轮，其切削都不是连续的，生产率较低。因此，大规模生产中常采用效率较高的齿轮滚刀来加工齿轮。

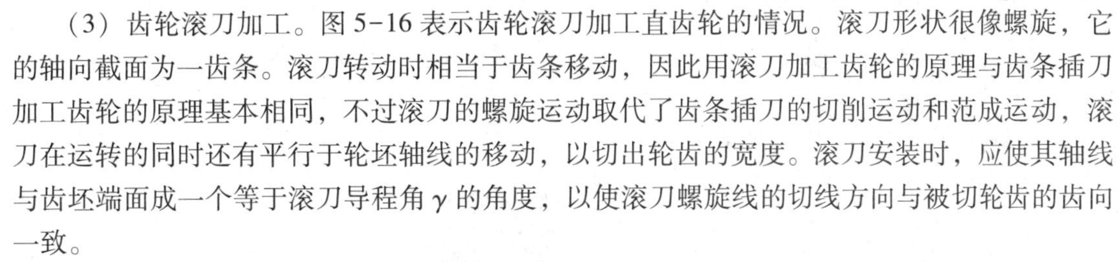

（3）齿轮滚刀加工。图5-16表示齿轮滚刀加工直齿轮的情况。滚刀形状很像螺旋，它的轴向截面为一齿条。滚刀转动时相当于齿条移动，因此用滚刀加工齿轮的原理与齿条插刀加工齿轮的原理基本相同，不过滚刀的螺旋运动取代了齿条插刀的切削运动和范成运动，滚刀在运转的同时还有平行于轮坯轴线的移动，以切出轮齿的宽度。滚刀安装时，应使其轴线与齿坯端面成一个等于滚刀导程角 γ 的角度，以使滚刀螺旋线的切线方向与被切轮齿的齿向一致。

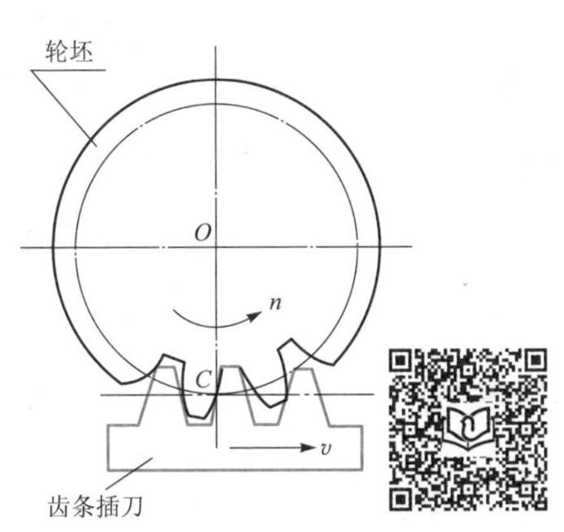

图5-15　齿条插刀加工齿轮

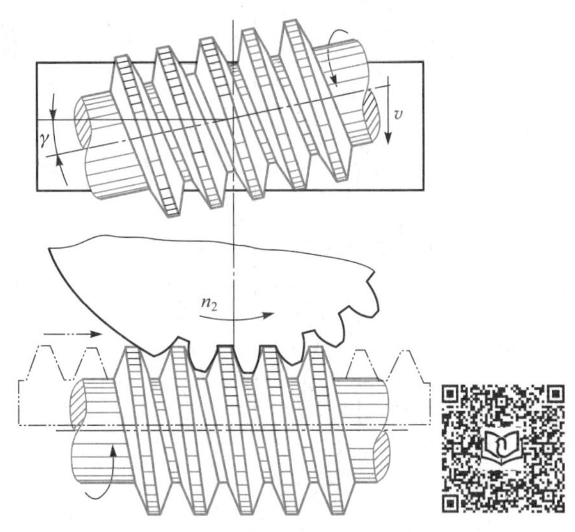

图5-16　齿轮滚刀加工齿轮

用范成法加工齿轮时，只要刀具的模数、压力角与被加工齿轮的模数、压力角分别相等，则无论被加工齿轮的齿数多少，都可用同一把刀具来加工。又因范成法生产率高，加工的齿轮精度高，所以范成法在大批生产中被广泛应用。

5.5.2　渐开线齿廓的根切现象和标准齿轮不发生根切的最少齿数

1. 根切现象

用范成法加工标准齿轮时（图5-17（a）），当齿条刀具齿顶线位于啮合极限点 N 的上方时，因基圆内无渐开线，则超过 N 点的刀刃在轮齿根部会切去一部分已加工好的渐开线齿廓（图中虚线齿廓），这种现象称为根切。根切使轮齿根部削弱，抗弯强度降低，重合度减小，对传动不利，应设法避免。

2. 标准齿轮不发生根切的最少齿数

为避免根切，必须使刀具的齿顶线位于啮合极限点 N 的下方。但因加工标准齿轮时，刀具的分度线必与齿轮的分度圆切于点 C，当模数一定时，刀具的齿顶高 $h_a=h_a^* m$ 为一定值，故刀具齿顶线的位置也就定了。因此，只有设法使啮合极限点 N 沿啮合线移至刀具齿顶线上方 N_1 的位置（图5-17（b））才不会发生根切。即应使

$$\overline{CN_1}\sin\alpha \geqslant h_a^* m$$

而由 $\triangle CN_1O_1$ 可知

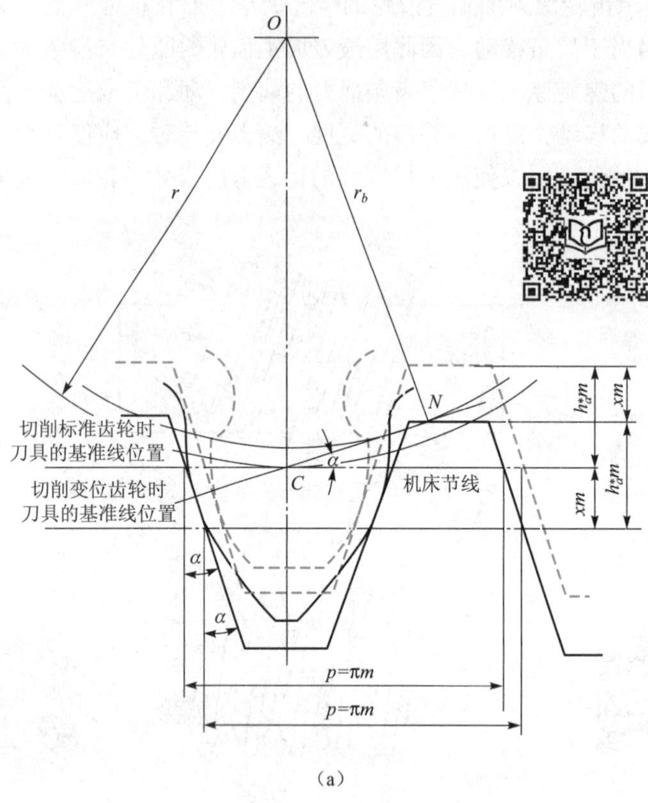

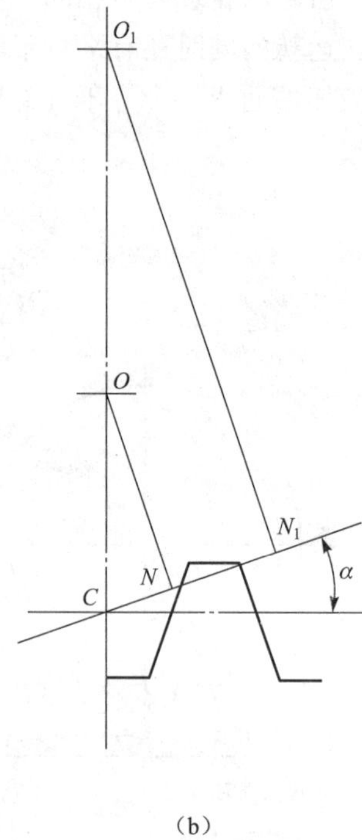

图 5-17　齿轮的根切现象

$$\overline{CN_1}=r\sin\alpha=\frac{mz}{2}\sin\alpha$$

比较上面两式，经整理后可得

$$z\geqslant\frac{2h_a^*}{\sin^2\alpha} \tag{5-22}$$

因此，用标准齿条型刀具切制标准齿轮而不发生根切时的最少齿数为

$$z_{\min}=\frac{2h_a^*}{\sin^2\alpha} \tag{5-23}$$

对于标准圆柱齿轮，当 $\alpha=20°$，$h_a^*=1$ 时，$z_{\min}=17$。若允许略有根切又不至于从根本上影响齿轮传动的性能，则正常齿标准齿轮的实际最少齿数可取为 14。

5.6 变位齿轮传动简介

标准齿轮有许多优点，因而得到了广泛的应用，但也存在如下的局限性：① 受根切的

限制，不能采用 $z<z_{min}$ 的齿轮，使传动结构不够紧凑；② 不适用于实际中心距 a' 不等于标准中心距 a 的场合。对外啮合的标准齿轮传动：$a'<a$ 时无法安装；$a'>a$ 时可以安装，但会产生过大的侧隙而引起冲击振动，影响传动的平稳性；③ 标准齿轮传动时小齿轮易损坏。为克服上述缺陷，改善齿轮传动的性能，应用了变位齿轮。

5.6.1　变位齿轮

1. 变位齿轮的概念

如图 5-17（a）所示齿条插刀加工齿轮的情况，当齿条插刀按虚线位置安装时，齿条插刀的齿顶线超过了极限啮合点 N，加工出的齿轮产生根切；如将齿条插刀安装位置远离轮坯中心，使其齿顶线不超过极限啮合点 N，那么加工出的齿轮就不会发生根切。这种改变刀具与轮坯的径向相对位置来加工齿轮的方法称为径向变位法，利用这种方法加工出的齿轮称为变位齿轮。刀具移动的距离 xm 称为变位量，x 称为变位系数。如果刀具向远离轮坯方向移动称为正变位，此时 $x>0$ 称为正变位系数；如果刀具向靠近轮坯方向移动，称为负变位，此时 $x<0$ 称为负变位系数；标准齿轮为变位系数 $x=0$ 的齿轮。

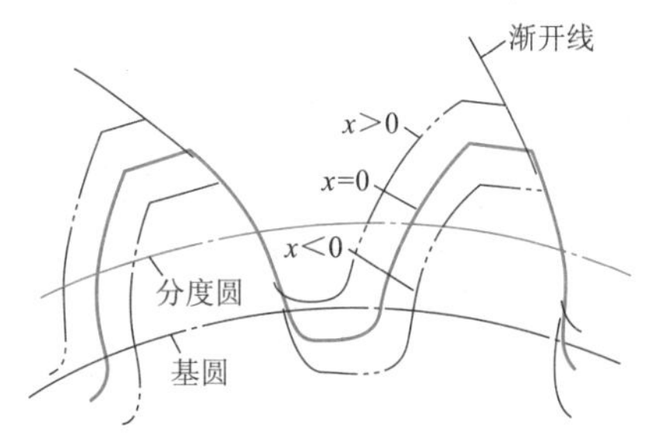

图 5-18　变位齿轮的齿廓

从加工原理看，变位齿轮的模数、压力角、齿数、分度圆和基圆均与标准齿轮相同。在齿形方面，变位齿轮与标准齿轮的齿廓曲线是由相同基圆展成的渐开线，只是截取了不同的部位。参数 z、m、α、h_a^*、c^* 相同的标准齿轮与变位齿轮齿廓和尺寸比较见图 5-18。正变位轮齿根部厚度增加，齿廓曲率半径增大，有利于提高齿轮的抗弯强度，使用较多，但齿顶部齿厚变薄；负变位齿轮则与其相反。

2. 最小变位系数

用展成法加工少齿数的齿轮时，为避免根切必须采用正变位齿轮，当刀具的齿顶线正好通过极限啮合点时，刀具的移动量为最小，此时的变位系数称为最小变位系数，用 x_{min} 表示。

由图 5-17（a）可知，不发生根切的条件为

$$h_a^* m - xm \leqslant \overline{CN}\sin\alpha$$

而

$$\overline{CN} = r\sin\alpha = \frac{mz}{2}\sin\alpha$$

联立以上两式得

$$x \geqslant h_a^* - \frac{z}{2}\sin^2\alpha \tag{5-24}$$

由式（5-23）可得 $\sin^2\alpha = \dfrac{2h_a^*}{z_{min}}$，代入式（5-24），整理后可得

$$x \geqslant h_a^* \frac{z_{min} - z}{z_{min}}$$

由此可得最小变位系数为

$$x_{min}=h_a^*\ \frac{z_{min}-z}{z_{min}} \tag{5-25}$$

当 $\alpha=20°$，$h_a^*=1$ 时

$$x_{min}=\frac{17-z}{17} \tag{5-26}$$

式（5-25）表明，被加工齿轮的齿数 $z<z_{min}$ 时，$x_{min}>0$，说明此时必须采用正变位方可避免根切，其变位系数 $x\geqslant x_{min}$；当 $z>z_{min}$ 时，$x_{min}<0$，说明只要变位系数 $x>x_{min}$，齿轮采用负变位也不会产生根切。

5.6.2 变位齿轮传动

1. 变位齿轮的几何尺寸

与标准齿轮相比，变位齿轮的齿数、模数、压力角、分度圆直径、基圆直径、齿距均不变，只是变位齿轮的齿厚、齿顶圆、齿根圆发生了变化。外啮合变位直齿轮具体的尺寸计算公式见表5-5。

表5-5 外啮合变位直齿轮的几何尺寸计算

名　称	符号	计算公式
分度圆直径	d	$d=mz$
啮合角	α'	$\cos\alpha'=\frac{a}{a'}\cos\alpha$
中心距	a'	$a'=\frac{m}{2}(z_1+z_2)+(x_1+x_2)m$
中心距变动系数	y	$y=\frac{a'-a}{m}$
齿顶高变动系数	σ	$\sigma=(x_1+x_2)-y$
齿顶高	h_a	$h_a=(h_a^*+x-\sigma)m$
齿根高	h_f	$h_f=(h_a^*+c^*-x)m$
齿高	h	$h=(2h_a^*+c^*-\sigma)m$
齿顶圆直径	d_a	$d_a=d+2h_a$
齿根圆直径	d_f	$d_f=d-2h_f$
齿厚	s	$s=\left(\frac{\pi}{2}+2x\tan\alpha\right)m$
齿槽宽	e	$e=\left(\frac{\pi}{2}-2x\tan\alpha\right)m$

2. 变位齿轮传动类型

根据相互啮合的两齿轮的变位系数之和的不同，可将变位齿轮传动分为零传动和非零传动两种类型。

（1）零传动。当两齿轮的变位系数 $x_1+x_2=0$ 时，称为零传动。零传动又可分为标准齿轮传动和等变位齿轮传动两种。等变位齿轮传动具有如下特点：节圆与分度圆重合，啮合角与压力角相等，中心距变动系数 $y=0$，齿顶高变动系数 $\sigma=0$，只是每个齿轮的齿顶高、齿根高不同于标准圆柱直齿轮。

（2）非零传动。当两齿轮的变位系数 $x_1+x_2\neq0$ 时称为非零传动，又称为角变位传动，此时两齿轮的节圆与分度圆不重合，啮合角与压力角不再相等，实际中心距与标准中心距不相等。当 $x_1+x_2>0$ 时称为正传动；当 $x_1+x_2<0$ 时称为负传动。

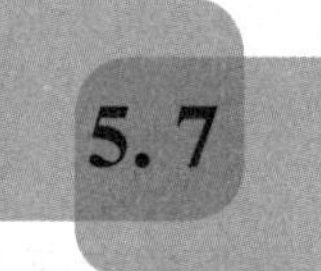

5.7 齿轮传动的失效形式与设计准则

5.7.1 齿轮传动的失效形式

齿轮传动就装置形式来说，有开式、半开式及闭式之分；就使用情况来说，有低速、高速及轻载、重载之别；就齿轮材料的性能及热处理工艺的不同，轮齿有较脆（如经整体淬火、齿面硬度很高的钢齿轮或铸铁齿轮）或较韧（如经调质、正火的优质碳钢及合金钢齿轮），齿面有硬齿面或软齿面的差别等。由于上述条件的不同，齿轮传动也就出现了不同的失效形式。一般来说，齿轮传动的失效主要是轮齿的失效，至于齿轮的其他部分（如齿圈、轮辐、轮毂等），除了对齿轮的质量大小需加严格限制者外，通常只按经验设计，所定的尺寸对强度及刚度来说均较富裕，实践中也极少失效。而轮齿的失效形式又是多种多样的。

1. 轮齿折断

轮齿折断有多种形式，在正常工况下，主要是齿根弯曲疲劳折断。在轮齿受载时，齿根处产生的弯曲应力最大，再加上齿根过渡部分的截面突变及加工刀痕等引起的应力集中作用，当轮齿重复受载后，齿根处就会产生疲劳裂纹，并逐步扩展，致使轮齿疲劳折断（图5-19）。此外，在轮齿受到突然过载时，也可能出现过载折断或剪断；在轮齿经过严重磨损后齿厚过分减薄时，也会在正常载荷作用下发生折断。

对宽度较小的直齿轮，轮齿一般沿整个齿宽被折断（图5-19（a））。对接触线倾斜的斜齿轮和人字齿轮，以及齿宽较大的直齿轮，多发生轮齿的局部折断（图5-19（b））。

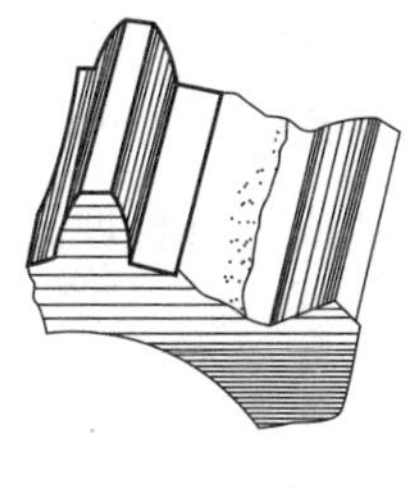
(a)

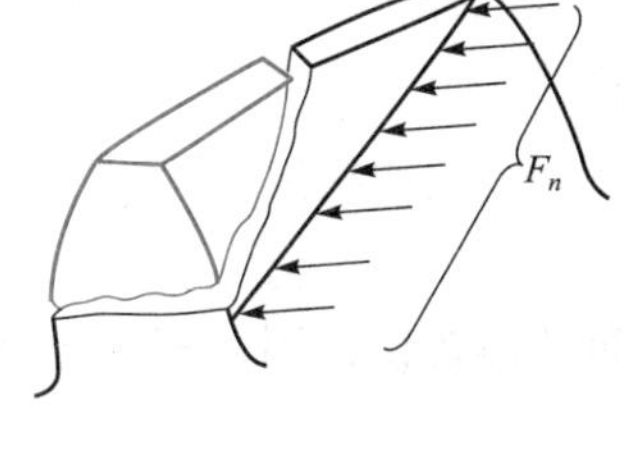

(b)

图5-19　轮齿折断的形式

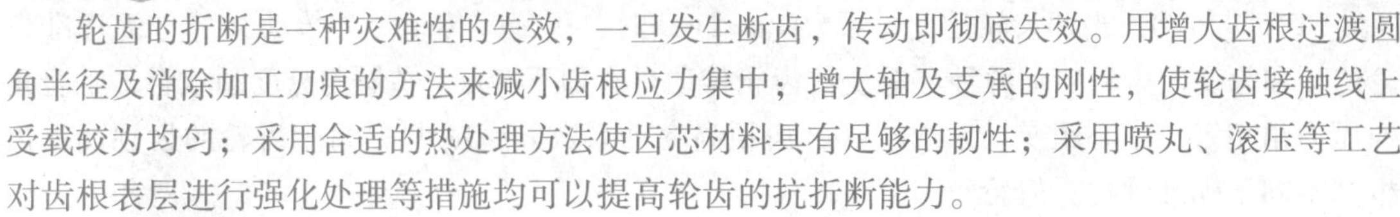

轮齿的折断是一种灾难性的失效，一旦发生断齿，传动即彻底失效。用增大齿根过渡圆角半径及消除加工刀痕的方法来减小齿根应力集中；增大轴及支承的刚性，使轮齿接触线上受载较为均匀；采用合适的热处理方法使齿芯材料具有足够的韧性；采用喷丸、滚压等工艺对齿根表层进行强化处理等措施均可以提高轮齿的抗折断能力。

2. 齿面磨损

在齿轮传动中，齿面随着工作条件的不同会出现多种不同的磨损形式。例如当啮合齿面间落入磨料性物质（如砂粒、铁屑等）时，齿面即被逐渐磨损而致报废，这种磨损称为磨粒磨损（图5-20）。它是开式齿轮传动的主要失效形式之一。

目前还没有简明有效的针对磨损失效的计算方法，通常采用闭式传动，加大齿面硬度，保证润滑，工作中注意油的清洁和更换等措施，避免或减轻齿面的磨粒磨损。

3. 齿面点蚀

点蚀是齿面疲劳损伤的现象之一。在润滑良好的闭式齿轮传动中，常见的齿面失效形式多为点蚀。所谓点蚀就是齿面材料在变化着的接触应力作用下，由于疲劳而产生的麻点状损伤现象（图5-21）。齿面上最初出现的点蚀仅为针尖大小的麻点，如工作条件未加改善，麻点就会逐渐扩大，甚至数点连成一片，最后形成了明显的齿面损伤。

图5-20　齿面磨损　　　　图5-21　齿面点蚀

轮齿在啮合过程中，齿面间的相对滑动起着形成润滑油膜的作用，而且相对滑动速度愈高，愈易在齿面间形成油膜，润滑也就愈好。当轮齿在靠近节线处啮合时，由于相对滑动速度低，形成油膜的条件差，润滑不良，摩擦力较大，特别是直齿轮传动，通常这时只有一对齿啮合，轮齿受力也最大，因此，点蚀也就首先出现在靠近节线的齿根面上，然后再向其他部位扩展。从相对意义上说，也就是靠近节线处的齿根面抵抗点蚀的能力最差（即接触疲劳强度最低）。

齿面点蚀的出现使完整的齿廓表面被破坏，从而产生振动和噪声，严重影响传动的平稳性。提高齿面硬度、润滑油黏度及接触精度，降低表面粗糙度或进行合理的变位等措施，均能提高齿面抗点蚀能力。

开式齿轮传动，由于齿面磨损较快，因此很少出现点蚀。

4. 齿面胶合

对于高速重载的齿轮传动（如航空发动机减速器的主传动齿轮），齿面间的压力大，瞬时温度高，润滑效果差，当瞬时温度过高时，相啮合的两齿面就会发生黏在一起的现象，由

于此时两齿面又在作相对滑动，相黏结的部位即被撕破，于是在齿面上沿相对滑动的方向形成伤痕称为胶合，如图5-22中所示的轮齿。传动时的齿面瞬时温度愈高、相对滑动速度愈大的地方，愈易发生胶合。

对于有些低速重载的重型齿轮传动，由于齿面间的油膜遭到破坏，也会产生胶合失效。此时，齿面的瞬时温度并无明显增高，故称之为冷胶合。

加强润滑措施，采用抗胶合能力强的润滑油（如硫化油），在润滑油中加入极压添加剂等，均可防止或减轻齿面的胶合。

5. 塑性变形

塑性变形属于轮齿永久变形的失效形式，它是由于在过大的应力作用下，轮齿材料处于屈服状态而产生的齿面或齿体塑性流动所形成的。塑性变形一般发生在硬度低的齿轮上，但在重载作用下，硬度高的齿轮上也会出现。

塑性变形又分为滚压塑变和锤击塑变。滚压塑变是由于啮合轮齿的相互滚压与滑动而引起的材料塑性流动所形成的。由于材料的塑性流动方向和齿面上所受的摩擦力方向一致，所以在主动轮的轮齿上相对滑动速度为零的节线处将被碾出沟槽，而在从动轮的轮齿上则在节线处被挤出脊棱。这种现象称为滚压塑变（图5-23）。锤击塑变则是伴有过大的冲击而产生的塑性变形，它的特征是在齿面上出现浅的沟槽，且沟槽的取向与啮合轮齿的接触线相一致。

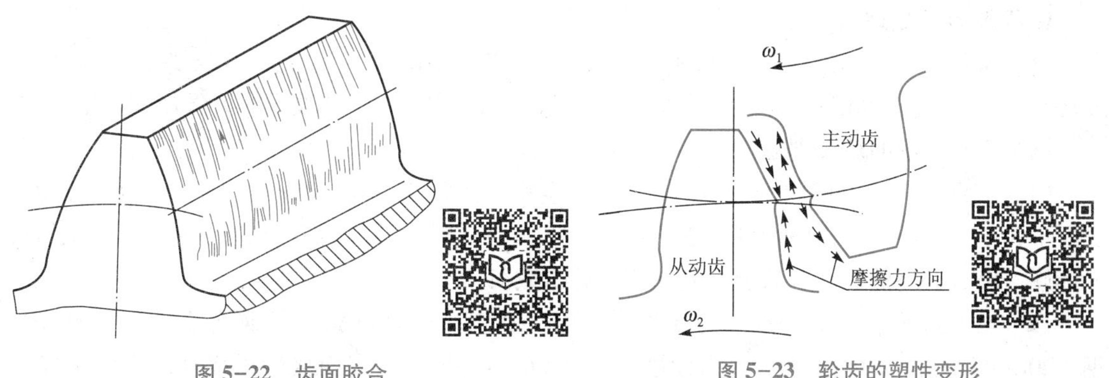

图5-22　齿面胶合

图5-23　轮齿的塑性变形

提高轮齿齿面硬度，采用高黏度的或加有极压添加剂的润滑油均有助于减缓或防止轮齿产生塑性变形。

5.7.2　齿轮传动的设计准则

齿轮传动的上述五种常见失效形式是相互影响的，例如齿面的点蚀会加剧齿面的磨损，而严重的磨损又会导致轮齿的折断。但是，在一定条件下可能有一二种失效形式是主要的。因此，设计齿轮传动时，应根据实际工作条件，分析其可能发生的主要失效形式，选择相应的齿轮强度设计准则，进行设计计算。

在一般工作条件下的闭式齿轮传动中，对软齿面（≤350 HBW）齿轮，主要失效形式是点蚀，通常以保证齿面接触疲劳强度为主，所以应按齿面接触疲劳强度进行设计计算，并校核其齿根弯曲疲劳强度。对硬齿面（>350 HBW）齿轮，因其抗点蚀能力较强，轮齿折断

是主要失效形式，所以多数情况下按齿根弯曲疲劳强度进行设计计算，再校核其齿面接触疲劳强度。

开式齿轮传动中，主要失效形式是齿面磨损和轮齿弯曲疲劳折断。对于齿面磨损，目前尚无完善的计算方法，通常按齿根弯曲疲劳强度计算，用加大模数的办法来考虑磨损的影响。

齿轮的齿圈、轮辐、轮毂等部位，通常只做结构设计，不进行强度计算。

5.8 齿轮常用材料、许用应力和传动精度

5.8.1 齿轮常用材料

制造齿轮的材料及其热处理方法对齿轮传动的承载能力影响极大。只有正确地选择齿轮材料及其热处理方法，才能保证设计的齿轮传动满足使用要求。

常用的齿轮材料是钢，其次是铸铁，有时也采用非金属材料。

1. 钢及其热处理

制造齿轮多采用优质碳素结构钢和合金结构钢。通常多用锻造成型方法制成毛坯，毛坯锻造可以改善材料性能。利用各种热处理方法，可获得适用于齿轮不同工作要求的综合力学性能。

钢制齿轮常用的热处理方法如下：

（1）表面淬火。一般用于中碳钢和中碳合金钢，例如45钢、40Cr等。表面淬火后轮齿变形不大，可不磨齿，齿面硬度可达52～56 HRC。由于接触强度高，耐磨性好，而齿心部未淬硬，仍有较高的韧性，故能承受一定的冲击载荷。

（2）渗碳淬火。将碳的质量分数为0.15%～0.25%的低碳钢和低碳合金钢（例如20钢、20Cr等）进行渗碳淬火后，齿面硬度可达56～62 HRC，齿面接触强度高，耐磨性好，而齿心部仍保持较高的韧性，常用于受冲击载荷的重要齿轮传动。通常渗碳淬火后要磨齿。

（3）调质。调质一般用于中碳钢和中碳合金钢，例如45钢、40Cr、35SiMn等。调质处理后齿面硬度一般为220～260 HBW。对于机械强度要求较高而齿面硬度不要求很高的齿轮，可采用调质处理。因硬度不高，故可在热处理以后精切齿形。

（4）正火。正火处理能消除内应力、细化晶粒、改善力学性能和切削性能。机械强度要求不高的齿轮可用中碳钢正火处理。大直径的齿轮可用铸钢正火处理。

（5）渗氮。渗氮是一种化学热处理。渗氮后不再进行其他热处理，齿面硬度可达60～62 HRC，因渗氮处理温度低，轮齿的变形小，故适用于难于磨齿的场合，例如内齿轮。常用的渗氮钢为38CrMoAlA。由于渗氮层很薄，在冲击载荷下易破碎，不适于在冲击载荷下使用。

上述五种热处理中调质和正火处理后的齿面硬度较低（齿面硬度≤350 HBW），为软齿面，其他三种处理后的齿面硬度较高（齿面硬度>350 HBW），为硬齿面。

对于直径较大或形状复杂的齿轮毛坯，可采用铸造方法制成铸钢毛坯，并应进行正火处

理，以消除残余应力和硬度不均匀现象。

2. 铸铁

灰铸铁价廉，其铸造性能、加工性能、减磨性能、抗点蚀和抗胶合性能均较好，但其抗弯强度、耐冲击和耐磨损性能都较差，因此灰铸铁齿轮常用于轻载、低速、工作平稳的场合。灰铸铁中的石墨具有自润滑作用，尤其适用于制作润滑条件较差的开式传动齿轮。

球墨铸铁有较高的力学性能，有时可被用来代替铸钢。

3. 非金属材料

非金属材料一般用于高速、轻载的齿轮传动，它可以明显降低噪声。常用的非金属材料有尼龙、夹布胶木等。通常非金属材料仅用于制造小齿轮，而大齿轮仍用钢或铸铁制造。

齿轮常用的材料、热处理方法及力学性能列于表 5-6。

表 5-6　齿轮常用的材料及其力学性能

材料牌号	热处理	抗拉强度 σ_b/MPa	屈服点 σ_s/MPa	齿面硬度	
				HBW	HRC
HT250		220～240		170～241	
HT300		250～290		187～255	
HT350		290～340		197～269	
QT500-7	正火	500	320	170～230	
QT600-3		600	370	190～270	
ZG310-570		570	310	163～197	
ZG340-640		640	340	179～207	
ZG35SiMn	正火、回火	569	343	163～217	45～53
	调质	637	412	197～248	
ZG35CrMnSi	正火、回火	686	343	162～217	
	调质	785	588	197～269	
45	正火	569～588	284～294	162～247	40～50
	调质	628～647	343～373	217～286	
35CrMo	调质	686～735	490～539	241～286	45～55
40MnB		690～740	440～490	241～286	45～55
37SiMn2MoV		814～863	637～686	241～302	50～55
40Cr		686～735	490～539	241～286	48～55
20Cr	渗碳、淬火、回火	637	392		56～62
20CrMnTi		1 079	834		
38CrMoAlA	调质后渗氮	980	834	心部 229	≥850 HV
夹布塑胶		100		25～35	

选用齿轮材料，必须根据机器对齿轮传动的要求，本着既可靠又经济的原则来确定。

配对齿轮的材料和硬度应有所不同。由于小齿轮齿根部分的齿厚较薄，弯曲强度较低，且受载次数比大齿轮多，故易磨损。为了使配对的两齿轮使用寿命接近，故应使小齿轮的材料比大齿轮好一些或硬度高一些。对于软齿面齿轮传动，应使小齿轮齿面硬度比大齿轮高30～50 HBW或更多。齿数比越大，两轮的硬度差也应越大。对于传动功率中等，传动比较大的齿轮传动，可考虑采用硬齿面的小齿轮与软齿面的大齿轮匹配。这样，既可以提高小齿轮的强度，又可以通过硬齿面对软齿面的冷作硬化作用，提高大齿轮的强度。硬齿面齿轮传动的两齿面硬度可大致相等。表5-7列出了配对齿轮的齿面硬度及其组合示例，供设计时参考。

表5-7　轮齿齿面硬度及其组合的应用举例

齿面类型	齿轮种类	热处理		两轮工作面硬度差	工作面硬度举例		备注
		小齿轮	大齿轮		小齿轮	大齿轮	
软齿面	直齿	调质	正火 调质	20～25 HBW	240～270 HBW 260～290 HBW	200～230 HBW 220～250 HBW	用于重载中速及低速固定式传动装置
	斜齿与人字齿	调质	正火 正火 调质	30～50 HBW	240～270 HBW 260～290 HBW 270～300 HBW	160～190 HBW 180～210 HBW 200～230 HBW	
软硬组合	斜齿及人字齿	表面淬火	调质 正火	很大	45～50 HRC 45～50 HRC	270～300 HBW 200～230 HBW	用于受冲击载荷和过载均不大的固定式传动装置
		渗碳、渗氮	调质		56～62 HRC	200～230 HBW	
硬齿面	直齿、斜齿及人字齿	表面淬火	表面淬火	很小	45～50 HRC	45～50 HRC	用在传动尺寸受结构条件限制的情况和运输机械上的传动
		渗碳、渗氮	渗氮		56～62 HRC	56～62 HRC	

5.8.2　极限应力和许用应力

1. 极限应力

本书推荐使用的齿轮材料的疲劳极限是用$m=3\sim5$ mm、$\alpha=20°$、$b=10\sim50$ mm，$v=10$ m/s，齿面表面粗糙度为0.8 μm的齿轮副试件，按失效概率为1%，经持久疲劳试验确定的。对于一般的齿轮传动，由于其绝对尺寸、表面粗糙度、圆周速度等对齿轮材料的疲劳极限影响不大，通常都不予考虑，只考虑应力循环次数对疲劳极限的影响即可。按有限寿命设计齿轮传动时，工作齿轮的接触疲劳极限和弯曲疲劳极限为

$$\left.\begin{aligned}\sigma_{H\,\mathrm{lim}k}&=\sigma_{H\,\mathrm{lim}}Z_N\\ \sigma_{F\,\mathrm{lim}k}&=\sigma_{F\,\mathrm{lim}}Y_{ST}Y_N\end{aligned}\right\}\tag{5-27}$$

式中，σ_{lim}为齿轮试件在特定试验条件下经试验确定的疲劳极限，接触疲劳极限$\sigma_{H\,\mathrm{lim}}$查

图5-24，弯曲疲劳极限 $\sigma_{F\lim}$ 查图 5-25；$\sigma_{\lim k}$ 为所设计齿轮的疲劳极限；Y_{ST} 为试验齿轮的弯曲应力修正系数，按国家标准取 $Y_{ST}=2.0$；Z_N、Y_N 为寿命系数，Z_N 查图 5-26，Y_N 查图5-27。

（a）

（b）

（c）

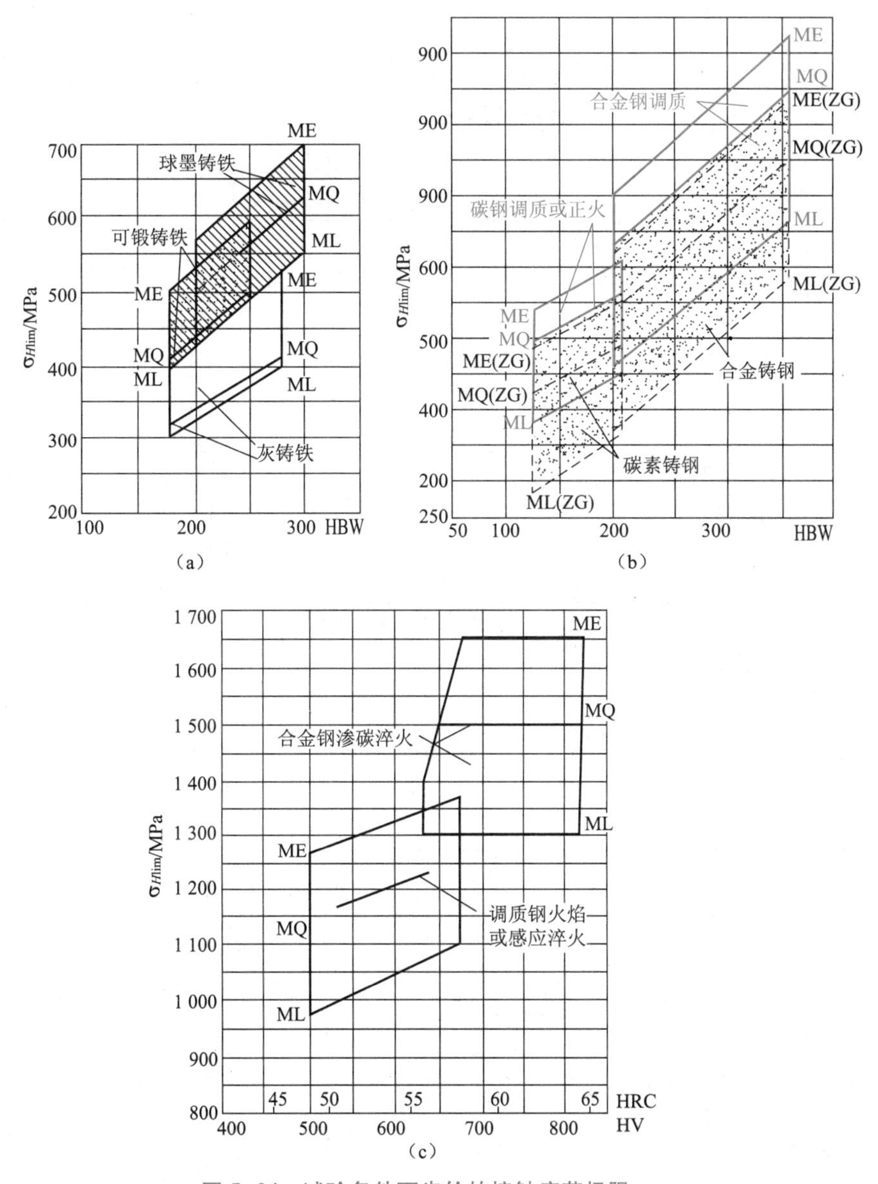

图 5-24　试验条件下齿轮的接触疲劳极限 $\sigma_{H\lim}$

使用疲劳极限图（图 5-24、图 5-25）时应注意以下几点：

（1）图中 ME 表示最高承载能力齿轮对材料和热处理的质量要求；MQ 表示可以由有经验的齿轮制造者以合理的生产成本来达到的中等质量要求；ML 表示对所用齿轮材料和热处理质量的最低要求。ME、MQ、ML 级质量要求的材料性能以及热处理要求见《齿轮材料热处理质量检验的一般规定》。一般建议工业齿轮按 MQ 线稍偏下查取 $\sigma_{H\lim}$ 和 $\sigma_{F\lim}$。

（2）若齿面硬度介于两数值之间或超出框图范围（通常不宜超出过多），可近似按插值

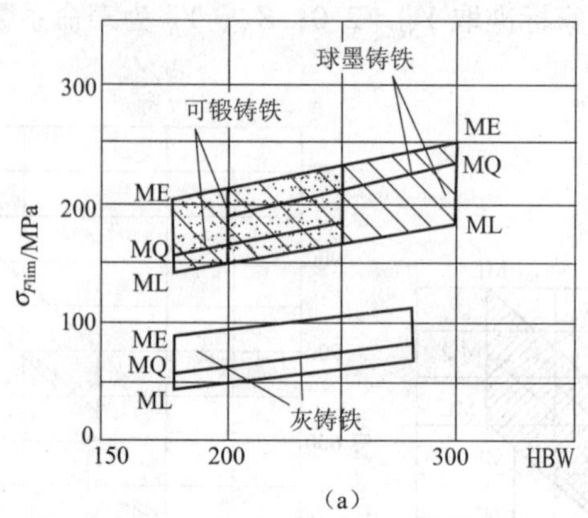

（a）

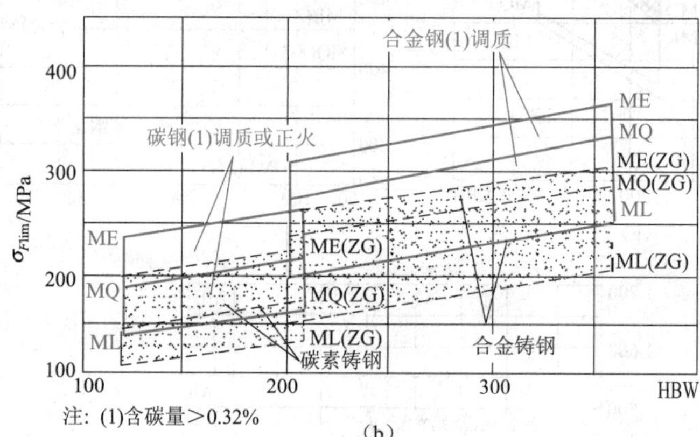

注：(1)含碳量＞0.32%

（b）

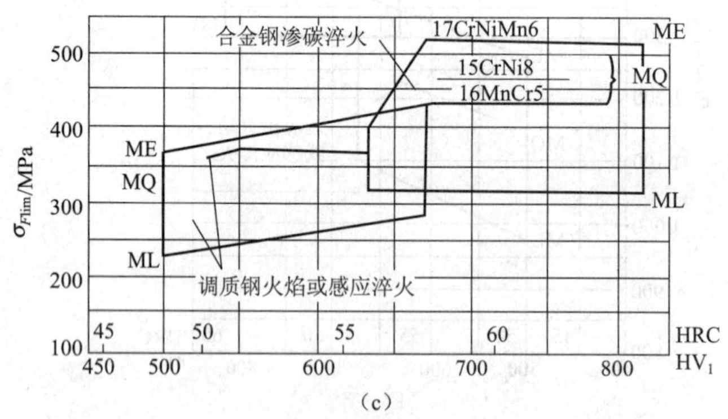

（c）

图 5-25　试验条件下齿轮的弯曲疲劳极限 $\sigma_{F\ \lim}$

法（内插法和外插法）查取相应的疲劳极限应力值。

（3）对于弯曲疲劳极限应力 $\sigma_{F\ \lim}$，图中为脉动循环应力时的极限应力，若所设计齿轮的工作应力为对称循环（如惰轮、行星轮及双向运转的齿轮），应将图中查出的值乘以0.7。

（4）配对的大小齿轮，由于材料或齿面硬度的差异，其极限应力值不同，应分别查取。

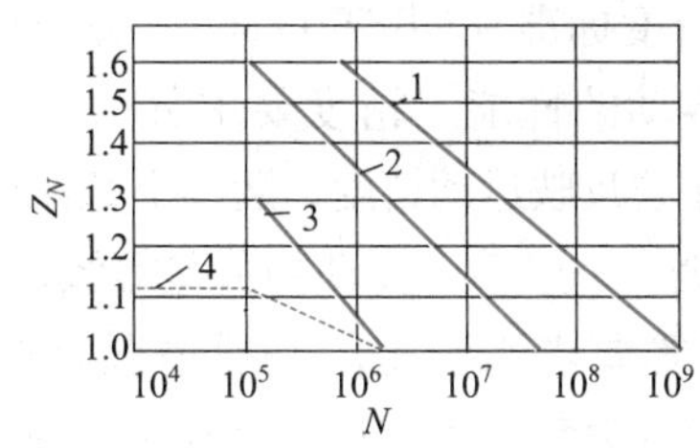

图 5-26 接触疲劳强度寿命系数 Z_N

1—碳钢（经正火、调质、表面淬火、渗碳淬火），球墨铸铁，珠光体可锻铸铁（允许一定的点蚀）；2—材料和热处理同1，不允许出现点蚀；3—碳钢调质后气体渗氮，气体氮化钢，灰铸铁；4—碳钢调质后液体氮化

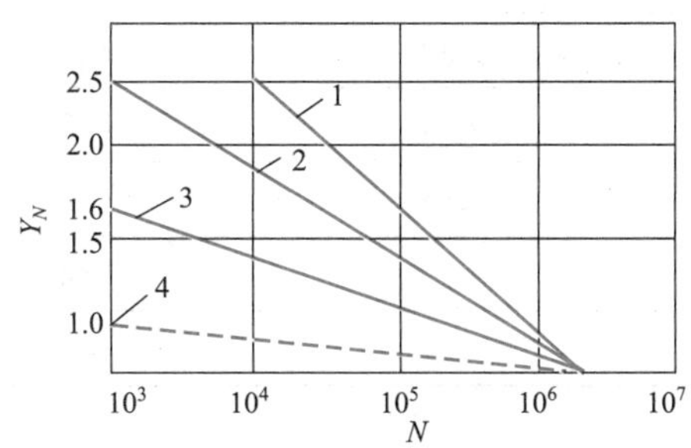

图 5-27 弯曲疲劳强度寿命系数 Y_N

1—碳钢（经正火、调质），球墨铸铁，珠光体可锻铸铁；2—碳钢经表面淬火、渗碳淬火；3—碳钢调质后气体渗氮，气体氮化钢，灰铸铁；4—碳钢调质后液体氮化

由图5-26和图5-27查取寿命系数 Z_N、Y_N 时，齿轮工作的应力循环次数 N 按下式计算

$$N=60\,njL_h \tag{5-28}$$

式中，n 为齿轮转速，r/min；j 为齿轮每转一周同一齿面的啮合次数；L_h 为齿轮的使用期限，h。

2. 许用应力

齿轮的许用应力按下式计算

$$\left.\begin{aligned}[\sigma_H]&=\frac{\sigma_{H\lim k}}{S_H}=\frac{\sigma_{H\lim}Z_N}{S_H}\\[\sigma_F]&=\frac{\sigma_{F\lim k}}{S_F}=\frac{\sigma_{F\lim}Y_{ST}Y_N}{S_F}\end{aligned}\right\} \tag{5-29}$$

式中，S 为疲劳强度安全系数。

当齿面发生点蚀时，虽会引起齿轮运动不良，噪声增大，但其后果不及断齿的危险，故接触疲劳强度安全系数推荐取 $S_H=1\sim1.25$。若齿轮的失效概率为1%时，取 $S_H=1$；弯曲疲劳强度安全系数推荐取 $S_F=1.4\sim1.8$。对齿轮传动的可靠性要求高时，安全系数应取大些。

5.8.3 齿轮传动的精度选择

渐开线圆柱齿轮精度标准（GB/T 10095.1—2008）规定了13个精度等级，其中0级最

高，12级最低。渐开线锥齿轮精度标准（GB/T 11365—2019）规定了10个精度等级，其中2级最高，11级最低。按齿轮传动的性能，精度要求分为三个组：第Ⅰ公差组、第Ⅱ公差组、第Ⅲ公差组，各公差组分别主要反映运动精度、运动平稳性和承载能力方面的要求。标准还规定了齿坯公差、齿轮侧隙等数据。一般动力传动的公差等级，要根据传动用途、平稳性要求、节圆圆周速度、载荷、运动精度等要求来确定。一般情况是按节圆圆周速度（m/s），首先确定第Ⅱ公差组的精度等级，参见表5-8。考虑加工方法、应用范围等选定齿轮精度时，可参照表5-9选择。

表5-8　渐开线圆柱齿轮和渐开线锥齿轮精度选择

精度等级	圆柱齿轮传动节圆圆周速度/（$m \cdot s^{-1}$）		锥齿轮传动平均节圆直径圆周速度/（$m \cdot s^{-1}$）	
	直　齿	斜　齿	直　齿	曲线齿
5级及其以上	≥15	≥30	≥12	≥20
6级	<15	<30	<12	<20
7级	<10	<15	<8	<10
8级	<6	<10	<4	<7
9级	<2	<4	<1.5	<3

表5-9　常用精度等级圆柱齿轮的应用范围和加工方法

精度等级	5级（精密级）	6级（高精度级）	7级 （较高精度级）	8级 （中等精度级）	9级、10级 （低精度级）
应用范围	用于高速并对运动平稳性和噪声有高要求的齿轮，如高速汽轮机齿轮，精密分度机构齿轮	用于高速并对运动平稳性和噪声有较高要求的齿轮，如汽车、机床中的重要齿轮，高速、中速减速器齿轮	中速减速器齿轮、汽车、机床中精度要求一般的齿轮	在一般机械中，对精度要求较高的齿轮，如普通减速器齿轮，起重机、农业机械齿轮	要求精度不高的低速齿轮
加工方法	在精密齿轮机床上加工	在高精度齿轮机床上加工	在较高精度机床上加工	用范成法或仿形法加工	一般加工方法
齿面终加工	精密磨齿、精密剃齿	精密磨齿、精密剃齿	不淬火齿轮用高精度刀具切制即可，淬火齿轮要经过磨齿、研齿、珩齿等	不磨齿，必要时剃齿或研齿	不需要精加工
齿面粗糙度 Ra/μm	0.8	0.8	1.60	3.2～6.3	12.5～25
效率/%	99以上	99以上	98以上	97以上	96以上

5.9 齿轮传动的计算载荷

在理想平稳的工作条件下，作用在轮齿上的载荷称为名义载荷。此名义载荷为按名义功率或名义转矩用理论力学的方法求得的作用于轮齿上的法向力 F_n。事实上，由于齿轮传动的影响因素很多，齿轮传动在运转中还要承受附加载荷，因此轮齿实际所受的载荷要大于名义载荷。考虑各种影响因素后的载荷称为计算载荷。计算载荷 F_{ca} 等于名义载荷 F_n 乘以载荷系数 K。名义载荷一定时，计算载荷的大小取决于载荷系数 K，载荷系数包括使用系数 K_A、动载荷系数 K_v、齿间载荷分配系数 K_α 和齿向载荷分布系数 K_β，即

$$\left.\begin{aligned} F_{ca} &= KF_n \\ K &= K_A K_v K_\alpha K_\beta \end{aligned}\right\} \tag{5-30}$$

1. 使用系数 K_A

由于原动机运转平稳性的不同和工作机载荷状态的不同，使得齿轮传动在工作中还要承受不同程度的附加载荷。因此，引入使用系数 K_A 来考虑齿轮副外部因素引起附加载荷的影响，K_A 值通常按表 5-10 选取。

表 5-10　使用系数 K_A

载荷状态	工作机	原动机		
		电动机、汽轮机、燃气轮机	多缸内燃机	单缸内燃机
均匀、轻微冲击	均匀加料的运输机和喂料机，轻、中型工作制的卷扬机及起重机，发电机，离心式鼓风机，机床的辅助传动，压缩机，离心泵，搅拌液体的机器	1	1.25	1.5
中等冲击	重型工作或不均匀加料的运输机和喂料机，重型工作制的卷扬机及起重机，重载升降机，球磨机，冷轧机，热轧机，混凝土搅拌机，大型鼓风机，机床的主传动，多缸往复式压缩机，双作用及单作用的往复式泵	1.25	1.5	1.75
较大冲击	往复式或振动式运输机和喂料机，特重型工作制的卷扬机及起重机，碎矿机，混合碾磨机，单缸往复式压缩机	1.75	≥2	≥2.25

注：表中所列 K_A 值仅适用于减速传动；若为增速传动，K_A 值约为表值的 1.1 倍。

2. 动载荷系数 K_v

齿轮加工中不可避免的基圆齿距误差、齿形误差以及安装、受载后的弹性变形，工作中

非均匀的热变形等因素，都将使一对相啮合的轮齿法向齿距不等，即 $P_{n1} \neq P_{n2}$，从而使其瞬时传动比发生变化，从动轮产生角加速度和冲击载荷。此外，啮合系统内部刚度的变化也会引起动载荷。这种由于啮合系统内部的原因造成的动载荷，称为内部附加动载荷。考虑该动载荷对齿轮实际受载的影响，引入了动载荷系数 K_v。K_v 值的精确确定是很困难的，它与齿轮的制造精度、圆周速度、惯性矩、啮合频率、支承刚度等因素有关。对一般圆柱齿轮传动可近似地根据圆周速度、小齿轮的齿数及齿轮的第Ⅱ公差组精度，按图 5-28 查取。直齿轮按图 5-28（a）查取，斜齿轮按图 5-28（b）查取。

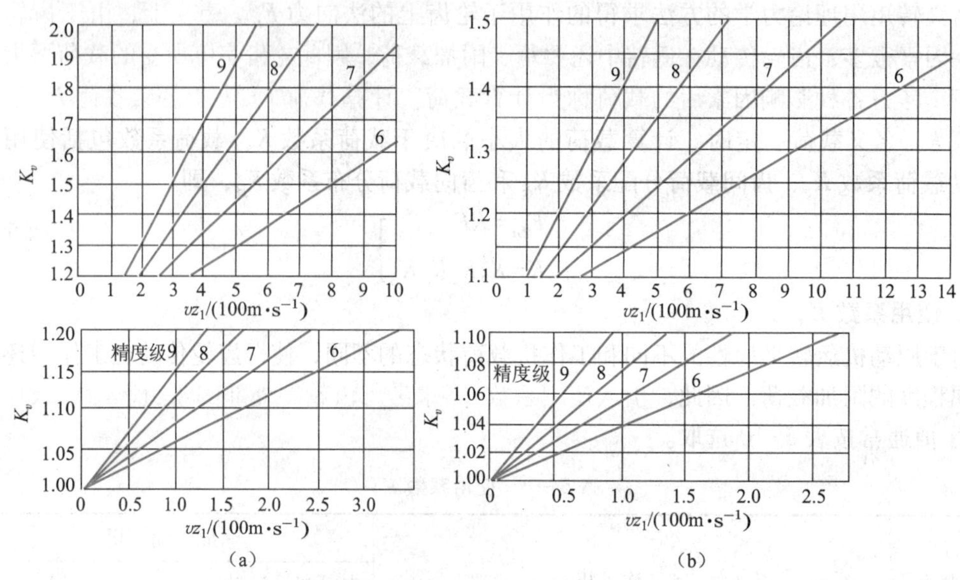

图 5-28 动载荷系数 K_v

注：对直齿锥齿轮传动，应按图（a）低一级的精度线及 $v_m z_1/(100\text{m}\cdot\text{s}^{-1})$ 值查取 K_v 值（v_m 为锥齿轮平均分度圆处的圆周速度）。

3. 啮合齿对间载荷分配系数 K_α

渐开线齿轮保证连续传动的条件是端面重合度 $\varepsilon_\alpha \geqslant 1$。当 $1<\varepsilon_\alpha<2$ 时，传动齿轮是由一对齿和二对齿交替进行啮合，即全部载荷可能由单齿对或双齿对承担。对斜齿轮，由于重合度更大（$\varepsilon_\gamma=\varepsilon_\alpha+\varepsilon_\beta$），则应该是多齿对共同承担载荷。但由于制造和安装误差，以及轮齿啮合刚度的变化，实际上仍可能只有一对齿（或主要是某一对齿）承载而非多对齿均分载荷。考虑到这种齿对间载荷并非按理想状态分配的影响，引入齿对间载荷分配系数 K_α。但考虑到安全，对直齿轮均假定只有一对齿承载，故 $K_\alpha=1$；对斜齿轮传动，K_α 的值可根据传动的总重合度 $\varepsilon_\gamma=\varepsilon_\alpha+\varepsilon_\beta$ 由图 5-29 查取。

4. 齿向载荷分布系数 K_β

由于齿轮、轴、轴承及箱体承载后的变形，以及齿轮制造、安装误差等原因，使载荷沿齿面接触线分布不均。因此，引入齿向载荷分布系数 K_β 来考虑其影响。

影响载荷分布不均的因素很多，比较精确地确定 K_β 比较复杂。对一般的工程计算，K_β 值可按齿宽系数、齿面硬度、小齿轮的布置形式等由表 5-11 查取。

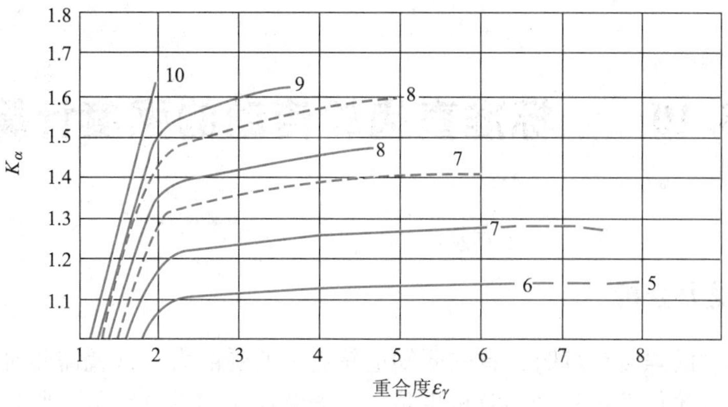

—— 调质钢　- - - 渗碳淬火钢、渗氮钢、表面淬火钢

5～10 为第Ⅱ公差组精度等级

图 5-29　齿对间载荷分配系数 K_α

表 5-11　齿向载荷分布系数 K_β

布置形式	小齿轮齿面硬度 \ $\phi_d=b/d_1$	0.2	0.4	0.6	0.8	1.0	1.2	1.4	1.6	1.8	2.0
对称布置	≤350 HBW	—	1.01	1.02	1.03	1.05	1.07	1.09	1.13	1.17	1.22
	>350 HBW	—	1.02	1.03	1.06	1.10	1.14	1.19	1.25	1.34	1.44
非对称布置　轴的刚性较大	≤350 HBW	1.00	1.02	1.04	1.06	1.08	1.12	1.14	1.18	—	—
	>350 HBW	1.00	1.04	1.08	1.13	1.17	1.23	1.28	1.35	—	—
非对称布置　轴的刚性较小	≤350 HBW	1.03	1.05	1.08	1.11	1.14	1.18	1.23	1.28	—	—
	>350 HBW	1.05	1.10	1.16	1.22	1.28	1.36	1.45	1.55	—	—
悬臂布置	≤350 HBW	1.08	1.11	1.16	1.23	—	—	—	—	—	—
	>350 HBW	1.15	1.21	1.32	1.45	—	—	—	—	—	—

注：1. 表中数值为 8 级精度的 K_β 值。若精度高于 8 级，表中值应减小 5%～10%，但不得小于 1；若低于 8 级，表中值应增大 5%～10%。

2. 长径比 $L/d\approx2.5\sim3$，为刚性大的轴；$L/d>3$ 为刚性小的轴。

3. 对于锥齿轮，$\phi_d=\phi_{dm}=b/d_{m1}=\phi_R\sqrt{u^2+1}/(2-\phi_R)$，其中 d_{m1} 为小齿轮的平均分度圆直径，单位为 mm；u 为齿数比；$\phi_R=b/R$（R 为锥齿轮的锥距）。

为了改善载荷沿齿向的分布情况，可采取增大轴、轴承和箱体的刚度；轴承相对于齿轮尽可能对称布置；尽量避免齿轮悬臂布置或减小悬臂长度；适当地限制齿宽；采用齿向修形、修整成鼓形齿等措施。

5.10 标准直齿轮传动的强度计算

5.10.1 受力分析

进行齿轮传动的强度计算时，首先要知道轮齿上所受的力，这就需要对齿轮传动作受力分析。当然，对齿轮传动进行受力分析也是计算安装齿轮的轴及轴承时所必需的。

若不计齿面间的摩擦力，一对啮合轮齿间的正压力 F_n 始终沿啮合线作用在齿面上。将 F_n 在节点 C 处分解为两个互相垂直的分力，即切于分度圆的圆周力 F_t 和指向轮心的径向力 F_r（图5-30）。

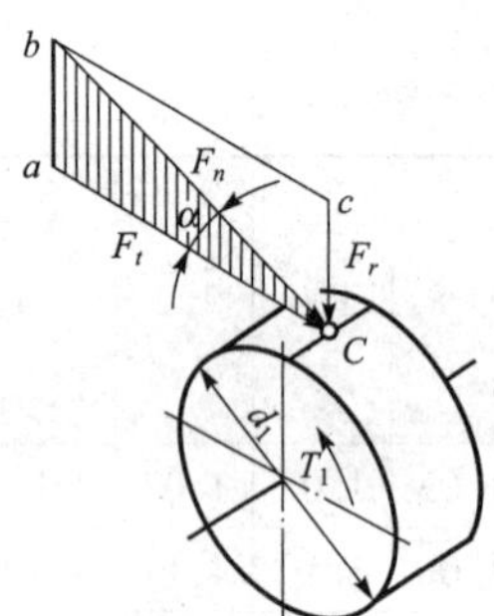

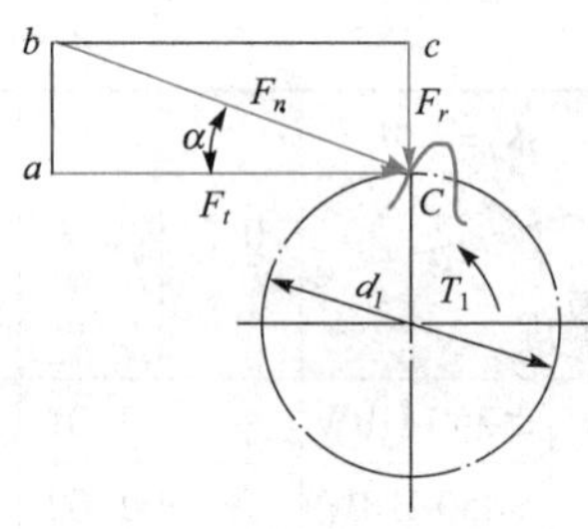

图5-30 标准直齿轮轮齿的受力分析

1. 力的大小

各力的大小由下列公式计算

$$\left.\begin{aligned}F_t&=\frac{2T_1}{d_1}\\F_r&=F_t\tan\alpha\\F_n&=\frac{F_t}{\cos\alpha}\end{aligned}\right\}\tag{5-31}$$

式中，T_1 为小齿轮传递的名义转矩，$T_1=9.55\times10^6\ P_1/n_1$，N · mm；$P_1$ 为小齿轮传递的名义功率，kW；n_1 为小齿轮转速，r/min；d_1 为小齿轮分度圆直径，mm；α 为压力角，对于标准齿轮，$\alpha=20°$。

2. 力的方向

主动轮上的圆周力 F_{t1} 与其回转方向相反，从动轮上的圆周力 F_{t2} 与其回转方向相同；径向力 F_{r1}、F_{r2} 分别指向各自轮心（或本身轴线）；正压力 F_n 通过节点与基圆相切。

3. 两轮所受力之间的关系

作用在主动轮和从动轮上的同名力大小相等、方向相反，即

$$F_{t1}=-F_{t2};\ F_{r1}=-F_{r2}$$

5.10.2　齿面接触疲劳强度计算

齿面接触疲劳强度计算是针对齿面点蚀失效而进行的强度计算，因此，为了防止齿面过早地发生疲劳点蚀，应使齿面节线处的计算接触应力小于或等于其许用应力，即 $\sigma_H \leqslant [\sigma_H]$。

1. 齿面接触疲劳强度的计算公式

齿面接触应力可以利用弹性力学的赫兹公式来计算。一对相啮合的齿轮，其齿廓在任一点的啮合都可以看成是两个圆柱体的接触，当两平行圆柱体在法向力 F_n 作用下相互接触，接触表面受压而产生弹性变形，两圆柱体由线接触变为面接触（狭长矩形面）。接触应力的分布情况如图 5-31 所示（图 5-31（a）为外接触；图 5-31（b）为内接触），最大接触应力发生在接触区的中线上。根据赫兹公式可得

$$\sigma_H = \sqrt{\frac{F_n}{b} \frac{\dfrac{1}{\rho_1} \pm \dfrac{1}{\rho_2}}{\pi\left(\dfrac{1-\mu_1^2}{E_1} + \dfrac{1-\mu_2^2}{E_2}\right)}} \tag{5-32}$$

式中，F_n 为法向力，N；b 为两圆柱体接触长度，mm；ρ_1、ρ_2 为两圆柱体的曲率半径，mm，正号用于外接触，负号用于内接触；E_1、E_2 为两圆柱体材料的弹性模量，N/mm^2（MPa）；μ_1、μ_2 为两圆柱体材料的泊松比。

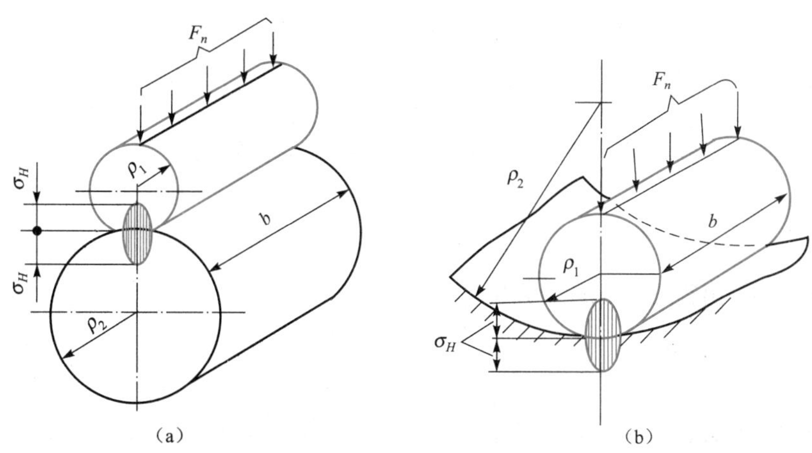

图 5-31　两圆柱体的接触应力

渐开线齿轮的啮合过程类似两个曲率半径随时变化的圆柱体的接触过程。为了计算方便，同时也由于疲劳点蚀首先发生于节线附近的齿面上，一般按节点啮合的曲率半径和载荷进行齿面接触疲劳强度计算。

节点啮合处的综合曲率为

$$\frac{1}{\rho_\Sigma} = \frac{1}{\rho_1} \pm \frac{1}{\rho_2} = \frac{\rho_2 \pm \rho_1}{\rho_1 \rho_2} = \frac{\dfrac{\rho_2}{\rho_1} \pm 1}{\rho_1 \dfrac{\rho_2}{\rho_1}} \tag{5-33}$$

一对标准安装的互相啮合的齿轮，节点 C 处两齿廓的曲率半径为

$$\rho_1=\frac{d_1}{2}\sin\alpha,\ \rho_2=\frac{d_2}{2}\sin\alpha$$

则 $\rho_2/\rho_1=d_2/d_1=z_2/z_1=u$，为了使强度计算公式对增速和减速传动都适用，定义齿数比 u 等于大齿轮齿数 z_2 与小齿轮齿数 z_1 之比，即 $u=z_2/z_1$。齿数比 u 与传动比 i 的关系为：减速传动 $u=i$；增速传动 $u=1/i$。

将 ρ_1 及 u 代入式（5-33）得

$$\frac{1}{\rho_\Sigma}=\frac{2}{d_1\sin\alpha}\frac{u\pm1}{u}$$

以齿轮的计算载荷 F_{ca} 代替式中的 F_n，$F_{ca}=KF_n=KF_t/\cos\alpha$，并将 $\frac{1}{\rho_\Sigma}$ 代入式（5-32）经整理得

$$\sigma_H=\sqrt{\frac{KF_t}{bd_1}\frac{u\pm1}{u}\frac{2}{\sin\alpha\cos\alpha}\frac{1}{\pi\left(\frac{1-\mu_1^2}{E_1}+\frac{1-\mu_2^2}{E_2}\right)}}$$

令 $Z_H=\sqrt{\frac{2}{\sin\alpha\cos\alpha}}$，$Z_E=\sqrt{\frac{1}{\pi\left(\frac{1-\mu_1^2}{E_1}+\frac{1-\mu_2^2}{E_2}\right)}}$，从而可得齿面接触疲劳强度的校核公式为

$$\sigma_H=Z_HZ_E\sqrt{\frac{KF_t}{bd_1}\frac{u\pm1}{u}}\leqslant[\sigma_H] \tag{5-34a}$$

将 $F_t=2T_1/d_1$ 及 $\phi_d=b/d_1$ 代入上式，可得另一种形式的校核公式

$$\sigma_H=Z_HZ_E\sqrt{\frac{2KT_1}{\phi_d d_1^3}\frac{u\pm1}{u}}\leqslant[\sigma_H] \tag{5-34b}$$

由式（5-34b），得出齿面接触疲劳强度的设计公式为

$$d_1\geqslant\sqrt[3]{\frac{2KT_1}{\phi_d}\frac{u\pm1}{u}\left(\frac{Z_HZ_E}{[\sigma_H]}\right)^2} \tag{5-35}$$

式中，Z_E 为弹性系数，考虑配对齿轮的材料弹性模量 E 和泊松比 μ 对接触应力的影响，Z_E 值可由表5-12查取；Z_H 为节点区域系数，考虑节点啮合处齿廓形状对接触应力的影响，当 $\alpha=20°$ 时，$Z_H=2.5$；ϕ_d 为齿宽系数，由表5-14（见后文）查取。

式中“+”号用于外啮合，“-”号用于内啮合。

表5-12　弹性系数 Z_E

弹性模量 E/MPa ╲ 齿轮材料	配对齿轮材料				
	灰铸铁	球墨铸铁	铸钢	锻钢	夹布塑胶
	11.8×10^4	17.3×10^4	20.2×10^4	20.6×10^4	0.785×10^4
锻钢	162.0	181.4	188.9	189.8	56.4

续表

弹性模量 E/MPa \ 齿轮材料	配对齿轮材料				
	灰铸铁	球墨铸铁	铸钢	锻钢	夹布塑胶
	11.8×10^4	17.3×10^4	20.2×10^4	20.6×10^4	0.785×10^4
铸钢	161.4	180.5	188.0	—	—
球墨铸铁	156.6	173.9	—		
灰铸铁	143.7	—			
注：表中所列夹布塑胶的泊松比 μ 为 0.5，其余材料的 μ 均为 0.3。					

2. 齿面接触疲劳强度计算说明

（1）两相啮合的齿轮其齿面接触应力是相等的，即 $\sigma_{H1}=\sigma_{H2}$。而两齿轮的材料或齿面硬度及寿命系数一般是不相同的，即 $[\sigma_{H1}]\neq[\sigma_{H2}]$，$[\sigma_H]$ 值小的接触强度低，故应将 $[\sigma_{H1}]$ 与 $[\sigma_{H2}]$ 中较小的值代入接触强度公式（5-34）及式（5-35）进行计算。

（2）使用设计公式（5-35）计算 d_1 时，动载系数 K_v 尚不能确定，载荷系数 K 便不定。可试选一载荷系数 $K_t=1.2\sim2.0$，依 K_t 求得试算值 d_{1t}，然后按 d_{1t} 计算齿轮的圆周速度 v，查取动载系数 K_v，计算载荷系数 K。若算得的 K 值与试选的 K_t 值相差不大，则取 $d_1=d_{1t}$；若两者相差较大，应按下式修正分度圆直径

$$d_1=d_{1t}\sqrt[3]{K/K_t}$$

（3）齿轮传动的接触疲劳强度取决于齿轮分度圆直径的大小，若仅改变齿轮的模数或齿数，而其积不变，则轮齿的接触疲劳强度不变。

（4）由式（5-34）知，载荷一定时，欲提高轮齿的接触疲劳强度，可选用优质材料或通过热处理工艺提高许用接触应力 $[\sigma_H]$，或增大齿轮传动尺寸（增大直径、中心距、齿宽）以降低 σ_H 值。但若齿宽 b 过大，因难以保证全齿宽接触，反而会使 σ_H 增大。

5.10.3 齿根弯曲疲劳强度计算

齿根弯曲疲劳强度计算是针对齿根弯曲疲劳折断失效而进行的强度计算，因此，为了避免发生轮齿根部的弯曲疲劳断裂，应保证齿根部的弯曲疲劳应力不超过其许用值，即 $\sigma_F\leq[\sigma_F]$。

1. 齿根弯曲疲劳强度的计算公式

轮齿的受力情况相当于一个受集中载荷作用的悬臂梁，因此，轮齿的弯曲疲劳强度，通常以齿根处为最弱。对于精度高的齿轮传动（如6、5、4级精度），制造误差小，可认为在双齿对啮合区内啮合时，啮合的轮齿平均分担载荷，齿根所受的弯矩并不最大，而当轮齿进入到单齿对啮合区啮合时，仅有一对齿承受全部载荷，齿根所受的弯矩最大。故对精度高的齿轮传动，应按载荷作用于单齿对啮合状况来计算齿根的弯曲强度。对于制造精度较低的齿轮传动（如7、8、9级精度），制造误差大，齿对间载荷分配不均较为严重，故轮齿弯曲强度按一对齿在齿顶处的啮合情况计算较为合理。因此，为使轮齿的弯曲强度比较富裕，计算轮齿的弯曲强度时，假定全部载荷由一对齿承担，并以轮齿顶点作为计算点（图5-32（a））。

齿根危险截面的位置可用30°切线法来确定（图5-32（b）），作与轮齿对称线成30°夹角并与齿根过渡圆角相切的两条斜线，两切点连线即为危险截面的位置，危险截面处齿厚为s_F。

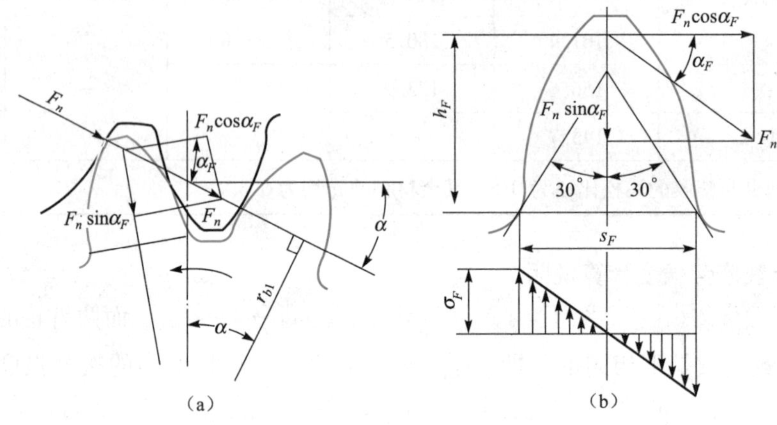

图5-32　齿根弯曲应力计算图

法向力F_n与轮齿对称中心线垂线的夹角为α_F，称为载荷作用角。F_n分解为两个互相垂直的分力：$F_n\cos\alpha_F$和$F_n\sin\alpha_F$，$F_n\cos\alpha_F$在齿根处产生弯曲应力σ_F，$F_n\sin\alpha_F$产生压缩应力σ_c。因后者很小，忽略不计，仅按$F_n\cos\alpha_F$所产生的弯矩进行弯曲强度计算。

齿根危险剖面的弯曲强度条件为

$$\sigma_{F0}=\frac{M}{W}=\frac{F_n\cos\alpha_F h_F}{bs_F^2/6}\leqslant[\sigma_F]$$

将上面不等式左边分子、分母同除以模数，并将$F_n=F_t/\cos\alpha$代入上式得

$$\sigma_{F0}=\frac{F_t}{bm}\frac{6\left(\frac{h_F}{m}\right)\cos\alpha_F}{\left(\frac{s_F}{m}\right)^2\cos\alpha}=\frac{F_t}{bm}Y_{Fa}$$

式中

$$Y_{Fa}=\frac{6\left(\frac{h_F}{m}\right)\cos\alpha_F}{\left(\frac{s_F}{m}\right)^2\cos\alpha}$$

Y_{Fa}称为齿形系数，用以表征齿形对名义齿根弯曲应力的影响。齿形系数只与齿数和变位系数有关，而与模数无关，标准齿轮时只与齿数有关，其值由表5-13查取。增大齿数可改善齿形，使齿形系数减小，从而使齿根应力降低。

上述计算式中的σ_{F0}仅为齿根危险剖面处的名义齿根弯曲应力，实际计算时，还应考虑实际齿轮传动中齿根过渡曲线处的应力集中效应对齿根应力的影响，需引入应力修正系数Y_{Sa}加以修正，对于标准齿轮，Y_{Sa}由表5-13查取。同时再引入载荷系数K，齿根弯曲疲劳强度的校核公式为

$$\sigma_F = K\sigma_{F0}Y_{Sa} = \frac{KF_t}{bm}Y_{Fa}Y_{Sa} \leqslant [\sigma_F] \tag{5-36a}$$

将 $F_t = 2T_1/d_1$ 代入式（5-36a），得出另一种形式的校核公式

$$\sigma_F = \frac{2KT_1}{bd_1 m}Y_{Fa}Y_{Sa} \leqslant [\sigma_F] \tag{5-36b}$$

将 $b=\phi_d d_1$、$d_1 = mz_1$ 代入式（5-36b），得出齿根弯曲疲劳强度的设计公式

$$m \geqslant \sqrt[3]{\frac{2KT_1}{\phi_d z_1^2}\left(\frac{Y_{Fa}Y_{Sa}}{[\sigma_F]}\right)} \tag{5-37}$$

表 5-13　齿形系数 Y_{Fa} 及应力修正系数 Y_{Sa}

$z(z_v)$	17	18	19	20	21	22	23	24	25	26	27	28	29	30
Y_{Fa}	2.97	2.91	2.85	2.80	2.76	2.72	2.69	2.65	2.62	2.60	2.57	2.55	2.53	2.52
Y_{Sa}	1.52	1.53	1.54	1.55	1.56	1.57	1.575	1.58	1.59	1.595	1.60	1.61	1.62	1.625
$z(z_v)$	35	40	45	50	60	70	80	90	100	150	200	∞	内齿轮	
Y_{Fa}	2.45	2.40	2.35	2.32	2.28	2.24	2.22	2.20	2.18	2.14	2.12	2.06	2.06	
Y_{Sa}	1.65	1.67	1.68	1.70	1.73	1.75	1.77	1.78	1.79	1.83	1.865	1.97	2.46	

注：基准齿形的参数为 $\alpha=20°$、$h_a^*=1$、$c^*=0.25$、$\rho=0.38m$（m 为齿轮模数）。

2. 齿根弯曲疲劳强度计算说明

（1）一对啮合齿轮由于齿数不等，因此其齿根弯曲应力不相等，即 $\sigma_{F1} \neq \sigma_{F2}$。由于大小齿轮材质或热处理不同及寿命系数的差异，其许用弯曲应力也不同，即 $[\sigma_{F1}] \neq [\sigma_{F2}]$。故使用设计公式（5-37）时，应将 $\frac{Y_{Fa1}Y_{Sa1}}{[\sigma_{F1}]}$ 与 $\frac{Y_{Fa2}Y_{Sa2}}{[\sigma_{F2}]}$ 两者中的较大值代入计算；在使用校核公式（5-36）时，要分别校核强度条件 $\sigma_{F1} \leqslant [\sigma_{F1}]$ 和 $\sigma_{F2} \leqslant [\sigma_{F2}]$。其中，大齿轮的弯曲应力 σ_{F2} 可由先算出的小齿轮弯曲应力按下式间接算得

$$\sigma_{F2} = \sigma_{F1}\frac{Y_{Fa2}Y_{Sa2}}{Y_{Fa1}Y_{Sa1}} \tag{5-38}$$

（2）无论是对大齿轮还是对小齿轮进行计算，式（5-36）、式（5-37）中的 T_1、z_1、d_1 均为小齿轮的转矩、齿数和分度圆直径。

（3）使用设计公式（5-37）时，载荷系数 K 的选取和处理方法同接触疲劳强度的计算说明，即先试选后修正，修正公式如下

$$m = m_t\sqrt[3]{K/K_t}$$

（4）模数 m 应圆整后取为标准值。对于传递动力的齿轮，模数不宜过小，一般 $m \geqslant 1.5 \sim 2$ mm。对于开式齿轮传动，考虑磨损对齿根弯曲强度的影响，将计算出的 m 值扩大 10%～15%。

（5）由式（5-36）知，当载荷一定时，弯曲应力的大小主要取决于模数 m 的大小。采用热处理、改善材质等提高轮齿的许用弯曲应力 $[\sigma_F]$，或增大模数 m、齿宽 b，改变齿形

（增加齿数、压力角和正变位）等方法来降低齿根弯曲工作应力 σ_F，均能提高轮齿的弯曲疲劳强度。

5.10.4 齿轮传动主要参数的选择

在设计齿轮传动时，需同时满足齿面接触疲劳强度和齿根弯曲疲劳强度两方面的要求。通过轮齿强度计算可以确定齿轮的分度圆直径 d_1、模数 m 等一些主要参数，但在设计过程中，有些重要参数（如齿数 z、齿宽系数 ϕ_d 等）需由设计者自己选定。

1. 齿数、模数、压力角

对闭式软齿面齿轮传动，通常取 $z_1=20\sim40$；对闭式硬齿面及开式传动，取 $z_1=17\sim20$；对高速、易发生胶合的齿轮传动，荐用 $z_1\geqslant25\sim27$。闭式软齿面传动的传动尺寸主要由接触疲劳强度决定，其弯曲强度较富裕。因此，在保证传动尺寸（如中心距）不变且弯曲强度足够的条件下，宜选用较多的齿数和较小的模数。采用较多的齿数，重合度增大，提高了传动的平稳性，同时由于模数的减小，齿高降低，轮齿的切削加工量减少，齿面滑动系数减小，有利于提高轮齿的抗磨损和抗胶合能力。闭式硬齿面和开式传动，应以保证弯曲强度为主，应适当选取较少的齿数（$z_1\geqslant z_{\min}$），以免传动结构尺寸过大。

大齿轮齿数 $z_2=iz_1$。对于载荷平稳的齿轮传动，为有利于跑合，两轮齿数取为简单的整数比；对于载荷不稳定的齿轮传动，两轮齿数应互为质数，以减小或避免周期性振动，有利于使所有轮齿磨损均匀，提高耐磨性。

齿轮模数应符合国家标准模数系列。对于传递动力的齿轮，其模数一般不小于 2 mm。压力角一般取 $\alpha=20°$。

2. 齿数比

齿数比 u 不宜过大，否则两轮尺寸相差悬殊，传动尺寸会增大，通常取 $u\leqslant6\sim8$。当需要大齿数比时，采用二级或多级传动。

3. 齿宽系数

增大齿宽系数 ϕ_d 可减小齿轮直径和中心距，从而降低圆周速度。但是齿宽越大，齿向载荷分布愈不均匀，故应合理选取适当的齿宽系数。对一般的机械传动，ϕ_d 可参考表 5-14 选取。

表 5-14 齿宽系数 ϕ_d

齿轮相对轴承的布置	载荷情况	软齿面或软硬齿面		硬 齿 面	
		推荐值	最大值	推荐值	最大值
对称布置	变动小	0.8～1.4	1.8	0.4～0.9	1.1
	变动大		1.4		0.9
不对称布置	变动小	0.6～1.2	1.4	0.3～0.6	0.9
	变动大		1.15		0.7
悬臂布置	变动小	0.3～0.4	0.8	0.2～0.25	0.55
	变动大		0.6		0.44

续表

注：1. 直齿圆柱齿轮取小值，斜齿轮取大值（人字齿可达 2），载荷稳定，轴刚度大的取大值，否则取小值。
2. 对于金属切削机床的齿轮传动，若传递功率不大，ϕ_d 可小到 0.2。
3. 非金属齿轮，可取 $\phi_d=0.5\sim1.2$。
4. 对开式传动，可取 $\phi_d=0.3\sim0.5$。

齿宽 $b=\phi_d d_1$，其值最好圆整为整数。为了便于装配和调整，通常小齿轮齿宽 b_1 要比大齿轮齿宽 b_2 大 5～10 mm，设计计算时，应按 b_2 值代入。

例 5-1　设计某带式运输机减速器双级直齿轮传动中的高速级齿轮传动。电动机驱动，带式运输机工作平稳，转向不变，传递功率 $P_1=5$ kW，$n_1=960$ r/min，齿数比 $u=4.8$，工作寿命为 10 年（每年工作 300 天），双班制。

解　设计计算步骤列于表 5-15 如下。

表 5-15　直齿轮设计计算步骤

计算项目	设计计算与说明	计算结果
1. 选择齿轮材料、热处理、齿面硬度、精度等级及齿数		
① 选择精度等级	运输机为一般工作机器，速度不高，故齿轮选用 8 级精度	8 级精度
② 选取齿轮材料、热处理方法及齿面硬度	因传递功率不大，转速不高，选用软齿面齿轮传动。齿轮选用便于制造且价格便宜的材料。 小齿轮：45 钢（调质），硬度为 240 HBW； 大齿轮：45 钢（正火），硬度为 200 HBW	小齿轮： 45 钢（调质） 240 HBW 大齿轮： 45 钢（正火） 200 HBW
③ 选齿数 z_1、z_2	$z_1=24$，$u=i=4.8$，$z_2=uz_1=4.8\times24=115.2$，取 $z_2=115$，在误差范围内。 因选用闭式软齿面传动，故按齿面接触疲劳强度设计，然后校核其齿根弯曲疲劳强度。	$u=4.8$ $z_1=24$ $z_2=115$
2. 按齿面接触疲劳强度设计	按式（5-35），设计公式为 $d_1\geqslant\sqrt[3]{\dfrac{2KT_1}{\phi_d}\dfrac{u+1}{u}\left(\dfrac{Z_HZ_E}{[\sigma_H]}\right)^2}$	
① 初选载荷系数 K_t	试选载荷系数 $K_t=1.3$	$K_t=1.3$
② 小齿轮传递转矩 T_1	小齿轮名义转矩 $T_1=9.55\times10^6\dfrac{P_1}{n_1}=9.55\times10^6\times\dfrac{5}{960}=49\ 739.6$ N · mm	$T_1=49\ 739.6$ N · mm
③ 选取齿宽系数 ϕ_d	由表 5-14，选齿宽系数 $\phi_d=0.8$	$\phi_d=0.8$
④ 弹性系数 Z_E	由表 5-12，查取弹性系数 $Z_E=189.8\sqrt{\text{MPa}}$	$Z_E=189.8\sqrt{\text{MPa}}$

续表

计算项目	设计计算与说明	计算结果
⑤ 节点区域系数 Z_H	节点区域系数 $Z_H=2.5(\alpha=20°)$	$Z_H=2.5$
⑥ 接触疲劳强度极限 $\sigma_{H\lim1}$、$\sigma_{H\lim2}$	由图 5-24 查得 $\sigma_{H\lim1}=590$ MPa，$\sigma_{H\lim2}=550$ MPa	$\sigma_{H\lim1}=590$ MPa $\sigma_{H\lim2}=550$ MPa
⑦ 接触应力循环次数 N_1、N_2	由式（5-28） $N_1=60n_1jL_h=60\times960\times1\times(2\times8\times300\times10)$ $=2.76\times10^9$ $N_2=N_1/u=2.76\times10^9/4.8=5.76\times10^8$	$N_1=2.76\times10^9$ $N_2=5.76\times10^8$
⑧ 接触疲劳强度寿命系数 Z_{N1}、Z_{N2}	由图 5-26 查取接触疲劳强度寿命系数 $Z_{N1}=1$、$Z_{N2}=1.03$（允许一定点蚀）	$Z_{N1}=1$ $Z_{N2}=1.03$
⑨ 接触疲劳强度安全系数 S_H	取失效概率为 1%，接触强度最小安全系数 $S_H=1$	$S_H=1$
⑩ 计算许用接触应力$[\sigma_{H1}]$、$[\sigma_{H2}]$	由式（5-29） $[\sigma_{H1}]=\dfrac{\sigma_{H\lim1}Z_{N1}}{S_H}=\dfrac{590\times1}{1}=590$ MPa $[\sigma_{H2}]=\dfrac{\sigma_{H\lim2}Z_{N2}}{S_H}=\dfrac{550\times1.03}{1}=567$ MPa 取$[\sigma_H]=[\sigma_{H2}]=567$ MPa	$[\sigma_H]=567$ MPa
⑪ 试算小齿轮分度圆直径 d_{1t}	$d_{1t}\geqslant\sqrt[3]{\dfrac{2K_tT_1}{\phi_d}\dfrac{u+1}{u}\left(\dfrac{Z_HZ_E}{[\sigma_H]}\right)^2}$ $=\sqrt[3]{\dfrac{2\times1.3\times49\,739.6}{0.8}\times\dfrac{4.8+1}{4.8}\times\left(\dfrac{2.5\times189.8}{567}\right)^2}$ $=51.526$ mm	$d_{1t}=51.526$ mm
⑫ 计算圆周速度 v_t	$v_t=\dfrac{\pi d_1n_1}{60\times1\,000}=\dfrac{3.14\times51.526\times960}{60\times1\,000}=2.589$ m/s	$v_t=2.589$ m/s
⑬ 确定载荷系数 K	由表 5-10 查取使用系数 $K_A=1$ 根据 $vz_1/100=2.589\times24/100=0.621$ m/s，由图5-28，动载系数 $K_v=1.07$ 直齿轮传动，齿间载荷分配系数 $K_\alpha=1$ 由表 5-11，齿向载荷分配系数 $K_\beta=1.11$ 故载荷系数 $K=K_AK_vK_\alpha K_\beta$ $=1\times1.07\times1\times1.11=1.188$	$K=1.188$
⑭ 修正小齿轮分度圆直径 d_1	$d_1=d_{1t}\sqrt[3]{K/K_t}=51.526\times\sqrt[3]{1.188/1.3}=50.002$ mm	$d_1=50.002$ mm
3. 确定齿轮传动主要参数和几何尺寸		

续表

计算项目	设计计算与说明	计算结果
① 确定模数 m	$m=\frac{d_1}{z_1}=\frac{50.002}{24}=2.083$ mm 由表 5-1，圆整为标准值 $m=2.5$ mm	$m=2.5$ mm
② 计算分度圆直径 d_1、d_2	$d_1=mz_1=2.5\times24=60$ mm $d_2=mz_2=2.5\times115=287.5$ mm	$d_1=60$ mm $d_2=287.5$ mm
③ 计算传动中心距 a	$a=\frac{d_1+d_2}{2}=\frac{60+287.5}{2}=173.75$ mm	$a=173.75$ mm
④ 计算齿宽 b_1、b_2	$b=\phi_d d_1=0.8\times60=48$ mm 取 $b_1=55$ mm、$b_2=50$ mm	$b_1=55$ mm $b_2=50$ mm
4. 校核齿根弯曲疲劳强度	按式（5-36），校核公式为 $\sigma_F=\frac{2KT_1}{bd_1m}Y_{Fa}Y_{Sa}\leqslant[\sigma_F]$	
① 齿形系数 Y_{Fa1}、Y_{Fa2}	由表 5-13 $Y_{Fa1}=2.65$ 、$Y_{Fa2}=2.168$（内插）	$Y_{Fa1}=2.65$ $Y_{Fa2}=2.168$
② 应力修正系数 Y_{Sa1}、Y_{Sa2}	由表 5-13 $Y_{Sa1}=1.58$ 、$Y_{Sa2}=1.802$（内插）	$Y_{Sa1}=1.58$ $Y_{Sa2}=1.802$
③ 弯曲疲劳强度极限 $\sigma_{F\lim1}$、$\sigma_{F\lim2}$	由图 5-25 查得 $\sigma_{F\lim1}=230$ MPa ，$\sigma_{F\lim2}=210$ MPa	$\sigma_{F\lim1}=230$ MPa $\sigma_{F\lim2}=210$ MPa
④ 弯曲疲劳强度寿命系数 Y_{N1}、Y_{N2}	由图 5-27 查得 $Y_{N1}=1$、$Y_{N2}=1$	$Y_{N1}=1$ $Y_{N2}=1$
⑤ 弯曲疲劳强度安全系数 S_F	取弯曲强度最小安全系数 $S_F=1.4$	$S_F=1.4$
⑥ 计算许用弯曲应力 $[\sigma_{F1}]$、$[\sigma_{F2}]$	由式（5-29） $[\sigma_{F1}]=\frac{\sigma_{F\lim1}Y_{ST}Y_{N1}}{S_F}=\frac{230\times2\times1}{1.4}=329$ MPa $[\sigma_{F2}]=\frac{\sigma_{F\lim2}Y_{ST}Y_{N2}}{S_F}=\frac{210\times2\times1}{1.4}=300$ MPa	$[\sigma_{F1}]=329$ MPa $[\sigma_{F2}]=300$ MPa
⑦ 校核齿根弯曲疲劳强度	$\sigma_{F1}=\frac{2KT_1}{bd_1m}Y_{Fa1}Y_{Sa1}$	

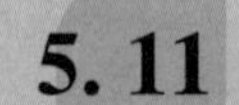

续表

计算项目	设计计算与说明	计算结果
	$=\dfrac{2\times1.188\times49\ 739.6}{50\times60\times2.5}\times2.65\times1.58$ $=66\ \text{MPa}<[\sigma_{F1}]=329\ \text{MPa}$ $\sigma_{F2}=\dfrac{2KT_1}{bd_1m}Y_{Fa2}Y_{Sa2}$ $=\dfrac{2\times1.188\times49\ 739.6}{50\times60\times2.5}\times2.168\times1.802$ $=62\ \text{MPa}<[\sigma_{F2}]=300\ \text{MPa}$	满足弯曲疲劳强度要求
5. 结构设计	齿轮结构设计，并绘制齿轮的工作图（略）。	

5.11 斜齿圆柱齿轮（简称斜齿轮）传动

5.11.1 斜齿轮齿廓曲面的形成和啮合特点

前面在讨论直齿轮齿廓形成时，是在垂直于齿轮轴线的端面上进行的。实际上齿轮有一定的宽度，所以齿廓的形成如图 5-33（a）所示，与基圆柱相切的平面 S 称为发生面。当发生面 S 在基圆柱上作纯滚动时，其上任一平行于切线 CC 的直线 BB 的轨迹，即为渐开线曲面。渐开线曲面与齿轮轴垂直面的交线为渐开线。

由渐开线曲面的形成可知，直齿轮在啮合时，齿面上的接触线都是平行于轴线的直线，如图 5-33（b）所示。当齿轮传递载荷时，由于沿全齿宽是同时进入啮合，又同时退出啮合，所以受力是突然加载又突然卸载。因此传动平稳性较差，冲击和噪声也较大。

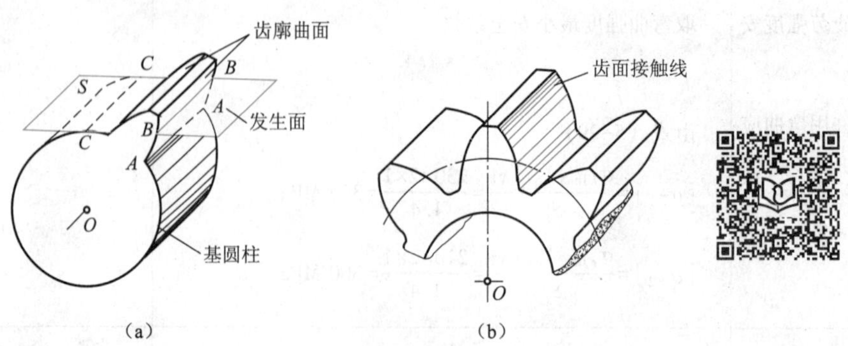

图 5-33　直齿轮齿廓的形成及齿面接触线

斜齿轮齿廓的形成原理如图 5-34（a）所示。当发生面沿基圆柱作纯滚动时，其上与切

线 CC 成一倾斜角度的直线 BB 的轨迹为一渐开线螺旋面，此即斜齿轮的齿廓曲面。直线 BB 与切线 CC 的夹角为 β_b，称为基圆柱上的螺旋角。渐开线螺旋面与齿轮轴垂直面的交线为渐开线。

从斜齿轮齿廓的形成过程可知，斜齿轮的齿廓在任何位置啮合，其接触线都是与轴线倾斜的直线，如图 5-34（b）所示。一对轮齿从开始啮合起，齿面上的接触线长度由零逐渐增长至最大值，以后又逐渐缩短到零脱离啮合，所以轮齿的啮合过程是一种逐渐的啮合过程。另外，由于轮齿是倾斜的，所以同时啮合的齿数较多。因此，斜齿轮传动工作较平稳，承载能力大。

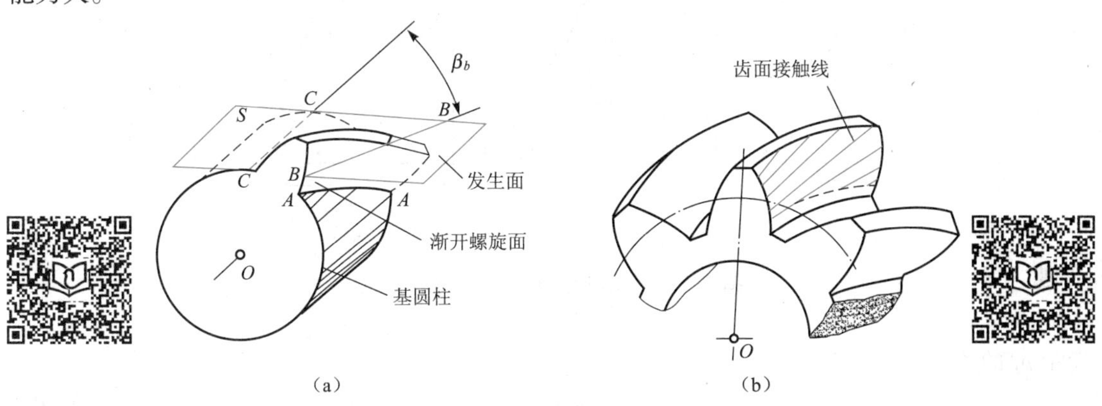

图 5-34　斜齿轮齿廓的形成及齿面接触线

5.11.2　斜齿轮的基本参数和几何尺寸计算

由于斜齿轮的轮齿是倾斜的，所以它有端面（垂直于齿轮轴线的平面）参数和法面（垂直于轮齿的平面）参数。由于加工斜齿轮时，加工刀具沿齿廓螺旋线方向进刀，斜齿轮的法面参数与刀具的参数相同，因此规定斜齿轮的法面参数为标准参数。

1. 螺旋角

一般用分度圆柱面上的螺旋角 β 表示斜齿轮轮齿的倾斜程度。通常所讲的斜齿轮螺旋角，若不特别声明，是指分度圆柱上的螺旋角。斜齿轮的螺旋角一般为 8°～20°。

将齿轮轴线放于铅垂位置，轮齿线左高右低的为左旋齿轮，而右高左低的为右旋齿轮。

如图 5-35（a）所示，将斜齿轮分度圆柱面展开后为一矩形。设分度圆柱的直径为 d，螺旋线的导程为 P_z，则 $\tan\beta=\pi d/P_z$。

轮齿在基圆柱上的螺旋角为 β_b，其螺旋线的导程也等于 P_z，故有 $\tan\beta_b=\pi d_b/P_z$。

从端面上看，斜齿轮的齿廓曲线和直齿轮的一样均为渐开线，故基圆直径 d_b 与分度圆直径 d 亦有关系式：$d_b=d\cos\alpha_t$。故有

$$\tan\beta_b=\frac{\pi d_b}{P_z}=\frac{\pi d\cos\alpha_t}{P_z}=\tan\beta\cos\alpha_t \tag{5-39}$$

式中，α_t 为分度圆上齿廓的端面压力角。

2. 端面模数与法面模数

由图 5-35（a）所示的阴影线部分代表轮齿，空白部分代表齿槽，法面齿距 p_n 与端面

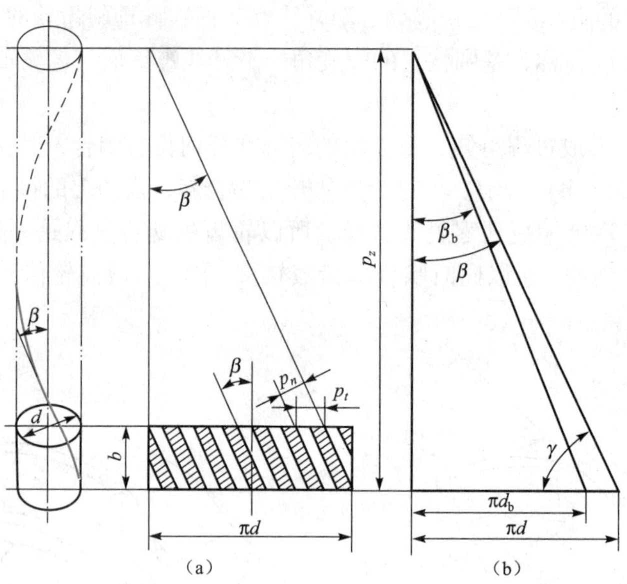

图 5-35　斜齿轮的分度圆柱面展开图

齿距 p_t 的关系为

$$p_n = p_t \cos\beta \tag{5-40}$$

由于齿距除以 π 就是模数，故由式（5-40）即可得法面模数 m_n 与端面模数 m_t 的关系为

$$m_n = m_t \cos\beta \tag{5-41}$$

3. 端面压力角与法面压力角

在图 5-36 所示的斜齿条中，$\triangle abd$ 为端面上的直角三角形，$\triangle ace$ 为法面上的直角三角形，$\angle adb$ 为端面压力角 α_t，而 $\angle aec$ 为法面压力角 α_n。由 $\triangle abd$ 可得 $\tan\alpha_t = \overline{ab}/\overline{bd}$；由 $\triangle ace$ 可得 $\tan\alpha_n = \overline{ac}/\overline{ce}$，因两个三角形的高相等，即 $\overline{bd} = \overline{ce}$，故 $\tan\alpha_n/\tan\alpha_t = \overline{ac}/\overline{ab}$，又从 $\triangle acb$ 可知 $\overline{ac}/\overline{ab} = \cos\beta$，故有端面压力角 α_t 与法面压力角 α_n 的关系为

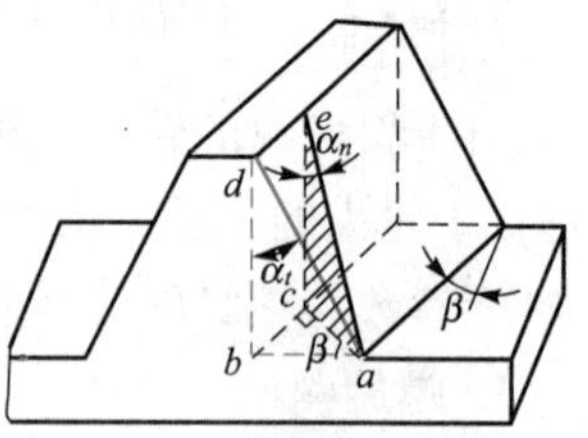

图 5-36　斜齿条

$$\tan\alpha_n = \tan\alpha_t \cos\beta \tag{5-42}$$

法面压力角 α_n 为标准值，我国规定 $\alpha_n = 20°$。

4. 齿顶高系数与顶隙系数

设法面齿顶高系数为 h_{an}^*，法面顶隙系数为 c_n^*；端面齿顶高系数为 h_{at}^*，端面顶隙系数为 c_t^*。无论从端面或法面看，斜齿轮的齿顶高都是相同，同样齿根高也是相同的，即

$$h_a = h_{an}^* m_n = h_{at}^* m_t$$

$$h_f = (h_{an}^* + c_n^*) m_n = (h_{at}^* + c_t^*) m_t$$

由于

$$m_n = m_t \cos\beta$$

故有

$$\left.\begin{aligned} h_{at}^* &= h_{an}^* \cos\beta \\ c_t^* &= c_n^* \cos\beta \end{aligned}\right\} \tag{5-43}$$

法面齿顶高系数 h_{an}^* 和法面顶隙系数 c_n^* 为标准值，$h_{an}^*=1$，$c_n^*=0.25$。

5. 斜齿轮的几何尺寸计算

由于一对平行轴斜齿轮传动，在端面上相当于一对直齿轮传动，故斜齿轮的几何尺寸计算，将其法面参数换算为端面参数后，可直接按直齿轮的公式进行几何尺寸计算，如表 5-16 所示。

表 5-16　渐开线标准斜齿轮的几何尺寸计算

名　称	符　号	计算公式
分度圆直径	d	$d_1=m_t z_1=m_n z_1/\cos\beta$，$d_2=m_t z_2=m_n z_2/\cos\beta$
齿顶高	h_a	$h_{a1}=h_{a2}=h_a=h_{an}^* m_n=m_n$
齿根高	h_f	$h_{f1}=h_{f2}=h_f=(h_{an}^*+c_n^*)m_n=1.25m_n$
齿高	h	$h=h_a+h_f=2.25m_n$
齿顶圆直径	d_a	$d_{a1}=d_1+2m_n$，$d_{a2}=d_2+2m_n$
齿根圆直径	d_f	$d_{f1}=d_1-2.5m_n$，$d_{f2}=d_2-2.5m_n$
中心距	a	$a=(z_1+z_2)m_n/(2\cos\beta)$

5.11.3　斜齿轮传动的正确啮合条件和重合度

1. 斜齿轮传动的正确啮合条件

要使一对平行轴斜齿轮能正确啮合，除应满足在端面上直齿轮的正确啮合条件外，还需考虑两轮螺旋角的匹配问题，故平行轴斜齿轮正确啮合的条件为

$$\left.\begin{aligned} m_{t1} &= m_{t2} \\ \alpha_{t1} &= \alpha_{t2} \\ \beta_1 &= \mp\beta_2 \end{aligned}\right\} \quad \text{或} \quad \left.\begin{aligned} m_{n1} &= m_{n2} \\ \alpha_{n1} &= \alpha_{n2} \\ \beta_1 &= \mp\beta_2 \end{aligned}\right\} \tag{5-44}$$

式中，负号用于外啮合，表示两轮的螺旋角大小相等、旋向相反；正号用于内啮合，表示两轮的螺旋角大小相等、旋向相同。

2. 斜齿轮传动的重合度

图 5-37 所示为端面尺寸相同的直齿轮及斜齿轮传动时各自的啮合平面。图中直线 AA 与 BB 之间的区域为轮齿的啮合区。直齿轮前端面的齿廓在 A 点开始进入啮合时，其整个齿宽同时进入啮合区，所以其重合度 $\varepsilon_\alpha=L/p_b$。对于斜齿轮来说，虽然前端面齿廓也是在 A 点开始进入啮合，但整个轮齿并没有全部进入啮合，当前端齿廓在 B 点开始退出啮合时，整个轮齿也没有完全脱离啮合，还要继续啮合一段长度 ΔL，待后端齿廓到达终止啮合点 B 后，才完全脱离啮合。由于斜齿轮传动的实际啮合区的长度比直齿轮传动增大了 ΔL，故斜齿轮传动的重合度比直齿轮传动的重合度增大 $\varepsilon_\beta=\Delta L/p_b=b\tan\beta_b/p_b$。因为 $\tan\beta_b=\tan\beta\cos\alpha_t$，$p_b=p_t\cos\alpha_t=\dfrac{p_n\cos\alpha_t}{\cos\beta}$，所以有

$$\varepsilon_\beta=\frac{b\tan\beta_b}{p_b}=\frac{b\tan\beta\cos\alpha_t}{\frac{p_n\cos\alpha_t}{\cos\beta}}=\frac{b\sin\beta}{p_n}=\frac{b\sin\beta}{\pi m_n} \tag{5-45}$$

因此斜齿轮传动的重合度

$$\varepsilon_\gamma=\varepsilon_\alpha+\varepsilon_\beta \tag{5-46}$$

式中，ε_α 为端面重合度，其值等于与斜齿轮端面齿廓相同的直齿轮传动的重合度，计算时可按下式简化计算

$$\varepsilon_\alpha=\left[1.88-3.2\left(\frac{1}{z_1}\pm\frac{1}{z_2}\right)\right]\cos\beta$$

式中，ε_β 为轴面重合度（即由于轮齿的倾斜而产生的附加重合度）。

式（5-45）表明 ε_β 随着齿宽 b 和螺旋角 β 的增大而增大。因此，斜齿轮传动较平稳，承载能力也较大。

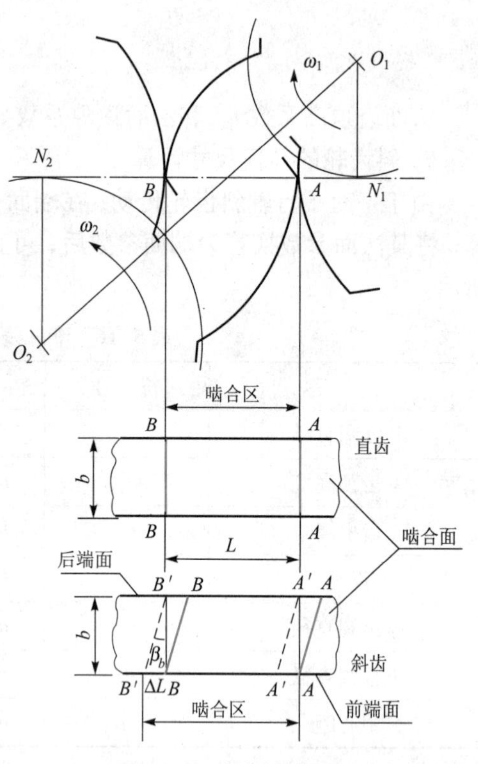

图 5-37　齿轮的啮合区

5.11.4　斜齿轮的当量齿轮和当量齿数

斜齿轮通常也是用展成法和仿形法加工的。用齿轮滚刀加工斜齿轮时，要根据被加工齿轮的法面模数和压力角来选滚刀，而与齿轮的齿数无关。若用齿轮铣刀采用仿形法切制斜齿轮时，铣刀沿轮齿螺旋线方向进刀，这样切制出的斜齿轮，其法面齿形与铣刀的形状相对应。因此，在选择铣刀时，不仅要知道斜齿轮的法面模数和压力角，且还要知道与斜齿轮法面齿形相当的直齿轮的齿数，用来选择铣刀的号数。该虚拟的直齿轮称为斜齿轮的当量齿轮，其齿数 z_v 称为斜齿轮的当量齿数。

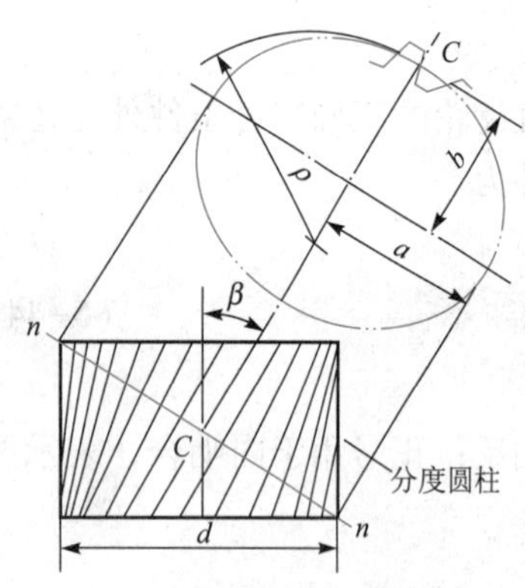

图 5-38　斜齿轮的当量齿轮

如图 5-38 所示，过斜齿轮分度圆柱面螺旋线上某一点 C 作该螺旋线的法平面，它和分度圆柱的交线为一椭圆。该椭圆 C 点附近的齿形可近似视为斜齿轮法平面的齿形。若以 C 点的曲率半径 ρ 为分度圆半径，以斜齿轮的法面模数为模数，以斜齿轮的法面压力角为压力角，作一直齿轮，则该齿轮即为斜齿轮的当量齿轮，其齿数 z_v 即为斜齿轮的当量齿数。

设斜齿轮的齿数为 z，分度圆半径为 r，由图 5-38 可知，椭圆的长半轴 $a=r/\cos\beta$，短半轴 $b=r$，则 $\rho=a^2/b=(r/\cos\beta)^2/r=r/\cos^2\beta$。由于当量齿轮分度圆半径为 ρ，所以当量齿数为

$$z_v=\frac{2\rho}{m_n}=\frac{2r}{m_n\cos^2\beta}=\frac{m_tz}{m_n\cos^2\beta}=\frac{z}{\cos^3\beta} \tag{5-47}$$

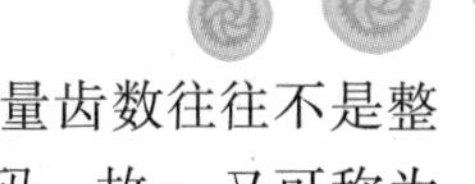

因 $\cos\beta<1$，故 $z_v>z$，即斜齿轮的当量齿数多于它的实际齿数。求出的当量齿数往往不是整数，但不需圆整，只需按求得的 z_v 值查表 5-4，即可选定对应的铣刀号码，故 z_v 又可称为选刀齿数。

5.11.5　斜齿轮传动的强度计算

1. 受力分析

如图 5-39 所示，斜齿轮传动时，作用在齿面上的正压力 F_n 仍垂直指向啮合齿面。由于斜齿轮的轮齿偏斜，所以 F_n 在轮齿法面内，沿齿廓法线方向作用于节点 C。

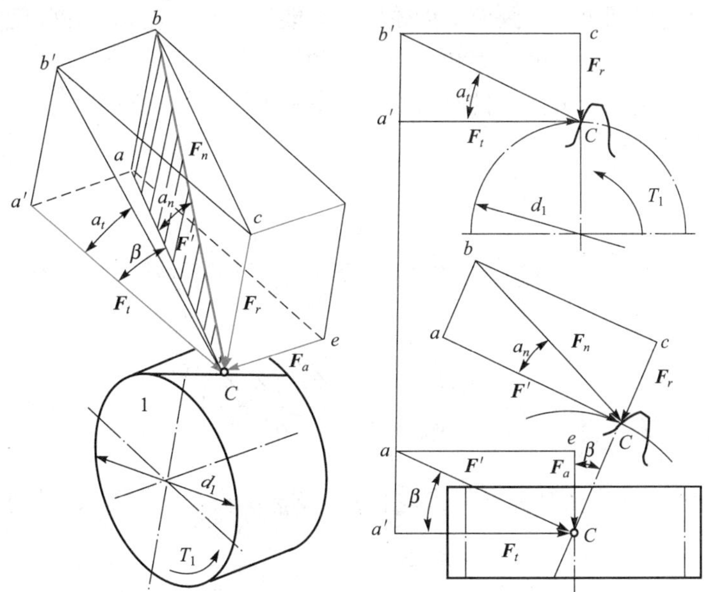

图 5-39　标准斜齿轮轮齿的受力分析

将力 F_n 在法面内分解成径向力 F_r 和在切面 $Ca'ae$ 内的分力 F'，然后再将 F'在切面 $Ca'ae$内分解成圆周力 F_t 及轴向力 F_a。

（1）力的大小。各力的大小由下列公式计算

$$\left.\begin{aligned} F_t &= \frac{2T_1}{d_1} \\ F_a &= F_t \tan\beta \\ F_r &= F'\tan\alpha_n = \frac{F_t}{\cos\beta}\tan\alpha_n \\ F_n &= \frac{F'}{\cos\alpha_n} = \frac{F_t}{\cos\beta\cos\alpha_n} \end{aligned}\right\} \tag{5-48}$$

式中，β 为分度圆螺旋角；α_n 为法面压力角，标准斜齿轮 $\alpha_n=20°$。

（2）力的方向。主动轮上的圆周力 F_{t1} 与其回转方向相反，从动轮上的圆周力 F_{t2} 与其回转方向相同；径向力 F_{r1}、F_{r2} 分别指向各自轮心；轴向力 F_a 的方向，主动轮可用“左、右手定则”来判断：主动轮是右旋时，右手握齿轮轴线，四指弯曲方向为主动轮的转向，

和四指垂直的拇指指向即为主动轮上受的轴向力方向；主动轮为左旋时，则用左手来判断。注意，“左、右手定则”只适用于主动轮轴向力的判断。

（3）两轮所受力之间的关系。一对斜齿轮传动，作用在主动轮和从动轮上的同名力大小相等、方向相反，即

$$F_{t1}=-F_{t2};\ F_{r1}=-F_{r2};\ F_{a1}=-F_{a2}$$

2. 齿面接触疲劳强度计算

斜齿轮传动的齿面接触疲劳强度计算按其当量直齿轮传动进行，其基本原理与直齿轮传动相似。由于斜齿轮传动重合度大（$\varepsilon_\gamma=\varepsilon_\alpha+\varepsilon_\beta$），同时啮合的齿对数较多，且倾斜的接触线亦使轮齿受力状况得到改善。因而斜齿轮的承载能力比直齿轮大，在强度计算中应计入重合度和螺旋角两因素对齿面接触应力和弯曲应力的影响。

参照直齿轮齿面接触疲劳强度的计算公式（5-34）和式（5-35），可写出平行轴斜齿轮传动的接触疲劳强度计算公式。

校核公式

$$\sigma_H=Z_HZ_EZ_\varepsilon Z_\beta\sqrt{\frac{2KT_1}{bd_1^2}\frac{u\pm1}{u}}\leqslant[\sigma_H] \tag{5-49}$$

设计公式

$$d_1\geqslant\sqrt[3]{\frac{2KT_1}{\phi_d}\frac{u\pm1}{u}\left(\frac{Z_HZ_EZ_\varepsilon Z_\beta}{[\sigma_H]}\right)^2} \tag{5-50}$$

式中，Z_H 为节点区域系数，对标准斜齿轮传动，$Z_H=\sqrt{\frac{2\cos\beta_b}{\sin\alpha_t\cos\alpha_t}}$，其值可由图 5-40 查取；$Z_\varepsilon$ 为接触疲劳强度计算的重合度系数，它考虑了重合度对齿面接触应力的影响，$Z_\varepsilon=\sqrt{1/\varepsilon_\alpha}$；$Z_\beta$ 为接触疲劳强度计算的螺旋角系数，它考虑了螺旋角 β 对齿面接触应力的影响，$Z_\beta=\sqrt{\cos\beta}$。

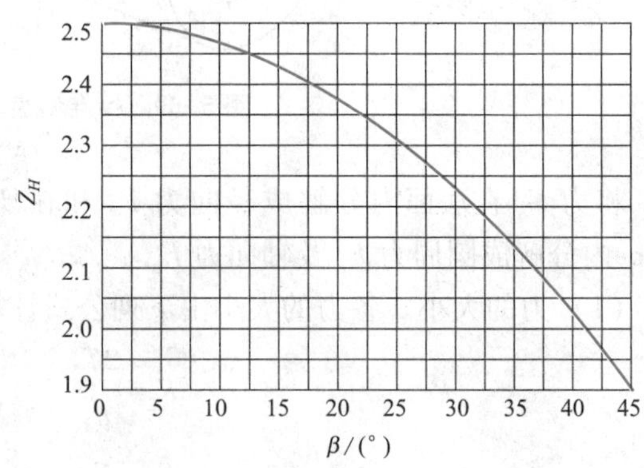

图 5-40 节点区域系数 Z_H（$\alpha_n=20°$）

3. 齿根弯曲疲劳强度计算

由于斜齿轮的接触线是倾斜的，所以轮齿往往是局部折断而失效。因其危险截面形状复杂，其弯曲强度若按局部折断进行分析计算是比较复杂的，通常仍按其当量直齿轮传动进行近似计算，并计入重合度和螺旋角两因素的影响。

参照直齿轮传动弯曲疲劳强度的计算公式（5-36）和式（5-37），可得出斜齿轮传动弯曲疲劳强度的计算公式。

校核公式

$$\sigma_F=\frac{KF_t}{bm_n}Y_{Fa}Y_{Sa}Y_\varepsilon Y_\beta=\frac{2KT_1}{bd_1m_n}Y_{Fa}Y_{Sa}Y_\varepsilon Y_\beta\leqslant[\sigma_F] \tag{5-51}$$

设计公式

$$m_n \geqslant \sqrt[3]{\frac{2KT_1 Y_\varepsilon Y_\beta \cos^2 \beta}{\phi_d z_1^2}\left(\frac{Y_{Fa} Y_{Sa}}{[\sigma_F]}\right)} \tag{5-52}$$

式中，Y_β 为弯曲强度计算中的螺旋角系数，可根据螺旋角 β 和轴面重合度 ε_β 由图5-41查取；Y_ε 为弯曲强度计算中的重合度系数，可由下式计算得到

$$Y_\varepsilon = 0.25 + \frac{0.75}{\varepsilon_\alpha}$$

Y_{Fa}、Y_{Sa}为齿形系数和应力修正系数，按当量齿数 $z_v = z/\cos^3\beta$ 查表 5-13。

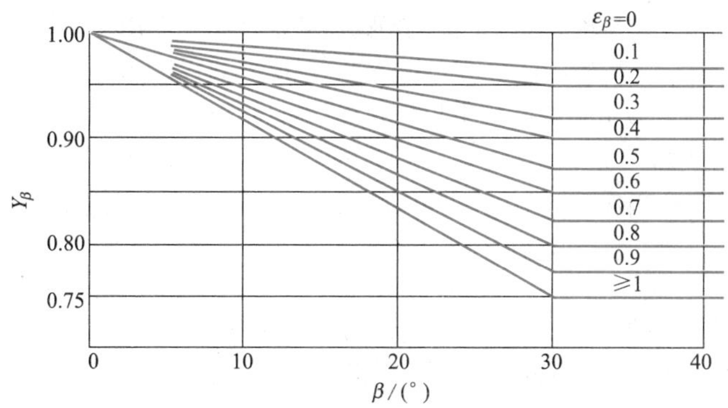

图 5-41 螺旋角系数 Y_β

4. 设计计算说明

（1）应用式（5-50）和式（5-52）设计斜齿轮传动时，不仅要试选载荷系数 K_t，还要试选螺旋角 β。螺旋角是斜齿轮传动有别于直齿轮传动的主要参数，螺旋角 β 过大，将会引起较大的轴向力，但 β 过小将会失去斜齿轮的优点，一般试取 $\beta_t = 8° \sim 15°$。

斜齿轮传动可通过调整螺旋角 β 或同时调整齿数把中心距调配成尾数为“0”或“5”的数值。调整后的螺旋角 β 由下式确定，最好在 8°～15°，最大不超过 20°。

$$\beta = \arccos \frac{m_n(z_1+z_2)}{2a}$$

由于齿数的调整会造成传动比 i 的变动，因此还要验算传动比误差。对于一般的齿轮传动，传动比误差率应小于 3%～5%。

（2）研究表明斜齿轮传动的齿面接触疲劳强度同时取决于大、小齿轮，故设计计算时取

$$[\sigma_H] = \min\left\{\frac{1}{2}([\sigma_{H1}]+[\sigma_{H2}]),\ 1.23[\sigma_{H2}]\right\}$$

（3）其他计算说明同直齿轮。

例 5-2 设计一用于带式输送机的两级斜齿轮减速器的高速级齿轮传动。已知减速器输入功率 $P_1 = 30$ kW，小齿轮转速 $n_1 = 960$ r/min，齿数比 $u = 4.2$，已知带式输送机单向运转，原动机为电动机，减速器使用期限为 15 年（每年工作 300 天，两班制工作）。

解 设计计算步骤列于表 5-17 如下。

表 5-17　斜齿轮设计计算步骤

计算项目	设计计算与说明	计算结果
1. 选择齿轮材料、热处理、齿面硬度、精度等级及齿数		
① 选择精度等级	选用 7 级精度	7 级精度
② 选取齿轮材料、热处理方法及齿面硬度	因传递功率较大，选用硬齿面齿轮传动。 参考表 5-6 小齿轮：40Cr（表面淬火），硬度为 48～55HRC 大齿轮：40Cr（表面淬火），硬度为 48～55HRC	小齿轮： 40Cr，48～55HRC 大齿轮： 40Cr，48～55HRC
③ 选齿数 z_1、z_2	为增加传动的平稳性，选 $z_1=25$，$z_2=uz_1=4.2\times 25=105$ 因选用闭式硬齿面传动，故按齿根弯曲疲劳强度设计，然后校核其齿面接触疲劳强度。	$z_1=25$ $z_2=105$
2. 按齿根弯曲疲劳强度设计	按式（5-52），设计公式为 $m_n \geqslant \sqrt[3]{\dfrac{2KT_1 Y_\varepsilon Y_\beta \cos^2\beta}{\phi_d z_1^2}\left(\dfrac{Y_{Fa}Y_{Sa}}{[\sigma_F]}\right)}$	
① 初选载荷系数 K_t	试选载荷系数 $K_t=1.3$	$K_t=1.3$
② 初选螺旋角 β	初选螺旋角 $\beta=12°$	$\beta=12°$
③ 小齿轮传递转矩 T_1	小齿轮名义转矩 $T_1=9.55\times 10^6 \dfrac{P_1}{n_1}=9.55\times 10^6 \dfrac{30}{960}=298\ 438\ \text{N}\cdot\text{mm}$	$T_1=298\ 438\ \text{N}\cdot\text{mm}$
④ 选取齿宽系数 ϕ_d	由表 5-14，选齿宽系数 $\phi_d=0.8$	$\phi_d=0.8$
⑤ 端面重合度 ε_α	$\varepsilon_\alpha=\left[1.88-3.2\left(\dfrac{1}{z_1}+\dfrac{1}{z_2}\right)\right]\cos\beta$ $=\left[1.88-3.2\left(\dfrac{1}{25}+\dfrac{1}{105}\right)\right]\cos 12°=1.684$	$\varepsilon_\alpha=1.684$
⑥ 轴面重合度 ε_β	$\varepsilon_\beta=\dfrac{b\sin\beta}{\pi m_n}=\dfrac{\phi_d d_1\sin\beta}{\pi m_n}=\dfrac{\phi_d m_n z_1\sin\beta}{\pi m_n\cos\beta}$ $=0.318\phi_d z_1\tan\beta$ $=0.318\times 0.8\times 25\times\tan 12°=1.352$	$\varepsilon_\beta=1.352$
⑦ 重合度系数 Y_ε	$Y_\varepsilon=0.25+\dfrac{0.75}{\varepsilon_\alpha}$ $=0.25+\dfrac{0.75}{1.684}=0.695$	$Y_\varepsilon=0.695$
⑧ 螺旋角系数 Y_β	由图 5-41，$Y_\beta=0.9$	$Y_\beta=0.9$
⑨ 当量齿数 z_{v1}、z_{v2}	$z_{v1}=z_1/\cos^3\beta=25/\cos^3 12°=26.7$ $z_{v2}=z_2/\cos^3\beta=105/\cos^3 12°=112.2$	$z_{v1}=26.7$ $z_{v2}=112.2$

续表

计算项目	设计计算与说明	计算结果
⑩ 齿形系数 Y_{Fa1}、Y_{Fa2}	由表 5-13 $Y_{Fa1}=2.58$、$Y_{Fa2}=2.17$	$Y_{Fa1}=2.58$ $Y_{Fa2}=2.17$
⑪ 应力修正系数 Y_{Sa1}、Y_{Sa2}	由表 5-13 $Y_{Sa1}=1.598$、$Y_{Sa2}=1.8$	$Y_{Sa1}=1.598$ $Y_{Sa2}=1.8$
⑫ 弯曲疲劳强度极限 $\sigma_{F\lim1}$、$\sigma_{F\lim2}$	由图 5-25 查得 $\sigma_{F\lim1}=340$ MPa，$\sigma_{F\lim2}=340$ MPa	$\sigma_{F\lim1}=340$ MPa $\sigma_{F\lim2}=340$ MPa
⑬ 接触应力循环次数 N_1、N_2	由式（5-28） $N_1=60n_1jL_h=60\times960\times1\times(2\times8\times300\times15)$ $=4.15\times10^9$ $N_2=N_1/u=4.15\times10^9/4.2=9.88\times10^8$	$N_1=4.15\times10^9$ $N_2=9.88\times10^8$
⑭ 弯曲疲劳强度寿命系数 Y_{N1}、Y_{N2}	由图 5-27 查得 $Y_{N1}=1$、$Y_{N2}=1$	$Y_{N1}=1$ $Y_{N2}=1$
⑮ 弯曲疲劳强度安全系数 S_F	取弯曲强度最小安全系数 $S_F=1.4$	$S_F=1.4$
⑯ 计算许用弯曲应力	由式（5-29） $[\sigma_{F1}]=\dfrac{\sigma_{F\lim1}Y_{ST}Y_{N1}}{S_F}=\dfrac{340\times2\times1}{1.4}=485.6$ MPa $[\sigma_{F2}]=\dfrac{\sigma_{F\lim2}Y_{ST}Y_{N2}}{S_F}=\dfrac{340\times2\times1}{1.4}=485.6$ MPa	$[\sigma_{F1}]=485.6$ MPa $[\sigma_{F2}]=485.6$ MPa
⑰ 计算 $\dfrac{Y_{Fa1}Y_{Sa1}}{[\sigma_{F1}]}$ 与 $\dfrac{Y_{Fa2}Y_{Sa2}}{[\sigma_{F2}]}$	$\dfrac{Y_{Fa1}Y_{Sa1}}{[\sigma_{F1}]}=\dfrac{2.58\times1.598}{485.6}=0.00849$ $\dfrac{Y_{Fa2}Y_{Sa2}}{[\sigma_{F2}]}=\dfrac{2.17\times1.8}{485.6}=0.00804$	小齿轮数值大
⑱ 计算模数 m_{nt}	$m_{nt}\geqslant\sqrt[3]{\dfrac{2KT_1Y_\varepsilon Y_\beta\cos^2\beta}{\phi_d z_1^2}\left(\dfrac{Y_{Fa1}Y_{Sa1}}{[\sigma_{F1}]}\right)}$ $=\sqrt[3]{\dfrac{2\times1.3\times298438\times0.695\times0.9\times\cos^2 12^\circ}{0.8\times25^2}\times0.00849}$ $=1.99$ mm	$m_{nt}\geqslant1.99$ mm
⑲ 计算圆周速度	$v_t=\dfrac{\pi d_1n_1}{60\times1000}=\dfrac{\pi m_{nt}z_1n_1}{60\times1000\cos\beta}$ $=\dfrac{3.14\times1.99\times25\times960}{60\times1000\times\cos12^\circ}=2.56$ m/s	$v_t=2.56$ m/s
⑳ 确定载荷系数 K	由表 5-10 查取使用系数 $K_A=1$ 根据 $vz_1/100=2.56\times25/100=0.64$ m/s，由图 5-28，动载系数 $K_v=1.034$ 根据 $\varepsilon_\gamma=\varepsilon_\alpha+\varepsilon_\beta=1.684+1.352=3.036$，由图5-29，齿间载荷分配系数 $K_\alpha=1.36$ 由表 5-11，齿向载荷分配系数 $K_\beta=1.22$ 故载荷系数 $K=K_AK_vK_\alpha K_\beta$ $=1\times1.034\times1.36\times1.22=1.72$	$K=1.72$

续表

计算项目	设计计算与说明	计算结果
㉑ 修正法面模数 m_n	$m_n=m_{nt}\sqrt[3]{K/K_t}$ $=1.99\times\sqrt[3]{1.72/1.3}=2.18$ mm 圆整为标准值，取 $m_n=2.5$ mm	$m_n=2.5$ mm
3. 确定齿轮传动主要参数和几何尺寸		
① 中心距 a	$a=\dfrac{m_n(z_2+z_2)}{2\cos\beta}=\dfrac{2.5\times(25+105)}{2\cos 12°}=166.1$ mm 圆整为 $a=165$ mm	$a=165$ mm
② 确定螺旋角 β	$\beta=\arccos\dfrac{m_n(z_1+z_2)}{2a}$ $=\arccos\dfrac{2.5\times(25+105)}{2\times165}=9°59'12''$	$\beta=9°59'12''$
③ 分度圆直径 d_1、d_2	$d_1=m_nz_1/\cos\beta$ $=2.5\times25/\cos 9°59'12''=63.462$ mm $d_2=m_nz_2/\cos\beta$ $=2.5\times105/\cos 9°59'12''=266.538$ mm	$d_1=63.462$ mm $d_2=266.538$ mm
④ 计算齿宽 b_1、b_2	$b=\phi_d d_1=0.8\times63.462=50.8$ mm 取 $b_1=58$ mm，$b_2=52$ mm	$b_1=58$ mm $b_2=52$ mm
4. 校核齿面接触疲劳强度	按式（5-49），校核公式为 $\sigma_H=Z_HZ_EZ_\varepsilon Z_\beta\sqrt{\dfrac{2KT_1}{bd_1^2}\dfrac{u+1}{u}}\leqslant[\sigma_H]$	
① 弹性系数 Z_E	由表5-12，查取弹性系数 $Z_E=189.8\sqrt{\text{MPa}}$	$Z_E=189.8\sqrt{\text{MPa}}$
② 节点区域系数 Z_H	由图5-40，节点区域系数 $Z_H=2.47$	$Z_H=2.47$
③ 重合度系数 Z_ε	$Z_\varepsilon=\sqrt{1/\varepsilon_\alpha}=\sqrt{1/1.684}=0.77$	$Z_\varepsilon=0.77$
④ 螺旋角系数 Z_β	$Z_\beta=\sqrt{\cos\beta}=\sqrt{\cos 9°59'12''}=0.99$	$Z_\beta=0.99$
⑤ 接触疲劳强度极限 $\sigma_{H\lim1}$、$\sigma_{H\lim2}$	由图5-24查得 $\sigma_{H\lim1}=1\ 150$ MPa，$\sigma_{H\lim2}=1\ 150$ MPa	$\sigma_{H\lim1}=1\ 150$ MPa $\sigma_{H\lim2}=1\ 150$ MPa
⑥ 接触疲劳强度寿命系数 Z_{N1}、Z_{N2}	由图5-26查取接触疲劳强度寿命系数 $Z_{N1}=1$，$Z_{N2}=1$	$Z_{N1}=1$ $Z_{N2}=1$
⑦ 接触疲劳强度安全系数	取失效概率为1%，接触强度最小安全系数 $S_H=1$	$S_H=1$
⑧ 计算许用接触应力	由式（5-29） $[\sigma_{H1}]=\dfrac{\sigma_{H\lim1}Z_{N1}}{S_H}=\dfrac{1\ 150\times1}{1}=1\ 150$ MPa $[\sigma_{H2}]=\dfrac{\sigma_{H\lim2}Z_{N2}}{S_H}=\dfrac{1\ 150\times1}{1}=1\ 150$ MPa	$[\sigma_H]=1\ 150$ MPa

续表

计算项目	设计计算与说明	计算结果
⑨ 校核齿面接触疲劳强度	$[\sigma_H]=\min\left\{\frac{1}{2}([\sigma_{H1}]+[\sigma_{H2}]),\ 1.23[\sigma_{H2}]\right\}$ $=\min\left\{\frac{1}{2}(1\ 150+1\ 150),\ 1.23\times1\ 150\right\}$ $=\min\{1\ 150,\ 1\ 414.5\}=1\ 150\ \text{MPa}$ $\sigma_H=Z_HZ_EZ_\varepsilon Z_\beta\sqrt{\frac{2KT_1}{bd_1^2}\frac{u+1}{u}}$ $=2.47\times189.8\times0.77\times0.99\sqrt{\frac{2\times1.72\times298\ 438}{52\times63.462^2}\frac{4.2+1}{4.2}}$ $=880.4\ \text{MPa}\leqslant[\sigma_H]$	$\sigma_H\leqslant[\sigma_H]$ 满足齿面接触疲劳强度
5. 结构设计	（略）	

5.12　直齿锥齿轮传动

5.12.1　直齿锥齿轮齿廓的形成

如图 5-42 所示，锥齿轮传动用于传递两相交轴间的运动和动力，其啮合过程相当于一对节圆锥作纯滚动。锥齿轮的轮齿分布在一个截锥体上，轮齿从大端到小端逐渐收缩，与圆柱齿轮相似，锥齿轮有分度圆锥、基圆锥、齿顶圆锥和齿根圆锥等。为了便于计算和测量，通常规定锥齿轮的大端参数为标准值。压力角 $\alpha=20°$，其标准模数系列见表 5-18。

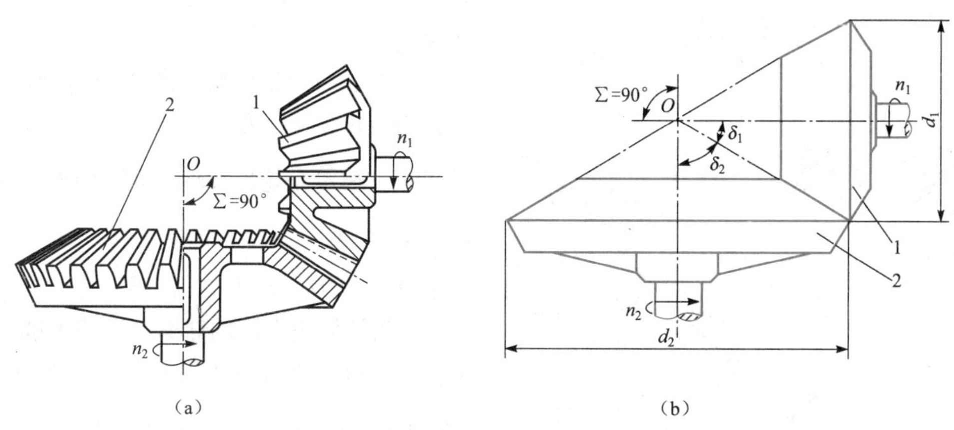

图 5-42　锥齿轮啮合

表 5-18 直齿锥齿轮模数（节录） mm

1	1.125	1.25	1.375	1.5	1.75	2	2.25	2.5	2.75	3	3.25
3.5	3.75	4	4.5	5	5.5	6	6.5	7	8	9	10

锥齿轮齿廓的形成与圆柱齿轮类似，不同的仅在于以基圆锥代替基圆柱。如图 5-43 所示，圆平面 S 与基圆锥相切，当平面 S 沿基圆锥作纯滚动时，该平面上任一点 B 在空间展出一渐开线 B_0BB_e。由于 B 点与锥顶 O 的距离始终保持不变，故 B 点的轨迹总是在以 O 为球心，以 OB 为半径的球面上，故 B 点展成的渐开线为球面渐开线。因为 OB_0 是通过锥顶 O 的直线，所以 OB_0 上各点展出的无数条球面渐开线在空间形成了直齿圆锥齿轮的齿廓曲面。

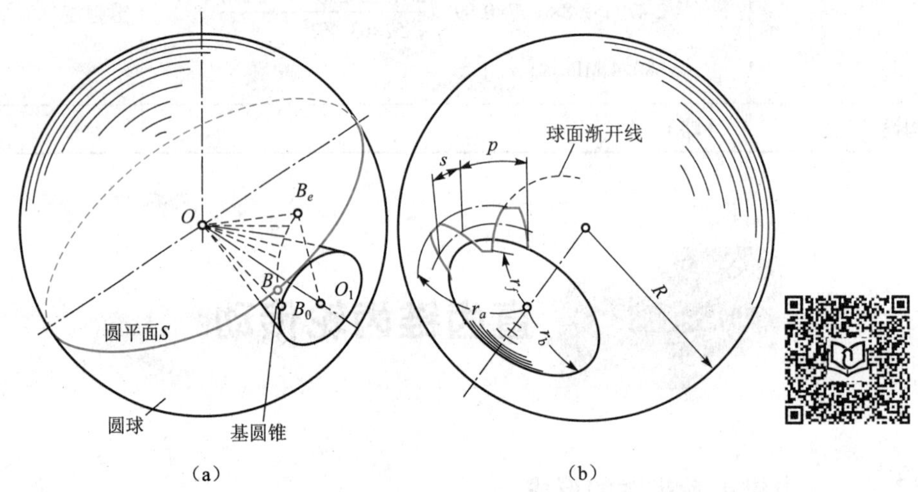

图 5-43 锥齿轮齿廓的形成

5.12.2 背锥与当量齿轮

锥齿轮的齿廓曲面是由球面渐开线组成的，但因球面不能展成平面，给锥齿轮的设计和制造带来很大困难，所以可采用下述近似方法进行研究。

如图 5-44 所示为一锥齿轮的轴剖面图，OAB 为分度圆锥，Oaa 为齿根圆锥，Obb 为齿顶圆锥，弧 $\overset{\frown}{ab}$ 是轮齿大端（在球面上）与轴平面的交线。过 A 点作球面的切线 $\overline{O_1A}$ 与轴线相交于 O_1，以 $\overline{O_1A}$ 为母线的圆锥称为该锥齿轮的背锥。将锥齿轮大端的球面渐开线齿廓向背锥上投影，得 a 点和 b 点的投影分别为 a' 和 b'，$\overline{a'b'}$ 与 $\overset{\frown}{ab}$ 相差极小，且锥距 R 愈长，模数越小，其差愈小。所以，可用背锥面上的齿形近似地

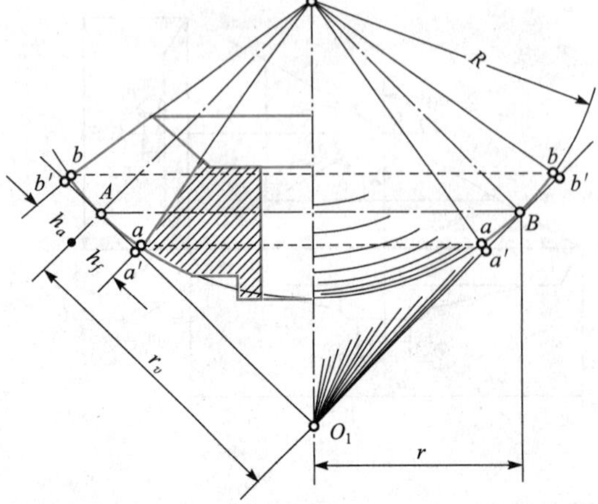

图 5-44 锥齿轮的轴剖面图

代替球面上的齿形。因为圆锥面可以展开成平面，因此背锥展开后成为一半径为 r_v 的扇形。若将扇形补足为一完整的圆，以该圆为分度圆，以锥齿轮大端模数为模数，并与锥齿轮具有相同的压力角的直齿轮称为该锥齿轮的当量齿轮，如图 5-45 所示。其齿数 z_v 称为锥齿轮的当量齿数。一对直齿锥齿轮的啮合，相当于一对当量直齿轮的啮合。

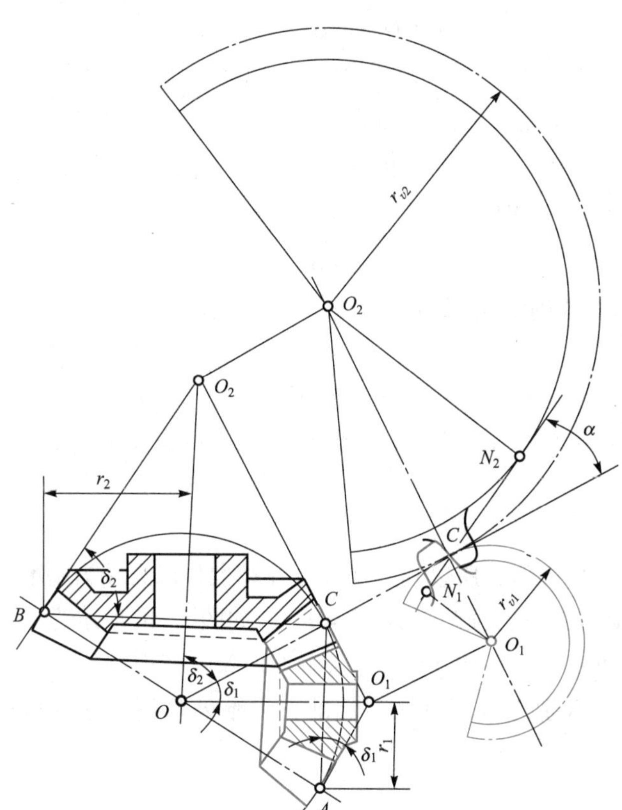

图 5-45　背锥和当量齿轮

由图 5-45 可知

$$r_v=\frac{r}{\cos\delta}=\frac{mz}{2\cos\delta}=\frac{mz_v}{2}$$

所以

$$z_v=\frac{z}{\cos\delta} \tag{5-53}$$

式中，δ 为锥齿轮的分度圆锥角；r 为分度圆半径。

由于 $\cos\delta$ 总是小于 1，故 z_v 总是大于 z，且不一定为整数。

5.12.3　直齿锥齿轮的传动比、正确啮合条件和几何尺寸计算

1. 传动比

直齿锥齿轮的传动比为

$$i_{12}=\frac{\omega_1}{\omega_2}=\frac{r_2}{r_1}=\frac{z_2}{z_1}$$

由图 5-45 知

$$r_1=\overline{OC}\sin\delta_1$$

$$r_2=\overline{OC}\sin\delta_2$$

因此

$$i_{12}=\frac{\sin\delta_2}{\sin\delta_1} \tag{5-54}$$

当两轴交角 $\sum=\delta_1+\delta_2=90°$时

$$i_{12}=\tan\delta_2=\cot\delta_1 \tag{5-55}$$

设计时，可根据已定的 i_{12} 由上式确定 δ_1 或 δ_2。

2. 正确啮合条件

如前所述，一对锥齿轮的啮合相当于一对当量直齿轮的啮合。因为当量直齿轮的模数、压力角分别等于锥齿轮大端的模数、压力角，故直齿锥齿轮正确啮合条件为：两齿轮大端的模数和压力角分别相等。

3. 几何尺寸计算

锥齿轮的参数是以大端为标准值，所以其几何尺寸计算也是以大端为基准。当锥齿轮大端模数 $m\geqslant1$ 时，齿顶高系数 $h_a^*=1$，顶隙系数 $c^*=0.2$。如图 5-46 所示为不等顶隙收缩齿锥齿轮，其节圆锥与分度圆锥重合。如图 5-47 所示为等顶隙收缩齿锥齿轮。不等顶隙齿和等顶隙齿在几何尺寸上的主要区别为齿顶角 θ_a。标准直齿锥齿轮各部分名称及几何尺寸计算见表 5-19。

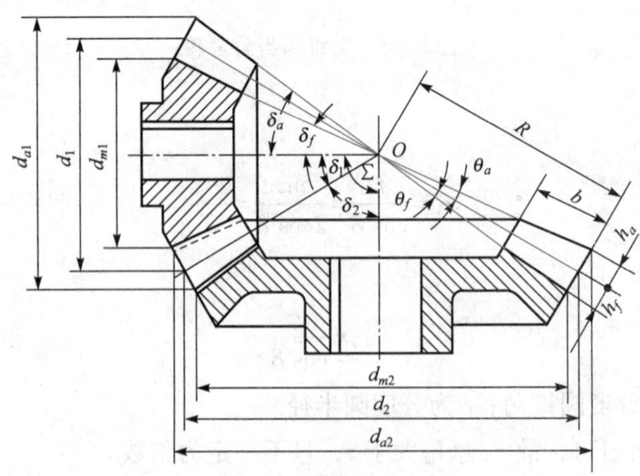

图 5-46　不等顶隙收缩齿锥齿轮

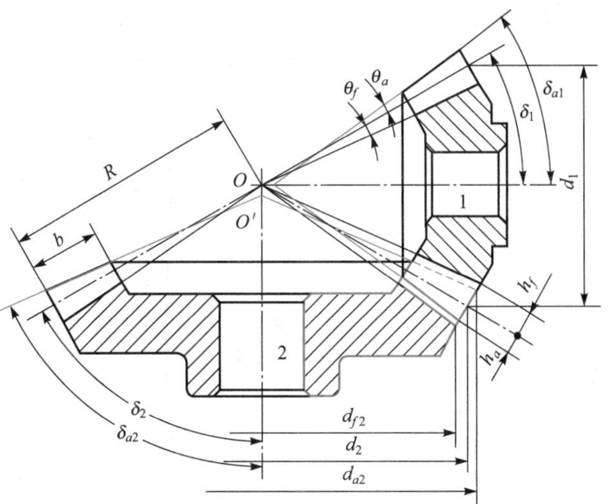

图 5-47　等顶隙收缩齿锥齿轮

表 5-19　标准直齿锥齿轮传动的几何尺寸（$\sum=90°$）

名　称	符号	计 算 公 式
分度圆锥角	δ	$\delta_1=\text{arc cot}\dfrac{z_2}{z_1}$，$\delta_2=90°-\delta_1$
分度圆直径	d	$d=mz$
齿顶高	h_a	$h_a=h_a^* m$
齿根高	h_f	$h_f=(h_a^*+c^*)m$
齿顶圆直径	d_a	$d_a=d+2h_a\cos\delta$
齿根圆直径	d_f	$d_f=d-2h_f\cos\delta$
齿顶角	θ_a	不等顶隙收缩齿：$\theta_{a1}=\theta_{a2}=\arctan\dfrac{h_a}{R}$ 等顶隙收缩齿：$\theta_{a1}=\theta_{f2}$，$\theta_{a2}=\theta_{f1}$
齿根角	θ_f	$\theta_f=\arctan\dfrac{h_f}{R}$
齿顶圆锥角	δ_a	$\delta_a=\delta+\theta_a$
齿根圆锥角	δ_f	$\delta_f=\delta-\theta_f$
当量齿数	z_v	$z_v=\dfrac{z}{\cos\delta}$

5.12.4　直齿锥齿轮传动的强度计算

1. 受力分析

锥齿轮的齿形在大端较大，小端较小，大端轮齿刚度大，小端轮齿刚度小，所以锥齿轮载荷沿齿宽分布是不均匀的，为了全面地反映齿宽上各处的情况，在作受力分析和强度计算时，按齿宽中点的尺寸来计算。因而受力分析也应在齿宽中点处平均分度圆上进行。如图 5-48 所示，将作用在齿宽中点的法向力 $\boldsymbol{F}_n$ 沿齿轮周向、径向和轴向分解为三个互相垂直的

分力，即圆周力 $\boldsymbol{F}_t$、径向力 $\boldsymbol{F}_r$ 和轴向力 $\boldsymbol{F}_a$。

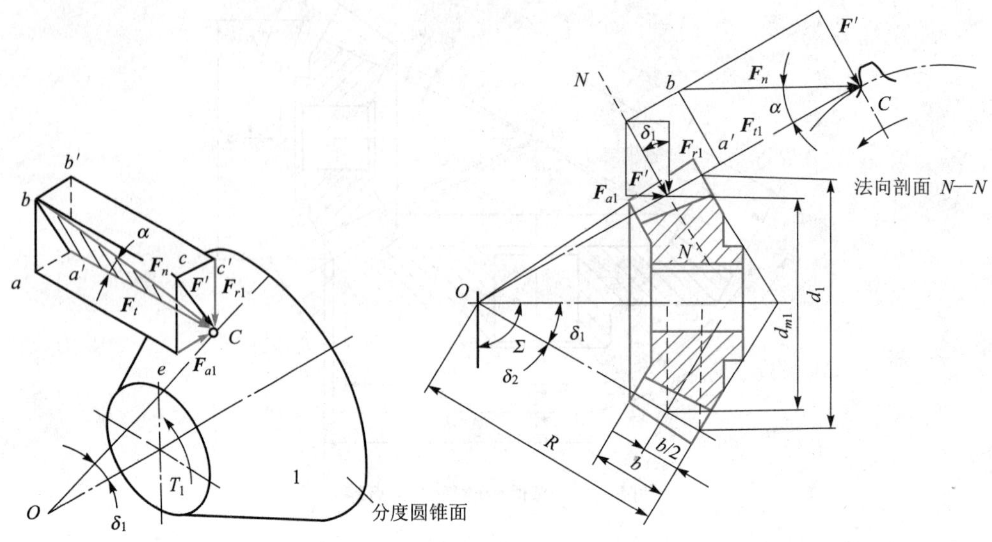

图 5-48　直齿锥齿轮轮齿的受力分析

（1）力的大小。各力的大小由下列计算公式求得

$$
\left.\begin{aligned}
F_t &= \frac{2T_1}{d_{m1}} \\
F_{a1} &= F'\sin\delta_1 = F_t\tan\alpha\sin\delta_1 = F_{r2} \\
F_{r1} &= F'\cos\delta_1 = F_t\tan\alpha\cos\delta_1 = F_{a2} \\
F_n &= \frac{F_t}{\cos\alpha}
\end{aligned}\right\}
\tag{5-56}
$$

式中，d_{m1} 为主动锥齿轮的齿宽中点平均分度圆直径；δ_1 为主动锥齿轮分度圆锥角。

（2）力的方向。主动轮上的圆周力 F_{t1} 与其回转方向相反，从动轮上的圆周力 F_{t2} 与其回转方向相同；径向力 F_{r1}、F_{r2} 分别指向各自轮心；轴向力 F_{a1}、F_{a2} 分别指向各轮的大端。

（3）两轮所受力之间的关系。一对直齿锥齿轮传动，F_{t1} 与 F_{t2}、F_{r1} 与 F_{a2}、F_{a1} 与 F_{r2} 分别互为作用力和反作用力，各对力大小相等、方向相反，即

$$F_{t1} = -F_{t2},\ F_{r1} = -F_{a2},\ F_{a1} = -F_{r2}$$

2. 强度设计参数

如图 5-49 所示，把直齿锥齿轮传动看成过齿宽中点处的背锥展开所形成的当量直齿轮传动，该当量直齿轮称为锥齿轮的强度当量齿轮。

（1）锥距 R、齿宽系数 ϕ_R。

锥距
$$R = \sqrt{\left(\frac{d_1}{2}\right)^2 + \left(\frac{d_2}{2}\right)^2} = \frac{d_1}{2}\sqrt{u^2+1}$$

锥齿轮的工作宽度 b 与锥距 R 之比称为齿宽系数，即 $\phi_R = b/R$。设计时一般取 $\phi_R = 0.25 \sim 0.33$，常用 $\phi_R = 0.3$。工作齿宽 $b = \phi_R R$，圆整后取 $b_1 = b_2 = b$。

（2）齿宽中点处的平均分度圆直径 d_m 和平均模数 m_m。

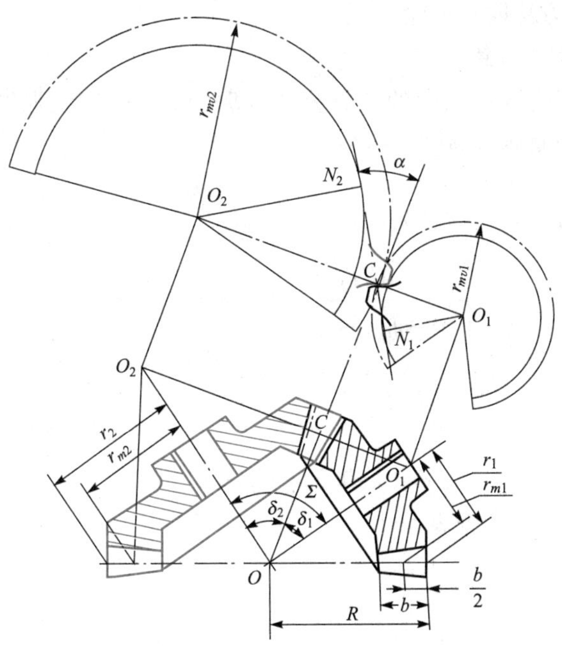

图 5-49　锥齿轮传动的强度当量直齿轮

齿宽中点处的平均分度圆直径

$$d_m = \frac{R-0.5b}{R} d = (1-0.5\phi_R) d$$

平均模数　　$m_m = d_m / z = (1-0.5\phi_R) d / z = (1-0.5\phi_R) m$

(3) 齿宽中点处当量直齿轮的分度圆直径 d_{mv}、齿数 z_v、齿数比 u_v。

$$d_{mv1} = d_{m1} / \cos\delta_1 = (1-0.5\phi_R) d_1 \sqrt{u^2+1} / u$$

$$d_{mv2} = d_{m2} / \cos\delta_2 = (1-0.5\phi_R) d_2 \sqrt{u^2+1}$$

$$z_v = z / \cos\delta$$

$$u_v = z_{v2} / z_{v1} = \frac{z_2}{z_1} \frac{\cos\delta_1}{\cos\delta_2} = u^2$$

3. 齿面接触疲劳强度计算

将强度当量直齿轮的有关参数代入直齿轮传动接触疲劳强度计算公式（5-34a），经化简处理得到直齿锥齿轮齿面接触疲劳强度校核公式

$$\sigma_H = Z_H Z_E \sqrt{\frac{KF_t}{bd_{mv1}} \frac{u_v \pm 1}{u_v}}$$

$$= Z_H Z_E \sqrt{\frac{4KT_1}{\phi_R (1-0.5\phi_R)^2 u d_1^3}} \leqslant [\sigma_H] \tag{5-57}$$

同理可推得设计公式

$$d_1 \geqslant \sqrt[3]{\frac{4KT_1}{\phi_R (1-0.5\phi_R)^2 u} \left(\frac{Z_H Z_E}{[\sigma_H]}\right)^2} \tag{5-58}$$

式中，Z_H、Z_E 的确定方法同直齿轮。

4. 齿根弯曲疲劳强度计算

参照直齿轮传动弯曲疲劳强度的计算公式（5-36a）并代入强度当量直齿轮的有关参数，得直齿锥齿轮的弯曲疲劳强度校核公式

$$\sigma_F = \frac{KF_t}{bm_m} Y_{Fa} Y_{Sa} = \frac{4KT_1}{\phi_R (1-0.5\phi_R)^2 z_1^2 m^3 \sqrt{u^2+1}} Y_{Fa} Y_{Sa} \leqslant [\sigma_F] \tag{5-59}$$

同理可得设计公式

$$m \geqslant \sqrt[3]{\frac{4KT_1}{\phi_R (1-0.5\phi_R)^2 z_1^2 \sqrt{u^2+1}} \frac{Y_{Fa} Y_{Sa}}{[\sigma_F]}} \tag{5-60}$$

式中，Y_{Fa}、Y_{Sa} 按 $z_v = z/\cos\delta$ 查表5-13。

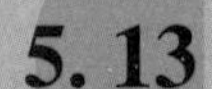

5.13 齿轮的结构设计和齿轮传动的润滑

5.13.1 齿轮的结构设计

通过齿轮传动的强度计算，只能确定出齿轮的主要尺寸，如齿数、模数、齿宽、螺旋角、分度圆直径等，而齿圈、轮辐、轮毂等的结构形式及尺寸大小，通常都由结构设计而定。

齿轮的结构设计与齿轮的几何尺寸、毛坯、材料、加工方法、使用要求及经济性等因素有关。进行齿轮的结构设计时，必须综合地考虑上述各方面的因素。通常是先按齿轮的直径大小，选定合适的结构形式，然后再根据推荐的经验数据，进行结构设计。

对于直径很小的钢制齿轮，当为圆柱齿轮时（图5-50（a）），若齿根圆到键槽底部的距离 $e<2m_t$（m_t 为端面模数）；当为锥齿轮时（图5-50（b）），按齿轮小端尺寸计算而得的 $e<1.6m$ 时，均应将齿轮和轴做成一体，叫作齿轮轴（图5-51）。若 e 值超过上述尺寸时，齿轮与轴以分开制造较为合理。

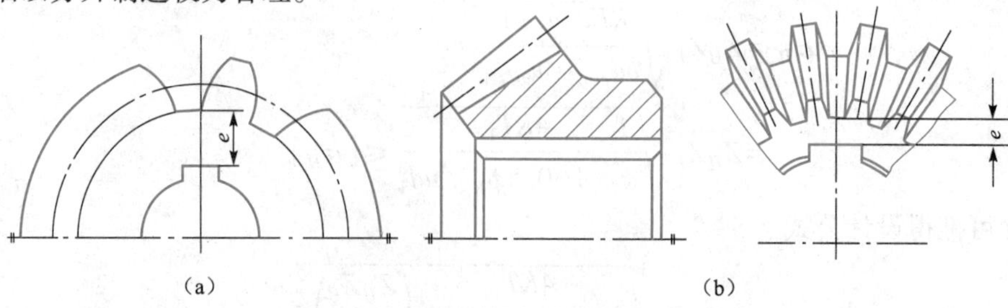

图5-50　齿轮的结构尺寸 e

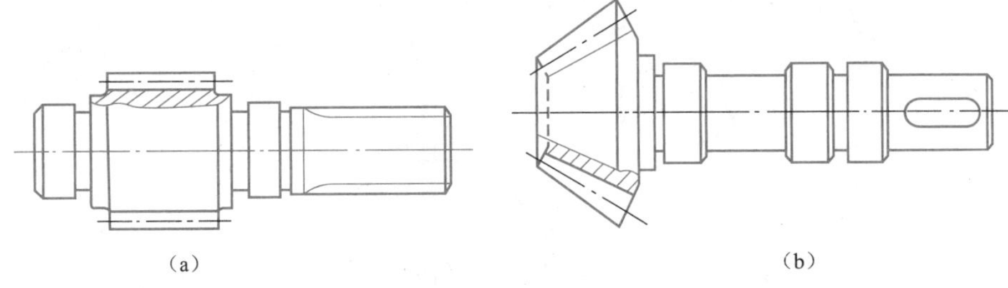

图 5-51　齿轮轴

当齿顶圆直径 $d_a \leqslant 160$ mm 时，可以做成实心结构的齿轮（图 5-50）。当齿顶圆直径 $d_a<500$ mm 时，可做成辐板式结构（图 5-52），辐板上开孔的数目按结构尺寸大小及需要而定。

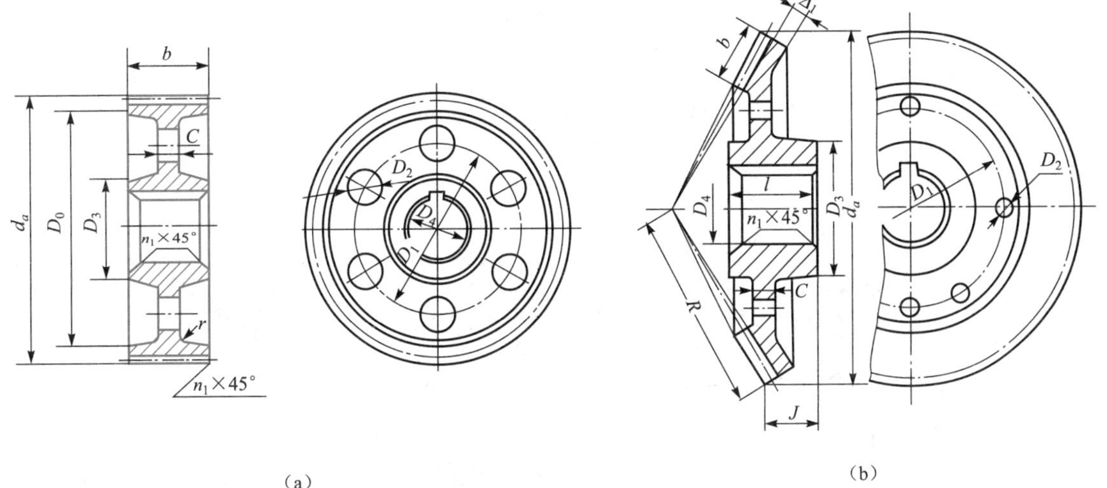

$D_1 \approx (D_0+D_3)/2$；$D_2 \approx (0.25 \sim 0.35)(D_0-D_3)$；

$D_3 \approx 1.6D_4$（钢材）；$D_3 \approx 1.7D_4$（铸铁）；$n_1 \approx 0.5m_n$；$r \approx 5$ mm；

圆柱齿轮：$D_0 \approx d_a-(10 \sim 14)m_n$；$C \approx (0.2 \sim 0.3)b$；

锥齿轮：$l \approx (1 \sim 1.2)D_4$；$C \approx (3 \sim 4)m$；尺寸 J 由结构设计而定；$\Delta_1=(0.1 \sim 0.2)b$；

常用齿轮的 C 值不应小于 10 mm，航空用齿轮可取 $C \approx 3 \sim 6$ mm。

图 5-52　辐板式结构的齿轮（$d_a<500$ mm）

齿顶圆直径 $d_a>300$ mm 的铸造锥齿轮，可做成带加强肋的辐板式结构（图 5-53），加强肋的厚度 $C_1 \approx 0.8C$，其他结构尺寸与辐板式相同。

当齿顶圆直径 $400<d_a<1\,000$ mm 时，可做成轮辐截面为“十”字形的轮辐式结构的齿轮（图 5-54）。

为了节约贵重金属，对于尺寸较大的圆柱齿轮，可做成组装齿圈式的结构。齿圈用钢制，而轮芯则用铸铁或铸钢。

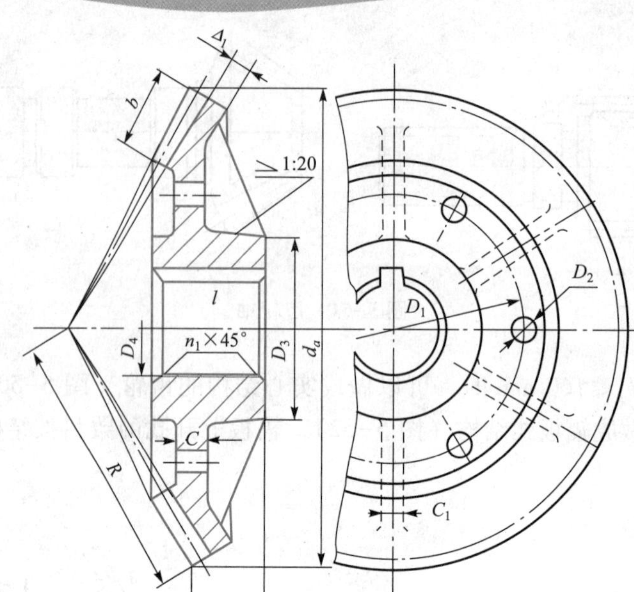

图 5-53　带加强肋的辐板式锥齿轮（d_a>300 mm）

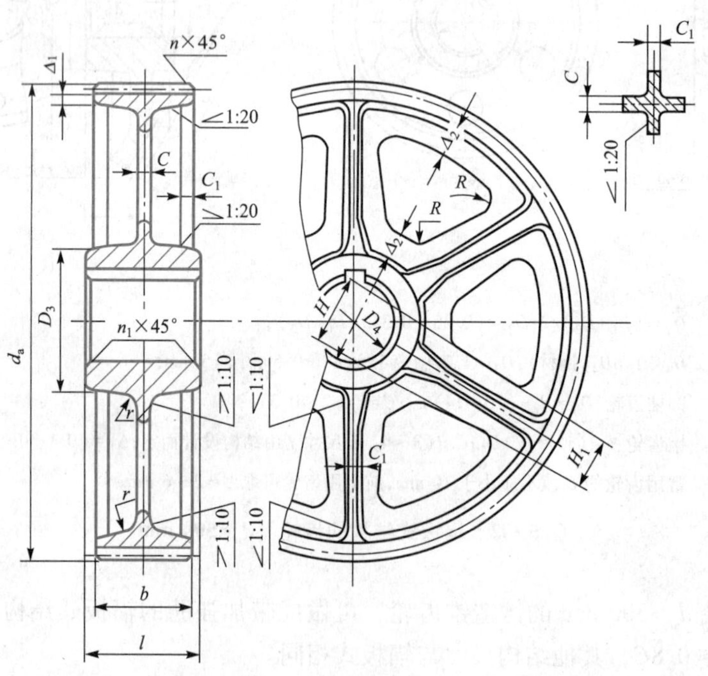

$b<240$ mm；$D_3 \approx 1.6D_4$（铸钢）；$D_3 \approx 1.7D_4$（铸铁）；$\Delta_1 \approx (3\text{-}4)m_n$，但不应小于 8 mm；
$\Delta_2 \approx (1 \sim 1.2)\Delta_1$；$H \approx 0.8D_4$（铸钢）；$H \approx 0.9D_4$（铸钢）；$H_1 \approx 0.8H$；$C \approx H/5$；$C_1 \approx H/6$；
$R \approx 0.5H$；$1.5D_4>l \geqslant b$；轮辐数常取为 6

图 5-54　轮辐式结构的齿轮（400<d_a<1 000 mm）

5.13.2　齿轮传动的润滑

轮齿啮合面间加注润滑剂，可以避免金属直接接触，减少摩擦损失，还可以散热及防锈蚀。因此，对齿轮传动进行适当地润滑，可以大为改善轮齿的工作状况，确保运转正常及预期的寿命。

1. 齿轮传动的润滑方式

开式及半开式齿轮传动或速度较低的闭式齿轮传动，通常用人工周期性加油润滑，所用润滑剂为润滑油或润滑脂。

通用的闭式齿轮传动，其润滑方法根据齿轮的圆周速度大小而定。当齿轮的圆周速度 $v<12$ m/s时，常将大齿轮的轮齿浸入油池中进行浸油润滑（图 5-55（a））。这样，齿轮在传动时，就把润滑油带到啮合的齿面上，同时也将油甩到箱壁上，借以散热。齿轮浸入油中的深度可视齿轮的圆周速度大小而定，对圆柱齿轮通常不宜超过一个齿高，但一般亦不应小于 10 mm；对锥齿轮应浸入全齿宽，至少应浸入齿宽的一半。在多级齿轮传动中，可借带油轮将油带到未浸入油池内的齿轮的齿面上（图 5-55（b））。

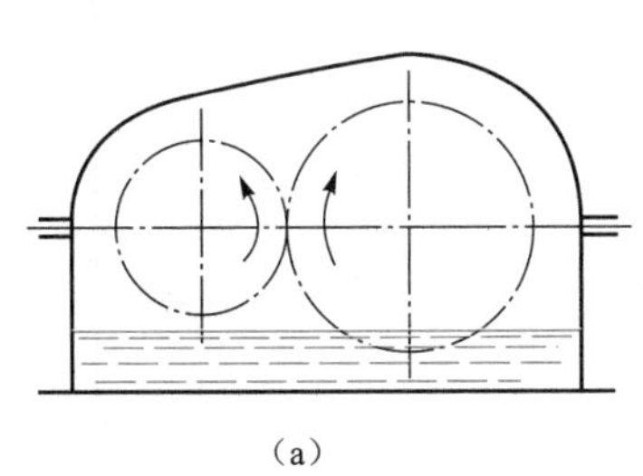

（a）

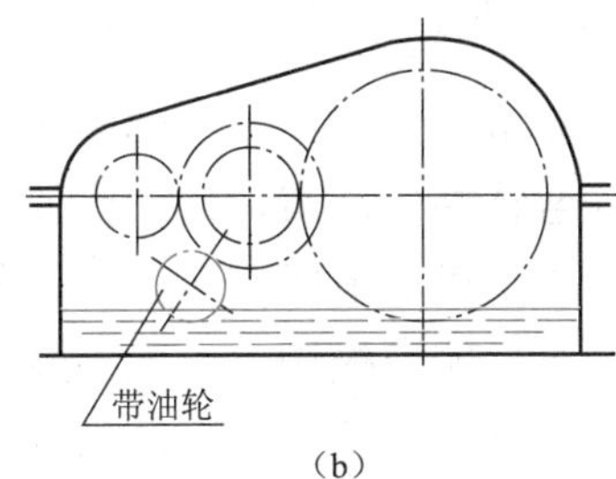

（b）

图 5-55　浸油润滑

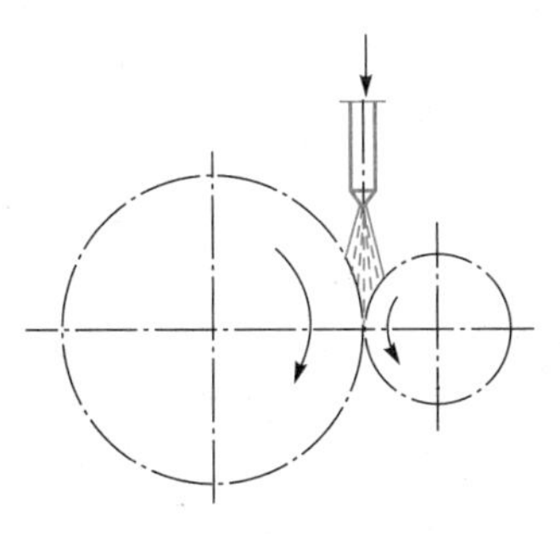

图 5-56　喷油润滑

油池中的油量多少，取决于齿轮传递功率的大小。对单级传动，每传递 1 kW 的功率，需油量为 0.35～0.7 L。对于多级传动，需油量按级数成倍地增加。

当齿轮的圆周速度 $v>12$ m/s 时，应采用喷油润滑（图5-56），即由油泵或中心供油站以一定的压力供油，经喷嘴将润滑油喷到轮齿的啮合面上。（当 $v\leq$ 25 m/s 时，喷嘴位于轮齿啮入边或啮出边均可）当 $v>25$ m/s 时，喷嘴应位于轮齿啮出的一边，以便借润滑油及时冷却刚啮合过的轮齿，同时亦对轮齿进行润滑。

2. 润滑剂的选择

齿轮润滑的润滑剂多采用润滑油，在设计时，先根据齿轮的工作情况及圆周速度按表 5-20 查得润滑油的黏度值，再确定润滑油的牌号（查设计手册，了解常用润滑油牌号）。使用过程中，应经常检查齿轮传动润滑系统的状况（油面高度、油温或喷油润滑的油压等）。

表 5-20　齿轮传动润滑油黏度荐用值

齿轮材料	抗拉强度 σ_b/MPa	圆周速度 v/(m·s^{-1})						
		<0.5	0.5～1	1～2.5	2.5～5	5～12.5	12.5～25	>25
		运动黏度 v/(mm^2·s^{-1})（40 ℃）						
塑料、铸铁、青铜	—	350	220	150	100	80	55	—
钢	450～1 000	500	350	220	150	100	80	55
	1 000～1 250	500	500	350	220	150	100	80
渗碳或表面淬火的钢	1 250～1 580	900	500	500	350	220	150	100

注：1. 多级齿轮传动，采用各级传动圆周速度的平均值来选取润滑油黏度；
2. 对于 σ_B>800 MPa 的镍铬钢制齿轮（不渗碳）的润滑油黏度应取高一档的数值。

【重点要领】

齿轮机构最常见，齿廓多用渐开线。
啮合特性要记清，传动比值是恒定。
加工仿形与范成，变位齿轮分负正。
标准齿轮有根切，齿数太少不能切。
斜齿锥齿常用到，当量齿轮别忘掉。
失效形式有五种，设计准则各不同。
受力分析要牢记，方向判别是根基。
齿轮设计很重要，参数选择讲技巧。

思 考 题

5-1　对于定传动比的齿轮传动，其齿廓曲线应满足的条件是什么？

5-2　什么叫节圆？什么叫分度圆？它们之间有什么关系？

5-3　当两渐开线标准直齿轮传动的安装中心距大于标准中心距时，下列参数哪些发生变化？哪些不变？

① 传动比；② 啮合角；③ 分度圆半径；④ 节圆半径；⑤ 基圆半径；⑥ 径向间隙；⑦ 齿侧间隙。

5-4　试分析图 5-57 所示齿轮传动中各轮所受的力，并在图中表示出各力的作用位置和方向。

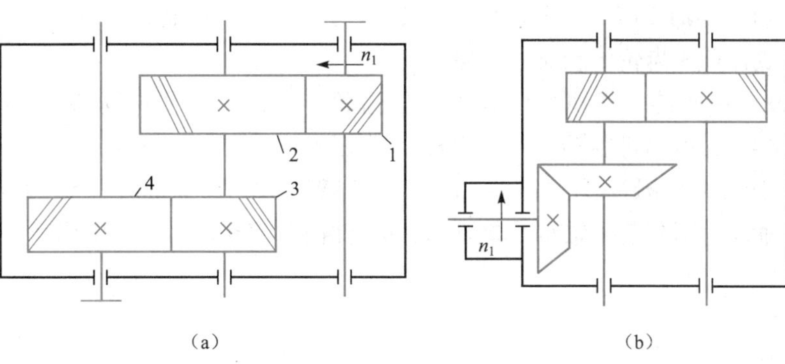

图 5-57 思考题 5-4 图

5-5 某闭式标准直齿轮传动，中心距 $a=120$ mm，$\alpha=20°$，材料、热处理、齿面硬度已定，现有两个传动方案：

方案一 $z_1=18$，$z_2=42$，$m=4$ mm，$b=60$ mm；

方案二 $z_1=36$，$z_2=84$，$m=2$ mm，$b=60$ mm。

试问：(1) 哪对齿轮接触疲劳强度高？

(2) 哪对齿轮弯曲疲劳强度高？

(3) 哪对齿轮传动平稳性好？

习　题

5-1 当 $\alpha=20°$的正常齿制标准直齿轮的齿根圆和基圆重合时其齿数应为多少？又齿数大于该数值时，基圆和齿根圆哪个大些？

5-2 已知一正常齿制的渐开线标准外啮合直齿轮传动，模数 $m=5$ mm、压力角$\alpha=20°$、中心距 $a=350$ mm、传动比 $i_{12}=1.8$。求两轮的：齿数、分度圆直径、齿顶圆直径、齿根圆直径、基圆直径、齿厚、齿槽宽。

5-3 标准安装的外啮合标准直齿轮的参数为：$z_1=22$、$z_2=33$、$\alpha=20°$、$m=2.5$ mm、$h_a^*=1$ 求：(1) 重合度 ε；(2) 若中心距增大 1 mm，ε 又为多少？

5-4 某单级直齿轮传动，小齿轮材料 45 钢调质处理，硬度为 217～286 HBW，大齿轮材料为 ZG 310-570 正火处理，硬度为 163～197 HBW，转速 $n_1=720$ r/min，$m=4$ mm，$z_1=25$，$z_2=73$，$b=80$ mm，电动机驱动，单向运转，8 级精度，两班制，使用寿命 20 年，齿轮对称布置。试计算该齿轮传动所能传递的功率。

5-5 试设计一单级直齿轮减速器。电动机驱动，电动机转速 $n_1=970$ r/min，单向运转，载荷有中等冲击，要求该减速器能传递 15 kW 的功率，传动比为 $i=3.5$。两班制工作，使用期 8 年，每年工作 260 天（传动效率忽略不计）。

5-6 某平行轴斜齿轮传动，已知，$n_1=750$ r/min，两轮的齿数为 $z_1=24$，$z_2=108$，$\beta=9°22'$，$m_n=6$ mm，$b=160$ mm，8 级精度，小齿轮材料为 35CrMo（调质），大齿轮材料

为45钢（调质），寿命20年（设每年250工作日），每日两班制，小齿轮相对其轴的支承为对称布置，试计算该齿轮传动所能传递的功率。

5-7　试设计一螺旋输送机用闭式单级斜齿轮传动，已知传递功率 $P=7.5$ kW，$n_1=670$ r/min，$u=4.1$，电动机驱动，单向运转，两班制，使用期限15年，要求转速误差±5%。

5-8　试设计闭式单级锥齿轮减速器，已知 $P=5$ kW，$n_1=160$ r/min，$u=3$，$\Sigma=90°$，小齿轮作悬臂布置，轴承为圆锥滚子轴承，单班制，8级精度，寿命20年，工作载荷有中等冲击，电动机驱动。

第5章
思考题及习题答案

第5章
多媒体 PPT

第 6 章 蜗杆传动

课程思政案例 6

【学习目标】

要完成蜗杆传动设计，需掌握蜗杆传动的应用和特点、蜗杆传动的参数选择和几何尺寸计算、蜗杆传动的失效形式和强度设计计算、蜗杆传动的效率和散热设计计算。

6.1 蜗杆传动的类型、特点及应用

蜗杆传动是用来传递空间交错轴之间的运动和动力的，它由蜗杆 1、蜗轮 2 和机架所组成，如图 6-1 所示。该传动广泛应用于机器和仪器设备中。

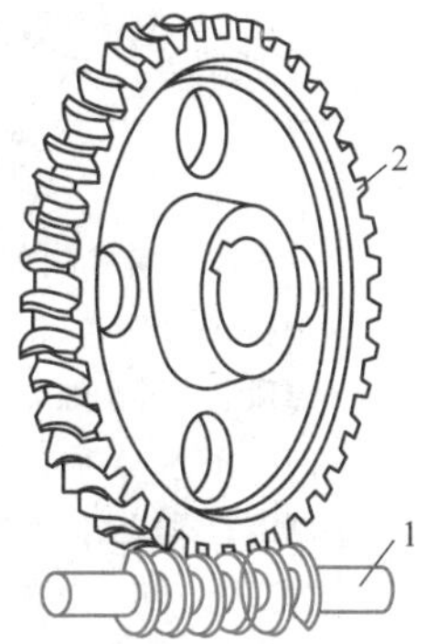

图 6-1 蜗杆传动

1—蜗杆；2—蜗轮

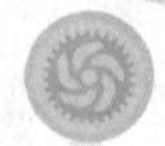
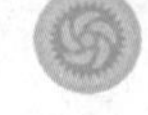

6.1.1 蜗杆传动的类型及应用

蜗杆传动按蜗杆形状的不同可分为圆柱蜗杆（图6-2（a））、环面蜗杆（图6-2（b））和锥蜗杆（图6-2（c））传动三类。

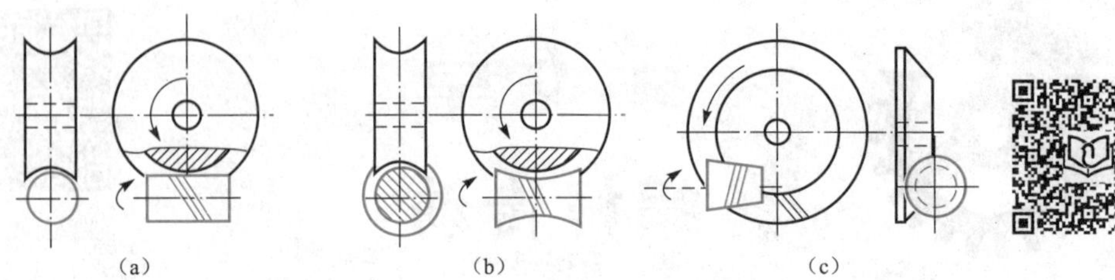

图6-2 蜗杆传动的类型

圆柱蜗杆传动按蜗杆齿廓形状可分为普通圆柱蜗杆传动和圆弧圆柱蜗杆传动，常用的是普通圆柱蜗杆传动。

普通圆柱蜗杆多用直母线刀刃的车刀在车床上切制，随刀具安装位置和所用刀具的变化（加工制造工艺不同），可获得在垂直轴线的断面上有不同齿廓的蜗杆。

普通圆柱蜗杆的类型、特点及应用见表6-1。

表6-1 普通圆柱蜗杆的类型、特点及应用

类型	工艺简图	蜗杆加工原理	特点	应用
阿基米德蜗杆（ZA蜗杆）	N-N I-I 阿基米德螺旋线 I N γ N I 2α （a）阿基米德蜗杆	用直母线刀刃的梯形车刀切削而成，刀刃顶平面通过蜗杆的轴线。该蜗杆在轴向断面 *I-I* 内具有梯形齿条形的直齿廓，而在法向断面 *N-N* 内齿廓外凸；在垂直于轴线的截面（端面）上，齿廓曲线为阿基米德螺旋线	加工和测量较方便，车削工艺好，但精度低	由于传动的啮合特性差，只用于中小载荷、中小速度及间歇工作的场合
法面直廓蜗杆（ZN蜗杆）	I-I 延伸渐开线 I γ N N I 2α （b）法面直廓蜗杆	与ZA蜗杆相似，车制该蜗杆时，将刀刃顶平面置于螺旋面的法面 *N-N* 内，切制出的蜗杆法面齿廓为直线，端面齿廓为延伸渐开线	蜗杆加工简单，且可使车刀获得合理的前角和后角，并可用直母线砂轮磨齿	由于传动的啮合特性差，只用于中小载荷、中小速度及间歇工作的场合，多用于分度蜗杆传动

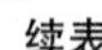

续表

类型	工艺简图	蜗杆加工原理	特点	应用
渐开线蜗杆（ZI 蜗杆）	（c）渐开线蜗杆	加工该蜗杆时，将刀刃顶平面与基圆柱相切，在切于基圆柱的断面内，齿廓一侧为直线，另一侧为外凸曲线，而其端面齿廓是渐开线，齿面为渐开螺旋面	可用平面砂轮沿其直线型螺旋齿面磨削，精度高，可提高传动的抗胶合能力，但需专用机床制造	用于高转速、大功率和要求精密的多头蜗杆传动。
锥面包络圆柱蜗杆（ZK 蜗杆）	（d）锥面包络圆柱蜗杆	采用直母线双锥面盘铣刀（或砂轮）等放置蜗杆齿槽内加工制成，齿面是圆锥面族的包络面	磨削加工时无理论误差，能获得较高精度，但齿形曲线复杂，设计、测量困难	一般用于中速、中载、连续运转的动力蜗杆传动

蜗杆类型很多，本章仅以目前采用最普遍的轴交角 $\Sigma=90^\circ$ 阿基米德蜗杆为例，介绍普通圆柱蜗杆传动的设计计算。

6.1.2 蜗杆传动的特点

（1）结构紧凑、传动比大。传递动力时，一般 $i_{12}=8\sim100$；传递运动或在分度机构中，i_{12} 可达 1 000。

（2）蜗杆传动相当于螺旋传动，蜗杆齿是连续的螺旋齿，故传动平稳，振动小、噪声低。

（3）当蜗杆的导程角小于当量摩擦角时，可实现反向自锁，即具有自锁性。

（4）因传动时啮合齿面间相对滑动速度大，故摩擦损失大，效率低。一般效率为 $\eta=0.7\sim0.8$；具有自锁性时，其效率 $\eta<0.5$。所以不宜用于大功率传动。

（5）为减轻齿面的磨损及防止胶合，蜗轮一般使用贵重的减摩材料制造，故成本高。

（6）对制造和安装误差很敏感，安装时对中心距的尺寸精度要求较高。

综上所述，蜗杆传动常用于传动功率在 50 kW 以下，滑动速度 v_s 在 15 m/s 以下的机器设备中。

6.2 圆柱蜗杆传动主要参数和几何尺寸

6.2.1 蜗杆传动的正确啮合条件

阿基米德圆柱蜗杆与蜗轮的啮合情况如图6-3所示。在过蜗杆轴线而垂直于蜗轮轴线的中间平面内，蜗杆与蜗轮的啮合相当于直齿廓齿条与渐开线齿轮的啮合。故蜗杆蜗轮都是以中间平面内的参数为标准值，其正确啮合条件为：中间平面内蜗杆与蜗轮的模数和压力角分别相等。即蜗杆的轴面模数 m_{x1} 和轴面压力角 α_{x1} 与蜗轮的端面模数 m_{t2} 和端面压力角 α_{t2} 分别相等，且为标准值，可用下式表示

$$\left.\begin{aligned} m_{x1}=m_{t2}=m \\ \alpha_{x1}=\alpha_{t2}=\alpha \end{aligned}\right\} \tag{6-1}$$

常用的标准模数见表6-2，蜗杆和蜗轮压力角的标准值 $\alpha=20°$。

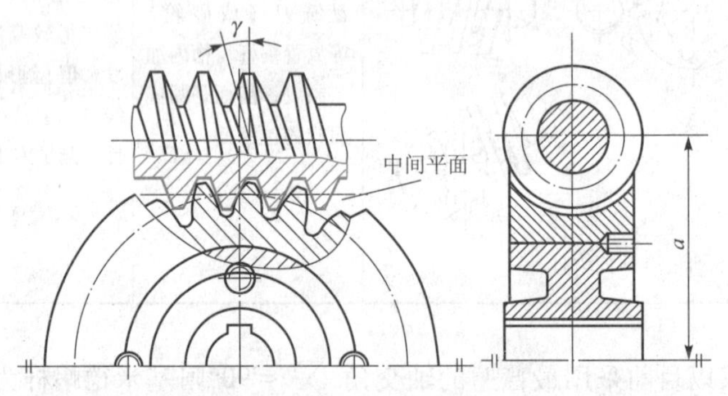

图6-3　蜗杆传动的啮合情况

与螺杆类似，蜗杆分度圆柱面上螺旋线的升角为其导程角，用 γ 表示，且它与螺旋角 β_1 的关系为：$\gamma=90°-\beta_1$。蜗杆按旋向可分为右旋和左旋蜗杆两种，常用右旋。因常用蜗杆传动中蜗杆与蜗轮轴的交错角 $\Sigma=\beta_1+\beta_2=90°$，故还应满足 $\gamma=\beta_2$，即蜗杆与蜗轮的螺旋线的旋向相同。

6.2.2 蜗杆传动的主要参数

由于阿基米德蜗杆传动在中间平面内相当于齿条与渐开线齿轮的啮合传动。因而传动的参数、主要几何尺寸及强度计算等均以中间平面为准。

蜗杆传动的主要参数有：模数 m、压力角 α、分度圆直径 d_1、直径系数 q、蜗杆的导程角 γ、蜗杆头数 z_1、蜗轮齿数 z_2、传动比 i 等。有关参数的取值见表6-2。

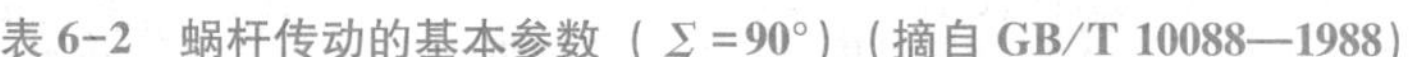

表 6-2　蜗杆传动的基本参数（$\Sigma=90°$）（摘自 GB/T 10088—1988）

模数 m/mm	分度圆直径 d_1/mm	蜗杆头数 z_1	直径系数 q	m^2d_1 /mm^3	模数 m/mm	分度圆直径 d_1/mm	蜗杆头数 z_1	直径系数 q	m^2d_1 /mm^3
1	18*	1	18.000	18	6.3	(80)	1，2，4	12.698	3 175
1.25	20	1	16.000	31.25		112*	1	17.778	4 445
	22.4*	1	17.920	35	8	(63)	1，2，4	7.875	4 032
1.6	20	1，2，4	12.500	51.2		80	1，2，4，6	10.000	5 376
	28*	1	17.500	71.68		(100)	1，2，4	12.500	6 400
2	(18)	1，2，4	9.000	72		140*	1	17.500	8 960
	22.4	1，2，4，6	11.200	89.6	10	(71)	1，2，4	7.100	7 100
	(28)	1，2，4	14.000	112		90	1，2，4，6	9.000	9 000
	35.5*	1	17.750	142		(112)	1，2，4	11.200	11 200
2.5	(22.4)	1，2，4	8.960	140		160	1	16.000	16 000
	28	1，2，4，6	11.200	175	12.5	(90)	1，2，4	7.200	14 062
	(35.5)	1，2，4	14.200	221.9		112	1，2，4	8.960	17 500
	45*	1	18.000	281		(140)	1，2，4	11.200	21 875
3.15	(28)	1，2，4	8.889	278		200	1	16.000	31 250
	35.5	1，2，4，6	11.27	352	16	(112)	1，2，4	7.000	28 672
	45	1，2，4	14.286	447.5		140	1，2，4	8.750	35 840
	56*	1	17.778	556		(180)	1，2，4	11.250	46 080
4	(31.5)	1，2，4	7.875	504		250	1	15.625	64 000
	40	1，2，4，6	10.000	640	20	(140)	1，2，4	7.000	56 000
	(50)	1，2，4	12.500	800		160	1，2，4	8.000	64 000
	71*	1	17.750	1 136		(224)	1，2，4	11.200	89 600
5	(40)	1，2，4	8.000	1 000		315	1	15.750	126 000
	50	1，2，4，6	10.000	1 250	25	(180)	1，2，4	7.200	112 500
	(63)	1，2，4	12.600	1 575		200	1，2，4	8.000	125 000
	90*	1	18.000	2 250		(280)	1，2，4	11.200	175 000
6.3	(50)	1，2，4	7.936	1 985		400	1	16.000	250 000
	63	1，2，4，6	10.000	2 500					

注：1. 表中模数均系第一系列，$m<1$ mm 的未列入，$m>25$ mm 的还有 31.5、40 mm 两种，属于第二系列的模数有 1.5、3、3.5、4.5、5.5、6、7、12、14 mm。

2. 表中蜗杆分度圆直径 d_1 均属第一系列，$d_1<18$ mm 的未列入，此外还有 355 mm。属于第二系列的有：30、38、48、53、60、67、75、85、95、106、118、132、144、170、190、300 mm。

3. 模数和分度圆直径均应优先选用第一系列。括号中的数字尽可能不采用。

4. 表中加 * 的 d_1 值为 $\gamma<3°30'$ 的自锁蜗杆。

（1）蜗杆的导程角 γ。设蜗杆的头数为 z_1，分度圆直径为 d_1，轴向齿距为 p_{x1}，导程为 p_z，则有 $p_z=z_1p_{x1}=\pi mz_1$。若将蜗杆分度圆柱面展开如图 6-4 所示，且用 γ 表示该圆柱面上螺旋线升角，即导程角。由图可得

$$\tan\gamma=\frac{p_z}{\pi d_1}=\frac{z_1 p_{x1}}{\pi d_1}=\frac{z_1 \pi m}{\pi d_1}=\frac{m z_1}{d_1} \tag{6-2}$$

导程角的大小与效率及加工工艺性有关。导程角大，效率高，但加工较困难；导程角小，效率低，但加工方便。当$\gamma>28°$，用加大导程角来提高效率效果不明显；而当$\gamma<3°30'$时，具有自锁性。故常用导程角$\gamma=3.5°\sim27°$。

（2）蜗杆的分度圆直径d_1和直径系数q。蜗杆传动中，为了保证蜗杆与蜗轮的正确啮合，常用与蜗杆具有同样参数的蜗轮滚刀（其外径比蜗杆外径大$2c$，以便在蜗轮上加工出径向间隙）来加工与其配对的蜗轮。这样，只要有一种尺寸的蜗杆，就必须有一种对应的蜗轮滚刀。而由式（6-2）可知，蜗杆分度圆直径d_1将随m、z_1、γ的变化而变化，这就意味着所需蜗轮滚刀的规格极多，这很不经济也不可能。为了减少刀具型号以利于刀具标准化，GB制定了蜗杆分度圆直径d_1的标准系列，且与模数相匹配（见表6-2）。

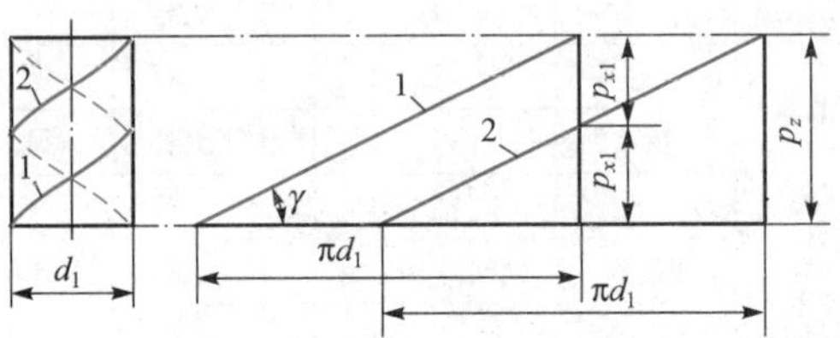

图6-4 蜗杆分度圆柱面展开图

为使计算方便，令

$$q=z_1/\tan\gamma \tag{6-3}$$

则由式（6-2）可得

$$d_1=mq \tag{6-4}$$

由式（6-4）可知，在m一定时，d_1值大，q也大。再由式（6-3）可知，在z_1一定时，q值大，γ则小，而γ值小，蜗杆传动的效率就低。在动力蜗杆传动的设计中，必须考虑这些问题。另因d_1、m已标准化，q便为导出量，不一定是整数。

（3）蜗杆头数z_1和蜗轮齿数z_2。蜗杆为主动件时，传动比为

$$i=\frac{n_1}{n_2}=\frac{z_2}{z_1} \tag{6-5}$$

蜗杆头数z_1主要是根据传动比和效率两个因素来选定。一般取$z_1=1\sim6$，自锁蜗杆传动或分度机构因要求自锁或大传动比，多采用单头蜗杆；而传力蜗杆传动为提高效率，可取$z_1=2\sim6$，常取偶数，便于分度。此外头数愈多，制造蜗杆及蜗轮滚刀时，分度误差愈大，加工精度愈难保证。

蜗轮齿数$z_2=i\,z_1$，一般取$z_2=28\sim80$。$z_2<28$易使蜗轮轮齿产生根切和干涉，影响传动的平稳性；$z_2>80$，当蜗轮直径一定时，模数会很小，削弱弯曲强度；而当模数一定时，又会导致蜗杆过长，刚度降低。z_1、z_2值可参考表6-3选用。

表6-3 蜗杆头数z_1与蜗轮齿数z_2的荐用值

传动比i	5～8	7～16	15～32	30～83
蜗杆头数z_1	6	4	2	1
蜗轮齿数z_2	29～31	29～61	29～61	29～82

6.2.3　圆柱蜗杆传动的几何尺寸计算

蜗轮的分度圆直径 d_2 为

$$d_2 = m_{t2} z_2 = m z_2 \tag{6-6}$$

由图 6-5 可知，蜗杆蜗轮的标准中心距 a 为

$$a = (d_1 + d_2)/2 = m(q + z_2)/2 \tag{6-7}$$

一般圆柱蜗杆传动减速装置的中心距 a 应按下列数值选取：40 mm，50 mm，63 mm，80 mm，100 mm，125 mm，160 mm，200 mm，250 mm，315 mm，400 mm，500 mm。

为了方便使用，图 6-5 给出了普通圆柱蜗杆传动的主要几何尺寸参数，其计算公式参见表 6-4。

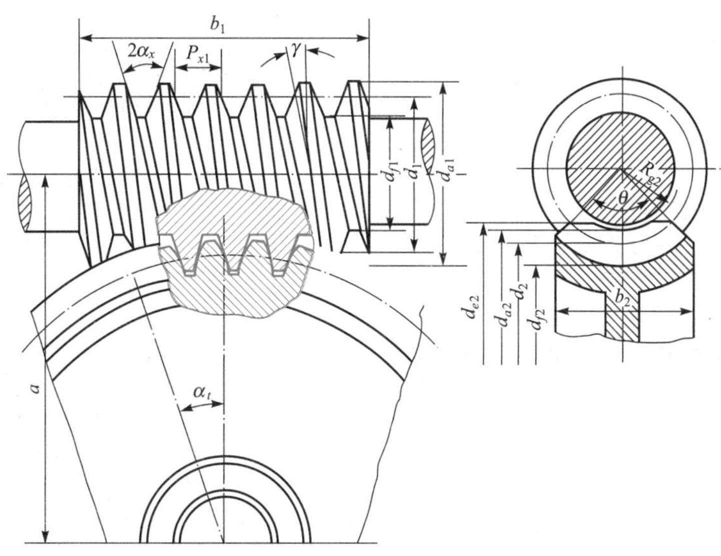

图 6-5　普通圆柱蜗杆传动的几何尺寸参数

表 6-4　阿基米德蜗杆传动的主要几何尺寸计算公式

名　称	代　号	公　式
中心距	a	$a = m(q + z_2)/2$
蜗杆轴向齿距	p_{x1}	$p_{x1} = \pi m$
蜗杆导程	p_z	$p_z = z_1 p_{x1}$
蜗杆分度圆直径	d_1	$d_1 = mq$
蜗杆齿顶高	h_{a1}	$h_{a1} = h_a^* m$（一般 $h_a^* = 1$，短齿 $h_a^* = 0.8$）
蜗杆齿根高	h_{f1}	$h_{f1} = (h_a^* + c^*)m$　（一般 $c^* = 0.2$）
蜗杆全齿高	h_1	$h_1 = h_{a1} + h_{f1} = (2h_a^* + c^*)m$
蜗杆齿顶圆直径	d_{a1}	$d_{a1} = d_1 + 2h_{a1} = d_1 + 2h_a^* m$
蜗杆齿根圆直径	d_{f1}	$d_{f1} = d_1 - 2h_{f1} = d_1 - 2(h_a^* + c^*)m$

续表

名　称	代　号	公　式
蜗杆螺纹部分长度	b_1	当 $z_1=1$，2 时，$b_1 \geqslant (11+0.06z_2)m$ 当 $z_1=3$，4 时，$b_1 \geqslant (12.5+0.09z_2)m$
蜗轮分度圆直径	d_2	$d_2=mz_2$
蜗轮齿顶高	h_{a2}	$h_{a2}=h_a^* m$
蜗轮齿根高	h_{f2}	$h_{f2}=(h_a^*+c^*)m$
蜗轮齿顶圆直径	d_{a2}	$d_{a2}=d_2+2h_{a2}=d_2+2h_a^* m$
蜗轮齿根圆直径	d_{f2}	$d_{f2}=d_2-2h_{f2}=d_2-2(h_a^*+c^*)m$
蜗轮齿宽	b_2	当 $z_1 \leqslant 3$ 时，$b_2 \leqslant 0.75d_{a1}$ 当 $z_1=4 \sim 6$ 时，$b_2 \leqslant 0.67d_{a1}$
蜗轮齿宽角	θ	$\sin \theta/2=b_2/d_1$
蜗轮外圆直径	d_{e2}	当 $z_1=1$ 时，$d_{e2}=d_{a2}+2m$ 当 $z_1=2 \sim 3$ 时，$d_{e2}=d_{a2}+1.5m$ 当 $z_1=4 \sim 6$ 时，$d_{e2}=d_{a2}+m$

6.2.4　蜗杆蜗轮旋向和转向的判别

蜗杆蜗轮机构中，通常蜗杆为主动件，蜗轮的转向取决于蜗杆的转向及蜗杆蜗轮的螺旋线旋向。

蜗轮的转向可根据左、右手定则判定，即左旋用左手、右旋用右手环握蜗杆轴线，弯曲的四指顺着蜗杆的转向，拇指指向的反方向即为蜗杆齿与相啮合的蜗轮齿接触点的运动方向。同样，如果已知蜗杆及蜗轮的转向，也可以用左、右手定则来判定蜗杆蜗轮旋向。

判断蜗轮的转向，还可利用螺杆螺母的相对运动关系来确定，用图 6-6（c）来分析。将蜗杆 1 看作螺杆，蜗轮 2 看作变形的螺母。由图可知，蜗杆的螺纹为右旋（蜗轮的轮齿也为右旋）。设想蜗轮不动，而蜗杆按图示方向转动，则蜗杆应向上移动，但实际上蜗杆不能移动，故只能将蜗轮上与蜗杆接触的轮齿向下推移，所以使蜗轮沿顺时针方向转动。

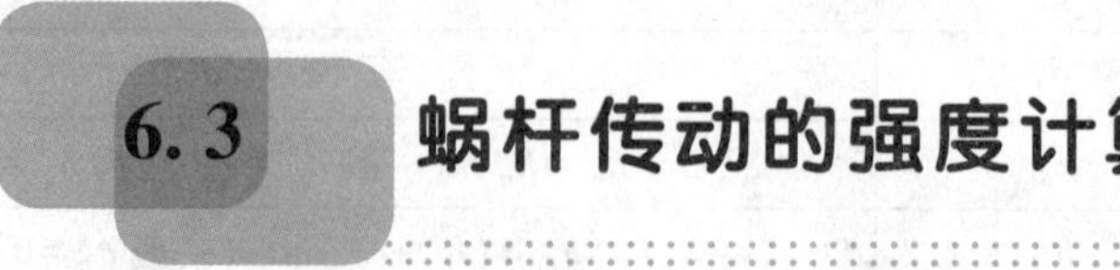

6.3　蜗杆传动的强度计算

6.3.1　蜗杆传动的失效形式和计算准则

蜗杆传动的失效形式与齿轮传动基本相同。主要有点蚀、弯曲折断、磨损及胶合失

效等。

如图 6-6 所示，蜗杆蜗轮啮合传动时，齿廓间沿蜗杆齿面螺旋线方向有较大的滑动速度 v_s，其大小为

$$v_s = \frac{v_1}{\cos\gamma} = \frac{v_2}{\sin\gamma} \tag{6-8}$$

式中，v_1 为蜗杆分度圆上的圆周速度，m/s；v_2 为蜗轮分度圆上的圆周速度，m/s；γ 为蜗杆的导程角。

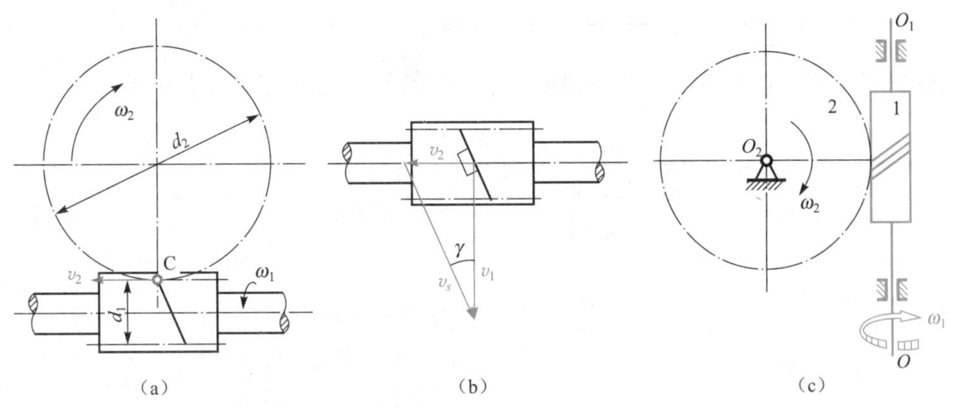

图 6-6　蜗杆传动滑动速度及旋向和转向的判别

由于蜗杆传动啮合齿面间的相对滑动速度大，效率低，发热量大，故更易发生磨损和胶合失效。而蜗轮无论在材料的强度或结构方面均较蜗杆弱，所以失效多发生在蜗轮轮齿上，设计时一般只需对蜗轮进行承载能力计算。

由于胶合和磨损的计算目前尚无较完善的方法和数据，而滑动速度及接触应力的增大将会加剧胶合和磨损。故为了防止胶合和减缓磨损，除选用减磨性好的配对材料和保证良好的润滑外，还应限制其接触应力。

综上所述，蜗杆传动的设计计算准则为：开式蜗杆传动以保证齿根弯曲疲劳强度进行设计。闭式蜗杆传动以保证齿面接触疲劳强度进行设计，校核齿根弯曲疲劳强度。此外因闭式蜗杆传动散热较困难，故需进行热平衡计算。而当蜗杆轴细长且支承跨距大时，还应进行蜗杆轴的刚度计算。

6.3.2　蜗杆传动的常用材料、结构和精度

（1）蜗杆传动的常用材料。针对蜗杆传动的主要失效形式，要求蜗杆蜗轮的材料组合具有良好的减摩和耐磨性能。对于闭式传动的选材，还要注意抗胶合性能，并满足强度的要求。

蜗杆的强度愈高、表面粗糙度愈低，耐磨性及抗胶合能力愈好。蜗杆材料一般选用碳素钢或合金钢，并采用适当的热处理。具体选择见表 6-5。

表 6-5　蜗杆常用材料及应用

材料牌号	热处理	硬度	齿面粗糙度 $Ra/\mu m$	应用
40、45、40Cr、40CrNi、42SiMn	表面淬火	45～55HRC	1.6～0.8	中速、中载、一般传动、载荷稳定
15Cr、20Cr、20CrMnTi、12CrNi3A、15CrMn、20CrNi	渗碳淬火	58～63HRC	1.6～0.8	高速、重载、重要传动、载荷变化大
40、45、40Cr	调质	220～300HBW	6.3	低速、轻、中载、不重要传动

蜗轮材料常用铸造锡青铜、铸造铝铁青铜和灰铸铁。具体选择见表 6-6。

表 6-6　蜗轮常用材料及应用

材料	牌号	适用的滑动速度 v_s/（m·s^{-1}）	特性	应用
铸锡磷青铜	ZCuSn10P1	≤25	减摩和耐磨性好，抗胶合能力强，切削性能好；但其强度较低，价格较贵，易点蚀	连续工作的高速、重载的重要传动
铸锡锌铅青铜	ZCuSn5Pb5Zn5	<12		速度较高的一般传动
铸铝铁青铜	ZCuAl10Fe3	≤4	耐冲击、强度较高，切削性能好，价格便宜；但抗胶合能力远比锡青铜差	连续工作的速度较低、载荷稳定的重要传动
灰铸铁	HT150 HT200	≤2	铸造性能、切削性能好，价格低，抗点蚀和抗胶合能力强；但抗弯曲强度低，冲击韧性差	低速、不重要的开式传动；蜗轮尺寸较大的传动；手动传动

（2）蜗杆传动的结构。蜗杆通常与轴做成一体，称为蜗杆轴，如图 6-7 所示。按蜗杆的螺旋部分加工方法不同，可分为车制蜗杆和铣制蜗杆。图 6-7（a）为铣制蜗杆，在轴上直接铣出螺旋部分，无退刀槽，因而蜗杆轴的刚度好。图 6-7（b）为车制蜗杆，车削螺旋部分要有退刀槽，因而削弱了蜗杆轴的刚度。当蜗杆螺旋部分的直径较大时，可以将蜗杆与轴分开制作。

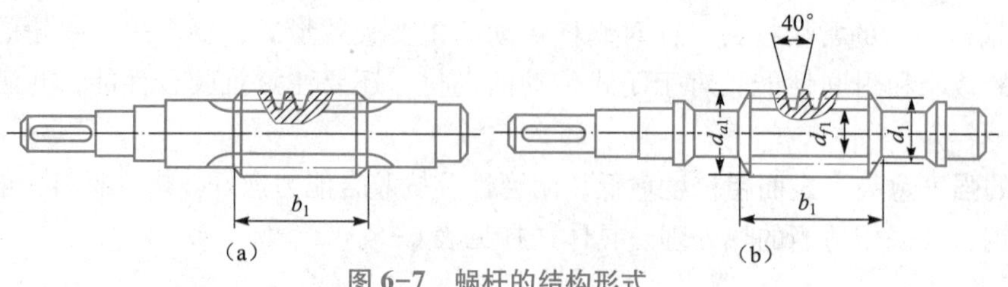

图 6-7　蜗杆的结构形式

蜗轮可制成整体式或装配式，为节省价格较贵的有色金属，大多数蜗轮做成装配式，常见的蜗轮结构形式有以下几种。

① 整体浇铸式（图 6-8（a））主要用于铸铁蜗轮或尺寸很小的青铜蜗轮（d<100 mm）。

② 齿圈压配式（图 6-8（b））这种结构由青铜齿圈及铸铁轮芯所组成，齿圈与轮心多用过盈配合（H7/s6；H7/r6），并在接缝处加装 4～8 个紧定螺钉，以增强连接的可靠性。为了便于钻孔应将螺孔中心线由配合缝向材料较硬的轮芯部分偏移 2～3 mm。此结构用于尺寸不太大或工作温度变化较小的场合。

③ 螺栓连接式（图 6-8（c））其齿圈与轮芯用铰制孔螺栓连接，由于装拆方便，常用于尺寸较大或磨损后需要更换蜗轮齿圈的场合。

④ 拼铸式（图 6-8（d））在铸铁轮芯上浇铸青铜齿圈，然后切齿。适用于中等尺寸、成批制造的蜗轮。

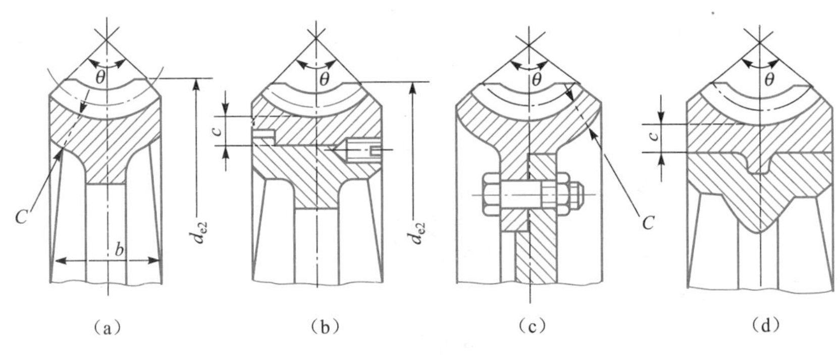

图 6-8　蜗轮的结构形式

（3）蜗杆传动的精度。标准（GB/T 10089—2018）对轴交角 $\sum$ =90°、模数 $m\geqslant1$ mm 的蜗轮、蜗杆和蜗杆传动规定了 12 个精度等级，第 1 级的精度最高，第 12 级的精度最低。按照公差特性对传动性能的影响将蜗杆传动公差分成三个公差组，根据使用要求允许各组选用不同的精度等级，但在同一公差组中，各项公差与极限偏差应保持相同的精度等级。

对于动力蜗杆传动，一般按照 6～9 级精度制造。6 级精度的传动可用于中等精密机床的分度机构和发动机调节系统的传动。7 级精度可用于中等精度的运输机及中等功率的蜗杆传动。8 级精度可用于圆周速度较低，每天只有短时间工作的次要传动。9 级精度只能用于不重要的低速传动及手动传动。

6.3.3　蜗杆传动的受力分析

蜗杆传动的受力分析和斜齿圆柱齿轮传动相似。为简化起见，通常不考虑摩擦力的影响。

假定作用在蜗杆齿面上的法向力 $\boldsymbol{F}_n$ 集中在点 C（图 6-9），$\boldsymbol{F}_n$ 可分解为三个相互垂直的分力：圆周力 $\boldsymbol{F}_t$、径向力 $\boldsymbol{F}_r$ 和轴向力 $\boldsymbol{F}_a$。由于蜗杆轴和蜗轮轴在空间交错成 90°，所以作用在蜗杆上的轴向力与蜗轮上的圆周力、蜗杆上的圆周力与蜗轮上的轴向力、蜗杆上的径向力与蜗轮上的径向力，分别大小相等而方向相反。

（1）力的大小。各力的大小分别为

$$F_{a1}=F_{t2}=\frac{2T_2}{d_2} \tag{6-9}$$

$$F_{t1}=F_{a2}=\frac{2T_1}{d_1} \tag{6-10}$$

$$F_{r1}=F_{r2}=F_{t2}\tan\alpha \tag{6-11}$$

$$F_n=F_{a1}/(\cos\alpha_n\cos\gamma)=F_{t2}/(\cos\alpha_n\cos\gamma)=2T_2/(d_2\cos\alpha_n\cos\gamma) \tag{6-12}$$

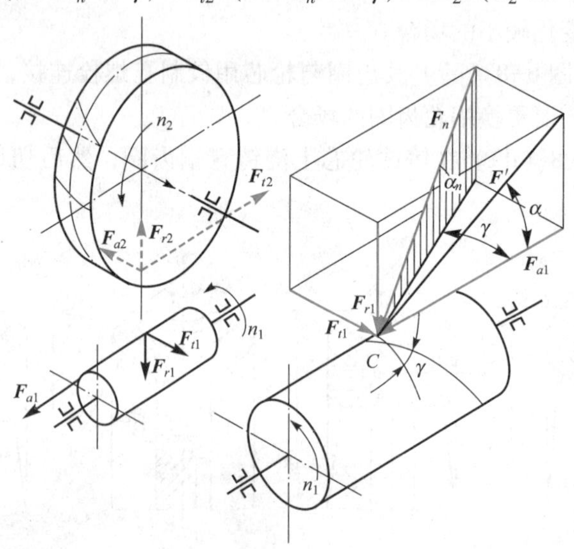

图 6-9　蜗杆传动的受力分析

式中，T_1、T_2 为蜗杆、蜗轮上的工作转矩（$T_2=T_1 i\eta$，i 为传动比，η 为传动效率），N · mm；d_1、d_2 为蜗杆、蜗轮的分度圆直径，mm；α_n 为蜗杆法面压力角；γ 为蜗杆分度圆柱导程角。

（2）力的方向。在进行蜗杆传动的受力分析时，应特别注意其受力方向的判定。一般先确定蜗杆的受力方向。因为蜗杆是主动件，所以蜗杆所受的圆周力的方向总是与它的力作用点的速度方向相反；径向力的方向总是沿半径指向轴心；轴向力的方向由左（右）手定则来确定。蜗轮所受的三个分力的方向可由图 6-9 所示关系确定。

6.3.4　蜗杆传动的强度计算

蜗杆传动的失效一般发生在蜗轮上，所以只需进行蜗轮轮齿的强度计算。蜗杆的强度可按轴的强度计算方法进行，必要时还要进行蜗杆的刚度校核。

1. 蜗轮齿面接触疲劳强度计算

此项计算的目的是限制接触应力 σ_H，以防止点蚀或胶合。蜗轮齿面接触疲劳强度计算与斜齿轮相似，故可依据赫兹接触应力公式仿照斜齿轮的分析方法进行。

校核公式

$$\sigma_H=3.25Z_E\sqrt{\frac{KT_2}{d_1 d_2^2}}=3.25Z_E\sqrt{\frac{KT_2}{m^2 d_1 z_2^2}}\leqslant[\sigma_H] \tag{6-13}$$

设计公式

$$m^2 d_1 \geqslant KT_2\left(\frac{3.25Z_E}{[\sigma_H]\ z_2}\right)^2 \tag{6-14}$$

式中，K 为载荷系数，用于考虑工作情况、载荷集中和动载荷的影响，查表6-7；Z_E 为材料系数，查表6-8；$[\sigma_H]$ 为蜗轮材料的许用接触应力，MPa。

表6-7　载荷系数 K

原动机	工作机		
	均匀	中等冲击	严重冲击
电动机、汽轮机	0.8～1.95	0.9～2.34	1.0～2.75
多缸内燃机	0.9～2.34	1.0～2.75	1.25～3.12
单缸内燃机	1.0～2.75	1.25～3.12	1.5～3.51

注：1. 小值用于每日间断工作，大值用于长期连续工作。
2. 载荷变化大、速度大、蜗杆刚度大时取大值，反之取小值。

表6-8　材料系数 Z_E　　$\sqrt{\text{MPa}}$

蜗杆材料	蜗轮材料			
	铸锡青铜	铸铝青铜	灰铸铁	球墨铁铸
钢	155.0	156.0	162.0	181.4
球墨铸铁			156.6	173.9

蜗轮的失效形式因其材料的强度和性能不同而不同，故许用接触应力的确定方法也不相同。通常分以下两种情况：

（1）蜗轮材料为锡青铜（σ_b<300 MPa），因其良好的抗胶合性能，故传动的承载能力取决于蜗轮的接触疲劳强度，即许用接触应力 $[\sigma_H]$ 与应力循环次数 N 有关。

$$[\sigma_H]=Z_N[\sigma_{0H}] \tag{6-15}$$

式中，$[\sigma_{0H}]$ 为基本许用接触应力，查表6-9，MPa；Z_N 为寿命系数，详见表6-9注，应力循环次数 N 的计算方法与齿轮传动相同。

表6-9　锡青铜蜗轮的基本许用接触应力 $[\sigma_{0H}]$　　MPa

蜗轮材料	铸造方法	适用的滑动速度 v_s/（m·s^{-1}）	蜗杆齿面硬度	
			≤350HBW	>45HRC
ZCuSn10P1	砂模	≤12	180	200
	金属模	≤25	200	220
ZCuSn5Pb5Zn5	砂模	≤10	110	125
	金属模	≤12	135	150

注：锡青铜的基本许用接触应力为应力循环次数 $N=10^7$ 时之值，当 $N\neq10^7$ 时，需要将表中数值乘以寿命系数 Z_N。$Z_N=\sqrt[8]{10^7/N}$，当 $N>25\times10^7$ 时，取 $N=25\times10^7$；当 $N<2.6\times10^5$ 时，取 $N=2.6\times10^5$。

（2）蜗轮材料为铝青铜或铸铁（σ_b>300 MPa），因其抗点蚀能力强，蜗轮的承载能力取决于其抗胶合能力，即许用接触应力［σ_H］与滑动速度 v_s 有关而与应力循环次数无关，其值直接由表 6-10 查取。

表 6-10　铝青铜及铸铁蜗轮许用接触应力［σ_H］　MPa

蜗轮材料	蜗杆材料	滑动速度 v_s/（m·s^{-1}）						
		0.5	1	2	3	4	6	8
ZCuAl10Fe3　ZCuAl10Fe3Mn2	淬火钢①	250	230	210	180	160	120	90
HT150　HT200	渗碳钢	130	115	90	—	—	—	—
HT150	调质钢	110	90	70	—	—	—	—

① 蜗杆未经淬火时，需将表中［σ_H］值降低 20%。

2. 蜗轮齿根弯曲疲劳强度计算

蜗轮轮齿的形状较复杂，离中间平面愈远的平行截面上轮齿厚愈大，故其齿根弯曲疲劳强度高于斜齿轮。欲精确计算蜗轮齿根弯曲疲劳强度较困难，通常按斜齿圆柱齿轮的计算方法作近似计算。经推导得蜗轮齿根弯曲疲劳强度的校核公式为

$$\sigma_F=\frac{1.7KT_2}{d_1d_2m}Y_FY_\beta\leqslant[\sigma_F] \tag{6-16}$$

式中，Y_F 为蜗轮齿形系数，该系数综合考虑了齿形、磨损及重合度的影响，其值按当量齿数 z_v 查表 6-11；Y_β 为螺旋角系数，$Y_\beta=1-\gamma/140°$；［σ_F］为蜗轮材料的许用弯曲应力，MPa。$[\sigma_F]=Y_N[\sigma_{0F}]$，其中寿命系数 $Y_N=\sqrt[9]{10^6/N}$，应力循环次数 N 的计算方法与齿轮相同，［σ_{0F}］为基本许用弯曲应力，由表 6-12 查取。

表 6-11　蜗轮的齿形系数 Y_F

γ \ z_v	20	24	26	28	30	32	35	37	40	45	56	60	80	100	150	300
4°	2.79	2.65	2.60	2.55	2.52	2.49	2.45	2.42	2.39	2.35	2.32	2.27	2.22	2.18	2.14	2.09
7°	2.75	2.61	2.56	2.51	2.48	2.44	2.40	2.38	2.35	2.31	2.28	2.23	2.17	2.14	2.09	2.05
11°	2.66	2.52	2.47	2.42	2.39	2.35	2.31	2.29	2.26	2.22	2.19	2.14	2.08	2.05	2.00	1.96
16°	2.49	2.35	2.30	2.26	2.22	2.19	2.15	2.13	2.10	2.06	2.02	1.98	1.92	1.88	1.84	1.79
20°	2.33	2.19	2.14	2.09	2.06	2.02	1.98	1.96	1.93	1.89	1.86	1.81	1.75	1.72	1.67	1.63
23°	2.18	2.05	1.99	1.95	1.91	1.88	1.84	1.82	1.79	1.75	1.72	1.67	1.61	1.58	1.53	1.49
26°	2.03	1.89	1.84	1.80	1.76	1.73	1.69	1.67	1.64	1.60	1.57	1.52	1.46	1.43	1.38	1.34
27°	1.98	1.84	1.79	1.75	1.71	1.68	1.64	1.62	1.59	1.55	1.52	1.47	1.41	1.38	1.33	1.29

表 6-12　蜗轮材料的基本许用弯曲应力 $[\sigma_{0F}]$　　MPa

材料	铸造方法	σ_B	σ_S	蜗杆硬度<45HRC		蜗杆硬度≥45HRC	
				单向受载	双向受载	单向受载	双向受载
ZCuSn10P1	砂　模	200	140	51	32	64	40
	金属模	250	150	58	40	73	50
ZCuSn5Pb5Zn5	砂　模	180	90	37	29	46	36
	金属模	200	90	39	32	49	40
ZCuA19Fe4Ni4Mn2	砂　模	400	200	82	64	103	80
	金属模	500	200	90	80	113	100
ZCuAl10Fe3	金属模	400	200	90	80	113	100
	砂　模	500					
HT150	砂　模	150	—	38	24	48	30
HT200	砂　模	200	—	48	30	60	38

注：表中各种蜗轮材料的基本许用弯曲应力为应力循环次数 $N=10^6$ 时的值，当 $N\neq10^6$ 时，需将表中数值乘以 Y_N。当 $N>25\times10^7$ 时，取 $N=25\times10^7$；$N<10^5$ 时，取 $N=10^5$。

3. 蜗杆的刚度计算

如果蜗杆轴的刚度不足，则当蜗杆受力后会产生较大的变形，从而造成轮齿上的载荷集中，严重影响轮齿的正常啮合，造成偏载，加剧磨损和发热。刚度计算时通常是把蜗杆螺旋部分看作以蜗杆齿根圆直径为直径的轴段，采用条件性计算。其刚度条件为

$$y=\frac{\sqrt{F_{t1}^2+F_{r1}^2}}{48EI}L'^3\leqslant[y] \tag{6-17}$$

式中，y 为蜗杆弯曲变形的最大挠度，mm；F_{t1} 为蜗杆所受的圆周力，N；F_{r1} 为蜗杆所受的径向力，N；E 为蜗杆材料的弹性模量，MPa；钢制蜗杆时 $E=2.06\times10^6$ MPa；I 为蜗杆轴危险截面的惯性矩，mm^4，$I=\frac{\pi d_{f1}^4}{64}$，其中 d_{f1} 为蜗杆齿根圆直径，mm；L' 为蜗杆轴承间的跨距，mm，根据结构尺寸而定，初步计算时可取 $L'=0.9d_2$，d_2 为蜗轮分度圆直径，mm；$[y]$ 为蜗杆许用最大挠度，mm；$[y]=d_1/1\ 000$，d_1 为蜗杆分度圆直径，mm。

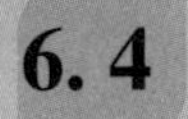

6.4　蜗杆传动的效率和热平衡计算

6.4.1　蜗杆传动的效率

闭式蜗杆传动的总效率 η 包括：轮齿啮合的效率 η_1；轴承的效率 η_2；浸入油中零件的搅油损耗的效率 η_3，即

$$\eta=\eta_1\eta_2\eta_3 \tag{6-18}$$

当蜗杆主动时，η_1 可近似地按螺旋副的效率计算，即

$$\eta_1=\frac{\tan\gamma}{\tan(\gamma+\varphi_v)} \tag{6-19}$$

式中，γ 为蜗杆的导程角，它是影响啮合效率的主要因素；φ_v 为当量摩擦角，$\varphi_v=\arctan f_v$，其与蜗杆、蜗轮的材料及滑动速度有关。良好的润滑条件下，滑动速度高有助于润滑油膜的形成，从而降低 f_v 值，提高效率。当量摩擦角的值由表 6-13 查取。

表 6-13　蜗杆传动的当量摩擦系数 f 和当量摩擦角 φ

蜗轮材料	锡青铜				铝青铜		灰铸铁			
蜗杆齿面硬度	≥45HRC		其他		≥45HRC		≥45HRC		其他	
滑动速度 v_s/（m·s⁻¹）	f_v①	φ_v①	f_v	φ_v	f_v①	φ_v①	f_v①	φ_v①	f_v	φ_v
0.01	0.110	6°17′	0.120	6°51′	0.180	10°12′	0.180	10°12′	0.190	10°45′
0.05	0.090	5°09′	0.100	5°43′	0.140	7°58′	0.140	7°58′	0.160	9°05′
0.10	0.080	4°34′	0.090	5°09′	0.130	7°24′	0.130	7°24′	0.140	7°58′
0.25	0.065	3°43′	0.075	4°17′	0.100	5°43′	0.100	5°43′	0.120	6°51′
0.50	0.055	3°09′	0.065	3°43′	0.090	5°09′	0.090	5°09′	0.100	5°43′
1.0	0.045	2°35′	0.055	3°09′	0.070	4°00′	0.070	4°00′	0.090	5°09′
1.5	0.040	2°17′	0.050	2°52′	0.065	3°43′	0.065	3°43′	0.080	4°34′
2.0	0.035	2°00′	0.045	2°35′	0.055	3°09′	0.055	3°09′	0.070	4°00′
2.5	0.030	1°43′	0.040	2°17′	0.050	2°52′				
3.0	0.028	1°36′	0.035	2°00′	0.045	2°35′				
4	0.024	1°22′	0.031	1°47′	0.040	2°17′				
5	0.022	1°16′	0.029	1°40′	0.035	2°00′				
8	0.018	1°02′	0.026	1°29′	0.030	1°43′				
10	0.016	0°55′	0.024	1°22′						
15	0.014	0°48′	0.020	1°09′						
24	0.013	0°45′								

① 蜗杆齿面粗糙度轮廓算术平均偏差 Ra 为 1.6～0.4 μm，经过仔细跑合，正确安装，并采用黏度合适的润滑油进行充分润滑。

由于轴承摩擦及浸入油中零件搅油所损耗的功率不大，一般取 $\eta_2\eta_3=0.96\sim0.98$，故其总效率为

$$\eta=(0.96\sim0.98)\frac{\tan\gamma}{\tan(\gamma+\varphi_v)} \tag{6-20}$$

设计之初，为求出蜗轮轴上的转矩 T_2，可根据蜗杆头数 z_1 对效率作如下估取：当 $z_1=1$ 时，$\eta=0.7$；当 $z_1=2$ 时，$\eta=0.8$；当 $z_1=3$ 时，$\eta=0.85$；当 $z_1=4$ 时，$\eta=0.9$。

6.4.2　蜗杆传动的热平衡计算

由于蜗杆传动的效率低，工作时会产生大量的摩擦热。在闭式蜗杆传动中，若散热不

良，会因油温不断升高，使润滑失效而导致齿面胶合。所以，对闭式蜗杆传动要进行热平衡计算，以保证油温能稳定在规定的范围内。

在单位时间内由摩擦损耗而产生的发热量为

$$Q_1 = 1\,000P_1(1-\eta) \tag{6-21}$$

式中，P_1 为蜗杆传递的功率，kW；η 为蜗杆传动的总效率。

若为自然冷却方式，则热量从箱体外壁散发到周围空气中，其单位时间内的散热量为

$$Q_2 = K_s A(t_1 - t_0) \tag{6-22}$$

式中，K_s 为箱体的表面传热系数，$K_s = 12\sim18$ W/(m^2·℃)，大值用于通风条件良好的环境；A 为散热面积，m^2，即箱体内表面被油浸着或油能溅到且外表面又被空气所冷却的箱体表面积，凸缘及散热片的散热面积按其表面积的 50%计算；t_0 为环境温度，在常温下可取 $t_0 = 20$ ℃；t_1 为达到热平衡时的油温，℃。

热平衡的条件是：$Q_1 = Q_2$，由此可求得达到热平衡时的油温为

$$t_1 = \frac{1\,000P_1(1-\eta)}{K_s A} + t_0 \tag{6-23}$$

一般可限制 $t_1 \leqslant 60\sim70$ ℃，最高不超过 80 ℃。若 t_1 超过允许值，可采取以下措施，以增加传动的散热能力：

① 在箱体外壁增加散热片，如图 6-10 所示，以增大散热面积 A，加散热片时，还应注意散热片配置的方向要有利于热传导。

② 在蜗杆轴端设置风扇，如图 6-10 所示，进行人工通风，以增大表面传热系数 K_s，此时 K_s 可达到 20～28 W/（m^2·℃）。

③ 若采用上述办法后还不能满足散热要求，可在箱体油池中装设蛇形冷却管，如图 6-11 所示。

④ 采用压力喷油循环润滑。

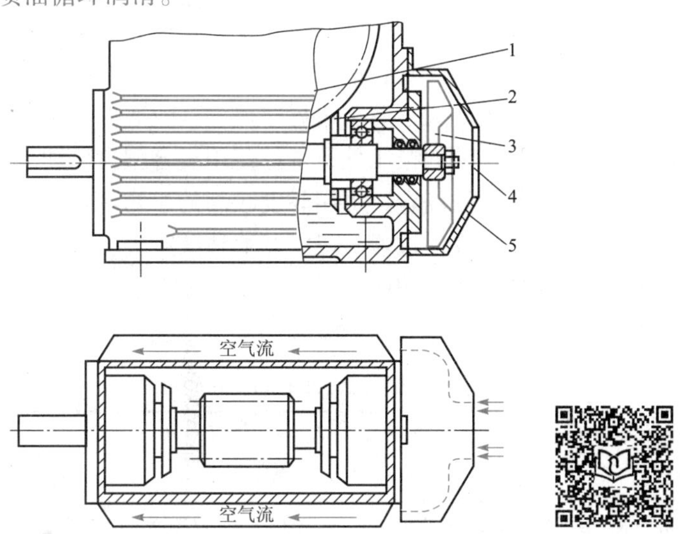

图 6-10　加散热片和风扇的蜗杆传动

1—散热片；2—溅油轮；3—风扇；4—过滤网；5—集气罩

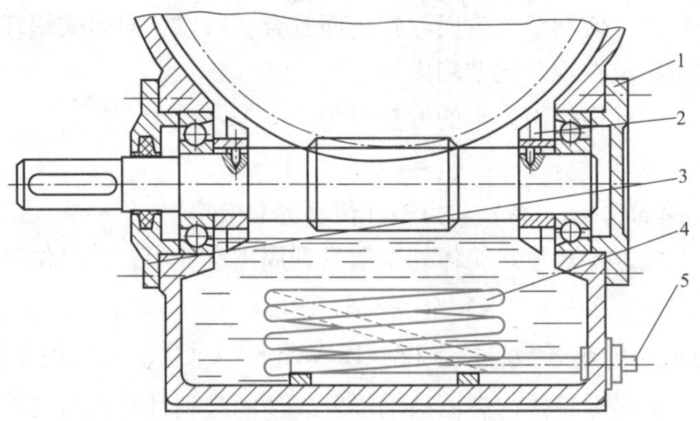

图 6-11 加装冷却蛇形水管的蜗杆减速器

1—闷盖；2—溅油轮；3—透盖；4—蛇形管；5—冷却水出、入接口

初步计算时，箱体有较好散热片时，可用下式估算其有效散热面积

$$A \approx 0.33\left(\frac{a}{100}\right)^{1.75} \tag{6-24}$$

式中，A 为散热面积，m^2；a 为传动的中心距，mm 。

6.5 蜗杆传动的安装和维护

6.5.1 蜗杆传动的润滑

由于蜗杆传动的相对滑动速度大，良好的润滑对于防止齿面过早地发生磨损、胶合和点蚀，提高传动的承载能力、传动效率，延长使用寿命具有重要的意义。

蜗杆传动的齿面承受的压力大，大多属于边界摩擦，其效率低，温升高，因此蜗杆传动的润滑油必须具有较高的黏度和足够的极压性，推荐使用复合型齿轮油、适宜的中等级极压齿轮油，在一些不重要或低速传动的场合，可用黏度较高的矿物油。为减少胶合的危险，润滑油中一般加入添加剂，如 1%～2%的油酸、三丁基亚磷酸脂等。应当注意，当蜗轮采用青铜时，添加剂中不能含对青铜有腐蚀作用的硫、磷。

润滑油的黏度和润滑方法一般根据载荷类型和相对滑动速度的大小选用，见表 6-14。

表 6-14 蜗杆传动润滑油的黏度和润滑方法

相对滑动速度/（$m \cdot s^{-1}$）	≤1	1～2.5	2.5～5	5～10	10～15	15～25	>25
工作条件	重载	重载	中载	—	—	—	—
运动黏度 v_{40}/（$mm^2 \cdot s^{-1}$）	1 000	680	320	220	150	100	68
润滑方式	浸油润滑			浸油或喷油润滑	压力喷油润滑		

6.5.2 蜗杆传动的安装方式

蜗杆传动有蜗杆上置（图 6-12（a））和蜗杆下置（图 6-12（b））两种安装方式。当采用浸油润滑时，蜗杆尽量下置；当蜗杆的速度大于 4～5 m/s 时，为避免蜗杆的搅油损失过大，采用蜗杆上置的形式；另外，当蜗杆下置结构有困难时也可采用蜗杆上置的形式。

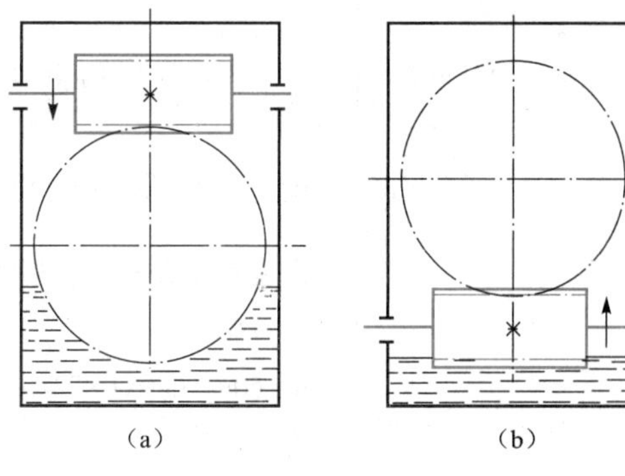

图 6-12 蜗杆传动的安装方式

蜗杆下置时，浸油深度至少为蜗杆的一个齿高，但油面不能超过滚动轴承最低滚动体的中心。蜗杆上置时，浸入油池蜗轮深度允许达到蜗轮半径的三分之一。如果蜗杆传动采用喷油润滑，喷油嘴要对准蜗杆啮入端；蜗杆正反转时，两边都要装喷油嘴。一般情况下，润滑油量要大些为好，这样可沉淀油屑，便于冷却散热。速度高时，浸油量可少些，否则搅油损失增加。

例 6-1 试设计某运输机用的一级蜗杆减速器中的普通圆柱蜗杆传动。蜗杆轴输入功率 $P_1=6$ kW，蜗杆转速 $n_1=1\ 460$ r/min，蜗轮转速 $n_2=73$ r/min，载荷平稳，单向工作，寿命 5 年，每年工作 300 天，每天工作 8 小时。

解 设计计算步骤列于表 6-15。

表 6-15 蜗杆传动设计计算步骤

设计项目	计算内容和依据	计算结果
1. 选择材料	根据库存材料的情况，并考虑到传递的功率不大，速度只是中等，故蜗杆用 45 钢；因希望效率高些，耐磨性好些，故蜗杆螺旋面要求表面淬火，硬度为45HRC～55HRC。蜗轮用铸锡磷青铜 ZCuSn10P1，金属模铸造，滚铣后加载跑合。为了节约贵重的有色金属，仅齿圈用青铜制造，而轮芯用灰铸铁 HT100 制造	蜗杆：45 钢，硬度为 45HRC～55HRC 蜗轮：ZCuSn10P1
2. 确定主要参数	选择蜗杆头数 z_1 及蜗轮齿数 z_2 传动比 $i=\dfrac{n_1}{n_2}=\dfrac{1\ 460}{73}=20$，由表 6-3，取 $z_1=2$，则 $z_2=iz_1=20\times2=40$	$z_1=2$ $z_2=40$
3. 按齿面接触疲劳强度设计	按式（6-14），设计公式为 $m^2d_1\geqslant KT_2\left(\dfrac{3.25Z_E}{[\sigma_H]z_2}\right)^2$	
① 初步确定作用在蜗轮上的转矩 T_2	按 $z_1=2$，初估 $\eta=0.8$，则 $T_2=T_1i\eta=9.55\times10^6\times\dfrac{P_1}{n_1}i\eta$ $=9.55\times10^6\times\dfrac{6}{1\ 460}\times20\times0.8=627\ 945$ N · mm	$T_2=627\ 945$ N · mm

续表

设计项目	计算内容和依据	计算结果
② 确定载荷系数 K	因工作载荷平稳，故由表 6-7 取 $K=1.1$	$K=1.1$
③ 确定材料系数 Z_E	由表 6-8，取 $Z_E=155\sqrt{\text{MPa}}$	$Z_E=155\sqrt{\text{MPa}}$
④ 确定许用接触应力 $[\sigma_H]$	由表 6-9 查得基本许用接触应力 $[\sigma_{0H}]=220$ MPa 应力循环次数 $N=60n_2 jL_h=60\times73\times1\times5\times300\times8=5.256\times10^7$ 寿命系数 $Z_N=\sqrt[8]{10^7/N}=\sqrt[8]{10^7/52\ 560\ 000}=0.81$ 故许用接触应力 $[\sigma_H]=Z_N[\sigma_{0H}]=0.81\times220=178$ MPa	$[\sigma_H]=178$ MPa
⑤ 确定 m 及蜗杆直径 d_1	$m^2d_1\geqslant KT_2\left(\dfrac{3.25Z_E}{[\sigma_H]z_2}\right)^2$ $=1.1\times627\ 945\times\left(\dfrac{3.25\times155}{178\times40}\right)^2\approx3\ 458\ \text{mm}^3$ 由表 6-2，初选 $m=8$ mm，$d_1=63$ mm，$q=7.875$，此时 $m^2d_1=4\ 032\ \text{mm}^3$	$m=8$ mm $d_1=63$ mm
4. 计算传动效率		
① 计算滑动速度 v_s	蜗轮速度 $v_2=\dfrac{\pi d_2n_2}{60\times1\ 000}$ $=\dfrac{\pi mz_2n_2}{60\times1\ 000}=\dfrac{\pi\times8\times40\times73}{60\times1\ 000}=1.22$ m/s 蜗杆导程角 $\gamma=\arctan\dfrac{z_1}{q}=\arctan\dfrac{2}{7.875}=\arctan0.253\ 9$ $=14.25°=14°15'$ 滑动速度 $v_s=\dfrac{v_2}{\sin\gamma}=\dfrac{1.22}{\sin14.25°}=4.96$ m/s	$v_s=4.96$ m/s
② 计算啮合效率 η_1	由表 6-13 查得当量摩擦角 $\varphi_v=1°16'$ 则啮合效率 $\eta_1=\dfrac{\tan\gamma}{\tan(\gamma+\varphi_v)}=\dfrac{\tan14°15'}{\tan(14°15'+1°16')}=0.91$	$\eta_1=0.91$
③ 计算传动效率 η	由于轴承摩擦及搅油所损耗的功率不大，取 $\eta_2\eta_3=0.98$，故传动效率为 $\eta=\eta_1\eta_2\eta_3=0.98\times0.91=0.89$	$\eta=0.89$

续表

设计项目	计算内容和依据	计算结果
④ 校验 m^2d_1 值	蜗轮上的转矩 $T_2=T_1i\eta=9.55\times10^6\times\frac{P_1}{n_1}i\eta$ $=9.55\times10^6\times\frac{6}{1\ 460}\times20\times0.89$ $=698\ 589\ \text{N}\cdot\text{mm}$ $m^2d_1\geqslant KT_2\left(\frac{3.25Z_E}{[\sigma_H]z_2}\right)^2$ $=1.1\times698\ 589\times\left(\frac{3.25\times155}{178\times40}\right)^2$ $\approx3\ 847\ \text{mm}^3<4\ 032\ \text{mm}^3$ 故原选参数强度足够。	$m^2d_1\approx3\ 847\ \text{mm}^3$
5. 确定传动的主要尺寸		
① 中心距	$a=\frac{m}{2}(q+z_2)=\frac{8}{2}(7.875+40)=191.5\ \text{mm}$	$a=191.5\ \text{mm}$
② 蜗杆尺寸	分度圆直径　$d_1=63\ \text{mm}$ 齿顶圆直径　$d_{a1}=d_1+2h_{a1}=63+2\times8=79\ \text{mm}$ 齿根圆直径　$d_{f1}=d_1-2h_f=63-2\times1.2\times8$ $=43.8\ \text{mm}$ 导程角　$\gamma=14°15'$ 轴向齿距　$p_{x1}=\pi m=\pi\times8=25.133\ \text{mm}$ 轮齿部分长度 $b_1\geqslant m(11+0.06z_2)$ $=8\times(11+0.06\times40)$ $=107.2\ \text{mm}$，取 $b_1=120\ \text{mm}$	$d_1=63\ \text{mm}$ $d_{a1}=79\ \text{mm}$ $d_{f1}=43.8\ \text{mm}$ $\gamma=14°15'$ $p_{x1}=25.133\ \text{mm}$ $b_1=120\ \text{mm}$
③ 蜗轮尺寸	分度圆直径　$d_2=mz_2=8\times40=320\ \text{mm}$ 齿顶圆直径　$d_{a2}=d_2+2h_{a2}=320+2\times8=336\ \text{mm}$ 齿根圆直径　$d_{f2}=d_2-2h_f=320-2\times1.2\times8=300.8\ \text{mm}$ 外圆直径　$d_{e2}=d_{a2}+1.5m=336+1.5\times8=348\ \text{mm}$ 蜗轮轮齿宽度　$b_2\leqslant0.75d_{a1}=0.75\times79=60\ \text{mm}$ 螺旋角　$\beta_2=\gamma=14°15'$ 齿宽角 θ　$\sin\frac{\theta}{2}=\frac{b_2}{d_1}=\frac{60}{63}=0.952\ 4$，故 $\theta=144°$	$d_2=320\ \text{mm}$ $d_{a2}=336\ \text{mm}$ $d_{f2}=300.8\ \text{mm}$ $d_{e2}=348\ \text{mm}$ $b_2=60\ \text{mm}$ $\beta_2=14°15'$ $\theta=144°$
6. 热平衡计算		
① 估算散热面积 A	散热面积 $A=0.33\left(\frac{a}{100}\right)^{1.75}=0.33\left(\frac{191.5}{100}\right)^{1.75}=1.03\ \text{m}^2$	$A=1.03\ \text{m}^2$

续表

设计项目	计算内容和依据	计算结果
② 校核油的工作温度 t_1	计算中取环境温度 $t_0=20$ ℃ 取传热系数 $K_s=14$ W/（m²·℃） 则油的工作温度 $t_1=\dfrac{1\,000P_1(1-\eta)}{K_sA}+t_0$ $=\dfrac{1\,000\times6\times(1-0.89)}{14\times1.03}+20$ $=66$ ℃<70 ℃ 故传动的散热能力合格。	$t_1=66$ ℃
7. 润滑设计	根据 $v_s=4.96$ m/s，查表6-14，采用浸油润滑，油的黏度为320 mm²/s。	
8. 弯曲强度校核（一般不需要进行）	按式（6-16），校核公式为 $\sigma_F=\dfrac{1.7KT_2}{d_1d_2m}Y_FY_\beta\leqslant[\sigma_F]$	
① 确定齿形系数 Y_F	蜗轮的当量齿数 $z_v=\dfrac{z_2}{\cos^3\beta_2}=\dfrac{40}{\cos^3 14°15'}=44$ 利用插值法从表6-11中查得 $Y_F=2.124$	$Y_F=2.124$
② 确定螺旋角系数 Y_β	$Y_\beta=1-\gamma/140°=1-14.25°/140°=0.898$	$Y_\beta=0.898$
③ 确定许用弯曲应力 $[\sigma_F]$	寿命系数 $Y_N=\sqrt[9]{10^6/N}=\sqrt[9]{10^6/(5.256\times10^7)}=0.64$ 由表6-12查得基本许用弯曲应力 $[\sigma_{0F}]=73$ MPa 故许用弯曲应力 $[\sigma_F]=Y_N[\sigma_{0F}]=0.64\times73=46.7$ MPa	$[\sigma_F]=46.7$ MPa
④ 弯曲强度校核	$\sigma_F=\dfrac{1.7KT_2}{d_1d_2m}Y_FY_\beta$ $=\dfrac{1.7\times1.1\times698\,589}{63\times320\times8}\times2.124\times0.898$ $=15.5$ MPa$<[\sigma_F]=46.7$ MPa 故满足弯曲强度要求。	$\sigma_F=15.5$ MPa
9. 蜗杆、蜗轮的结构设计	蜗杆：车制，零件图如图6-13所示。 蜗轮：采用齿圈压配式（零件图略）。	蜗杆：车制 蜗轮：齿圈压配式

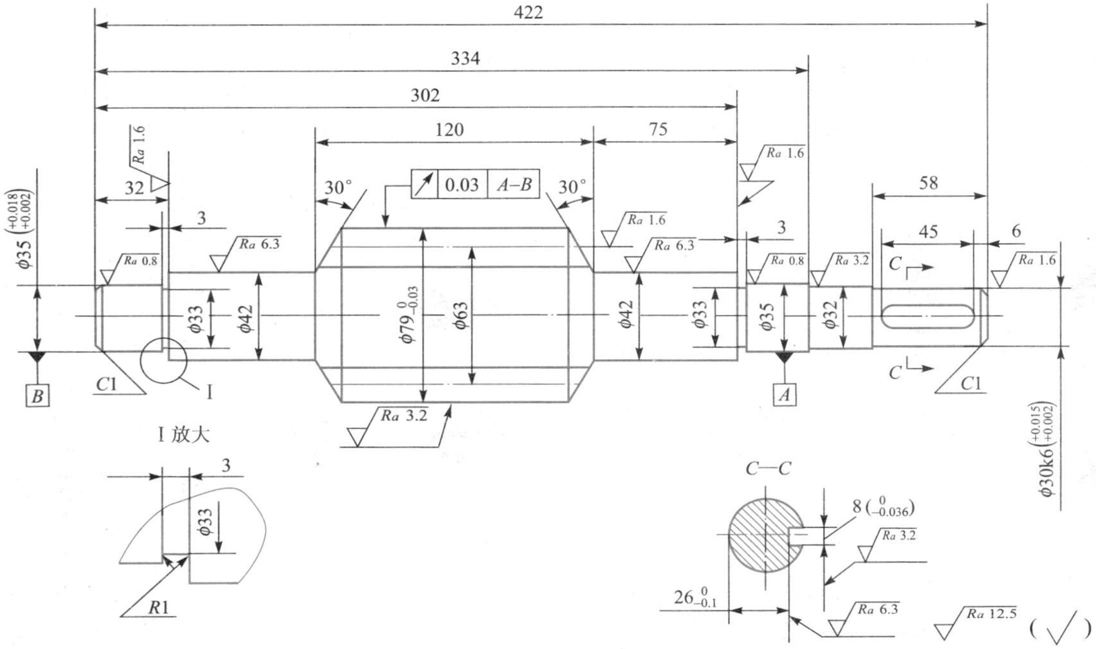

蜗杆类型	阿基米德 (ZA)	
模数	m	8
蜗杆头数	z_1	2
压力角	α	20°
蜗杆直径系数	q	7.875
导程角	γ	14°15′00″
螺旋线方向	右　旋	
精度等级	$8c$	GB/T 10089—2018
中心距	a	191.5
轴向齿距极限累积公差	f_{PaL}	0.045
轴向齿距极限偏差	$\pm f_{Pa}$	±0.025
蜗杆齿形公差	f_{f1}	0.040
蜗杆齿槽径向跳动公差	f_r	0.025
轴向 (法向) 螺旋剖面 (s_{a1}, (s_{n1}), h_{a1})	s_{a1}	$12.566^{-0.222}_{-0.312}$
	s_{n1}	$12.19^{-0.222}_{-0.312}$
	$\overline{h}_{a1}$	8
相啮合蜗轮图号	No	

技术要求

1. 45钢, 表面淬火45~50HRC；
2. 两端中心孔B4, GB/T 145—2001。

	蜗杆	45	
件号	名称	材料	比例

图 6-13　普通圆柱蜗杆零件图

【重点要领】

蜗杆蜗轮空间动，低速分度常应用。
传动平稳无噪音，单向自锁传动神。
避免失效防胶合，蜗杆钢制铜蜗轮。
磨损较大效率低，散热计算控油温。

思 考 题

6-1　与齿轮传动相比，蜗杆传动有哪些优点？

6-2　按照蜗杆形状的不同，蜗杆传动可分为哪几种类型？为什么按蜗杆而不是按蜗轮形状分类？

6-3　为了提高蜗轮转速，能否改用相同分度圆直径、相同模数的双头蜗杆，来替代单头蜗杆与原来的蜗轮啮合？为什么？

6-4　分析影响蜗杆传动啮合效率的几何因素有哪些？

6-5　锡青铜和铝铁青铜的许用接触应力［σ_H］在意义上和取值上各有何不同？为什么？

6-6　为什么对连续传动的闭式蜗杆传动必须进行热平衡计算？可采用哪些措施来改善散热条件？

习 题

6-1　标出图 6-14 中未注明的蜗杆或蜗轮的转动方向及螺旋线方向，绘出蜗杆和蜗轮在啮合点处的各个分力。

6-2　在图 6-15 所示的蜗杆传动中，蜗杆右旋、主动。为了让轴 B 上的蜗轮、蜗杆上的轴向力能相互抵消一部分，请确定蜗杆 3 的螺旋线方向及蜗轮 4 的转动方向，并确定轴 B 上蜗杆、蜗轮所受各力的作用位置及方向。

6-3　图 6-16 所示为圆柱蜗杆—圆锥齿轮传动，已知输出轴上的圆锥齿轮 z_4 的转速 n_4 及转向，为使中间轴上的轴向力互相抵消一部分，在图中画出：

（1）蜗杆、蜗轮的转向及螺旋线方向；

（2）各轮所受轴向力方向。

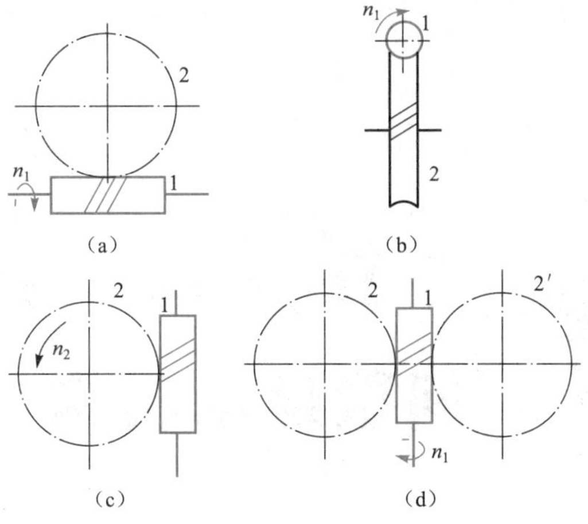

图 6-14　习题 6-1 图

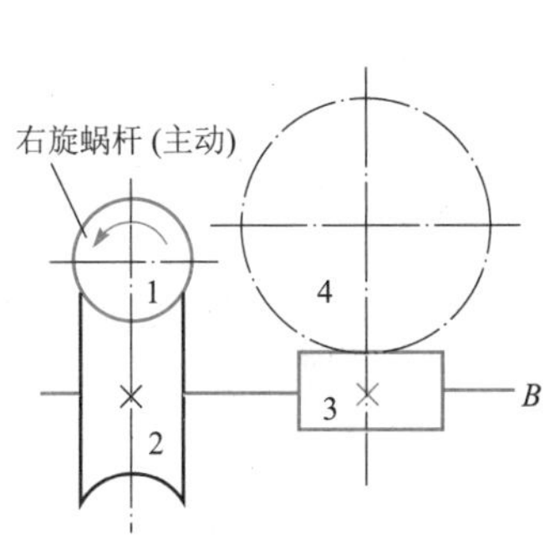

图 6-15　习题 6-2 图

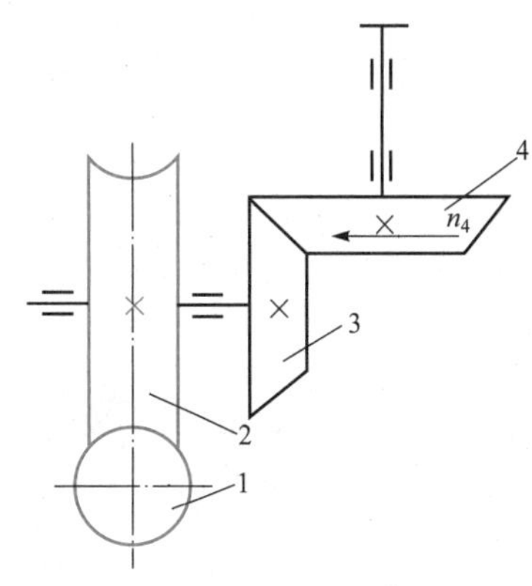

图 6-16　习题 6-3 图

6-4　有一阿基米德蜗杆蜗轮机构，已知 $m=8$ mm，$z_1=1$，$q=10$，$\alpha=20°$，$h_a^*=1$，$c^*=0.2$，$z_2=48$。试求该机构的主要尺寸。

6-5　已知一蜗杆减速器，$m=5$ mm，$z_1=2$，$q=10$，$z_2=60$，蜗杆材料为 40Cr，高频淬火，表面磨光，蜗轮材料为 ZCuSn10P1，砂型铸造，蜗轮转速 $n_2=24$ r/min，预计使用 12 000 h，试求该蜗杆减速器允许传递的最大扭矩 T_2 和输入功率 P_1。

6-6　设计一带式运输机用闭式普通蜗杆减速器传动。已知：输入功率 $P_1=4.5$ kW，蜗杆转速 $n_1=1\ 460$ r/min，传动比 $i=23$，有轻微冲击，预期使用寿命 10 年，每年工作 300 天，每天工作 8 h（要求绘制蜗杆或蜗轮零件图）。

第 6 章
思考题及习题答案

第 6 章
多媒体 PPT

第 7 章 间歇运动机构

课程思政案例 7

【学习目标】

要在工程上正确应用间歇运动机构，需掌握各种间歇运动机构的工作原理、类型和特点，掌握各种间歇运动机构的设计和选择方法。

在生产和日常生活中，经常需要某些机构的主动件连续运动，从动件产生“运动—停止—运动”的间歇运动。实现这种运动的机构，称为间歇运动机构。常用的间歇运动机构有棘轮机构、槽轮机构、不完全齿轮机构和凸轮式间歇机构等，它们广泛用于自动及半自动机床的进给机构、送料机构、刀架转位机构及包装机等机构中。本章主要介绍这几类机构的组成原理和运动特点。

7.1 棘轮机构

7.1.1 棘轮机构的基本结构和工作原理

棘轮机构的基本结构如图 7-1 所示，由棘轮 3、棘爪 2、4 与主动摆杆 1、机架 5 组成。主动摆杆 1 空套在与棘轮 3 固连的从动轴上，驱动棘爪 2 与主动摆杆 1 用转动副 O_1 相连，止动棘爪 4 与机架 5 用转动副 O_2 相连，弹簧 6 可保证棘爪与棘轮啮合。当主动摆杆 1 顺时针方向转动时，驱动棘爪 2 插入棘轮 3 齿槽，使棘轮转过某一角度，而止动棘爪 4 在棘轮齿背上滑过。当主动摆杆 1 逆时针方向转动时，主动棘爪 2 在棘轮齿背上滑过，止动棘爪 4 插

入棘轮齿槽阻止棘轮 3 向逆时针方向反转，棘轮静止不动。这样，当主动摆杆做往复摆动时，从动棘轮做单向间歇转动。

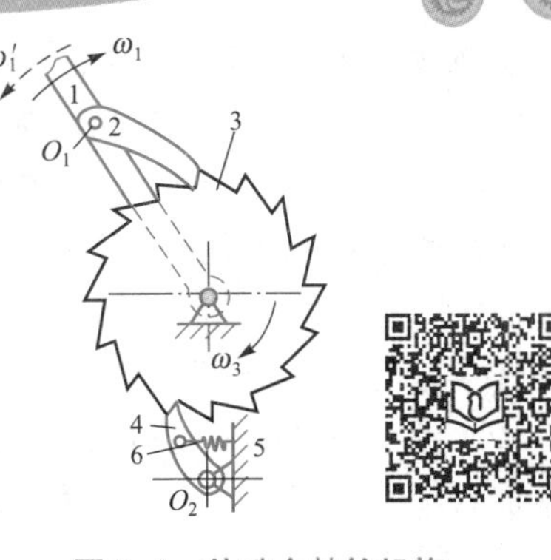

图 7-1　外啮合棘轮机构

1—摆杆；2、4—棘爪；3—棘轮；5—机架；6—弹簧

7.1.2　棘轮机构的类型

常用棘轮机构可分为轮齿式与摩擦式两大类。

1. 轮齿式棘轮机构

按啮合方式可分成如图 7-1 和图 7-2 所示的外啮合、内啮合棘轮机构。

根据棘轮的运动又可分为两种情况。

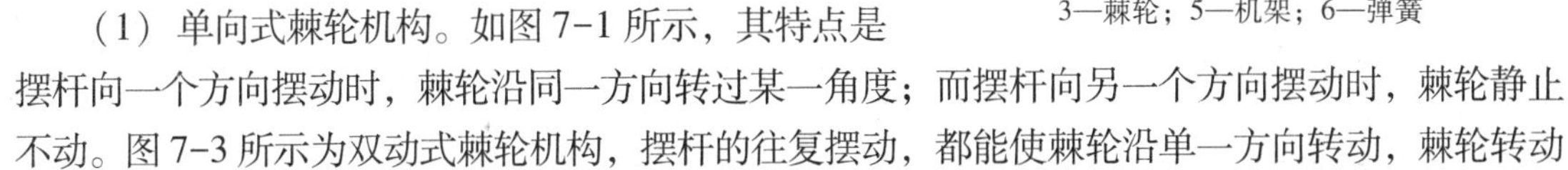

（1）单向式棘轮机构。如图 7-1 所示，其特点是摆杆向一个方向摆动时，棘轮沿同一方向转过某一角度；而摆杆向另一个方向摆动时，棘轮静止不动。图 7-3 所示为双动式棘轮机构，摆杆的往复摆动，都能使棘轮沿单一方向转动，棘轮转动方向是不可改变的。

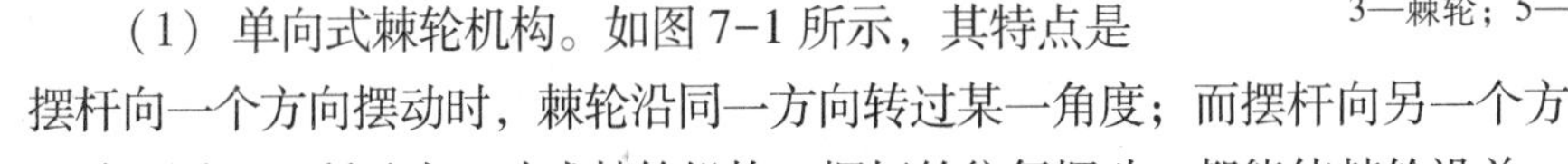

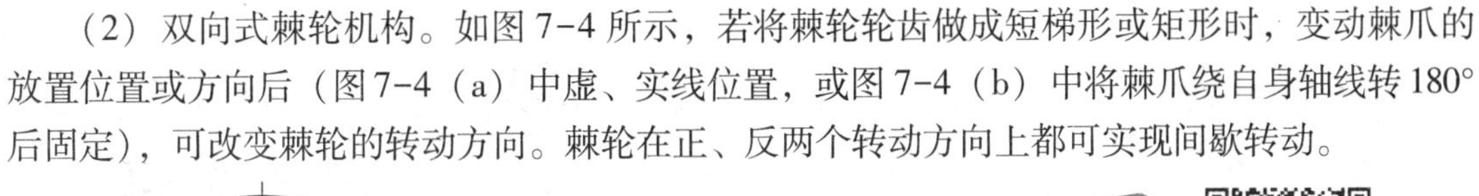

（2）双向式棘轮机构。如图 7-4 所示，若将棘轮轮齿做成短梯形或矩形时，变动棘爪的放置位置或方向后（图 7-4（a）中虚、实线位置，或图 7-4（b）中将棘爪绕自身轴线转 180°后固定），可改变棘轮的转动方向。棘轮在正、反两个转动方向上都可实现间歇转动。

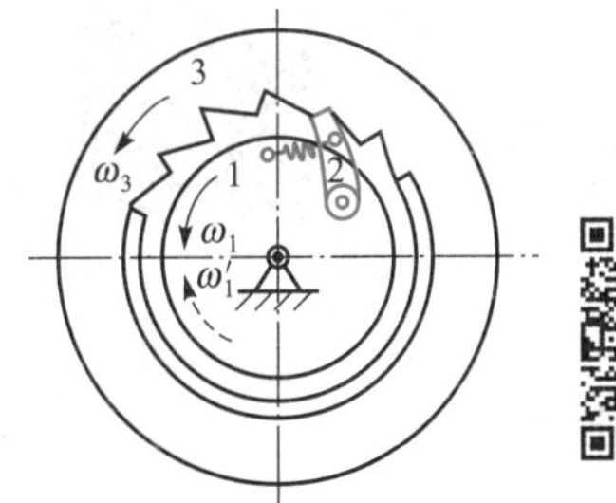

图 7-2　内啮合棘轮机构

1—拨盘；2—棘爪；3—棘轮

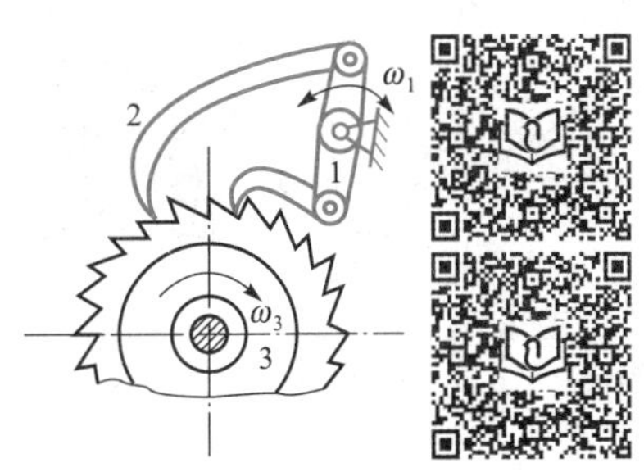

图 7-3　双动式棘轮机构

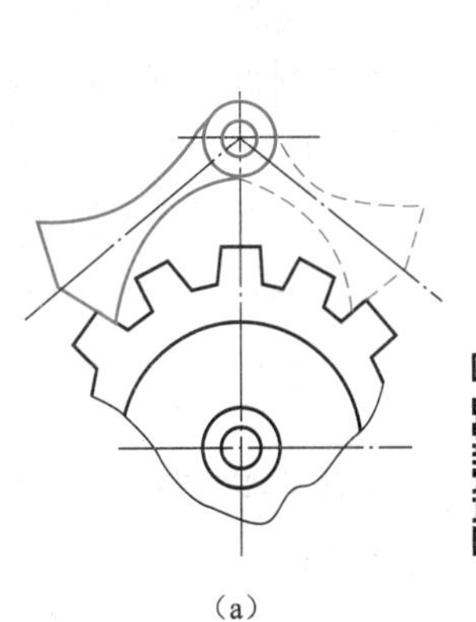

（a）

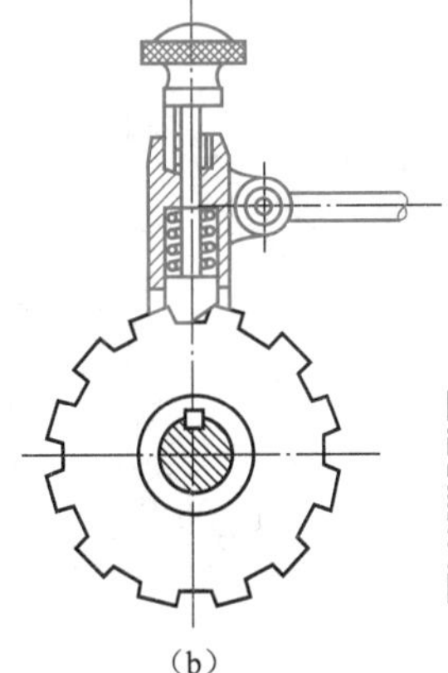

（b）

图 7-4　双向式棘轮机构

2. 摩擦式棘轮机构

（1）偏心楔块式棘轮机构。如图7-5所示，它的工作原理与轮齿式棘轮机构相同，只是用偏心扇形楔块2代替棘爪，用摩擦轮3代替棘轮。利用楔块与摩擦轮间的摩擦力与楔块偏心的几何条件来实现摩擦轮的单向间歇转动。图示机构当摆杆1逆时针转动时，楔块2在摩擦力的作用下楔紧摩擦轮，使摩擦轮3同向转动；摆杆1顺时针转动时摩擦轮静止不动。图中构件4为止动楔块，5、6为压紧弹簧。

（2）滚子楔紧式棘轮机构。如图7-6所示，构件1逆时针转动或构件3顺时针转动时，在摩擦力作用下能使滚子2楔紧在构件1、3形成的收敛狭隙处，则构件1、3成一体，一起转动；运动相反时，构件1、3成脱离状态。

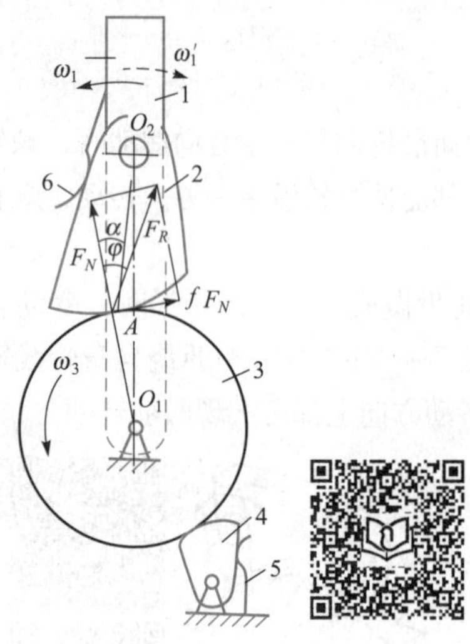

图7-5 偏心楔块式棘轮机构

1—摆杆；2、4—楔块；3—摩擦轮；5、6—压紧弹簧

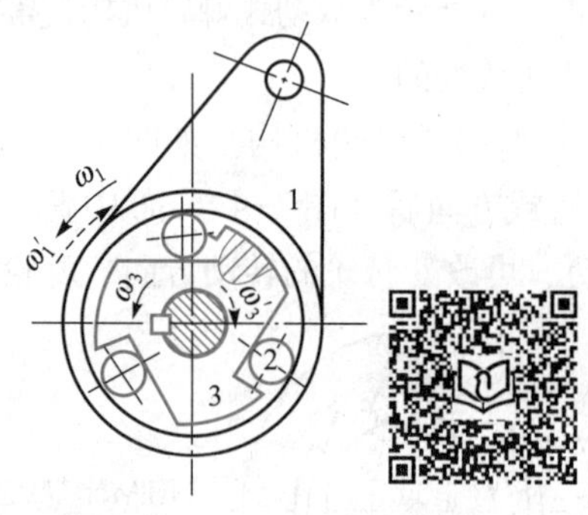

图7-6 滚子楔紧式棘轮机构

1—外壳；2—滚子；3—内星轮

7.1.3 棘轮机构设计中的主要问题

1. 棘轮转角大小的调整

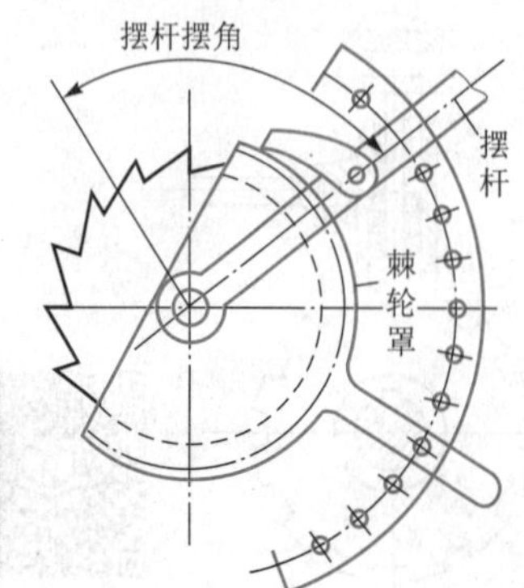

图7-7 棘轮罩结构

（1）采用棘轮罩，如图7-7所示，改变棘轮罩位置，使部分行程内棘爪沿棘轮罩表面滑过，从而实现棘轮转角大小的调整。

（2）改变摆杆摆角，图7-8所示棘轮机构中，通过改变曲柄摇杆机构中曲柄OA长度的方法来改变摇杆摆角的大小，从而实现棘轮机构转角大小的调整。

2. 棘轮机构的可靠工作条件

图7-9中θ为棘轮齿工作齿面与径向线间的夹角，称为齿面角，L为棘爪长，O_1为棘爪轴心，O_2为棘轮轴心，啮合力作用点为P（为简便

起见，设 P 点在棘轮齿顶），当传递相同力矩时，O_1 位于 O_2P 的垂线上，棘爪轴受力最小。

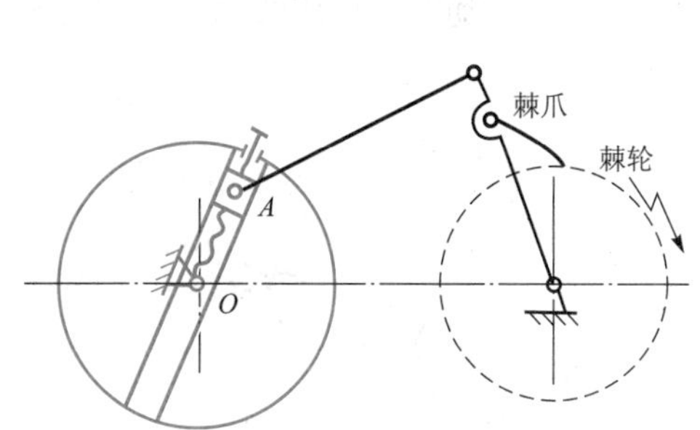

图 7-8 摆杆摆角调整机构

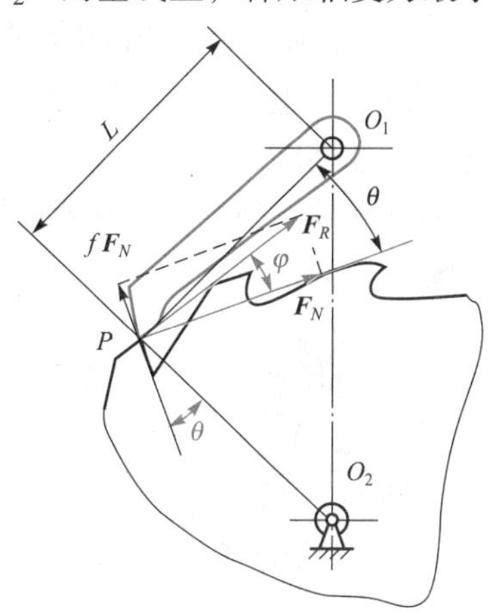

图 7-9 棘爪可靠啮合条件

当棘爪与棘轮开始在齿顶 P 啮合时，棘轮工作齿面对棘爪的总反力 F_R 相对法向反力 F_N 偏转一摩擦角 φ。F_N 对 O_1 点的力矩使棘爪滑入棘轮齿根，而齿面摩擦力 fF_N 有阻止棘爪滑入棘轮齿根的作用。为使棘爪顺利滑入棘轮齿根并啮紧齿根，两力对 O_1 点的力矩应满足

$$F_N L\sin\theta > fF_N L\cos\theta$$

故

$$\tan\theta > f = \tan\varphi$$

即

$$\theta > \varphi \tag{7-1}$$

因此棘爪顺利滑入齿根的条件为：棘轮齿面角 θ 大于摩擦角 φ。

3. 棘轮齿形的选择

最常见的棘轮齿形为不对称梯形，如图 7-9 所示。为了便于加工，当棘轮机构承受载荷不大时，可采用三角形棘轮轮齿（如图 7-1），三角形轮齿的非工作齿面可作成直线形或圆弧形。双向式棘轮机构，由于需双向驱动，因此常采用矩形或对称梯形作为棘轮齿形（如图 7-4）。

7.1.4 棘轮机构的特点和应用

轮齿式棘轮机构优点是结构简单，易于制造，运动可靠，棘轮转角容易实现有级调整。缺点是棘爪在齿面滑过时会引起噪声和冲击，在高速时更为严重。所以轮齿式棘轮机构经常在低速、轻载的场合，用作间歇运动控制。

摩擦式棘轮机构传递运动较平稳，无噪声，从动件的转角可作无级调整。缺点是难以避免打滑现象。因此摩擦式棘轮机构运动的准确性较差，不适合用于精确传递运动的场合。

图 7-10 所示为牛头刨床工作台横向进给机构，当曲柄 1 转动时，经连杆 2 带动摇杆 4 做往复摆动；摇杆 4 上装有图 7-4（b）所示的双向棘轮机构的棘爪，棘轮 3 与丝杠 5 固联，棘爪带动棘轮作单方向间歇转动，从而使螺母 6（工作台）作间歇进给运动。若改变驱动棘爪摆角，可以调节进给量；改变驱动棘爪的位置（绕自身轴线转过 180°后固定），可改变进

给运动的方向。

图 7-11 所示的棘轮机构可以用来实现快速超越运动。运动由蜗杆 1 传到蜗轮 2，通过安装在蜗轮 2 上的棘爪 3 驱动与棘轮 4 固连的输出轴 5 按图示 ω_5 方向慢速转动。当需要输出轴 5 快速转动时，可按输出轴 5 转动方向快速转动输出轴 5 上的手柄，这时由于手动转速大于蜗轮转速，所以棘爪在棘轮齿背滑过，从而在蜗轮继续转动时，可用快速手动来实现输出轴超越蜗轮的运动。

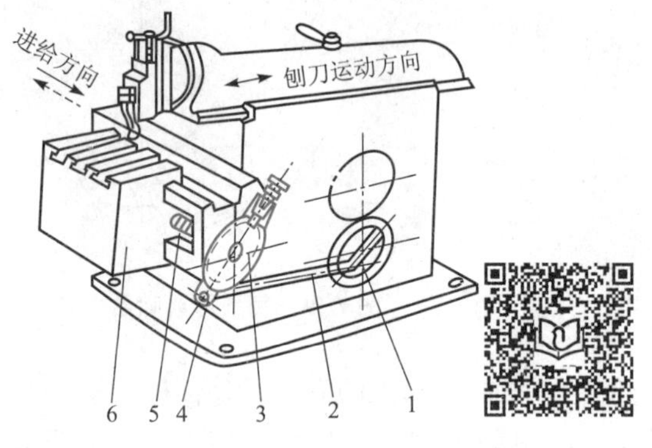

图 7-10 工作台进给机构

1—曲柄；2—连杆；3—棘轮；4—摇杆；5—丝杠；6—工作台

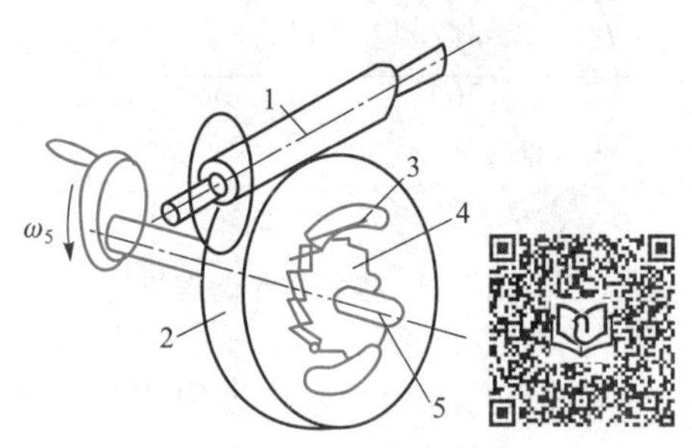

图 7-11 超越机构

1—蜗杆；2—蜗轮；3—棘爪；4—棘轮；5—输出轴

7.2 槽轮机构

7.2.1 槽轮机构的组成及其工作原理

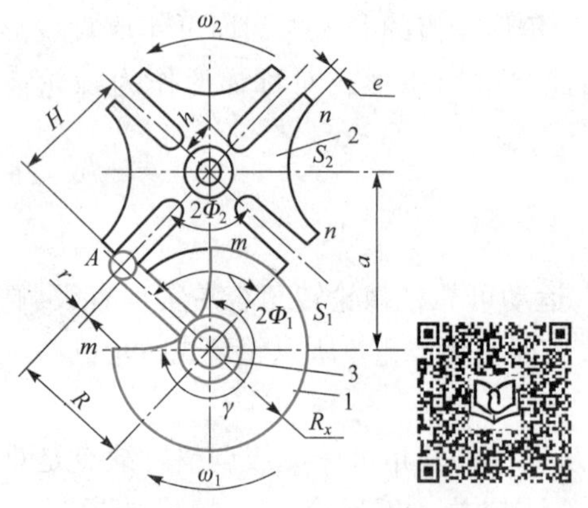

图 7-12 外啮合槽轮机构

1—拨盘；2—槽轮；3—机架；A—圆柱销

如图 7-12 所示，槽轮机构是由装有圆柱销的主动拨盘 1 和开有径向槽的从动槽轮 2 及安装两者的机架 3 组成的高副机构。当主动拨盘 1 上的圆柱销 *A* 进入槽轮 2 的径向槽之前，槽轮 2 的四段内凹锁止弧 $\widehat{nn}$ 被主动拨盘 1 上的外凸圆弧 $\widehat{mm}$ 锁住，故槽轮 2 静止不动。图中为圆柱销 *A* 开始进入槽轮径向槽时，锁止弧 $\widehat{nn}$ 刚好被松开，圆柱销 *A* 将驱动槽轮转动，当圆柱销 *A* 开始脱出径向槽时，槽轮的另一内凹锁止弧再被拨盘上的外凸圆弧锁住，使槽轮 2 又静止不动，直至圆柱销再次进入槽轮上另一径向槽时，槽轮重新被圆柱销驱动。因此，当主动拨盘 1 作连续转动时，槽轮 2 被驱动作单向间歇转动。

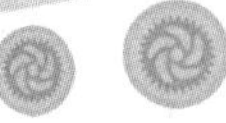

槽轮机构有外啮合槽轮机构和内啮合槽轮机构。前者拨盘与从动槽轮转向相反，后者主动拨盘与从动槽轮转向相同。一般常用外啮合槽轮机构。

槽轮机构结构简单，容易制造，工作可靠，但工作时有一定程度的冲击，故一般不宜用于高速转动的场合。

图 7-13 为电影放映机的间歇卷片机构。图 7-14 是槽轮机构用作间歇转位机构的例子。

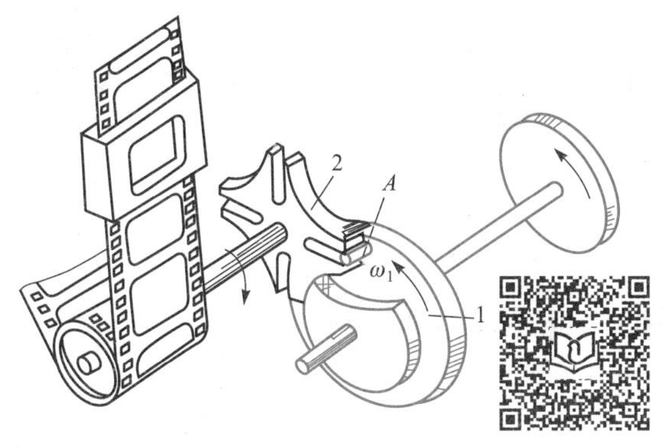

图 7-13 电影放映机机构

1—拨盘；2—槽轮；

A—圆柱销

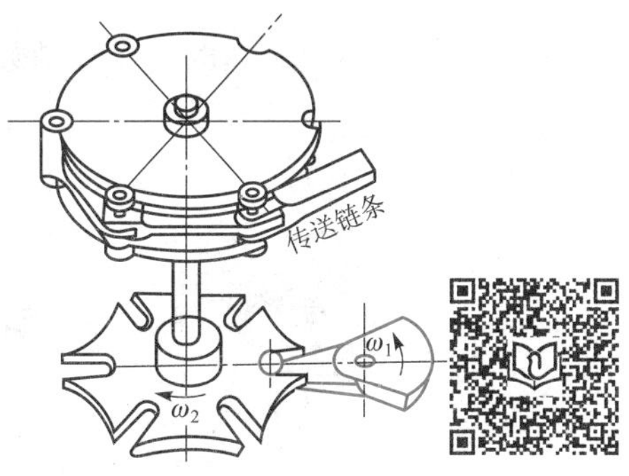

图 7-14 传送链间歇转位机构

7.2.2 槽轮机构的运动系数

如图 7-12 所示外槽轮机构，为避免槽轮 2 在启动和停歇时发生刚性冲击，圆柱销 A 进入与脱出径向槽时，槽的中心线应与圆柱销中心的运动圆周相切。若外啮合槽轮 2 上均布的径向槽数为 z，则槽轮转动 $2\Phi_2$ 时，主动拨盘 1 的转角 $2\Phi_1$ 为

$$2\Phi_1=\pi-2\Phi_2=\pi-\frac{2\pi}{z}$$

在槽轮的一个运动循环内（只有一个圆柱销时主动拨盘回转一周），槽轮运动时间 t_2 与拨盘 1 的运动时间 t_1 之比称为运动系数 τ。当拨盘为等速回转时，这个时间比可以用转角比来表示。对于只有一个圆柱销的槽轮机构，t_1 和 t_2 分别对应拨盘 1 的转角 2π 和槽轮 2 运动时对应的拨盘 1 转角 $2\Phi_1$，因此槽轮机构的运动系数为

$$\tau=\frac{t_2}{t_1}=\frac{2\Phi_1}{2\pi}=\frac{\pi-2\Phi_2}{2\pi}=\frac{\pi-\frac{2\pi}{z}}{2\pi}=\frac{z-2}{2z} \tag{7-2}$$

在一个运动循环内槽轮停歇时间 t_2' 可由 τ 值按下式计算

$$t_2'=t_1-t_2=t_1\left(1-\frac{t_2}{t_1}\right)=t_1(1-\tau) \tag{7-3}$$

要使槽轮 2 运动，必须使其运动时间 $t_2>0$，故由式（7-2）可得 $z>2$，即径向槽的数目 z 应大于 2，这样槽轮机构的运动系数 $\tau<0.5$，也就是说这种槽轮机构的运动时间总小于其停歇时间。

若拨盘上均布 k 个圆柱销，当其转动一周时，槽轮将被拨动 k 次，则运动系数 τ 为只有一个圆柱销时 k 倍，故

$$\tau = k\frac{t_2}{t_1} = \frac{k(z-2)}{2z} \tag{7-4}$$

这样可使 $\tau>0.5$，但只有当 $\tau<1$ 时槽轮 2 才能出现停歇，所以结合上式得

$$k<\frac{2z}{z-2} \tag{7-5}$$

由式 7-5 知，槽数 $z=3$ 时，圆柱销数目 $k=1\sim5$；当 $z=4$、5 时，$k=1\sim3$；当 $z\geqslant6$ 时，$k=1\sim2$。

7.3 凸轮式间歇运动机构

7.3.1 凸轮式间歇运动机构的组成和工作原理

凸轮式间歇运动机构一般由主动凸轮、从动转盘和机架组成。

图 7-15 所示为圆柱凸轮间歇运动机构，其主动凸轮 1 的圆柱面上有一条两端开口、不闭合的曲线沟槽（或凸脊），从动转盘 2 的端面上有均匀分布的圆柱销 3。当凸轮转动时，通过其曲线沟槽（或凸脊）拨动从动转盘 2 上的圆柱销，使从动转盘 2 作间歇运动。

图 7-16 所示为蜗杆凸轮间歇运动机构，其主动凸轮 1 上有一条凸脊，犹如圆弧面蜗杆，从动转盘 2 的圆柱面上均匀分布有圆柱销 3，犹如蜗轮的齿。当蜗杆凸轮转动时，将通过转盘上的圆柱销推动从动转盘 2 作间歇运动。

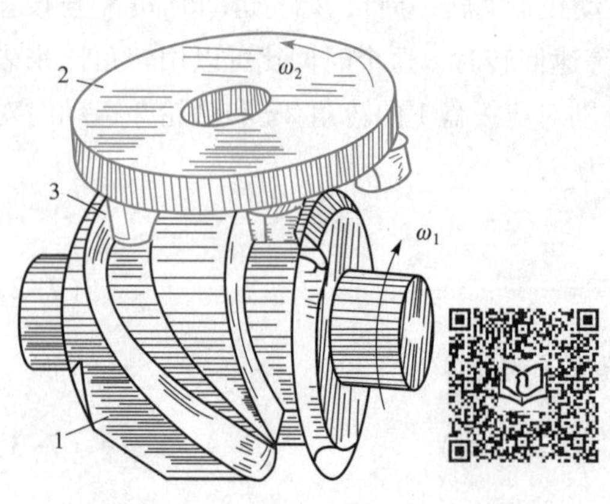

图 7-15　圆柱凸轮间歇运动机构

1—凸轮；2—转盘；3—圆柱销

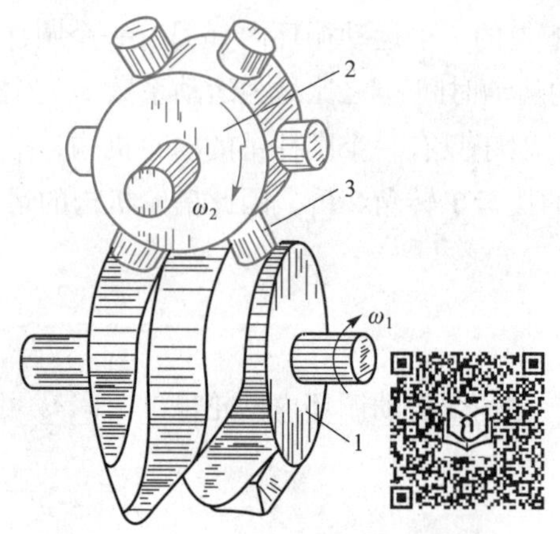

图 7-16　蜗杆凸轮间歇运动机构

1—凸轮；2—转盘；3—圆柱销

7.3.2 凸轮式间歇运动机构的特点和应用

凸轮式间歇运动机构的优点是结构简单、运转可靠、转位精确，无须专门的定位装置，易实现工作对动程和动停比的要求。通过适当选择从动件的运动规律和合理设计凸轮的轮廓曲线，可减小动载荷和避免冲击，以适应高速运转的要求，此为凸轮式间歇运动机构不同于棘轮机构、槽轮机构的最突出的优点。

凸轮式间歇运动机构的主要缺点是精度要求较高、加工比较复杂、安装调整比较困难。

凸轮式间歇运动机构在轻工机械、冲压机械等高速机械中常用作高速、高精度的步进进给、分度转位等机构。例如用于高速冲床、多色印刷机、包装机、折叠机等。

7.4 不完全齿轮机构

7.4.1 不完全齿轮机构的工作原理

不完全齿轮机构是由普通渐开线齿轮机构演变而成的一种间歇运动机构。它与普通齿轮机构主要不同之处是轮齿没有布满整个节圆圆周，在无轮齿处有锁止弧 S_1、S_2，如图 7-17 所示。主动轮上外凸的锁止弧 S_1 与从动轮上内凹的锁止弧 S_2 相配合时可使主动轮保持连续转动而从动轮静止不动，两轮轮齿部分相啮合时，相当于渐开线齿轮传动。与齿轮传动相似，不完全齿轮传动也有外啮合传动（图 7-17）和内啮合传动（图 7-18）。

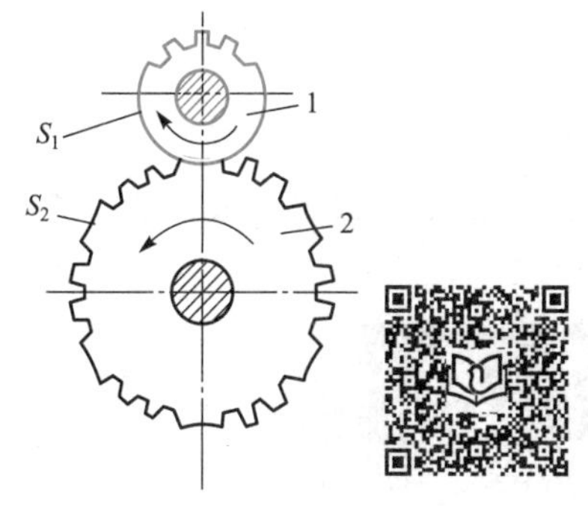

图 7-17 外啮合不完全齿轮机构
1—主动轮；2—从动轮

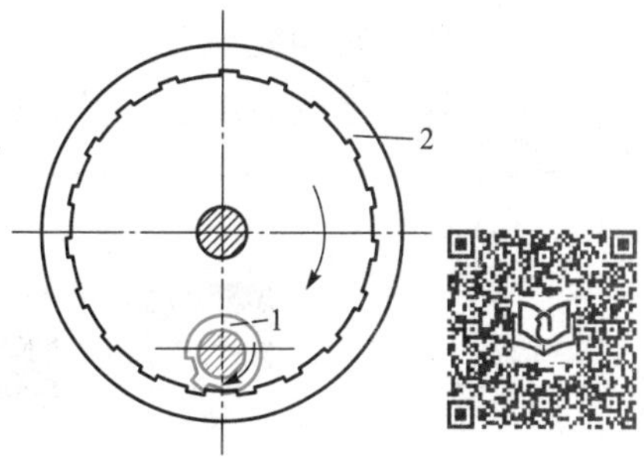

图 7-18 内啮合不完全齿轮机构
1—主动轮；2—从动轮

7.4.2 不完全齿轮机构的特点和应用

不完全齿轮机构结构简单，制造方便，从动轮的运动时间和静止时间比例可不受结构的限制。其缺点是从动轮在进入和脱开啮合时，都有严重的刚性冲击，故一般只用于低速、轻

载场合。

不完全齿轮机构常用在多工位自动和半自动机械中，图 7-19 所示为蜂窝煤压制机工作台上的不完全齿轮间歇传动机构。主动轮 4 每转一周，使从动轮工作台 1 转过 1/5 周，相应的 5 个工位可用来完成煤粉的填装、压制、退坯等预期的间歇动作。

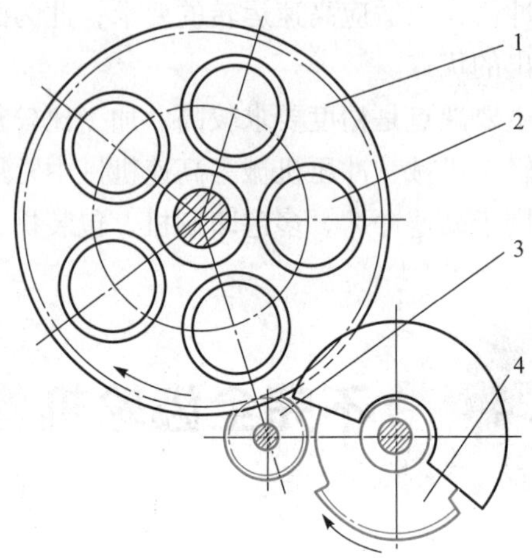

图 7-19 蜂窝煤压制机机构

1—工作台；2—模孔；3—从动轮；4—主动轮

【重点要领】

间歇机构动停动，棘轮槽轮常应用。
转位分度和控制，送进超越与制动。
棘轮转角能调整，槽轮转角是固定。
棘轮槽轮有冲击，凸轮间歇高速用。

思 考 题

7-1 轮齿式棘轮机构，根据其棘轮的运动不同，可分为哪几种类型？

7-2 棘轮机构在传动过程中，为使棘爪能顺利地滑入棘轮齿根，必须满足什么条件？

7-3 调整棘轮的转角一般可采用哪几种方法？

7-4 为什么槽轮机构的运动系数 τ 不能大于 1？

7-5 同棘轮机构、槽轮机构相比，凸轮式间歇运动机构的最大优点是什么？

7-6 不完全齿轮间歇运动机构主动件与从动件位置是否可以互换？会产生什么结果？

习　题

7-1　牛头刨床工作台横向进给丝杠导程为 5 mm，与丝杠联动的棘轮齿数为 40，求棘轮的最小转动角和工作台的最小横向进给量。

7-2　已知槽轮的槽数 $z=6$，拨盘的圆销数 $k=1$，转速 $n_1=60$ r/min，求槽轮的运动时间和静止时间。

7-3　在车床六角刀架转位用的槽轮机构中，已知槽数 $z=6$，槽轮静止时间为 1 s，运动时间为 2 s，求槽轮机构的运动系数及所需的销数。

第 7 章
思考题及习题答案

第 7 章
多媒体 PPT

第8章 轮　系

课程思政案例 8

【学习目标】

要完成各种齿轮传动系统的计算，需了解轮系的类型和判断方法，掌握各种轮系传动比的计算，了解各种轮系的应用。

8.1 轮系及其分类

在齿轮传动一章中，研究了一对齿轮啮合原理和有关尺寸的计算。但在实际机械中，往往有多种工作要求，有时需要获得很大的传动比；有时需将主动轴的一种转速变换为从动轴的多种转速；有时当主动轴转向不变时从动轴需得到不同的转向；有时需将主动轴的运动和动力分配到不同的传动路线上。这些需要对于一对齿轮传动是无法满足的，因此常将多对齿轮组合在一起进行传动。这种由多对齿轮组成的传动系统称为轮系。

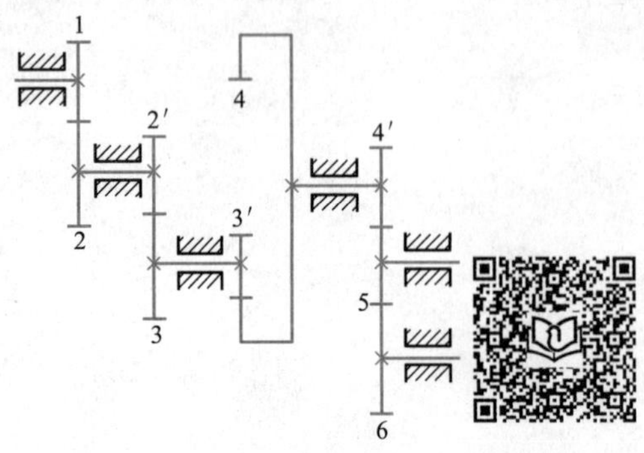

图 8-1　定轴轮系

在一个轮系中可以同时含有各种类型的齿轮传动，而将一对齿轮传动视为最简单的轮系。

各齿轮轴线相互平行的轮系称为平面轮系，如图8-1、图 8-2 所示；否则称为空间

轮系。根据轮系在传动中各个齿轮的轴线在空间的位置是否固定，将轮系分为定轴轮系、周转轮系和复合轮系三大类。

8.1.1 定轴轮系

如图 8-1 所示，当轮系运转时，如果其中各齿轮的轴线相对于机架的位置都是固定不变的，则该轮系称为定轴轮系。

8.1.2 周转轮系

在轮系运转时，若至少有一个齿轮的轴线绕另一齿轮的固定轴线转动，则该轮系称为周转轮系。在图 8-2 所示的周转轮系中，活套在构件 H 上的齿轮 2，一方面绕自身的轴线 O_1O_1 回转，另一方面又随构件 H 绕固定轴线 OO 回转，它的运动像太阳系中的行星一样，兼有自转和公转，故称齿轮 2 为行星齿轮。支持行星齿轮的构件 H 称为行星架（或系杆）。与行星齿轮相啮合且轴线固定的齿轮 1 和 3 称为中心轮（或太阳轮）。每个单一的周转轮系具有一个行星架，中心轮的数目不超过两个。应当注意，单一周转轮系中行星架与两个中心轮的几何轴线必须重合，否则便不能转动。

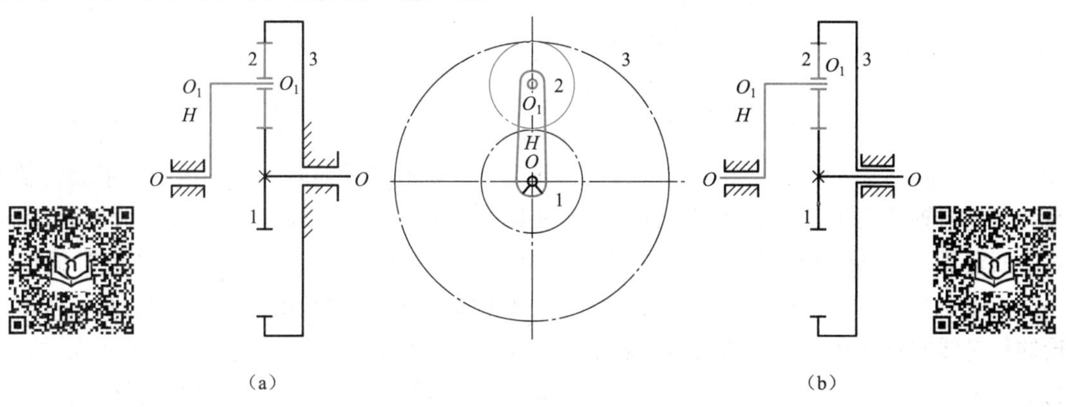

图 8-2 周转轮系

1、3—中心轮；2—行星齿轮

在周转轮系中，通常以中心轮和行星架作为运动的输入和输出构件，中心轮和行星架又称其为周转轮系的基本构件。

周转轮系可根据其自由度的不同分为两类

（1）行星轮系。如图 8-2（a）所示的周转轮系中，有一个中心轮固定不动，这种周转轮系的自由度等于 1。自由度等于 1 的周转轮系称为行星轮系。

（2）差动轮系。如图 8-2（b）所示的周转轮系中，两个中心轮均不固定，这种周转轮系的自由度等于 2。自由度等于 2 的周转轮系称为差动轮系。

8.1.3 复合轮系

实际机构中所用的轮系，往往既包含有定轴轮系，又包含有周转轮系，或者是由几个单一周转轮系组成的，这种复杂的轮系称为复合轮系。如图 8-3 所示的轮系，是由两个单一

周转轮系组成的复合轮系；图 8-4 所示的轮系，是由定轴轮系与周转轮系组成的复合轮系。

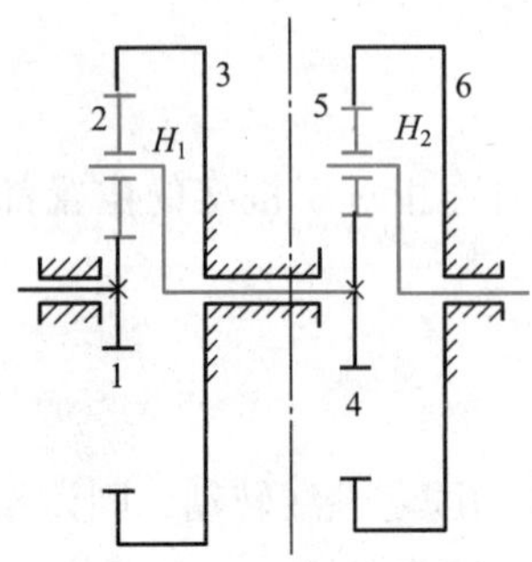

图 8-3　单一周转轮系+单一周转轮系

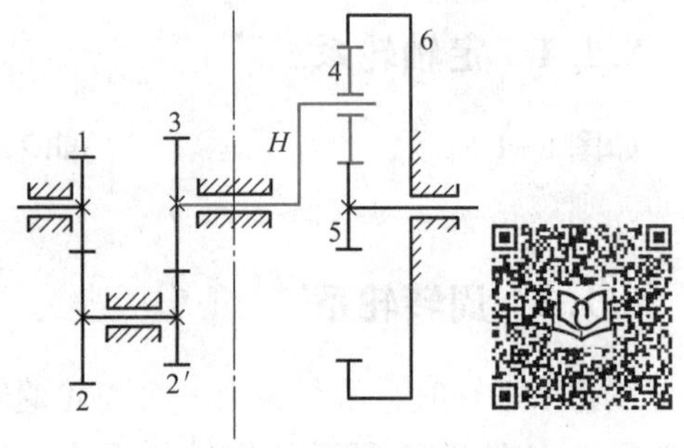

图 8-4　定轴轮系+周转轮系

8.2　定轴轮系的传动比

轮系的传动比，是指轮系中首末两轮的转速（或角速度）之比。确定一个轮系的传动比应包括计算传动比的绝对值和确定传动比所列首末两轮的相对转向两项内容。平面定轴轮系和空间定轴轮系传动比绝对值的计算方法相同，但首末两轮相对转向的表示分两种情况：对平面定轴轮系及空间定轴轮系中首末两轮轴线平行的轮系，须用传动比绝对值前加“+、-”号表示两轮的转向关系；而对空间定轴轮系中首末两轮轴线不平行的轮系，首末两轮的相对转向只能在轮系传动简图中表示，不能用代数量表示传动比。传动比用 i 表示，并在右下角用两个角标来表明对应的两轮，例如 i_{1K}，表示轮 1 与轮 K 的角速度之比。

由一对圆柱齿轮组成的传动可视为最简单的轮系，如图 8-5 所示。设主动轮齿数为 z_1，转速为 n_1，从动轮齿数为 z_2，转速为 n_2，则其传动比为

$$i_{12}=\frac{\omega_1}{\omega_2}=\frac{n_1}{n_2}=\mp\frac{z_2}{z_1}$$

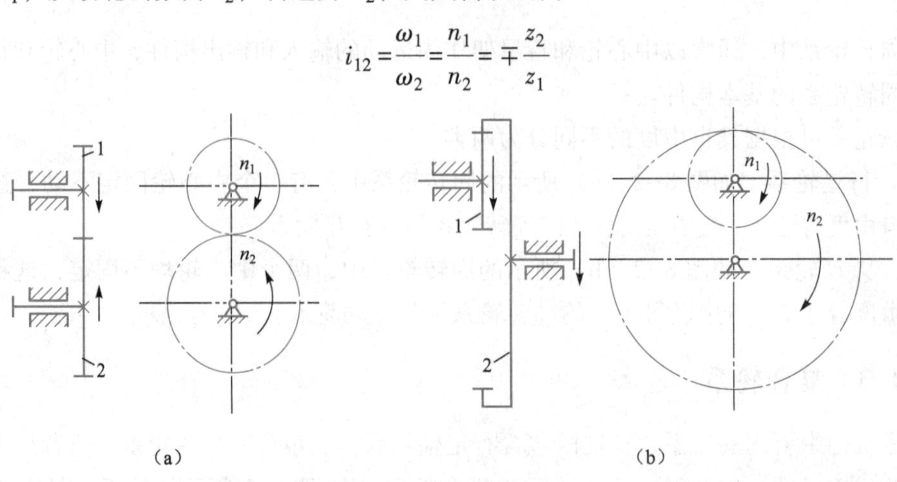

图 8-5　最简单的轮系

对于外啮合传动，两轮转向相反，取“-”号；对于内啮合传动，两轮转向相同，取“+”号。另外，其相对转向也可直接用箭头在图中标明，如图8-5所示，图（a）为外啮合；图（b）为内啮合。

在图8-6所示的定轴轮系中，设轴Ⅰ为输入轴，轴Ⅴ为输出轴，各轮的齿数为 z_1、z_2、$z_{2'}$、z_3、$z_{3'}$、z_4、z_5，各轮的转速为 n_1、n_2、$n_{2'}$、n_3、$n_{3'}$、n_4、n_5，求该轮系的传动比。

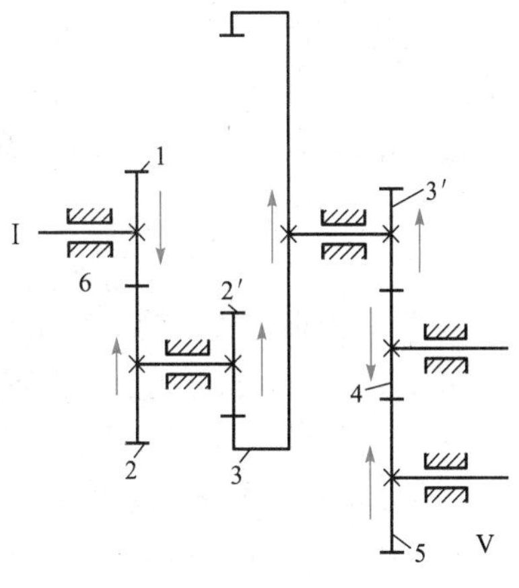

图8-6　定轴轮系

轮系的传动比可由各对齿轮的传动比求出，现以图8-6为例，图中各对啮合齿轮的传动比分别为

$$i_{12}=\frac{n_1}{n_2}=-\frac{z_2}{z_1}$$

$$i_{2'3}=\frac{n_{2'}}{n_3}=+\frac{z_3}{z_{2'}}$$

$$i_{3'4}=\frac{n_{3'}}{n_4}=-\frac{z_4}{z_{3'}}$$

$$i_{45}=\frac{n_4}{n_5}=-\frac{z_5}{z_4}$$

因为 $n_2=n_{2'}$、$n_3=n_{3'}$，将以上各式两边分别相乘可得

$$i_{15}=i_{12}i_{2'3}i_{3'4}i_{45}=\frac{n_1}{n_2}\ \frac{n_{2'}}{n_3}\ \frac{n_{3'}}{n_4}\ \frac{n_4}{n_5}=\frac{n_1}{n_5}=\left(-\frac{z_2}{z_1}\right)\left(+\frac{z_3}{z_{2'}}\right)\left(-\frac{z_4}{z_{3'}}\right)\left(-\frac{z_5}{z_4}\right)=(-1)^3\ \frac{z_2z_3z_5}{z_1z_{2'}z_{3'}}$$

上式表明，定轴轮系的传动比等于组成该轮系的各对齿轮传动比的连乘积。其绝对值等于从动轮齿数的连乘积与主动轮齿数的连乘积之比。绝对值前的符号即首末两轮的转向关系，可用 $(-1)^m$ 算出来（m 表示轮系中外啮合齿轮的对数）；也可在图中根据啮合关系画箭头指出，最后在齿数比前取“+”或“-”号。如图8-6所示，设主动轮1转向箭头向下，由啮合关系依次画出其余各轮的转向，从动轮5转向箭头向上，表明轮1与轮5转向相反，由此确定 i_{15} 的齿数比前取“-”号。

图8-6中齿轮4，同时与两个齿轮啮合，故其齿数不影响传动比的大小，只起改变转向的作用，这种齿轮称为介轮或惰轮。

现推广到一般定轴轮系，设轮1为首轮，轮 K 为末轮，该轮系的传动比为

$$i_{1K}=\frac{n_1}{n_K}=(-1)^m\frac{\text{齿轮 1 至 }K\text{ 间各从动轮齿数的连乘积}}{\text{齿轮 1 至 }K\text{ 间各主动轮齿数的连乘积}} \tag{8-1}$$

式中，n_1 为轮系中轮1的转速；n_K 为轮系中轮 K 的转速；m 为轮系中轮1至轮 K 间外啮合齿轮的对数。

应用式（8-1）计算定轴轮系传动比时应注意以下两点：

（1）用 $(-1)^m$ 判断转向，只限于各齿轮轴线相互平行的平面定轴轮系；

（2）空间定轴轮系传动比的大小仍可用式（8-1）计算，但两轮的转向关系只能从图中画箭头确定。如果首末两轮轴线平行，则应根据图中首末两轮箭头方向，在齿数比前加

“+”号表示同向，加“-”号表示反向，即两轮的转向仍需在传动比中体现。如果首末两轮轴线不平行，则轮系的传动比只有绝对值而没有符号，两轮的相对转向在图中标出。

例 8-1　在图 8-7 所示的车床溜板箱纵向进给刻度盘轮系中，运动由轮 1 输入，轮 4 输出。各轮的齿数分别为 $z_1=18$，$z_2=87$，$z_{2'}=28$，$z_3=20$，$z_4=84$，试计算该轮系的传动比 i_{14}。

解　由图 8-7 可知，该轮系为平面定轴轮系。其中外啮合齿轮的对数 $m=2$，故

$$i_{14}=\frac{n_1}{n_4}=(-1)^m\frac{z_2z_3z_4}{z_1z_{2'}z_3}=(-1)^2\frac{87\times84}{18\times28}=14.5$$

因为 i_{14} 为正，故知轮 1 和轮 4 转向相同。

传动比的正负也可画箭头确定，在图中先假定 n_1 的转向，然后根据啮合关系依次画出各轮的转向，可知 n_4 与 n_1 同向，所以 i_{14} 为正。

例 8-2　如图 8-8 所示的轮系中，已知各轮的齿数分别为 $z_1=15$，$z_2=25$，$z_{2'}=15$，$z_3=30$，$z_{3'}=15$，$z_4=30$，$z_{4'}=2$（右旋），$z_5=60$，$z_{5'}=20$（$m=4$ mm）。若 $n_1=1\ 000$ r/min，求齿条 6 的移动速度 v 的大小及方向。

解　由图可知，该轮系中包含锥齿轮和蜗杆蜗轮，所以是空间定轴轮系。其传动比为

$$i_{15}=\frac{n_1}{n_5}=\frac{z_2z_3z_4z_5}{z_1z_{2'}z_{3'}z_{4'}}=\frac{25\times30\times30\times60}{15\times15\times15\times2}=200$$

故

$$n_5=\frac{n_1}{i_{15}}=\frac{1\ 000}{200}=5\ \text{r/min}$$

因轮 5′与轮 5 同轴，转速相同，故

$$n_{5'}=n_5=5\ \text{r/min}$$

因为齿条 6 与齿轮 5′啮合，所以齿条 6 的移动速度与轮 5′的节圆上啮合点的圆周速度相等，所以

$$v_6=v_{5'}=\frac{\pi d_{5'}n_{5'}}{60\times1\ 000}=\frac{\pi mz_{5'}n_{5'}}{60\times1\ 000}=\frac{3.14\times4\times20\times5}{60\times1\ 000}=0.021\ \text{m/s}$$

用画箭头的方法确定轮 5 的转向为顺时针方向，故齿条 6 的移动方向向右。

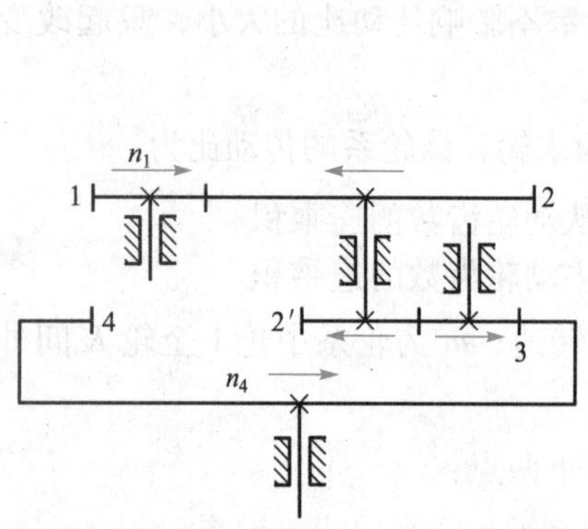

图 8-7　车床溜板箱纵向进给机构

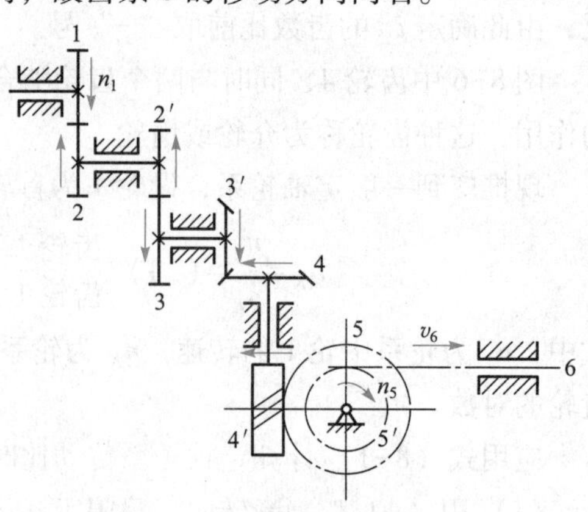

图 8-8　空间定轴轮系

8.3 周转轮系的传动比

周转轮系与定轴轮系的本质区别就是行星齿轮的存在。由于行星架的回转使得行星轮不但有自转，而且有公转，因此行星齿轮的运动不是简单的定轴转动，故周转轮系的传动比计算就不能直接用定轴轮系的方法和公式，而要采用转化机构法来进行。

图 8-9（a）所示为一周转轮系，假定轮系中各轮和行星架 H 的转速分别为 n_1、n_2、n_3、n_H，其转向相同（均沿逆时针方向转动）。根据相对运动原理，若假想给整个周转轮系加一个绕 $O—O$ 轴线回转、大小与 n_H 相等但转向相反的公共转速（$-n_H$）后，则行星架 H 静止不动，而各构件间的相对运动并不改变。如此，所有齿轮的轴线位置相对 H 都固定不动，原来相对机架的周转轮系便转化为相对行星架 H 的定轴轮系，如图 8-9（b）所示。这个转化而成的假想的定轴轮系，称为原周转轮系的转化轮系或转化机构。在转化机构中，行星架的转速为零，所以转化机构中各构件的转速就是周转轮系各构件相对于行星架 H 的转速，周转轮系及其转化机构中各构件的转速如表 8-1。

表 8-1　周转轮系及其转化机构中各构件的转速

构件	周转轮系中的转速	转化轮系中的转速
轮 1	n_1	$n_1^H=n_1-n_H$
轮 2	n_2	$n_2^H=n_2-n_H$
轮 3	n_3	$n_3^H=n_3-n_H$
行星架 H	n_H	$n_H^H=n_H-n_H$

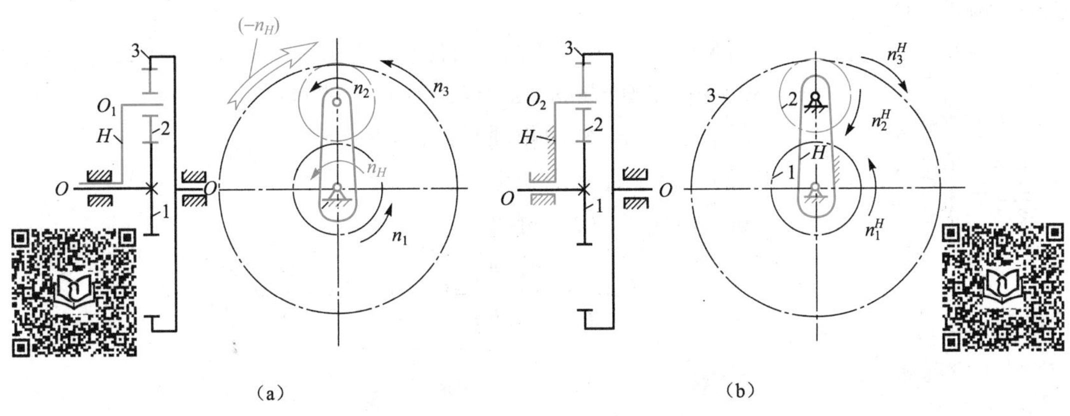

图 8-9　周转轮系及其转化机构

既然周转轮系的转化机构是定轴轮系，那么转化机构的传动比 i_{13}^H 就可用求解定轴轮系

传动比的方法求得，即

$$i_{13}^{H}=\frac{n_1^H}{n_3^H}=\frac{n_1-n_H}{n_3-n_H}=(-1)^1\frac{z_3}{z_1}=-\frac{z_3}{z_1}$$

式中，负号表示轮1与轮3在转化机构中的转向相反。

现将以上分析推广到周转轮系的一般情形，设 n_G、n_K 为平面周转轮系中任意两轮 G 和 K 的转速，它们与行星架 H 的转速 n_H 间的关系为

$$i_{GK}^{H}=\frac{n_G-n_H}{n_K-n_H}=(-1)^m\frac{\text{齿轮 }G\text{ 至 }K\text{ 间所有从动轮齿数的连乘积}}{\text{齿轮 }G\text{ 至 }K\text{ 间所有主动轮齿数的连乘积}} \tag{8-2}$$

式中，n_G 为轮系中轮 G 的转速；n_K 为轮系中轮 K 的转速；m 为齿轮 G、K 间外啮合齿轮的对数。

式（8-2）中包含了周转轮系中三个构件（通常是基本构件）的转速和若干个齿轮齿数间的关系。在计算轮系的传动比时，各轮的齿数通常是已知的，所以在 n_G、n_K、n_H 三个运动参数中若已知两个（包括大小和方向），就可以确定第三个，从而可求出三个基本构件中任意两个间的传动比。传动比的正、负号由计算结果确定。

应用式（8-2）计算周转轮系传动比时应注意以下几点：

（1）$i_{GK}^{H}\neq i_{GK}$。i_{GK}^{H}为转化机构中轮 G 与轮 K 的转速之比，其大小及正负号应按定轴轮系传动比的计算方法确定。而 i_{GK}则是周转轮系中轮 G 与轮 K 的绝对转速之比，其大小与正负号必须由计算结果确定。

（2）n_G、n_K、n_H 为平行矢量时才能代数相加，所以 n_G、n_K、n_H 必须是轴线平行或重合的齿轮、行星架的转速。

（3）将 n_G、n_K、n_H 中的已知转速代入求解未知转速时，必须代入转速的正、负号。在代入公式前应先假定某一方向的转速为正，则另一转速与其同向者为正，与其反向者为负。

（4）对含有空间齿轮副的周转轮系，若所列传动比 i_{GK}^{H} 中两轮 G、K 的轴线与行星架 H 的轴线平行，则仍可用转化机构法求解，即把空间周转轮系转化为假想的空间定轴轮系。计算时，转化机构的齿数比前须有正负号。若齿轮 G、K 与行星架 H 的轴线不平行，则不能用转化机构法求解 i_{GK}^{H}。

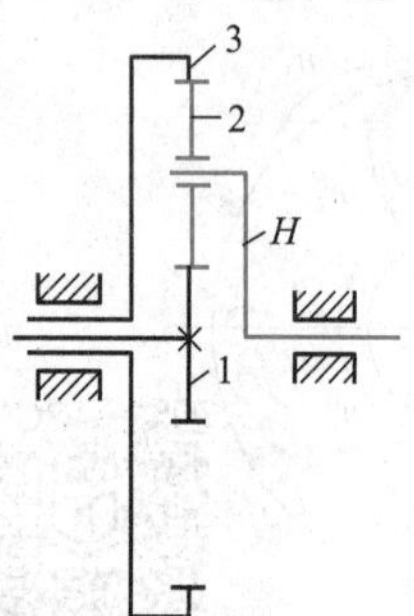

图 8-10　平面差动轮系

例 8-3　图 8-10 所示的差动轮系中，已知 $z_1=20$，$z_2=30$，$z_3=80$，$n_1=100$ r/min，$n_3=20$ r/min。试问：

（1）n_1 与 n_3 转向相同时，$n_H=?$

（2）n_1 与 n_3 转向相反时，$n_H=?$

解　由式（8-2）可得

$$i_{13}^{H}=\frac{n_1^H}{n_3^H}=\frac{n_1-n_H}{n_3-n_H}=(-1)^1\frac{z_3}{z_1}=-\frac{z_3}{z_1}=-\frac{80}{20}=-4$$

所以

$$n_H=\frac{n_1+4n_3}{5}$$

（1）n_1 与 n_3 同向时，同取“+”号代入上式，得

$$n_H=\frac{n_1+4n_3}{5}=\frac{+100+4\times20}{5}=+36\ \text{r/min}$$

"+"号说明行星架 H 与两原动件转向相同。

(2) n_1 与 n_3 反向时，假定取 n_1 为正，则 n_3 为负，即

$$n_H=\frac{n_1+4n_3}{5}=\frac{+100+4\times(-20)}{5}=+4\ \text{r/min}$$

"+"号说明行星架 H 与原动件轮 1 同向，与轮 3 反向。

例 8-4 图 8-11 所示空间周转轮系中，已知 $z_1=48$，$z_2=42$，$z_{2'}=18$，$z_3=21$，$n_1=100$ r/min，$n_3=80$ r/min，转向如图，求 n_H。

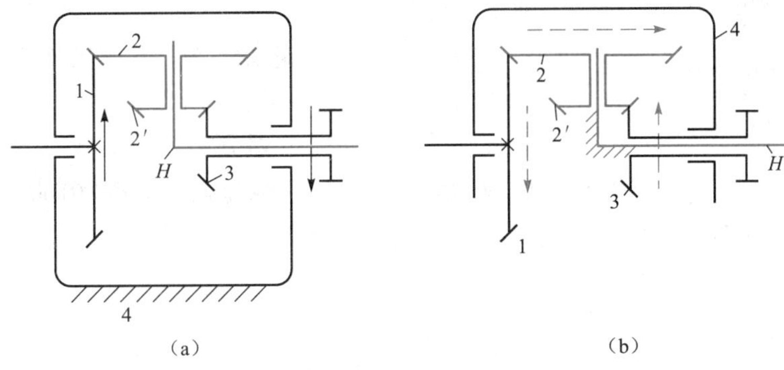

图 8-11 空间周转轮系

解 由图可知，构件 1、3 及 H 轴线平行，故可用式 (8-2) 求解 i_{13}^H。齿数比前的符号只能用画箭头法确定，如图 8-11 (b)，随意假设轮 1 方向向下（与绝对转向无关），按啮合关系画出轮 3 向上，故转化机构的齿数比前应取负号，即

$$i_{13}^H=\frac{n_1^H}{n_3^H}=\frac{n_1-n_H}{n_3-n_H}=-\frac{z_2z_3}{z_1z_{2'}}=-\frac{42\times21}{48\times18}=-\frac{49}{48}$$

图 8-11 (a) 中轮 1、3 转向相反，设轮 1 转向为正，则轮 3 为负。故得

$$\frac{+100-n_H}{-80-n_H}=-\frac{49}{48}$$

$$n_H=+9.072\ \text{r/min}$$

"+"号说明行星架 H 与轮 1 的转向相同。

8.4 复合轮系的传动比

在复合轮系中既有定轴轮系又有周转轮系或有几个单一的周转轮系，因此不能用一个统一的公式一步求出整个轮系的传动比。计算复合轮系的传动比，要用分解轮系，分步求解的办法，即把整个复合轮系分解成若干定轴轮系和单一的周转轮系，并分别列出它们的传动比计算式，然后根据这些轮系的组合方式，找出它们的转速关系，联立求解即可求出复合轮系的传动比。

分解复合轮系的步骤是先周转轮系后定轴轮系。而找周转轮系的步骤是行星架→行星轮→中心轮，即根据轴线位置运动的特点找到行星架，行星架支承的是行星轮，与行星轮相啮合且轴线位置固定的是中心轮。当从整个轮系中划分出所有单一周转轮系后，剩下的轴线固定且互相啮合的齿轮便是定轴轮系部分了。

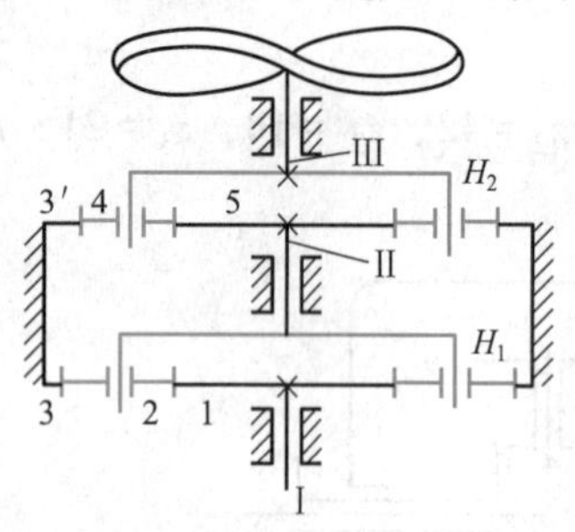

图 8-12　直升机主减速器的轮系

例 8-5　直升机主减速器的轮系如图 8-12 所示，发动机直接带动齿轮 1，且已知各轮齿数为 $z_1=z_5=39$，$z_2=27$，$z_3=93$，$z_{3'}=81$，$z_4=21$，求主动轴 I 与螺旋桨轴 III 之间的传动比 $i_{\mathrm{I\,III}}$。

解　(1) 分解轮系　H_1 为行星架，齿轮 2 为行星轮，齿轮 1、3 为中心轮，所以构件 1、2、3、H_1 组成一套周转轮系。同样可划分出另一套由构件 5、4、3′、H_2 组成的周转轮系，且两套周转轮系为串联。

(2) 分别列出各周转轮系转化机构传动比的计算式

由构件 1、2、3、H_1 组成的周转轮系中

$$i_{13}^{H_1}=\frac{n_1-n_{H_1}}{n_3-n_{H_1}}=-\frac{z_3}{z_1}$$

即

$$1-\frac{n_1}{n_{H_1}}=-\frac{z_3}{z_1}$$

所以

$$i_{1H_1}=\frac{n_1}{n_{H_1}}=1+\frac{z_3}{z_1}=1+\frac{93}{39}=\frac{132}{39}$$

同理，由构件 5、4、3′、H_2 组成的周转轮系中

$$i_{5H_2}=\frac{n_5}{n_{H_2}}=1+\frac{z_{3'}}{z_5}=1+\frac{81}{39}=\frac{120}{39}$$

(3) 找出各轮系的转速关系，联立求解

因为

$$n_{H_1}=n_5,\ n_{\mathrm{III}}=n_{H_2},\ n_1=n_{\mathrm{I}}$$

所以

$$i_{1H_1}i_{5H_2}=\frac{n_1}{n_{H_1}}\ \frac{n_5}{n_{H_2}}=\frac{n_1}{n_{H_2}}=\frac{n_1}{n_{\mathrm{III}}}$$

故

$$i_{\mathrm{I\,III}}=\frac{n_1}{n_{\mathrm{III}}}=i_{1H_1}i_{5H_2}=\frac{132}{39}\times\frac{120}{39}=10.41$$

传动比为正，表明轴 I 与轴 III 转向相同。

例 8-6　图 8-13 所示为一电动卷扬机的减速器运动简图，已知 $z_1=24$，$z_2=33$，$z_{2'}=21$，$z_3=78$，$z_{3'}=18$，$z_4=30$，$z_5=78$，试求其传动比 i_{15}。若电机转速 $n_1=1\,450$ r/min，求卷筒转速 n_5 为多少？

解　(1) 划分周转轮系及定轴轮系。齿轮 2（2′）为双连行星齿轮，支承行星齿轮的齿轮 5（即卷筒）为行星架 H，齿轮 1、3 为中心轮，所以构件 1、2（2′）、3、5（H）组成单一周转轮系。其余齿轮 3′、4、5 轴线不动且互相啮合，组成定轴轮系。

(2) 分别列出周转轮系及定轴轮系的传动比计算式。

由构件 1、2（2′）、3、5（H）组成的周转轮系中

$$i_{13}^H=\frac{n_1-n_H}{n_3-n_H}=-\frac{z_2z_3}{z_1z_{2'}}$$

代入数据 $$\frac{n_1-n_H}{n_3-n_H}=-\frac{33\times78}{24\times21} \quad (8-3)$$

对于由齿轮 3′、4、5 组成的定轴轮系

$$i_{3'5}=\frac{n_{3'}}{n_5}=-\frac{z_4z_5}{z_{3'}z_4}=-\frac{z_5}{z_{3'}}$$

代入数据 $$\frac{n_{3'}}{n_5}=-\frac{78}{18} \quad (8-4)$$

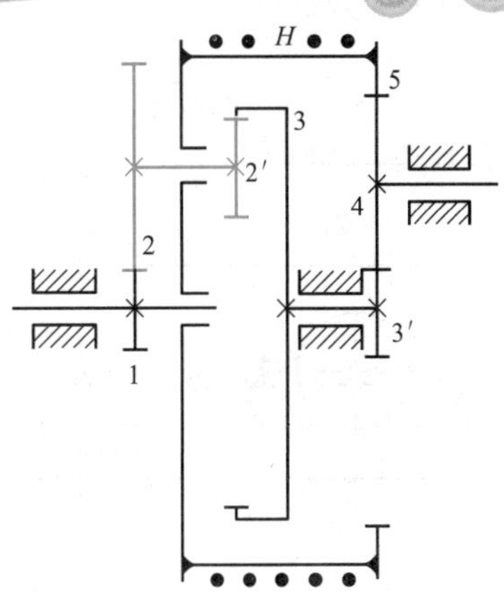

图 8-13 电动卷扬机的减速器

(3) 找出周转轮系和定轴轮系的转速关系，联立求解。

因为 $$n_H=n_5,\ n_3=n_{3'}$$

由式（8-4）得 $$n_{3'}=-\frac{78}{18}n_5$$

将上式带入式（8-3）得 $$\frac{n_1-n_5}{-\frac{78}{18}n_5-n_5}=-\frac{33\times78}{24\times21}$$

整理后得 $$i_{15}=\frac{n_1}{n_5}=1+\frac{33\times78}{24\times21}\left(1+\frac{78}{18}\right)=28.24$$

电机转速 $$n_1=1\ 450\ \text{r/min}$$

则卷筒转速 $$n_5=\frac{n_1}{i_{15}}=\frac{1\ 450}{28.24}=51.35\ \text{r/min}$$

n_5 为正值，表明卷筒转向与电机轴转向相同。

8.5 轮系的应用

轮系在机械传动中应用非常广泛，其主要应用有以下几个方面。

(1) 实现相距较远的两轴之间的传动。当两轴相距较远时，若只用一对齿传动，则两轮尺寸会很大，如图 8-14 所示的两个大齿轮。若采用轮系传动，如图所示的四个小齿轮，可减小传动的结构尺寸，从而节约材料、减轻机器的质量。

(2) 实现较大传动比的传动。当需要较大的传动比时，若仅用一对齿轮传动，必然使两轮的尺寸相差很大。这样不仅使传动机构的尺寸庞大，而且因小齿轮工作次数过多，而容易失效。因此，当传动比较大时，常采用多对齿轮进行传动，如图 8-15 所示。

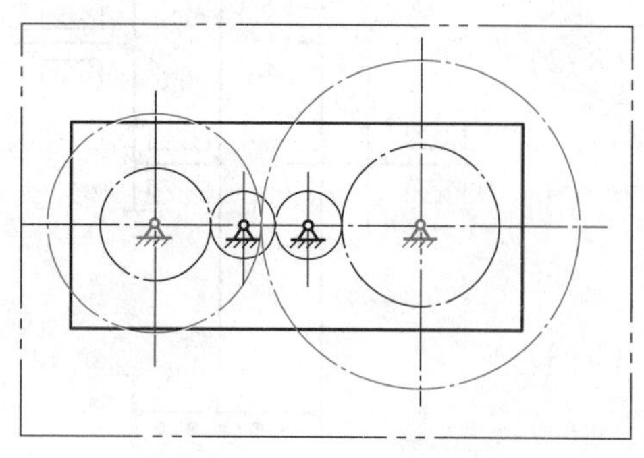

图 8-14　远距离传动

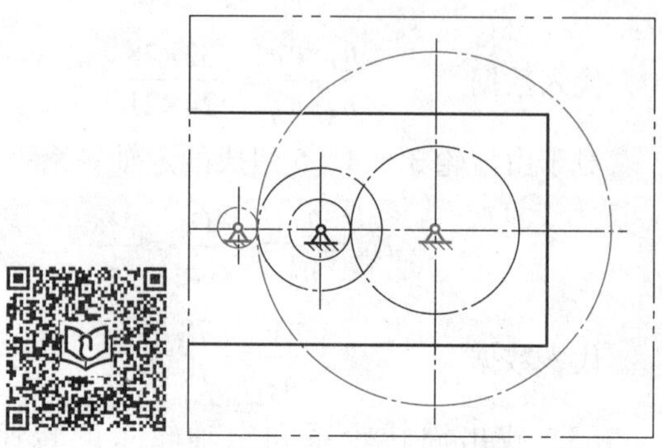

图 8-15　大传动比传动

在图 8-16 所示的行星轮系中，若各轮齿数分别为 $z_1=100$，$z_2=101$，$z_{2'}=100$，$z_3=99$，则输入构件 H 对输出构件 1 的传动比 $i_{H1}=10\,000$。由此可见，该轮系仅用两对齿轮，便能获得很大的传动比。但应指出，该大传动比行星轮系的效率很低，而且当中心轮 1 为主动时，将会发生自锁。因此，这种大传动比行星轮系，通常只用在载荷很小的减速场合，如用于测量很高转速的仪表或用作精密微调机构。

（3）实现变速传动。在主动轴转速不变的情况下，利用轮系可使从动轴得到若干种不同的转速。图 8-17 所示为变速箱的传动简图。Ⅰ为输入轴，Ⅲ为输出轴，4、6 均为滑移齿轮，该变速箱可使Ⅲ轴获得四种不同的转速：

① 齿轮 3 和 4 啮合，齿轮 5 和 6、离合器 A 和 B 均脱离；

② 齿轮 5 和 6 啮合，齿轮 3 和 4、离合器 A 和 B 均脱离；

③ 离合器 A 和 B 嵌合而齿轮 3 和 4，5 和 6 均脱离；

④ 齿轮 6 和 8 啮合，齿轮 3 和 4、5 和 6、离合器 A 和 B 均脱离，由于惰轮 8 的作用而改变了输出轴Ⅲ的转向。

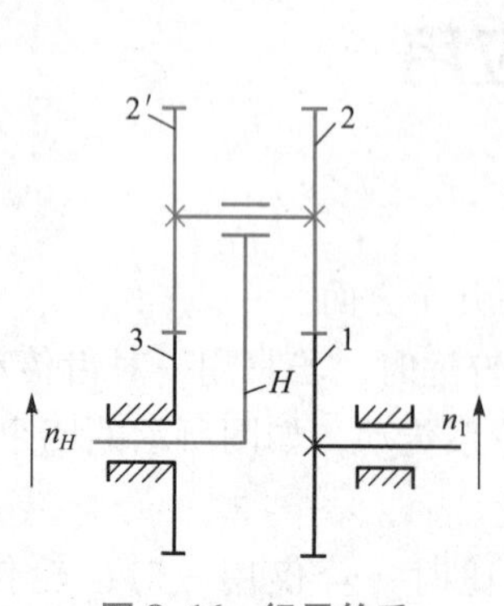

图 8-16　行星轮系

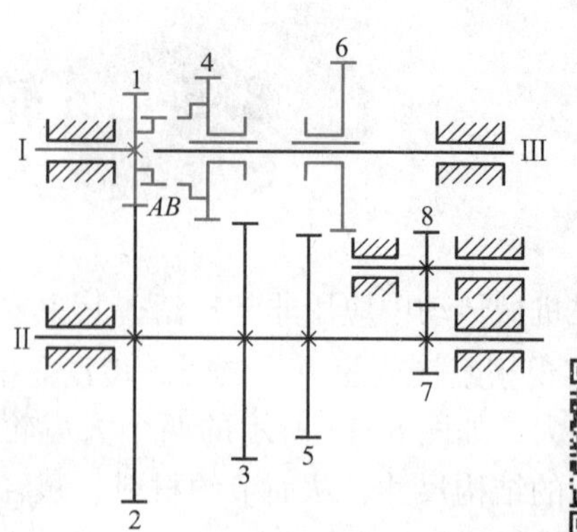

图 8-17　变速箱传动简图

（4）实现变向传动。当主动轴转向不变时，可利用轮系中的惰轮改变从动轴的转向。图8-18所示为车床上走刀丝杠的三星轮换向机构，通过改变手柄的位置，使齿轮 2 参与啮合（如图 8-18（a））或不参与啮合（如图 8-18（b）），以改变外啮合的次数，使从动轮 4

与主动轮 1 的转向相反或相同。

（5）实现分路传动。在具体机械传动中，当只有一个原动件及多个执行构件时，原动件的转动可通过多对啮合齿轮，从不同的传动路线传递给执行构件，以实现分路传动。图 8-19所示为滚齿机上滚刀与轮坯之间形成范成运动的传动简图。滚刀与轮坯的转速必须满足 $i_{刀坯}=\frac{n_{刀}}{n_{坯}}=\frac{z_{坯}}{z_{刀}}$的传动比关系。其中 $z_{刀}$ 和 $z_{坯}$ 分别为滚刀的头数和轮坯加工后的齿数。运动路线从主动轴 I 开始，一条路线由锥齿轮 1、2 传到滚刀 11；另一条路线是由齿轮 3、4、5、6、7、蜗杆 8、蜗轮 9 传到轮坯 10。其范成运动的传动比 $i_{刀坯}$分别由上述两条分路传动得到保证。

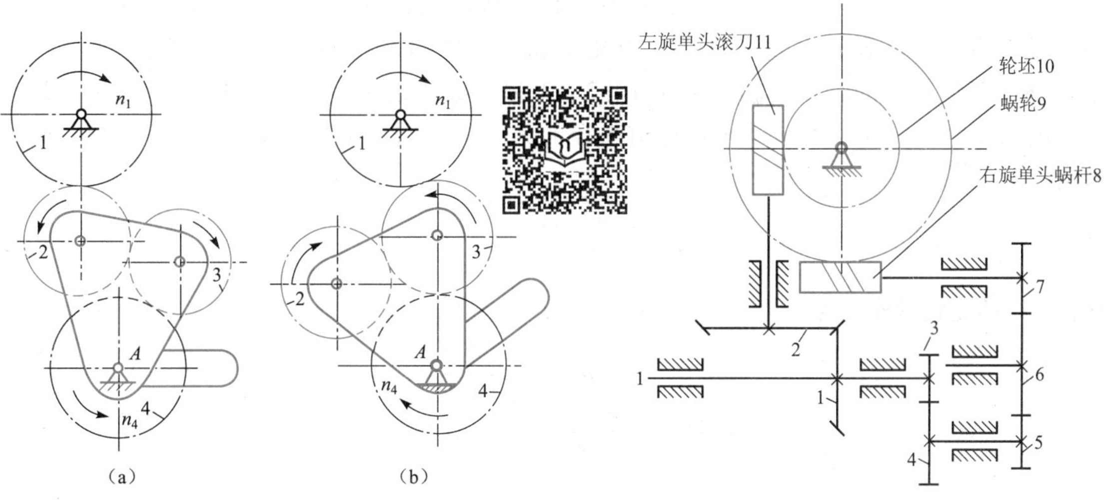

图 8-18 变向传动

图 8-19 滚齿机范成运动传动简图

（6）用作运动的合成与分解。在差动轮系中，当给定任意两个基本构件以确定的运动后，另一个基本构件的运动才能确定，利用差动轮系这一特点可实现运动的合成。

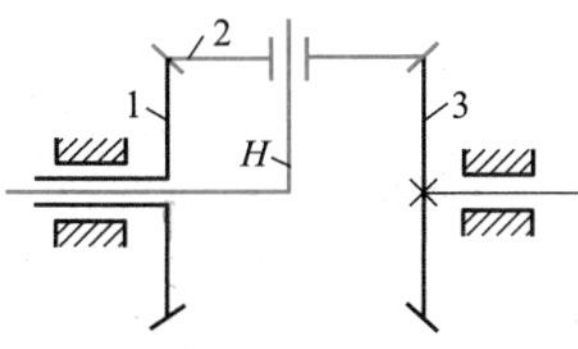

图 8-20 空间差动轮系

如图 8-20 所示的差动轮系，设 $z_1=z_3$，若以齿轮 1、3 为原动件，则行星架 H 的转速是轮 1、3 转速的合成。可计算如下

$$i_{13}^{H}=\frac{n_1-n_H}{n_3-n_H}=-\frac{z_3}{z_1}=-1$$

则

$$n_H=\frac{1}{2}(n_1+n_3)$$

故这种轮系可用作加法机构。

在该轮系中，若以行星架 H 和任一中心轮（假如为齿轮 3）作为原动件，则轮 1 的转速是轮 3 和行星架 H 转速的合成。由上式可得

$$n_1=2n_H-n_3$$

这说明该差动轮系又可用作减法机构。

差动轮系可用作运动合成的这种特性，在机床、计算装置及补偿调整装置中得到了广泛的应用。

差动轮系也可将一个原动基本构件的转动，按所需比例分解为另外两个从动基本构件的不同转动。图 8-21 所示的汽车转向机构差速器可作为运动分解的实例。图中，发动机通过传动轴驱动齿轮 5，齿轮 2 为行星轮，齿轮 4 上固连着行星架 H，分别与左右车轮固连的齿轮 1 和齿轮 3 为中心轮。齿轮 4、5 组成定轴轮系，齿轮 1、2、3、行星架 H 及机架组成一差动轮系（$z_1=z_3$），由计算可得

$$2n_4=n_1+n_3$$

当汽车直线行驶时，左右两后轮所走的路程相同，所以转速也相同，故 $n_1=n_3=n_4=n_H$。这时，轮 1、2、3 和行星架 H 成为一个整体，由轮 5 带动一起转动，行星轮 2 不绕 H 自转。

当汽车转弯时（左转），为保证左右车轮与地面间仍为纯滚动，以减少轮胎的磨损，要求右轮的转速比左轮的高。这时轮 1 和轮 3 之间发生相对转动，轮 2 除随轮 4 公转外，还绕自己的轴线自转。由轮 1、2、3 和 4 组成的差动轮系，借助于车轮与地面间的摩擦力，将轮 4 的转动根据弯道半径的大小，按需要分解为轮 1 和轮 3 的转动，这时

$$\frac{n_1}{n_3}=\frac{r-l}{r+l}$$

联立可得两轮转弯速度为

$$n_1=\frac{r-l}{r}n_4$$

$$n_3=\frac{r+l}{r}n_4$$

式中，r 为弯道平均半径；l 为轮距之半。

（7）实现结构紧凑的大功率传动。在行星轮系中，通常采用几个均匀分布的行星轮同时传递运动和动力（如图 8-22 所示）。这样既可用几个行星轮共同来分担载荷，以减小齿轮尺寸，同时又可使各个啮合处的径向分力和行星轮公转所产生的离心惯性力各自得以平衡，故可减小主轴承内的作用力，增大传递功率，从而使其效率也较高。

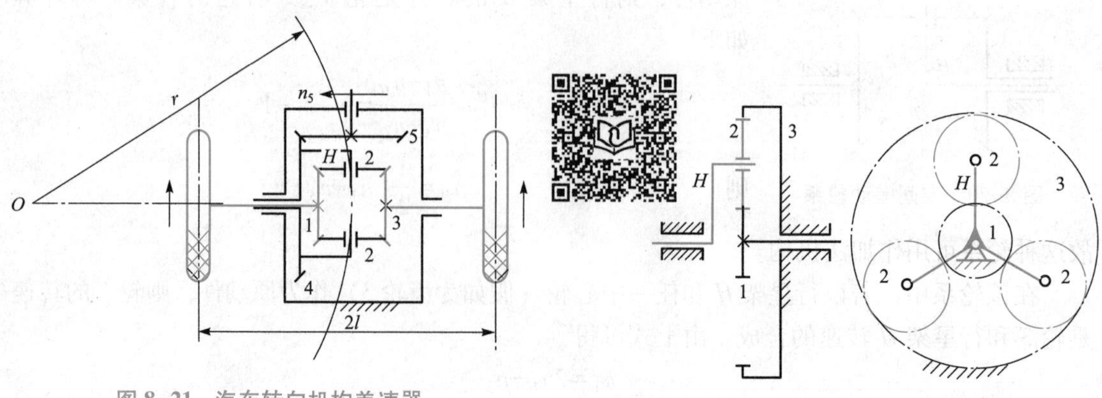

图 8-21 汽车转向机构差速器

图 8-22 具有多个行星轮的行星轮系

图 8-23 所示为某涡轮螺旋桨发动机主减速器的传动简图。这个轮系的右部是差动轮系，左部是定轴轮系。定轴轮系将差动轮系的内齿轮 3 与行星架 H 的运动联系起来，构成一个自由度为 1 的封闭式行星轮系。动力自中心轮 1 输入后，经行星架 H 和内齿轮 3 分两路输往左部，最后汇合到一起输往螺旋桨。由于采用多个行星轮（图中只画出了一个），加上功率分路传递，所以在较小的外廓尺寸下，传递功率达 2 850 kW。

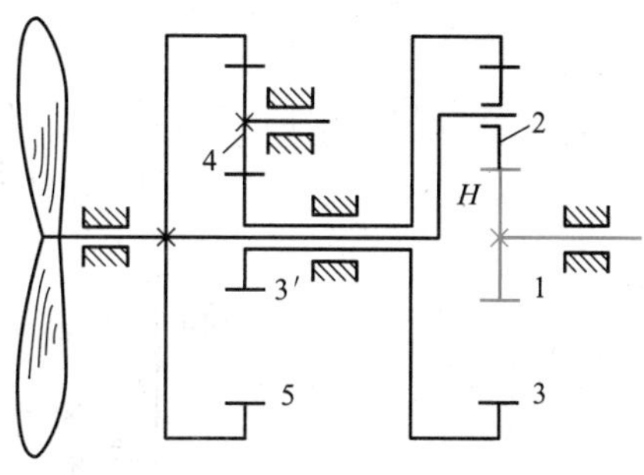

图 8-23 涡轮螺旋桨发动机主减速器

【重点要领】

齿轮应用组系统，分成定轴和周转。
定轴轮系传动比，从主轮齿乘积比。
周转计算有技巧，变换参照定轴到。
复合轮系先划分，组合方式要用心。

思 考 题

8-1 惰轮在轮系中所起的作用是什么？

8-2 什么叫周转轮系？如何进行分类？

8-3 计算周转轮系传动比的方法——转化机构法的理论根据是什么？

8-4 计算复合轮系传动比的步骤有哪些？其中的关键步骤是什么？

8-5 轮系的功用主要有哪些？

习 题

8-1 如图 8-24 所示为一手摇提升装置，其中各轮齿数均为已知，试求传动比 i_{15}，并指出当提升重物时手柄的转向。

8-2 在图 8-25 所示轮系中，已知 $z_1=60$，$z_2=15$，$z_3=18$，各轮均为标准齿轮，且模数相同。试求 z_4 并计算传动比 i_{1H}的大小及行星架 H 的转向。

8-3 图 8-26 所示轮系中，已知 $z_1=z_4=40$，$z_2=z_5=30$，$z_3=z_6=100$，齿轮 1 的转速 $n_1=100$ r/min，试求行星架 H 的转速 n_H 的大小和方向。

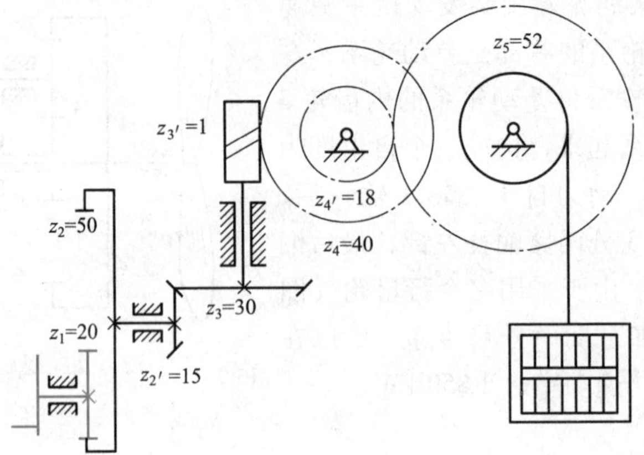

图 8-24　习题 8-1 图

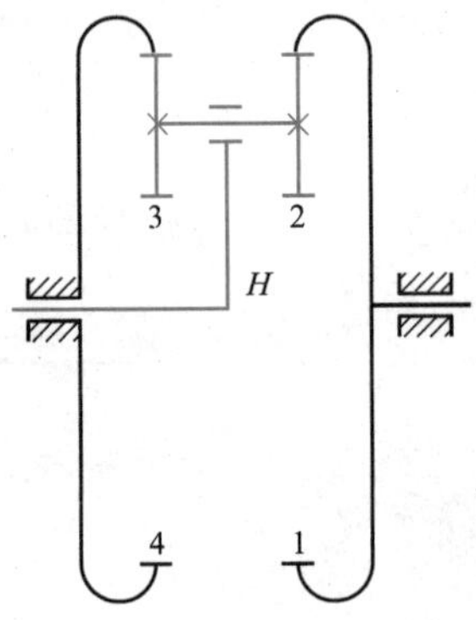

图 8-25　习题 8-2 图

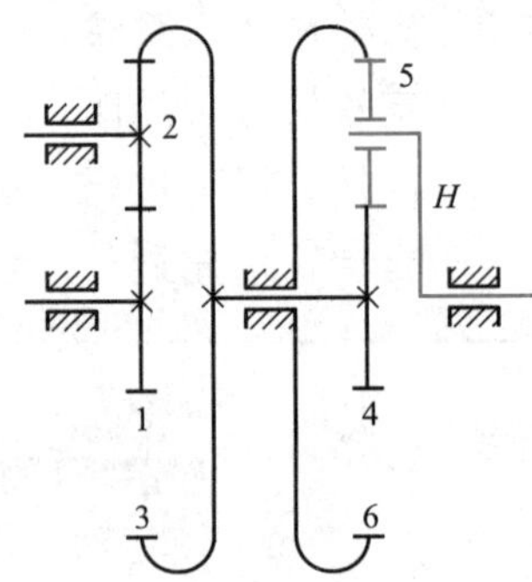

图 8-26　习题 8-3 图

8-4　在图 8-27 所示的双级行星齿轮减速器中，各齿轮的齿数为 $z_1=z_6=20$，$z_2=z_5=10$，$z_3=z_4=40$，试求：

（1）固定齿轮 4 时的传动比 i_{1H_2}；

（2）固定齿轮 3 时的传动比 i_{1H_2}。

8-5　在图 8-28 所示的轮系中，已知各轮的齿数分别为 $z_1=1$（右旋），$z_2=99$，$z_{2'}=z_4$，$z_{4'}=100$，$z_5=1$（右旋），$z_3=30$，$z_{5'}=100$，$z_{1'}=101$，蜗杆 1 的转速 $n_1=100$ r/min（转向如图所示），试求行星架 H 的转速 n_H。

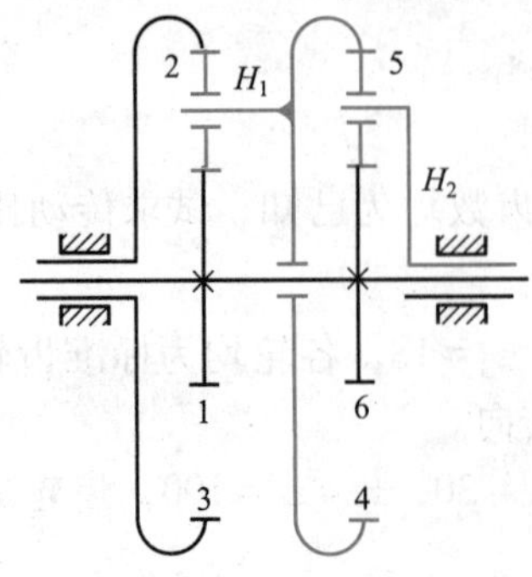

图 8-27　习题 8-4 图

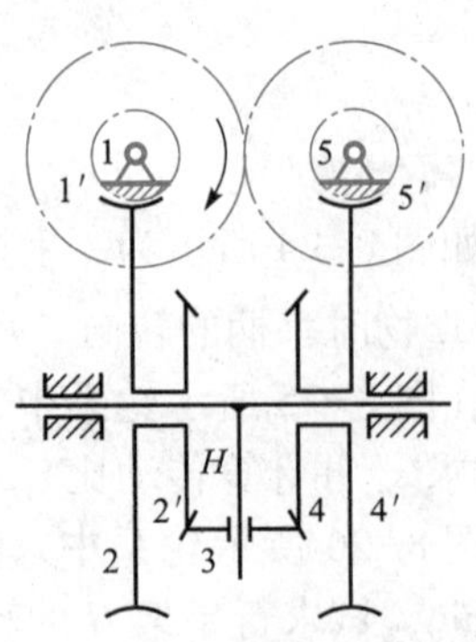

图 8-28　习题 8-5 图

8-6　在图 8-29 所示的复合轮系中，已知各轮的齿数分别为 $z_1=36$，$z_2=60$，$z_3=23$，$z_4=49$，$z_{4'}=69$，$z_5=31$，$z_6=131$，$z_7=94$，$z_8=36$，$z_9=167$，设 $n_1=3\ 549$ r/min，试求行星架 H 的转速 n_H。

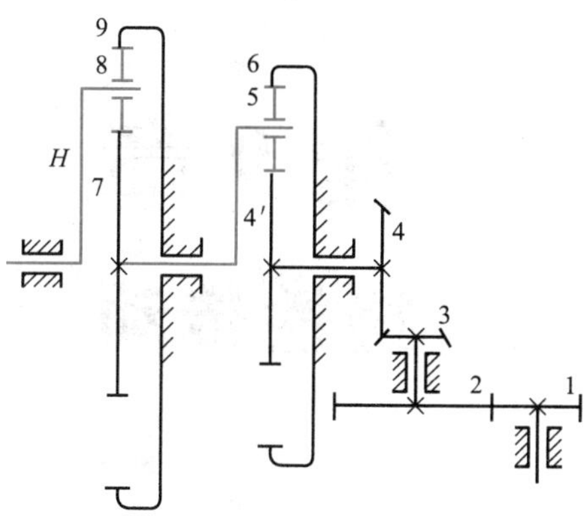

图 8-29　习题 8-6 图

第 8 章
思考题及习题答案

第 8 章
多媒体 PPT

第 9 章 挠性传动

课程思政案例 9

【学习目标】

要掌握好挠性传动的设计，需要了解挠性传动（带、链传动）的类型、特点和应用，正确进行带传动的工作情况分析和普通 V 带传动的设计计算，正确进行链传动的工作情况分析和滚子链传动的设计计算，了解带传动和链传动的安装维护知识。

9.1 挠性传动的类型、特点及应用

挠性传动是利用中间挠性件将主动轴的运动和动力传递给从动轴的一种传动方式。挠性传动常用的中间挠性件为带和链，因此挠性传动主要是带传动和链传动。与其他传动方式（如齿轮传动）相比，挠性传动具有结构简单，成本低廉，传动中心距大等优点，因而在各种机械中得到广泛应用。

9.1.1 带传动的类型、特点及应用

如图 9-1 所示，带传动通常由主动轮 1、从动轮 2 和张紧在两带轮上的挠性带 3 组成。根据工作原理的不同，带传动可分为摩擦型带传动和啮合型带传动两类。

摩擦型带传动是以一定的初拉力将挠性带张紧在两带轮上，在带与带轮的接触面间产生正压力。当主动轮转动时，靠带与带轮之间的摩擦力驱使从动轮转动，从而达到传递运动和动力的目的。啮合型带传动是靠带与带轮上齿的啮合来达到传递运动和动力的目的。

按照带的截面形状，摩擦型传动带可分为平带（图 9-2（a））、V 带（图 9-2（b））、多楔带（图9-2（c））和圆带（图 9-2（d））等，而啮合型带传动目前只有同步齿形带传动一种（图 9-2（e））。

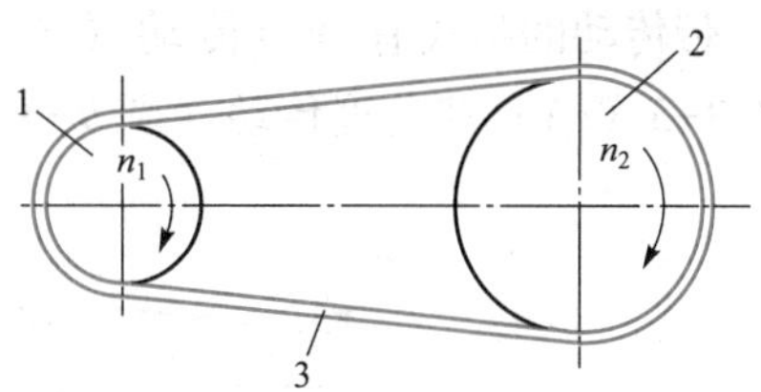

图 9-1 带传动的组成

1—主动轮；2—从动轮；3—挠性带

平带的横截面近似为矩形，其工作面是与轮面相接触的内表面。常用的平带有胶帆布平带、编织平带、尼龙片复合平带和高速环形胶带等。

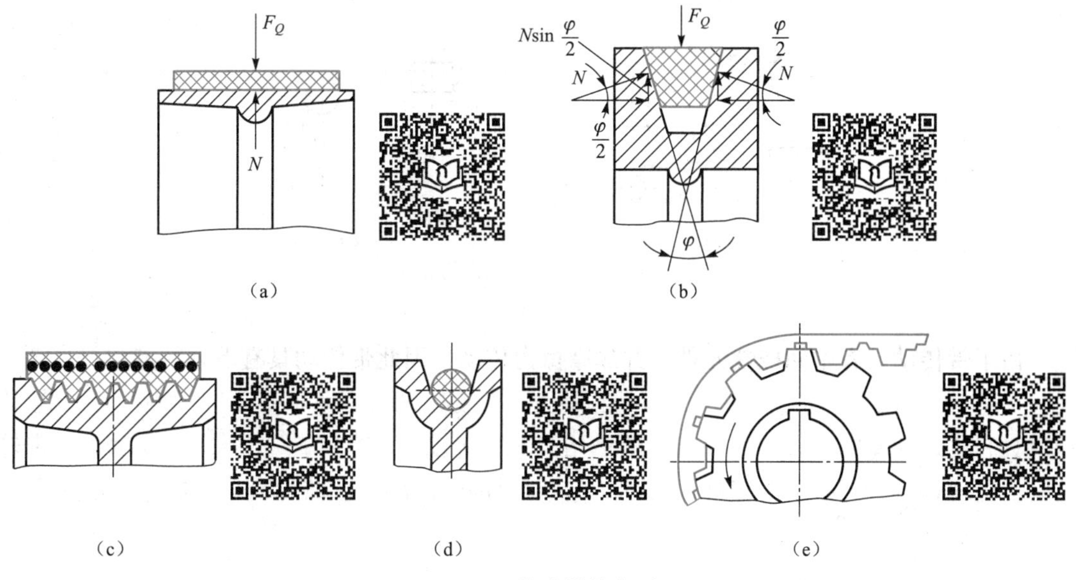

图 9-2 传动带的类型

如图 9-2（b）所示，V 带的横截面近似为等腰梯形，其工作面为与轮槽相接触的两侧面，但 V 带与轮槽底部不接触。由楔面摩擦可知，V 带的当量摩擦系数 $f_v=f\Big/\sin\dfrac{\varphi}{2}$（$\varphi$ 为带轮槽角，一般 $\varphi=32°\sim38°$）。因此，在相同的张紧力作用下，V 带传动所产生的最大摩擦力要大于平带，从而能传递较大的功率，故 V 带应用较为广泛。根据其相对高度（高度与节宽之比）的不同，V 带分为普通 V 带、窄 V 带、宽 V 带等。

多楔带是以平带为基体，内表面具有等距纵向楔的环形传动带，其工作面为楔的侧面。它兼有平带的弯曲应力小和 V 带的摩擦力大等优点，常用于要求结构紧凑、传递动力大或轮轴垂直地面的场合。

圆带的横截面近似为圆形，传递动力较小。

同步齿形带横截面近似为矩形，带面具有等距横向齿，如图 9-2（e）。运动或动力通过带齿与同步带轮的轮齿相啮合传递，两带轮同步运动。主要用于要求传动比准确的中、小功率传动中。

机械中应用较多的是靠摩擦力工作的平带和 V 带，尤其是 V 带应用较多。

带传动的形式有开口传动（图 9-3（a））、交叉传动（图 9-3（b））、半交叉传动（图9-3（c））和角度传动（图9-3（d））等。后三种传动形式只适用于平带和圆带。

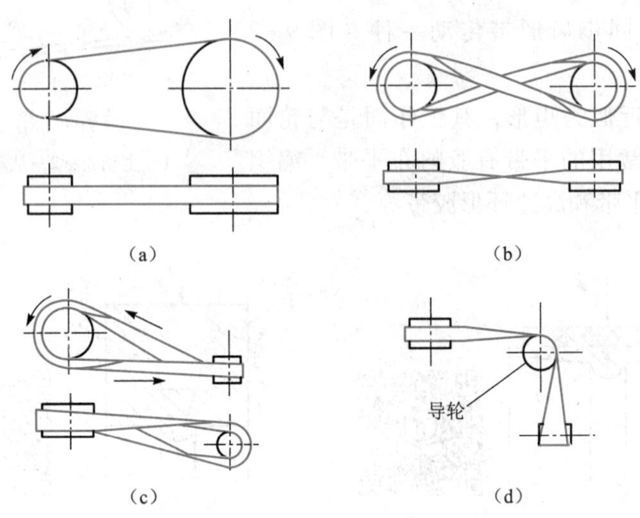

图 9-3　带传动的形式

由于带传动具有中间挠性元件，并靠摩擦力传动，因此带传动具有下列特点：

优点：① 适用于传递远距离的运动和动力，改变带的长度可适应不同的中心距；② 传动带具有良好的弹性，有缓冲和吸振的作用，因而传动平稳、噪声小；③ 过载时带与带轮之间会出现打滑，可防止损坏其他零件，起过载保护作用；④ 结构简单，制造、安装和维护方便，成本低廉。

缺点：① 传动的外廓尺寸较大，结构不紧凑，且对轴的压力大；② 带与带轮之间存在弹性滑动和打滑，不能保证准确的传动比；③ 机械效率低，带的寿命较短；④ 需要张紧装置。

带传动的应用范围较广泛。一般带速为 5～25 m/s，高速带可达 60 m/s。平带传动的传动比通常为 3 左右，较大可达到 5；V 带传动的传动比一般不超过 8。带传动效率较低，一般 η=0.94～0.97，因此一般不用于大功率传动，功率通常不超过 50 kW。

9.1.2　链传动的类型、特点及应用

链传动是应用在两平行轴之间一种挠性传动。如图 9-4 所示，它是由主动链轮 1、从动链轮 2 和环形链条 3 组成。在链传动过程中，链作为中间挠性件，通过链与链轮啮合来传递运动和动力。

链传动既具有啮合传动，又具有中间零件——链条。因此，兼有齿轮传动和带传动的一些特点。与齿轮传动相比，链传动制造和安装精度要求较低，成本低廉，安装方便；链轮受力较好，承载能力大；可实现远距离传动，而结构相对轻便等优点。与带传动相比，链传动无弹性滑动和打滑现象，保持准确的平均传动比；传动效率较高（一般为 94%～98%）；张紧力较小，链条对轴的压力较小。此外，可在高温、低速、腐蚀和多尘等恶劣条件下工作。

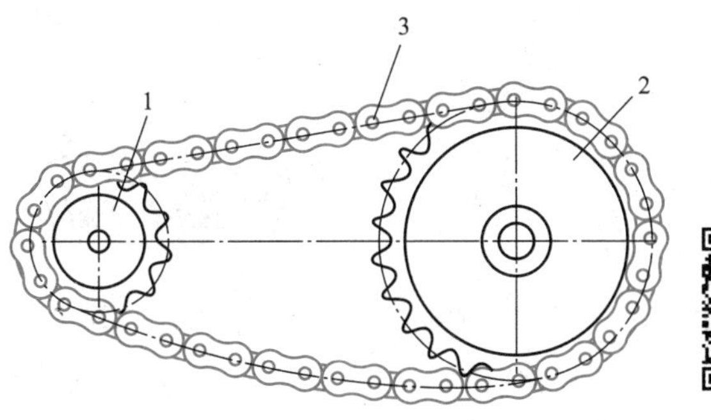

图 9-4　链传动结构简图

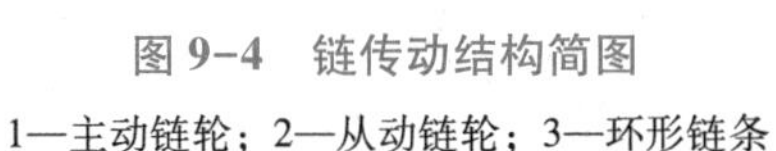

1—主动链轮；2—从动链轮；3—环形链条

链传动的主要缺点是：只能在平行轴间工作；不能保持恒定的瞬时传动比；工作中有振动和冲击，噪声较大；不适合中心距小和急速反转的场合。

链传动应用范围较广，多应用在农业、矿山、冶金、建筑、起重运输等机械中。按照用途不同，链有传动链、起重链和输送链。传动链主要在中速下用来传递运动和动力，例如自行车的车链。起重链主要用在起重机械中低速提升重物，例如起重叉车。输送链主要用在运输机械中输送物料，例如矿山中大型化机械输送或装卸设备。在一般机械中，常用的是传动链。

传动链应用中，通常传递功率在 100 kW 以下，链速一般不超过 15 m/s，传动比小于 8。机械中传递运动和动力的传动链有滚子链与齿形链两种类型。在生产和应用中，滚子链使用最广。

本章主要介绍机械中应用最广泛的 V 带传动和滚子链传动的设计与计算。

9.2　V 带与 V 带轮

由前述可知，V 带分为普通 V 带、窄 V 带、宽 V 带等类型，其中普通 V 带应用最广。本节主要介绍普通 V 带和窄 V 带。

9.2.1　V 带的结构和标准

普通 V 带均制成无接头环形，由伸张层（顶胶）、强力层（抗拉体）、压缩层（底胶）和包布层（胶帆布）组成，如图 9-5 所示。

按强力层材料的不同可分为帘布芯结构（图 9-5（a））和绳芯结构（图 9-5（b））两种，两者的强力层分别为几层胶帘布或一层胶线绳组成，用来承受基体拉力。帘布芯结构制造方便，抗拉强度高，型号齐全，应用较广。绳芯结构柔韧性好，抗弯强度高，适用于带轮直径较小、载荷不大、转速较高的场合。目前国产绳芯结构的 V 带仅有 Z、A、B、C 四种型号。

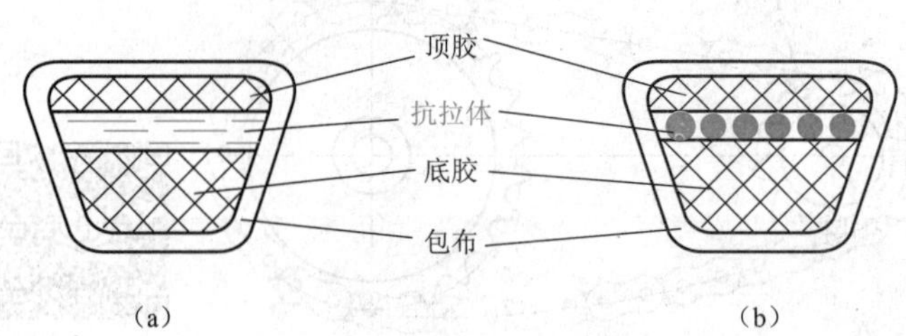

图 9-5　普通 V 带的构成

按截面尺寸由小到大，普通 V 带（$h/b_p \approx 0.7$）分为 Y、Z、A、B、C、D、E 七种型号，窄 V 带（$h/b_p \approx 0.9$）分为 SPZ、SPA、SPB、SPC 四种型号，其截面尺寸见表 9-1。

表 9-1　V 带的截面尺寸（GB/T 11544—2012）

带型		节宽 b_p/mm	顶宽 b/mm	高度 h/mm	质量 q/(kg·m^{-1})	楔角 θ/(°)
普通 V 带	窄 V 带					
Y		5.3	6	4	0.03	40
Z		8.5	10	6	0.06	
	SPZ			8	0.07	
A		11.0	13	8	0.11	
	SPA			10	0.12	
B		14.0	17	11	0.19	
	SPB			14	0.20	
C		19.0	22	14	0.33	
	SPC			18	0.37	
D		27.0	32	19	0.66	
E		32.0	38	23	1.02	

当带垂直其底边弯曲时，在弯曲平面内长度保持不变的周线称为节线。节线组成的面称为节面，节面的宽度称为节宽，以 b_p 表示（见表 9-1 图），带垂直其底边弯曲时，该宽度保持不变。

V 带在规定的张紧力下，其节线长度保持不变，该长度称为 V 带的基准长度，以 L_d 表示，它是 V 带传动几何尺寸计算中所用带长，为标准值。**普通 V 带的基准长度系列见表 9-2。**

表 9-2 普通 V 带的基准长度 L_d 系列及带长修正系数 K_L（GB/T 13575. 1—2008）

mm

Y L_d	K_L	Z L_d	K_L	A L_d	K_L	B L_d	K_L	C L_d	K_L	D L_d	K_L	E L_d	K_L
200	0. 81	405	0. 87	630	0. 81	930	0. 83	1 565	0. 82	2740	0. 82	4660	0. 91
224	0. 82	475	0. 90	700	0. 83	1 000	0. 84	1 760	0. 85	3 100	0. 86	5 040	0. 92
250	0. 84	530	0. 93	790	0. 85	1 100	0. 86	1 950	0. 87	3 330	0. 87	5 420	0. 94
280	0. 87	625	0. 96	890	0. 87	1 210	0. 87	2 195	0. 90	3 730	0. 90	6 100	0. 96
315	0. 89	700	0. 99	990	0. 89	1 370	0. 90	2 420	0. 92	4 080	0. 91	6 850	0. 99
355	0. 92	780	1. 00	1 100	0. 91	1 560	0. 92	2 715	0. 94	4 620	0. 94	7 650	1. 01
400	0. 96	920	1. 04	1 250	0. 93	1 760	0. 94	2 880	0. 95	5 400	0. 97	9 150	1. 05
450	1. 00	1 080	1. 07	1 430	0. 96	1 950	0. 97	3 080	0. 97	6 100	0. 99	12 230	1. 11
500	1. 02	1 330	1. 13	1 550	0. 98	2 180	0. 99	3 520	0. 99	6 840	1. 02	13 750	1. 15
		1 420	1. 14	1 640	0. 99	2 300	1. 01	4 060	1. 02	7 620	1. 05	15 280	1. 17
		1 540	1. 54	1 750	1. 00	2 500	1. 03	4 600	1. 05	9 140	1. 08	16 800	1. 19
				1 940	1. 02	2 700	1. 04	5 380	1. 08	10 700	1. 13		
				2 050	1. 04	2 870	1. 05	6 100	1. 11	12 200	1. 16		
				2 200	1. 06	3 200	1. 07	6 815	1. 14	13 700	1. 19		
				2 300	1. 07	3 600	1. 09	7 600	1. 17	15 200	1. 21		
				2 480	1. 09	4 060	1. 13	9 100	1. 21				
				2 700	1. 10	4 430	1. 15	10 700	1. 24				
						4 820	1. 17						
						5 370	1. 20						
						6 070	1. 24						

9. 2. 2 V 带轮

设计带轮时，应使其结构便于制造，质量小，而且分布均匀，避免由于铸造产生过大的内应力。轮槽工作表面应光滑，以减少 V 带磨损。高速带轮需进行动平衡。

带轮的材料常采用灰铸铁、钢、铝合金或工程塑料等。灰铸铁应用最广，当带速 $v \leq 30$ m/s 时，一般采用 HT150 或 HT200；当带速 $v > 30 \sim 45$ m/s 时，宜采用 HT300 或 HT350；带速 $v \leq 80$ m/s 时宜采用铸钢、铝合金或冲压焊接带轮。小功率传动可用铸铝或工程塑料带轮。汽车、农业机械的辅助传动常用钢板冲压带轮或旋压带轮。

带轮由轮缘、轮辐和轮毂三部分组成。

带轮的轮槽尺寸按表9-3确定。表中 b_d 表示带轮轮槽的基准宽度，通常与V带的节面宽度 b_p 相等，即 $b_d=b_p$。轮槽基准宽度所在的圆称为基准圆（节圆），其直径 d_d 称为基准直径（见表9-3图）。基准直径应参照表9-4选取。

表9-3　V带轮的轮缘尺寸（GB/T 13575.1—2008）　mm

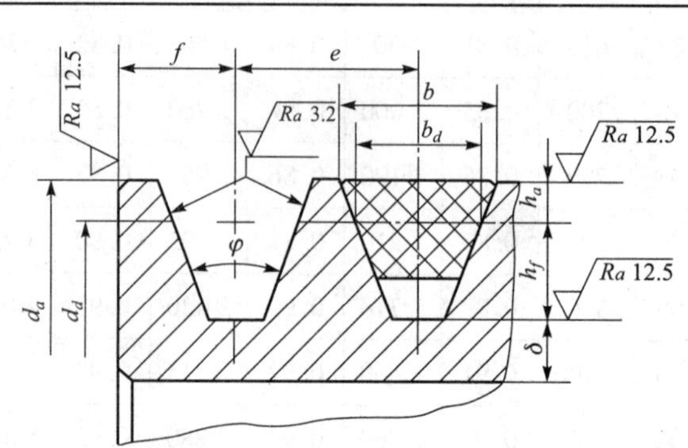

项目		符号	槽型 Y	Z SPZ	A SPA	B SPB	C SPC	D	E
基准宽度		b_d	5.3	8.5	11.0	14.0	19.0	27.0	32.0
基准线上槽深		h_{amin}	1.6	2.0	2.75	3.5	4.8	8.1	9.6
基准线下槽深		h_{fmin}	4.7	7.0 9.0	8.7 11.0	10.8 14.0	14.3 19.0	19.9	23.4
槽间距		e	8±0.3	12±0.3	15±0.3	19±0.4	25.5±0.5	37±0.6	44.5±0.7
槽边距		f_{min}	6	7	9	11.5	16	23	28
最小轮缘厚		δ_{min}	5	5.5	6	7.5	10	12	15
带轮宽		B	$B=(z-1)e+2f$　z—轮槽数						
外径		d_a	$d_a=d_d+2h_a$（见表9-4）						
轮槽角 φ	32°	相应的基准直径 d_d	≤60	—	—	—	—	—	—
	34°		—	≤80	≤118	≤190	≤315	—	—
	36°		>60	—	—	—	—	≤475	≤600
	38°		—	>80	>118	>190	>315	>475	>600
	偏差		±30′						

普通V带两侧面所夹的楔角 θ 均为40°，但带轮轮槽横截面两侧边所夹的槽角 φ 则根据带轮基准直径 d_d 的大小分别为32°、34°、36°或38°，带轮直径越小，规定的槽角也越小。这是考虑到带在带轮上弯曲时，由于截面变形将使其楔角减小，为了保证轮槽工作面与带侧面贴紧，使 $\varphi<\theta$。

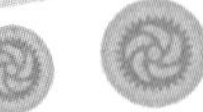
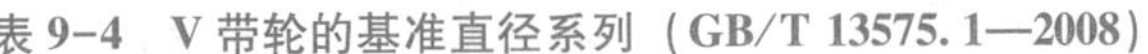

表 9-4　V 带轮的基准直径系列（GB/T 13575.1—2008）　mm

基准直径 d_d	带型 Y	Z SPZ	A SPA	B SPB	C SPC	D	E	基准直径 d_d	带型 Y	Z SPZ	A SPA	B SPB	C SPC	D	E
	外径 d_a								外径 d_a						
20	23.2							160		164	165.5	167			
22.4	25.6							170				177			
25	28.2							180		184	185.5	187			
28	31.2							200		204	205.5	207	+209.6		
31.5	34.7							212					+221.6		
35.5	38.7							224		228	229.5	231	233.6		
40	43.2							236					245.6		
45	48.2							250		254	255.5	257	259.6		
50	53.2	+54						265					274.6		
56	59.2	+60						280		284	285.5	287	289.6		
63		67						300					309.6		
71		75						315		319	320.5	322	324.6		
75		79	+80.5					335					344.6		
80	83.2	84	+85.5					355		359	360.5	362	364.6	371.2	
85			+90.5					375						391.2	
90	93.2	94	95.5					400		404	405.5	407	409.6	416.2	
95			100.5					425						441.2	
100	103.2	104	105.5					450			455.5	457	459.6	466.2	
106			111.5					475						491.2	
112	115.2	116	117.5					500		504	505.5	507	509.6	516.2	519.2
118			123.5					530							549.2
125	128.2	129	130.5	+132				560			565.5	567	569.6	572.2	579.2
132		136	137.5	+139				600				607	609.6	616.2	619.2
140		144	145.5	147				630		634	635.5	637	639.6	646.2	649.2
150		154	155.5	157				670							689.2

注：+只用于普通 V 带

如图 9-6 所示，V 带轮的结构形式一般有四种，分别为实心式（图 9-6（a））、辐板式（图 9-6（b））、孔板式（图 9-6（c））和椭圆轮辐式（图 9-6（d））。V 带轮的结构尺寸依照表 9-5 选取。

带轮的基准直径 $d_d \leqslant (2.5 \sim 3)\,d$（$d$ 为带轮轴的直径，mm）时，可采用实心式；$d_d \leqslant 300$ mm时，可采用辐板式，且当 $d_d - d_1 \geqslant 100$ mm 时，可采用孔板式；$d_d > 300$ mm 时，可采用轮辐式。

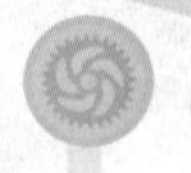
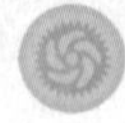
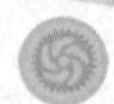

（a）

（b）

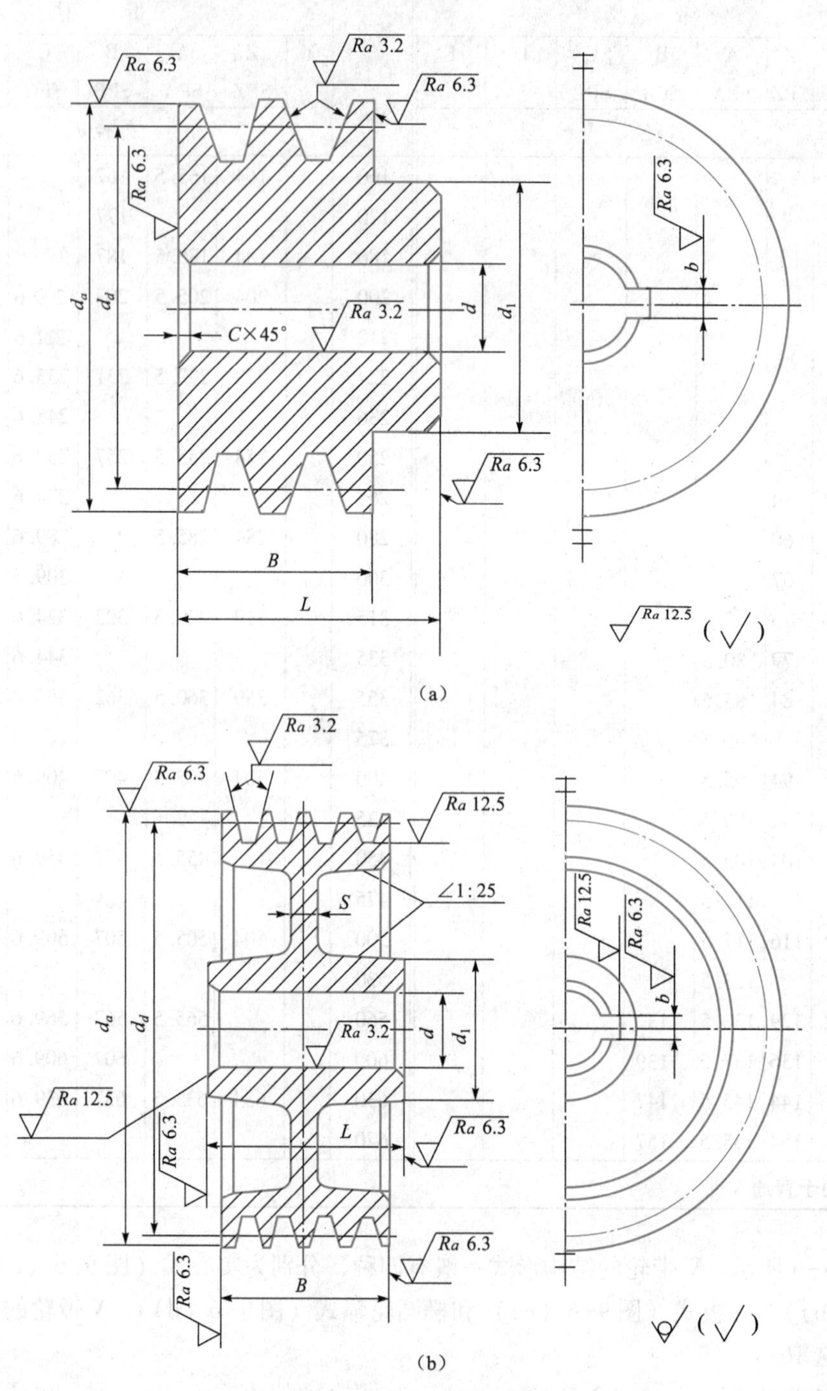

图 9-6　V 带轮的结构形式

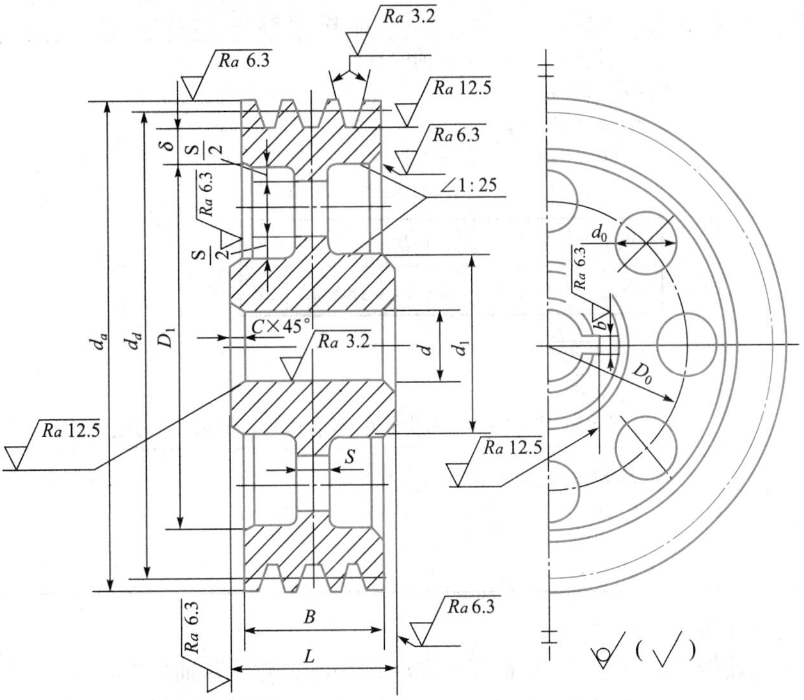

(c)

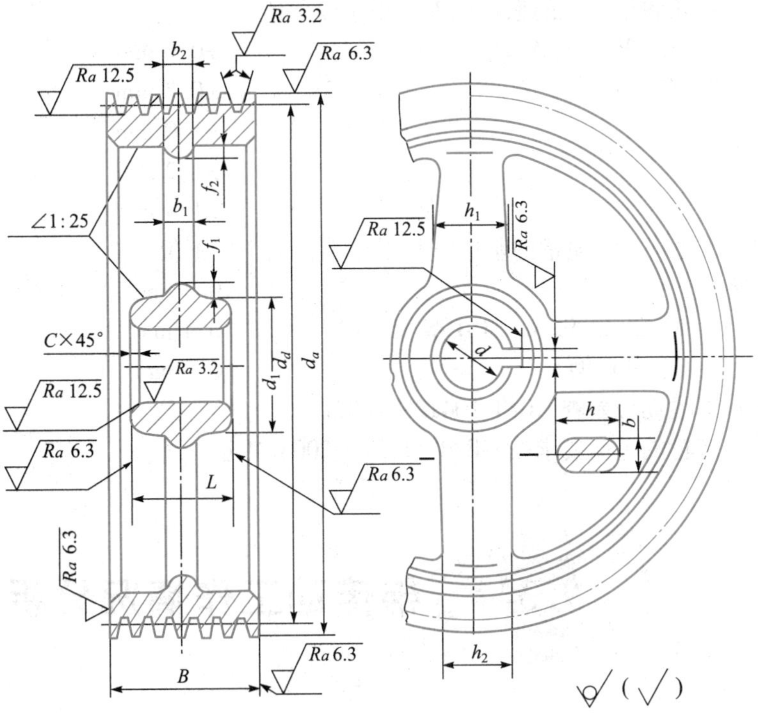

(d)

图9-6 V带轮的结构形式（续）

表 9-5　V 带轮的结构尺寸

mm

<table>
<tr><th>结构尺寸</th><th>计算用经验公式</th></tr>
<tr><td>d_1
D_1
D_0
d_0
L
S</td><td>$d_1=(1.8\sim2)d$，d 为轴的直径
$D_1=d_d-2(h_f+\delta)$
$D_0=0.5(D_1+d_1)$
$d_0=(0.2\sim0.3)(D_1-d_1)$
$L=(1.5\sim2)d$，当 $B<1.5d$ 时，$L=B$
<table><tr><th>型号</th><th>Y</th><th>Z</th><th>A</th><th>B</th><th>C</th><th>D</th><th>E</th></tr><tr><td>S_{min}</td><td>6</td><td>8</td><td>10</td><td>14</td><td>18</td><td>22</td><td>28</td></tr></table>
$h_1=\sqrt[3]{\dfrac{F\ d_d}{0.8z_e}}$
F 为有效拉力，N；d_d 为带轮的基准直径，mm；z_e 为轮辐数</td></tr>
<tr><td>h_2、b_1、b_2
f_1、f_2</td><td>$h_2=0.8h_1$、$b_1=0.4h_1$、$b_2=0.8b_1$
$f_1=0.2h_1$、$f_2=0.2h_2$</td></tr>
<tr><td colspan="2">注：表中符号与图 9-6 相对应。</td></tr>
</table>

带轮的技术要求：

（1）带轮轮槽工作面的表面粗糙度为 $Ra=3.2\ \mu m$，轮缘和轴孔端面为 $Ra=6.3\sim12.5\ \mu m$。

（2）轮槽工作面不应有砂眼、气孔。轮槽棱边要倒圆或倒钝。

（3）带轮轮槽间距的累积误差应小于以下值：

Y、Z、A、SPZ、SPA 型	±0.6 mm
B、SPB 型	±0.8 mm
C、SPC	±1.0 mm
D 型	±1.2 mm
E 型	±1.4 mm

同一带轮任意两轮槽的基准直径误差不得大于以下值：

Y 型	0.3 mm
Z、A、B、SPZ、SPA、SPB 型	0.4 mm
C、D、E、SPC 型	0.6 mm

（4）圆跳动公差查 GB/T 10412—2002。

（5）带轮的平衡要求按 GB/T 11357—2008 规定。

9.3 带传动工作情况分析

9.3.1 带传动的受力分析

为使带传动正常工作，带必须以一定的初拉力 F_0 张紧在两带轮上。静止或低速空转时

（略去摩擦阻力），带两边拉力相等，均为 F_0（图 9-7（a））。当带传递载荷时，由于带与轮面间摩擦力作用，带两边拉力不再相等（图 9-7（b））。即将绕进主动轮的一边，拉力 F_0 由增加到 F_1，称为紧边；另一边拉力由 F_0 减少到 F_2，称为松边。如取包在主动轮上的传动带为分离体，设主动带轮基准直径为 d_{d1}，则由力矩平衡条件 $\sum M=0$ 可导得：

$$F_f=F_1-F_2 \tag{9-1}$$

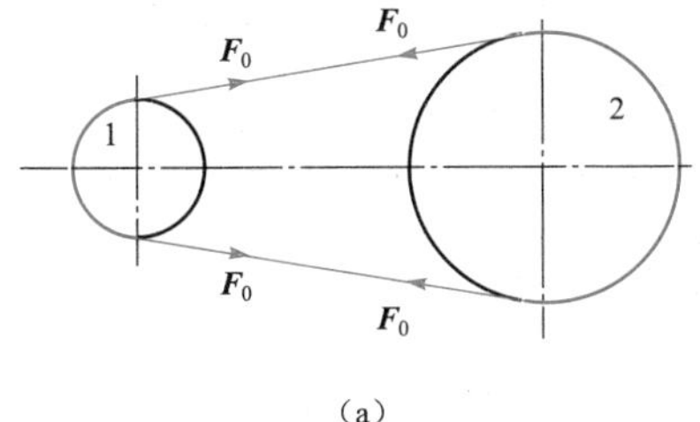

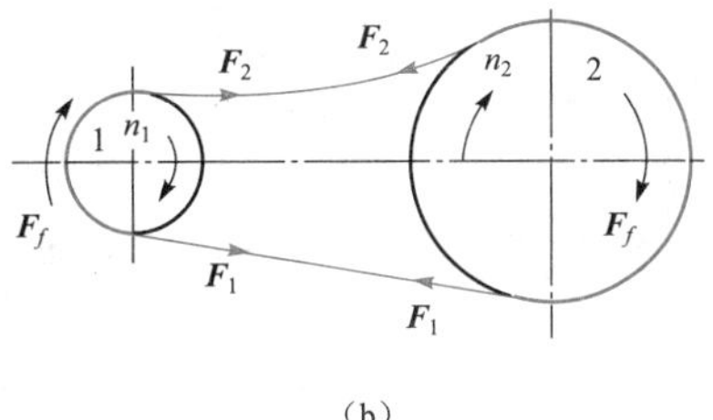

图 9-7　带传动的受力分析

紧边与松边拉力的差值（F_1-F_2）是带传动中起传递功率作用的拉力，称为有效拉力，以 F 表示，其大小由带和带轮接触面上各点摩擦力的总和 F_f 确定。带所传递的有效拉力

$$F=F_f=F_1-F_2 \tag{9-2}$$

带所传递的功率为

$$P=Fv/1\ 000 \tag{9-3}$$

式中，F 为有效拉力，N；v 为带速，m/s；P 为带所传递的功率，kW。

传动带在静止和传动两种状态下总长度可认为近似相等，则带的紧边拉力增加量应等于松边拉力减少量。即 $F_1-F_0=F_0-F_2$

$$F_1+F_2=2F_0 \tag{9-4}$$

由式（9-2）和式（9-4）可得

$$\left.\begin{aligned} F_1&=F_0+F/2 \\ F_2&=F_0-F/2 \end{aligned}\right\} \tag{9-5}$$

9.3.2　带的弹性滑动和打滑

带是弹性体，设带的材料符合变形与应力成正比的规律，则紧边带的单位伸长量大于松边带的单位伸长量。如图 9-8 所示，当带绕过主动轮，由 A 点转到 B 点时，带的单位伸长量将逐渐缩短，带沿轮面后缩产生相对滑动，从而使带速 v 滞后于主动轮的圆周速度 v_1。带绕过从动轮时也发生类似现象，但情况相反，带将逐渐伸长，带沿轮面向前滑动，使带速 v 超前于从动轮的圆周速度 v_2。这种由于材料的弹性变形而产生的相对滑动称为弹性滑动，它是带传动中无法避免的一种正常的物理现象。

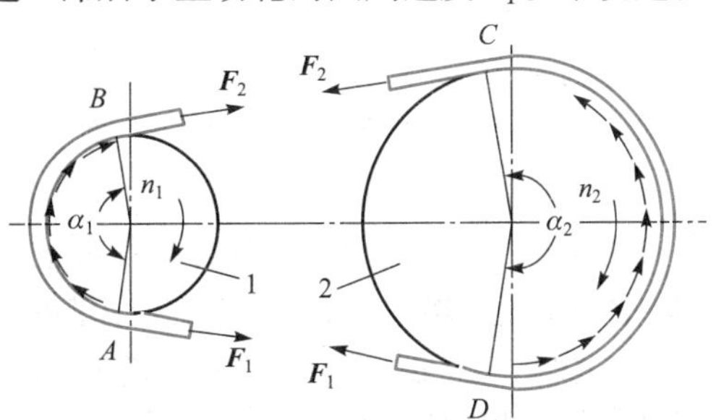

图 9-8　带传动的弹性滑动

弹性滑动导致从动轮的圆周速度 v_2 低于主动轮的圆周速度 v_1，产生了速度损失。速度损失的程度通常用相对滑动率 ε 表示，即

$$\varepsilon=\frac{v_1-v_2}{v_1}\times 100\% \tag{9-6}$$

式中

$$\left.\begin{aligned} v_1&=\frac{\pi d_{d1}n_1}{60\times 1\ 000}\\ v_2&=\frac{\pi d_{d2}n_2}{60\times 1\ 000}\end{aligned}\right\} \tag{9-7}$$

式中，d_{d1}、d_{d2}为带轮直径，mm；n_1、n_2 为带轮转速，r/min。

将式（9-7）代入式（9-6），可求得考虑弹性滑动时带的传动比计算公式

$$i=\frac{n_1}{n_2}=\frac{d_{d2}}{d_{d1}(1-\varepsilon)} \tag{9-8}$$

相对滑动率 ε 与带的材料和受力大小有关，不能得到准确的恒定值。通常 V 带传动 $\varepsilon=1\%\sim2\%$，其值很小，故在一般计算中可以忽略不计，此时带传动比计算式可简化为

$$i=\frac{n_1}{n_2}=\frac{d_{d2}}{d_{d1}} \tag{9-9}$$

当传递的外载荷增大时，要求有效拉力 F 也随之增加，当 F 达到一定数值时，带与带轮接触面间的摩擦力总和 F_f 达到极限值。若外载荷继续增加，带将沿整个接触弧面滑动，这种现象称为打滑。带传动一旦出现了打滑，即失去传动能力，从动轮转速急剧下降，带严重磨损。所以，必须避免打滑。

9.3.3 极限有效拉力 F_{max} 及其影响因素

由前述可知，当带有打滑趋势时，带与带轮间的摩擦力达到极限值，即有效拉力达到最大值，称为极限有效拉力，用 F_{max} 表示。设带为理想的挠性体，通过对带传动即将打滑时的受力分析，可得到柔韧体摩擦的欧拉公式

$$F_1=F_2e^{f\alpha} \tag{9-10}$$

式中，F_1、F_2 为带即将打滑时紧边和松边拉力；e 为自然对数的底，e = 2.718 28…；f 为摩擦系数，V 带传动中用 f_v 代替 f；α 为带在带轮上的包角，这里取 $\alpha=\alpha_1$，即带在小带轮上的包角，近似计算式为

$$\alpha_1=180°-\frac{d_{d2}-d_{d1}}{a}\times 57.3° \tag{9-11}$$

将式（9-5）代入式（9-10）中，可得到极限有效拉力 F_{max} 的表达式

$$F_{max}=2F_0\frac{e^{f\alpha}-1}{e^{f\alpha}+1} \tag{9-12}$$

由式（9-12）可知，影响极限有效拉力 F_{max} 的因素有：

（1）初拉力 F_0。F_{max} 与 F_0 成正比。F_0 越大，带与两轮之间的正压力越大，传动时产生的摩擦力就越大，故 F_{max} 越大。但初拉力 F_0 过大时，带的拉应力增大，带的工作寿命降低，还会使轴与轴承的受力增大。如 F_0 过小，则带的传动能力不能充分发挥，传动时易发生跳动和打滑。

（2）包角 α_1。α_1 增大将使 F_{max} 增大。因为包角增大，将使带与带轮间的接触弧长增加，从而可提高传递载荷的能力。因此，水平传动时，常将带传动的松边设计在上边，以增大包角。

（3）摩擦系数 f。f 越大，摩擦力越大，F_{max} 也就越大。但并不意味着轮槽越粗糙越好，

因为轮槽过于粗糙，会使带的磨损加剧。

9.3.4　带的应力分析

带在工作过程中，主要承受拉应力、离心应力和弯曲应力三种应力。

1. 由拉力产生的拉应力

$$\left.\begin{aligned}&\text{紧边拉应力 } \sigma_1=\frac{F_1}{A}\\&\text{松边拉应力 } \sigma_2=\frac{F_2}{A}\end{aligned}\right\}\tag{9-13}$$

式中，A 为带的横截面积，mm^2。

2. 由离心力作用产生的离心应力

当带绕过带轮时，随带轮的轮缘做圆周运动，将产生离心力。虽然它只产生在带做圆周运动的部分，但由此产生的拉应力却作用于带的全长。

$$\sigma_c=qv^2/A\tag{9-14}$$

式中，q 为每米带长的质量，kg/m，见表9-1。

3. 带绕过带轮时产生的弯曲应力

带绕过带轮时，将因弯曲而产生弯曲应力。由材料力学公式得带的弯曲应力

$$\sigma_b=\frac{2Eh'}{d_d}\tag{9-15}$$

式中，E 为带材料的弯曲弹性模量，MPa；h' 为带的外表面到节面间的距离，mm。对于平带，$h'=h/2$，h 为带的厚度。对于V带，$h'=h_a$，由表9-3查取，$h_a=h_{a\min}$。

由式（9-15）可知，带轮直径 d_d 越小，带的弯曲应力就越大。显然小带轮上的弯曲应力要大于大带轮上的弯曲应力，对于各种型号的V带都规定了最小带轮直径 $d_{d\min}$，见表9-6。

表9-6　V带轮的最小基准直径（GB/T 10412—2002）　mm

型　号	Y	Z SPZ	A SPA	B SPB	C SPC	D	E
$d_{d\min}$	20	50 63	75 90	125 140	200 224	355	500

图9-9表示带工作时的应力分布情况。由图可知，带受变应力作用，带每绕两带轮循环一周，作用在带上某点的应力就变化一个周期。最大应力发生在带的紧边绕进小带轮处，其值为

$$\sigma_{\max}=\sigma_1+\sigma_c+\sigma_{b1}\tag{9-16}$$

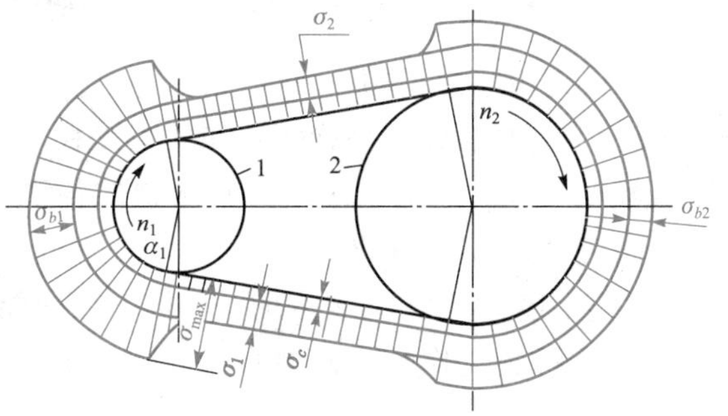

图9-9　带工作时的应力分布

9.4 普通 V 带传动的设计计算

9.4.1 带传动的主要失效形式

由前述可知，传动带是在周期性变应力状态下工作的。当带的应力循环次数达到一定的数值时，带将发生疲劳破坏，如脱层、撕裂或拉断。

当带传递的载荷超过它的最大有效拉力 F_{max} 时，带将在带轮上打滑，造成带的严重磨损，使带传动失效。

9.4.2 带传动的设计准则

由上可知，带传动的主要失效形式为过载打滑和疲劳破坏。因此，带传动的设计准则为：在保证不打滑的条件下，使带具有一定的疲劳强度和寿命。

9.4.3 单根普通 V 带的额定功率值

由设计准则可知，带传动的疲劳强度条件为

$$\sigma_{max}=\sigma_1+\sigma_c+\sigma_{b1}\leqslant[\sigma]$$

$$\sigma_1\leqslant[\sigma]-\sigma_c-\sigma_{b1} \tag{9-17}$$

由式（9-2）、式（9-10）、式（9-13）及式（9-17），并以 V 带的当量摩擦系数 f_v 代替 f，可推出即将打滑时的最大有效拉力

$$F_{max}=F_1\left(1-\frac{1}{e^{f_v\alpha_1}}\right)=\sigma_1 A\left(1-\frac{1}{e^{f_v\alpha_1}}\right)=([\sigma]-\sigma_c-\sigma_{b1})A\left(1-\frac{1}{e^{f_v\alpha_1}}\right) \tag{9-18}$$

将上式代入式（9-3）可得，带传动即不打滑又有一定疲劳寿命时单根普通 V 带所能传递的基本额定功率为

$$P_0=\frac{F_{max}v}{1\ 000}=\frac{Av}{1\ 000}([\sigma]-\sigma_c-\sigma_{b1})\left(1-\frac{1}{e^{f_v\alpha_1}}\right) \tag{9-19}$$

式中，$[\sigma]$为带的疲劳许用应力，MPa。

由于式（9-18）中有些参数不易确定，在载荷平稳、包角 $\alpha=180°$（$i=1$）、特定带长的特定条件下，经实验取值后，由式（9-19）求得的各型号单根普通 V 带的基本额定功率 P_0 值列表，供设计时查用，见表 9-7。

当实际工作条件与上述特定条件不相等时，单根 V 带所能传递的功率也不同，此时应对 P_0 值加以修正。修正后即得实际工作条件下，单根 V 带所能传递的功率，称许用功率 $[P_0]$。故

$$[P_0]=(P_0+\Delta P_0)K_\alpha K_L \tag{9-20}$$

式中，ΔP_0 为考虑 $i\neq1$ 时额定功率的增量，kW，因为 $i\neq1$ 时，带绕过大带轮时的弯曲应力较小，因此在寿命相同的条件下，传动能力将有所提高，ΔP_0 的具体数值可由表 9-8 查取；K_α

为包角修正系数，是考虑 $\alpha_1 \neq 180°$时对传动能力影响的修正系数，其值见表 9-9；K_L 为带长修正系数，是考虑带的实际长度不为特定带长时对传动能力影响的修正系数，其值见表 9-2。

表 9-7　包角 $\alpha=180°$、特定带长、工作平稳情况下，单根普通 V 带的额定功率 P_0　　kW

型号	小带轮直径 d_{d1}/mm	小带轮转速 n_1/(r·min^{-1})														
		200	400	730	800	980	1 200	1 460	1 600	2 000	2 400	2 800	3 200	3 600	4 000	4 500
Z	56	—	0.06	0.11	0.12	0.14	0.17	0.19	0.20	0.25	0.30	0.33	0.35	0.37	0.39	0.40
	63	—	0.08	0.13	0.15	0.18	0.22	0.25	0.27	0.32	0.37	0.41	0.45	0.47	0.49	0.50
	71	—	0.09	0.17	0.20	0.23	0.27	0.31	0.33	0.39	0.46	0.50	0.54	0.58	0.61	0.62
	80	—	0.14	0.20	0.22	0.26	0.30	0.36	0.39	0.44	0.50	0.56	0.61	0.64	0.67	0.67
	90	—	0.14	0.22	0.24	0.28	0.33	0.37	0.40	0.48	0.54	0.60	0.64	0.68	0.72	0.73
A	75	0.16	0.27	0.42	0.45	0.52	0.60	0.68	0.73	0.84	0.92	1.00	1.04	1.08	1.09	1.07
	90	0.22	0.39	0.63	0.68	0.79	0.93	1.07	1.15	1.34	1.50	1.64	1.75	1.83	1.87	1.88
	100	0.26	0.47	0.77	0.83	0.97	1.14	1.32	1.42	1.66	1.87	2.05	2.19	2.28	2.34	2.33
	112	0.31	0.56	0.93	1.00	1.18	1.39	1.62	1.74	2.04	2.30	2.51	2.68	2.78	2.83	2.79
	125	0.37	0.67	1.11	1.19	1.40	1.66	1.93	2.07	2.44	2.74	2.98	3.16	3.26	3.28	3.17
	140	0.43	0.78	1.31	1.41	1.66	1.96	2.29	2.45	2.87	3.22	3.48	3.65	3.72	3.67	3.44
	160	0.51	0.94	1.56	1.69	2.00	2.36	2.74	2.94	3.42	3.80	4.06	4.19	4.17	3.98	3.48
B	125	0.48	0.84	1.34	1.44	1.67	1.93	2.20	2.33	2.64	2.85	2.96	2.94	2.80	2.51	1.93
	140	0.59	1.05	1.69	1.82	2.13	2.47	2.83	3.00	3.42	3.70	3.85	3.83	3.63	3.24	2.45
	160	0.74	1.32	2.16	2.32	2.72	3.17	3.64	3.86	4.40	4.75	4.89	4.80	4.46	3.82	2.59
	180	0.88	1.59	2.61	2.81	3.30	3.85	4.41	4.68	5.30	5.67	5.76	5.52	4.92	3.92	2.04
	200	1.02	1.85	3.06	3.30	3.86	4.50	5.15	5.46	6.13	6.47	6.43	5.95	4.98	3.47	—
	224	1.19	2.17	3.59	3.86	4.50	5.26	5.99	6.33	7.02	7.25	6.95	6.05	4.47	2.14	—

型号	小带轮直径 d_{d1}/mm	小带轮转速 n_1/(r·min^{-1})														
		100	200	300	400	500	600	730	980	1 200	1 460	1 600	1 800	2 000	2 400	2 600
C	200	—	1.39	1.92	2.41	2.87	3.30	3.80	4.66	5.29	5.86	6.07	6.28	6.34	6.02	5.61
	224	—	1.70	2.37	2.99	3.58	4.12	4.78	5.89	6.71	7.47	7.75	8.00	8.05	7.57	6.93
	250	—	2.03	2.85	3.62	4.33	5.00	5.82	7.18	8.21	9.06	9.38	9.63	9.62	8.75	7.85
	280	—	2.42	3.40	4.32	5.19	6.00	6.99	8.65	9.81	10.74	11.06	11.22	11.04	9.50	8.08
	315	—	2.86	4.04	5.14	6.17	7.14	8.34	10.23	11.53	12.48	12.72	12.67	12.14	9.43	7.11
	400	—	3.91	5.54	7.06	8.52	9.82	11.52	13.67	15.04	15.51	15.24	14.08	11.95	4.34	—
D	355	3.01	5.31	7.35	9.24	10.90	12.39	14.04	16.30	17.25	16.70	15.63	12.97	—	—	—
	400	3.66	6.52	9.13	11.45	13.55	15.42	17.58	20.25	21.20	20.03	18.31	14.28	—	—	—
	450	4.37	7.90	11.02	13.85	16.40	18.67	21.12	24.16	24.84	22.42	19.59	13.34	—	—	—
	500	5.08	9.21	12.88	16.20	19.17	21.78	24.52	27.60	27.61	23.28	18.88	9.59	—	—	—
	560	5.91	10.76	15.07	18.95	22.38	25.32	28.28	31.00	29.67	22.08	15.13	—	—	—	—
E	500	6.21	10.86	14.96	18.55	21.65	24.21	26.62	28.52	25.53	16.25	—	—	—	—	—
	560	7.32	13.09	18.10	22.49	26.25	29.30	32.02	33.00	28.49	14.52	—	—	—	—	—
	630	8.75	15.65	21.69	26.95	31.36	34.83	37.64	37.14	29.17	—	—	—	—	—	—
	710	10.31	18.52	25.69	31.83	36.85	40.58	43.07	39.56	25.91	—	—	—	—	—	—
	800	12.05	21.70	30.05	37.05	42.53	46.26	47.79	39.08	16.46	—	—	—	—	—	—

表 9-8　考虑 $i \neq 1$ 时单根普通 V 带额定功率值的增量 ΔP_0　　kW

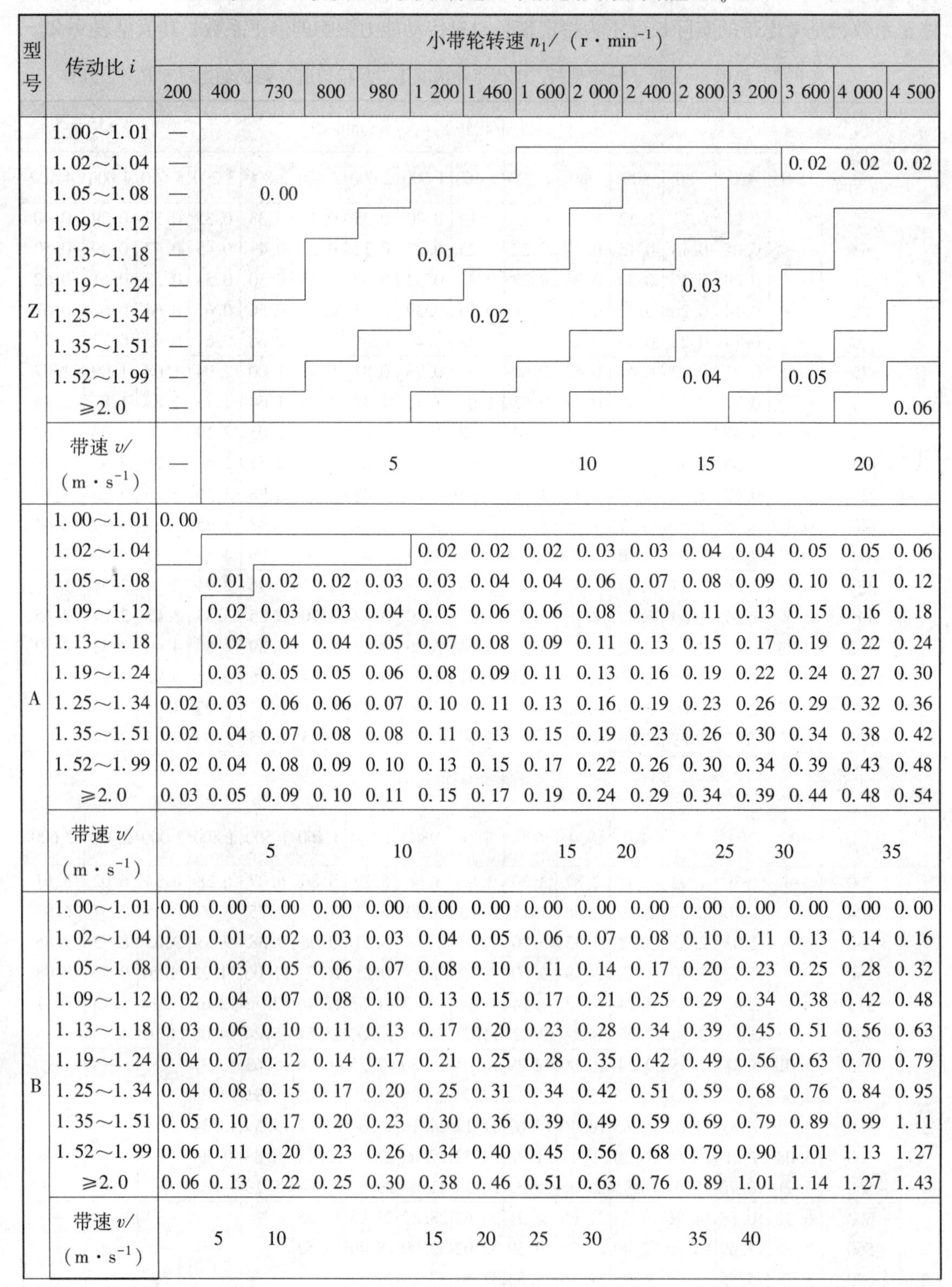

型号	传动比 i	小带轮转速 n_1/（r·min^{-1}）														
		200	400	730	800	980	1 200	1 460	1 600	2 000	2 400	2 800	3 200	3 600	4 000	4 500
Z	1.00～1.01	—														
	1.02～1.04	—												0.02	0.02	0.02
	1.05～1.08	—		0.00												
	1.09～1.12	—														
	1.13～1.18	—					0.01									
	1.19～1.24	—										0.03				
	1.25～1.34	—						0.02								
	1.35～1.51	—														
	1.52～1.99	—										0.04		0.05		
	≥2.0	—														0.06
	带速 v/（m·s^{-1}）	—				5				10		15			20	
A	1.00～1.01	0.00														
	1.02～1.04						0.02	0.02	0.02	0.03	0.03	0.04	0.04	0.05	0.05	0.06
	1.05～1.08		0.01	0.02	0.02	0.03	0.03	0.04	0.04	0.06	0.07	0.08	0.09	0.10	0.11	0.12
	1.09～1.12		0.02	0.03	0.03	0.04	0.05	0.06	0.06	0.08	0.10	0.11	0.13	0.15	0.16	0.18
	1.13～1.18		0.02	0.04	0.04	0.05	0.07	0.08	0.09	0.11	0.13	0.15	0.17	0.19	0.22	0.24
	1.19～1.24		0.03	0.05	0.05	0.06	0.08	0.09	0.11	0.13	0.16	0.19	0.22	0.24	0.27	0.30
	1.25～1.34	0.02	0.03	0.06	0.06	0.07	0.10	0.11	0.13	0.16	0.19	0.23	0.26	0.29	0.32	0.36
	1.35～1.51	0.02	0.04	0.07	0.08	0.08	0.11	0.13	0.15	0.19	0.23	0.26	0.30	0.34	0.38	0.42
	1.52～1.99	0.02	0.04	0.08	0.09	0.10	0.13	0.15	0.17	0.22	0.26	0.30	0.34	0.39	0.43	0.48
	≥2.0	0.03	0.05	0.09	0.10	0.11	0.15	0.17	0.19	0.24	0.29	0.34	0.39	0.44	0.48	0.54
	带速 v/（m·s^{-1}）			5		10			15		20	25		30		35
B	1.00～1.01	0.00	0.00	0.00	0.00	0.00	0.00	0.00	0.00	0.00	0.00	0.00	0.00	0.00	0.00	0.00
	1.02～1.04	0.01	0.01	0.02	0.03	0.03	0.04	0.05	0.06	0.07	0.08	0.10	0.11	0.13	0.14	0.16
	1.05～1.08	0.01	0.03	0.05	0.06	0.07	0.08	0.10	0.11	0.14	0.17	0.20	0.23	0.25	0.28	0.32
	1.09～1.12	0.02	0.04	0.07	0.08	0.10	0.13	0.15	0.17	0.21	0.25	0.29	0.34	0.38	0.42	0.48
	1.13～1.18	0.03	0.06	0.10	0.11	0.13	0.17	0.20	0.23	0.28	0.34	0.39	0.45	0.51	0.56	0.63
	1.19～1.24	0.04	0.07	0.12	0.14	0.17	0.21	0.25	0.28	0.35	0.42	0.49	0.56	0.63	0.70	0.79
	1.25～1.34	0.04	0.08	0.15	0.17	0.20	0.25	0.31	0.34	0.42	0.51	0.59	0.68	0.76	0.84	0.95
	1.35～1.51	0.05	0.10	0.17	0.20	0.23	0.30	0.36	0.39	0.49	0.59	0.69	0.79	0.89	0.99	1.11
	1.52～1.99	0.06	0.11	0.20	0.23	0.26	0.34	0.40	0.45	0.56	0.68	0.79	0.90	1.01	1.13	1.27
	≥2.0	0.06	0.13	0.22	0.25	0.30	0.38	0.46	0.51	0.63	0.76	0.89	1.01	1.14	1.27	1.43
	带速 v/（m·s^{-1}）		5	10			15	20	25	30		35	40			

续表

型号	传动比 i	小带轮转速 n_1/（r·min^{-1}）														
		100	200	300	400	500	600	730	980	1 200	1 460	1 600	1 800	2 000	2 400	2 600
C	1.00～1.01	—	0.00	0.00	0.00	0.00	0.00	0.00	0.00	0.00	0.00	0.00	0.00	0.00	0.00	0.00
	1.02～1.04	—	0.02	0.03	0.04	0.05	0.06	0.07	0.09	0.12	0.14	0.16	0.18	0.20	0.23	0.25
	1.05～1.08	—	0.04	0.06	0.08	0.10	0.12	0.14	0.19	0.24	0.28	0.31	0.35	0.39	0.47	0.51
	1.09～1.12	—	0.06	0.09	0.12	0.15	0.18	0.21	0.27	0.35	0.42	0.47	0.53	0.59	0.70	0.76
	1.13～1.18	—	0.08	0.12	0.16	0.20	0.24	0.27	0.37	0.47	0.58	0.63	0.71	0.78	0.94	1.02
	1.19～1.24	—	0.10	0.15	0.20	0.24	0.29	0.34	0.47	0.59	0.71	0.78	0.88	0.98	1.18	1.27
	1.25～1.34	—	0.12	0.18	0.23	0.29	0.35	0.41	0.56	0.70	0.85	0.94	1.06	1.17	1.41	1.53
	1.35～1.51	—	0.14	0.21	0.27	0.34	0.41	0.48	0.65	0.82	0.99	1.10	1.23	1.37	1.65	1.78
	1.52～1.99	—	0.16	0.24	0.31	0.39	0.47	0.55	0.74	0.94	1.14	1.25	1.41	1.57	1.88	2.04
	≥2.0	—	0.18	0.26	0.35	0.44	0.53	0.62	0.83	1.06	1.27	1.41	1.59	1.76	2.12	2.29
	带速 v/（m·s^{-1}）	5　10　15　20　25　30　35　40														
D	1.00～1.01	0.00	0.00	0.00	0.00	0.00	0.00	0.00	0.00	0.00	0.00	0.00	0.00	—	—	—
	1.02～1.04	0.03	0.07	0.10	0.14	0.17	0.21	0.24	0.33	0.42	0.51	0.56	0.63	—	—	—
	1.05～1.08	0.07	0.14	0.21	0.28	0.35	0.42	0.49	0.66	0.84	1.01	1.11	1.24	—	—	—
	1.09～1.12	0.10	0.21	0.31	0.42	0.52	0.62	0.73	0.99	1.25	1.51	1.67	1.88	—	—	—
	1.13～1.18	0.14	0.28	0.42	0.56	0.70	0.83	0.97	1.32	1.67	2.02	2.23	2.51	—	—	—
	1.19～1.24	0.17	0.35	0.52	0.70	0.87	1.04	1.22	1.60	2.09	2.52	2.78	3.13	—	—	—
	1.25～1.34	0.21	0.42	0.62	0.83	1.04	1.25	1.46	1.92	2.50	3.02	3.33	3.74	—	—	—
	1.35～1.51	0.24	0.49	0.73	0.97	1.22	1.46	1.70	2.31	2.92	3.52	3.89	4.98	—	—	—
	1.52～1.99	0.28	0.56	0.83	1.11	1.39	1.67	1.95	2.64	3.34	4.03	4.45	5.01	—	—	—
	≥2.0	0.31	0.63	0.94	1.25	1.56	1.88	2.19	2.97	3.75	4.53	5.00	5.62	—	—	—
	带速 v/（m·s^{-1}）	5　10　15　20　25　30　35　40														
E	1.00～1.01	0.00	0.00	0.00	0.00	0.00	0.00	0.00	0.00	0.00	0.00	—	—	—	—	—
	1.02～1.04	0.07	0.14	0.21	0.28	0.34	0.41	0.48	0.65	0.80	0.98	—	—	—	—	—
	1.05～1.08	0.14	0.28	0.41	0.55	0.64	0.83	0.97	1.29	1.61	1.95	—	—	—	—	—
	1.09～1.12	0.21	0.41	0.62	0.83	1.03	1.24	1.45	1.95	2.40	2.92	—	—	—	—	—
	1.13～1.18	0.28	0.55	0.83	1.00	1.38	1.65	1.93	2.62	3.21	3.90	—	—	—	—	—
	1.19～1.24	0.34	0.69	1.03	1.38	1.72	2.07	2.41	3.27	4.01	4.88	—	—	—	—	—
	1.25～1.34	0.41	0.83	1.24	1.65	2.07	2.48	2.89	3.92	4.81	5.85	—	—	—	—	—
	1.35～1.51	0.48	0.96	1.45	1.93	2.41	2.89	3.38	4.58	5.61	6.83	—	—	—	—	—
	1.52～1.99	0.55	1.10	1.65	2.20	2.76	3.31	3.86	5.23	6.41	7.80	—	—	—	—	—
	≥2.0	0.62	1.24	1.86	2.48	3.10	3.72	4.34	5.89	7.21	8.78	—	—	—	—	—
	带速 v/（m·s^{-1}）	5　10　15　20　25　30　35　40														

表 9-9　小带轮包角修正系数 K_α

小带轮包角 α_1 /(°)	180	175	170	165	160	155	150	145	140	135	130	125	120	110	100	90
K_α	1	0.99	0.98	0.96	0.95	0.93	0.92	0.91	0.89	0.88	0.86	0.84	0.82	0.78	0.74	0.69

9.4.4　带传动设计的原始数据及内容

带传动设计的原始数据一般为：传动用途；载荷的性质；传递的功率 P；带轮的转速；传动的位置要求以及外廓尺寸要求等。

设计内容包括：① 合理选择参数，确定普通 V 带的型号、基准长度 L_d、根数 z；② 确定传动中心距 a、带轮材料、基准直径 d_{d1}、d_{d2} 及结构尺寸；③ 计算带的初拉力 F_0 及作用在轴上的压力 F_Q；④ 选择并设计张紧装置。

9.4.5　设计步骤和传动参数的选择

1. 确定设计功率 P_d

设 P 为带传动所需传递的功率，kW；K_A 为工作情况系数，其值见表 9-10，则设计功率为

$$P_d=K_AP \tag{9-21}$$

表 9-10　工作情况系数 K_A

工　况		K_A					
		空、轻载启动			重载启动		
		每天工作小时数/h					
		<10	10～16	>16	<10	10～16	>16
载荷变动最小	液体搅拌机；通风和鼓风机（≤7.5 kW）；离心式水泵和压缩机；轻负荷输送机	1.0	1.1	1.2	1.1	1.2	1.3
载荷变动小	带式输送机（不均匀载荷）；通风机（>7.5 kW）；旋转式水泵和压缩机；发电机；金属切削机床；印刷机；旋转筛；锯木机和木工机械	1.1	1.2	1.3	1.2	1.3	1.4
载荷变动较大	制砖机；斗式提升机；往复式水泵和压缩机；起重机；磨粉机；冲剪机床；橡胶机械；振动筛；纺织机械；重载输送机	1.2	1.3	1.4	1.4	1.5	1.6
载荷变动很大	破碎机（旋转式、颚式等）；磨碎机（球磨、棒磨、管磨）	1.3	1.4	1.5	1.5	1.6	1.8

续表

注：1. 空、轻载启动的动力机如电动机（交流启动、Δ 启动、直流并励），四缸以上的内燃机，装有离心式离合器、液力联轴器的动力机。

重载启动的动力机如电动机（联机交流启动、直流复励或串励），四缸以下的内燃机。

2. 反复启动，正反转频繁、工作条件恶劣等场合，K_A 应乘 1.2。

3. 增速传动时 K_A 应乘下列系数：

增速比较	系数
1.25～1.74	1.05
1.75～2.49	1.11
2.5～3.49	1.18
≥3.5	1.28

2. 选择带的型号

普通 V 带的型号根据带传动的设计功率 P_d 和小带轮的转速 n_1 由图 9-10 选取。当选择的坐标点在图中两种带型分界线附近时，应分别选择两种带型设计计算，然后择优选用。

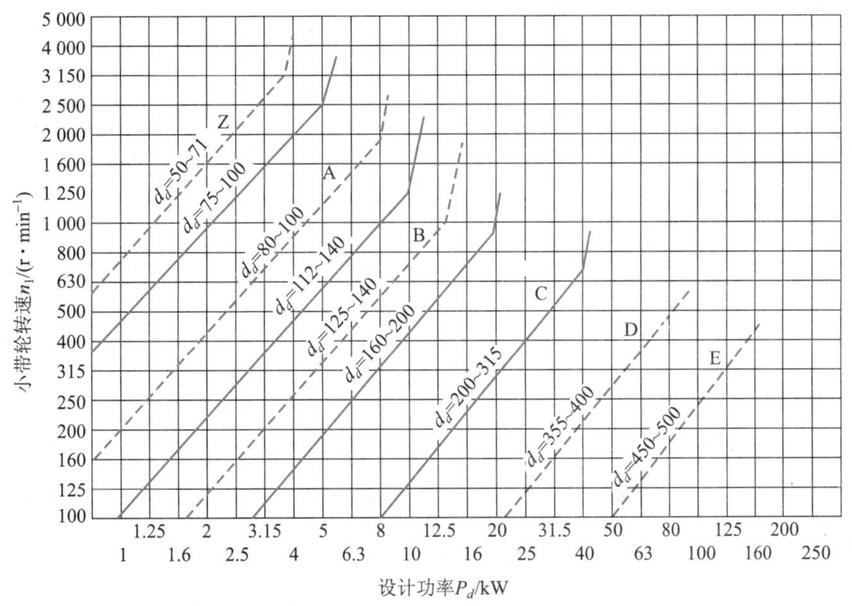

图 9-10　普通 V 带选型图

3. 确定带轮基准直径 d_{d1}、d_{d2} 并验算带速 v

（1）选小带轮基准直径 d_{d1}。小带轮基准直径 d_{d1} 应大于或等于表 9-6 所列的最小基准直径 $d_{d\,\min}$，即 $d_{d1} \geq d_{d\,\min}$。若 d_{d1} 过小，则带的弯曲应力过大而导致带的寿命降低；反之，则传动的外廓尺寸增大。

（2）验算带速 v

$$v=\frac{\pi d_{d1} n_1}{60\times 1\ 000} \tag{9-22}$$

一般应使 v 在 5～25 m/s 范围内。若 v 过大，则单位时间内带绕过带轮的次数多，寿命缩短，且会因离心拉力大而降低带的传动能力。

（3）计算大带轮基准直径 d_{d2}

由式（9-9）得

$$d_{d2}=id_{d1}=\frac{n_1}{n_2}d_{d1} \tag{9-23}$$

d_{d1}、d_{d2}应按表 9-4 所列标准直径圆整。圆整后应保证传动比误差在±5%的允许范围内。

4. 确定中心距 a 和带的基准长度 L_d

（1）初选中心距 a_0。中心距过大，会使传动尺寸增大，且带易颤动，影响正常工作。反之，则使包角 α_1 减小，导致承载能力降低，且带长减小，在同样带速下，单位时间内带的绕转次数 v/L_d 增多，影响工作寿命。通常可按下面经验公式初选 a_0

$$0.7(d_{d1}+d_{d2})\leqslant a_0\leqslant 2(d_{d1}+d_{d2}) \tag{9-24}$$

（2）初算 V 带基准长度 L_{d0}。a_0 选定后，可按下式初算带的基准长度 L_{d0}

$$L_{d0}\approx 2a_0+\frac{\pi}{2}(d_{d1}+d_{d2})+\frac{(d_{d2}-d_{d1})^2}{4a_0} \tag{9-25}$$

（3）确定带的基准长度 L_d。L_{d0}确定后，按表 9-2 查取与 L_{d0}相近的标准基准长度 L_d。

（4）确定中心距 a。L_d 确定后，传动的实际中心距 a 可用下式计算

$$a\approx a_0+\frac{L_d-L_{d0}}{2} \tag{9-26}$$

考虑到安装、调整和松弛后张紧的需要，实际中心距 a 应有一定的调整范围

$$\left.\begin{aligned}a_{\min}&=a-(2b_d+0.009L_d)\\a_{\max}&=a+0.02L_d\end{aligned}\right\} \tag{9-27}$$

式中，b_d 为基准宽度，mm。

5. 验算小带轮包角 α_1

α_1 值可由式（9-11）计算得到。为保证带的传动能力，一般应使 $\alpha_1\geqslant 120°$，仅传递运动时，可使 $\alpha_1>90°$，否则应加大中心距或减小传动比，或者加设张紧轮，使 α_1 值在要求的范围内。

6. 确定 V 带的根数 z

$$z=\frac{P_d}{[P_0]}=\frac{K_AP}{(P_0+\Delta P_0)K_\alpha K_L} \tag{9-28}$$

计算结果应圆整为整数。为使各根带受力均匀，带的根数不宜过多，一般以 $z=2\sim5$ 为宜，最多不超过 7 根，否则应改选带的型号或加大带轮基准直径重新计算，使带的根数 z 符合要求。

7. 确定带的初拉力 F_0

保持适当的初拉力是带传动正常工作的必要条件。单根普通 V 带的初拉力可用下式计算

$$F_0=500\left(\frac{2.5}{K_\alpha}-1\right)\frac{P_d}{vz}+qv^2 \quad (9-29)$$

为了测定所需的初拉力 F_0，通常是在带与带轮两切点的中点 M 施加一规定载荷 G，如图 9-11 所示，使沿跨距每 100 mm，M 点产生 1.6 mm 挠度，即靠 $y=1.6a/100$ 来保证。载荷 G 由下式求得

$$G=(XF_0+\Delta F_0)/16 \quad (9-30)$$

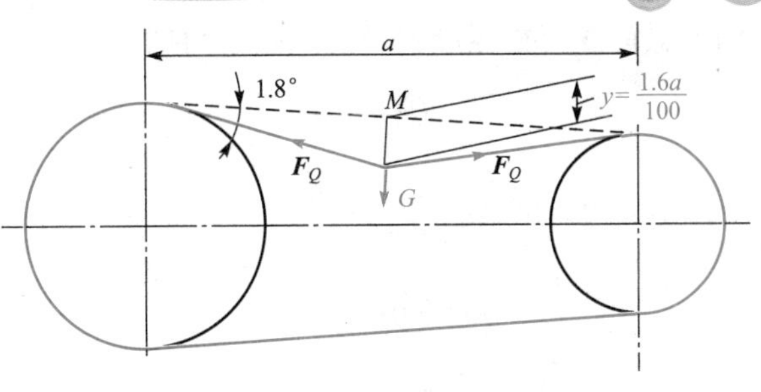

图 9-11 初拉力的控制

式中，X 为检验载荷系数，新安装 V 带 $X=1.5$，运转后的 V 带 $X=1.3$；ΔF_0 为初拉力增量，N，见表 9-11。

表 9-11 V 带的初拉力增量 ΔF_0

型号	Y	Z SPZ	A SPA	B SPB	C SPC	D	E
ΔF_0	6	10 12	15 19	20 32	29 55	59	108

8. 计算带对轴的压力 F_Q

为了设计轴和轴承，必须算出 V 带作用在轴上的压力 F_Q。由图 9-12 所示，作用在轴上的压力为

$$F_Q=2zF_0\sin\frac{\alpha_1}{2} \quad (9-31)$$

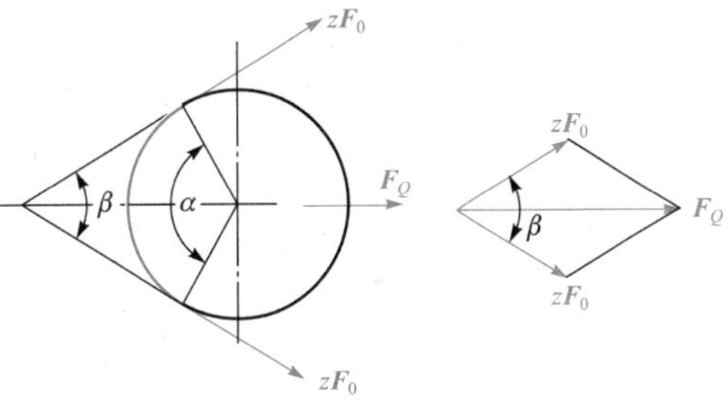

图 9-12 带对轴的压力

9.5 带传动的张紧和维护

9.5.1 V 带的张紧装置

一般传动带在工作一段时间后，都会变得松弛，使初拉力 F_0 降低，从而影响到带传动的正常工作。为此，必须定期检查带传动初拉力的大小，并使用一些必要的张紧装置。

常用的张紧装置主要有下列三种：

1. 定期改变中心距的张紧装置

把装有带轮的电动机安装在滑道上（图 9-13（a））或摆动机座上（图 9-13（b）），转

动调节螺钉或调整螺母就可达到张紧目的。

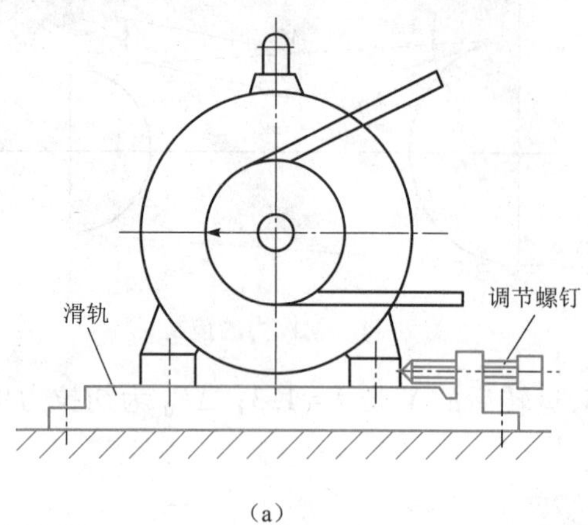

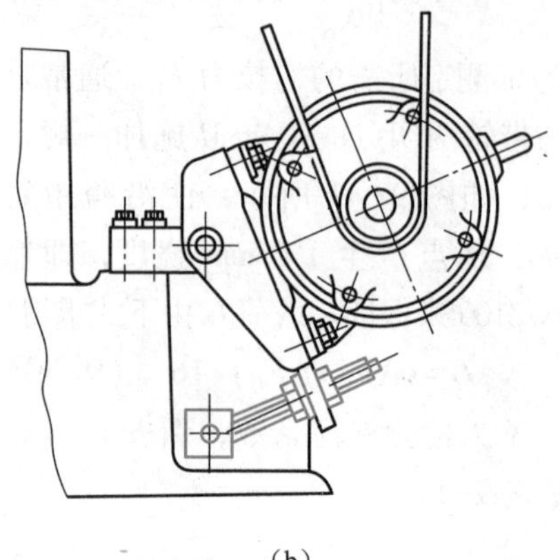

图 9-13　V 带传动的定期张紧装置

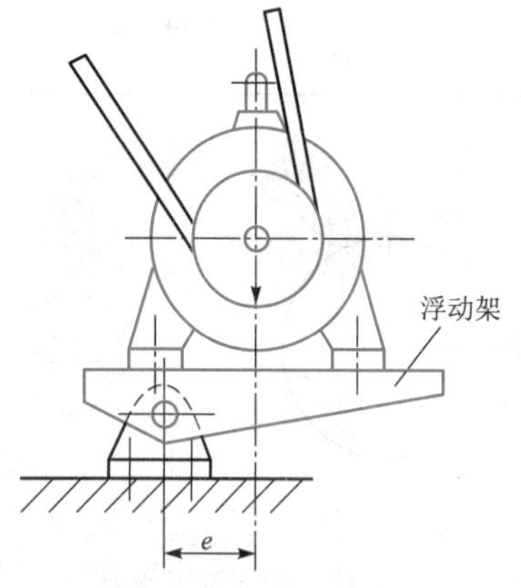

图 9-14　V 带传动的自动张紧装置

2. 自动张紧装置

如图 9-14 所示，将装有带轮的电动机安装在浮动的摆架上，利用电动机和摆架的自身重力，使带轮随同电动机绕固定轴摆动，来自动张紧传动带。此种张紧装置适用于中、小功率的带传动。

3. 张紧轮装置

如图 9-15（a）所示，定期调整张紧轮的上下位置，可以达到张紧的目的，称为张紧轮的定期张紧装置。图 9-15（b）所示为张紧轮的自动张紧装置。

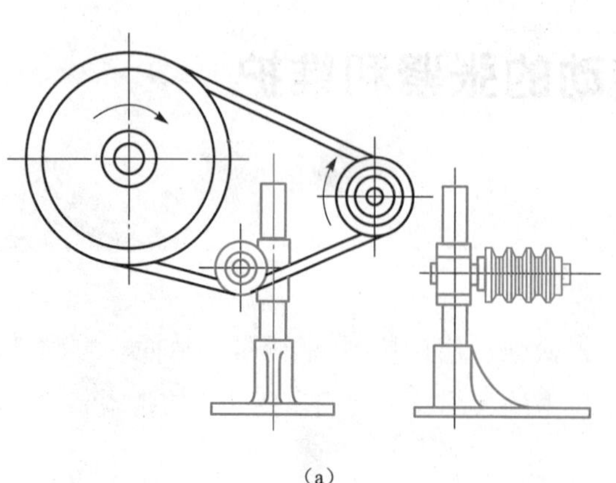

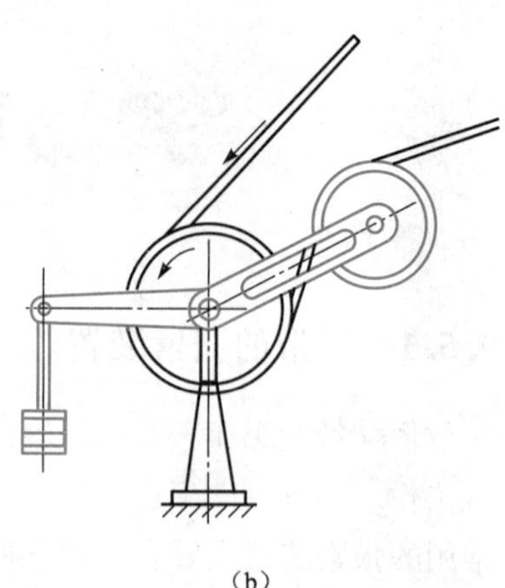

图 9-15　V 带传动的张紧轮装置

9.5.2 V带传动的安装和维护

V带传动的安装和维护需满足以下要求:

(1) 安装时，两带轮轴线必须平行，两轮的对应轮槽要对齐，以防带侧面磨损加剧。

(2) 普通V带和窄V带不得混用在同一传动装置上，套装带时不得强行撬入。

(3) 定期检查传动带，如发现有一根松弛或损坏，应全部更换新带。新旧带更不能同时使用。

(4) 传动带应避免与酸、碱、油污等化学物质接触，且工作温度不应超过60 ℃。

(5) 带传动应设有安全防护装置。

例9-1 设计一个由电动机驱动的旋转式水泵的普通V带传动。电动机型号为Y160M-4,额定功率 $P=11$ kW，转速 $n_1=1\ 460$ r/min，水泵轴转速 $n_2=400$ r/min，轴间距约为1 500 mm，每天工作16 h。

解 设计计算步骤列于表9-12如下。

表9-12 V带传动设计步骤

设计项目	计算内容和依据	计算结果
1. 设计功率 P_d	由表9-10查得工况系数 $K_A=1.2$ $P_d=1.2\times11$ kW $=13.2$ kW	$P_d=13.2$ kW
2. 选择带型	根据 $P_d=13.2$ kW 和 $n_1=1\ 460$ r/min，由图9-10选B型普通V带	选B型普通V带
3. 带轮基准直径 d_{d1} 及 d_{d2}	参考表9-4，表9-6和图9-10，取 $d_{d1}=140$ mm 大带轮基准直径 $d_{d2}=id_{d1}=\frac{n_1}{n_2}d_{d1}=\frac{1\ 460}{400}\times140=511$ mm 由表9-4取 $d_{d2}=500$ mm	$d_{d1}=140$ mm $d_{d2}=500$ mm
4. 验算传动比误差 ε	传动比 $i=\frac{d_{d2}}{d_{d1}}=\frac{500}{140}=3.57$ 原传动比 $i'=\frac{n_1}{n_2}=\frac{1\ 460}{400}=3.65$ 则传动比误差 $\varepsilon=\frac{i'-i}{i'}\times100\%=\frac{3.65-3.57}{3.65}\times100\%=+2.2\%$ 在允许±5%范围内	ε 在允许范围内
5. 验算带速 v	$v=\frac{\pi d_{d1}n_1}{60\times1\ 000}=\frac{\pi\times140\times1\ 460}{60\times1\ 000}=10.7$ m/s 在5~25 m/s范围内，带速合适	带速 v 在允许范围内

续表

设计项目	计算内容和依据	计算结果
6. 确定中心距 a 及带的基准长度 L_d	（1）初定中心距 a_0 由题要求取 $a_0=1\ 500$ mm （2）初算带长 L_{d0} $L_{d0}\approx 2a_0+\frac{\pi}{2}(d_{d1}+d_{d2})+\frac{(d_{d2}-d_{d1})^2}{4a_0}$ $=2\times1\ 500+\frac{\pi}{2}(140+500)+\frac{(500-140)^2}{4\times1\ 500}$ $=4\ 026.9$ mm （3）确定带基准长度 L_d 由表 9-2 取 $L_d=4\ 060$ mm （4）确定实际中心距 a $a\approx a_0+\frac{L_d-L_{d0}}{2}$ $=1\ 500+\frac{4\ 060-4\ 026.9}{2}$ $=1\ 516.55$ mm 安装时所需最小中心距 $a_{\min}=a-(2b_d+0.009L_d)$ $=1\ 516.55-(2\times14+0.009\times4\ 060)$ $=1\ 452$ mm 张紧或补偿伸长所需最大中心距 $a_{\max}=a+0.02L_d$ $=1\ 516.55+0.02\times4\ 060$ $=1\ 597.75$ mm	$L_d=4\ 060$ mm $a=1\ 516.55$ mm $a_{\min}=1\ 452$ mm $a_{\max}=1\ 597.75$ mm
7. 验算小带轮包角 α_1	$\alpha_1=180°-\frac{d_{d2}-d_{d1}}{a}\times57.3°$ $=180°-\frac{500-140}{1\ 516.55}\times57.3°$ $=166.4°>120°$	$\alpha_1>120°$ 包角合适
8. 单根 V 带额定功率 P_0	根据 $d_{d1}=140$ mm 和 $n_1=1\ 460$ r/min，由表 9-7 查得 B 型带 $P_0=2.83$ kW	$P_0=2.83$ kW
9. 额定功率增量 ΔP_0	由表 9-8 查得 $\Delta P_0=0.46$ kW	$\Delta P_0=0.46$ kW

续表

设计项目	计算内容和依据	计算结果
10. 确定 V 带的根数 z	$z=\dfrac{P_d}{(P_0+\Delta P_0)K_\alpha K_L}$ 由表 9-9 查得 $K_\alpha=0.964$(线性插入法) 由表 9-2 查得 $K_L=1.13$ $z=\dfrac{13.2}{(2.83+0.46)\times 0.964\times 1.13}$ $=3.68$ 根 取 $z=4$ 根	$z=4$ 根
11. 确定带的初拉力 F_0	$F_0=500\left(\dfrac{2.5}{K_\alpha}-1\right)\dfrac{P_d}{vz}+qv^2$ 由表 9-1 查得 B 型带 $q=0.19$ kg/m $F_0=500\times\left(\dfrac{2.5}{0.964}-1\right)\times\dfrac{13.2}{10.7\times 4}+0.19\times 10.7^2$ $=267.5$ N	$F_0=267.5$ N
12. 计算带对轴的压力 F_Q	$F_Q=2zF_0\sin\dfrac{\alpha_1}{2}$ $=2\times 4\times 267.5\times\sin\dfrac{166.4°}{2}$ $=2\ 124.9$ N	$F_Q=2\ 124.9$ N
13. 带轮结构尺寸及零件工作图略		

9.6 滚子链和链轮

9.6.1 滚子链的结构、规格和材料

如图 9-16 所示，滚子链是由滚子 1、套筒 2、销轴 3、内链板 4、外链板 5 所组成。销轴与外链板、套筒与内链板均采用过盈配合；滚子与套筒，套筒与销轴均采用间隙配合而组成一个铰链，故内、外链板能相对转动。当链与链轮的轮齿啮合时，链轮齿面与滚子形成滚动摩擦，可以减轻链与链轮轮齿的磨损。内、外链板一般制成“∞”字形，近似符合等强度要求，从而减少链条自身质量和运动时的惯性力，并使链板各截面上抗拉强度大致相等。

滚子链上相邻两滚子中心的距离为链的节距，以 p 表示。它是链的主要参数，链节距越大，链各部分的尺寸越大，所传递的功率也越大。

传递功率较大时，可采用小节距多排链，如双排链（图 9-17）。排数越多，链的承载能力越强。但由于安装与制造精度影响，排数越多，各排受力越不均匀，大大降低使用寿命，故排数一般不超过 3～4。

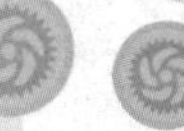
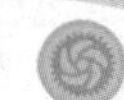

链的长度 L_P 通常用链节数表示。为了形成封闭的环形链条，通常选用一个“接头链节”将其首尾相连。当链条的链节数为偶数时，接头链节的形状与外链节相同，为便于装卸，其中一侧的外链板与销轴之间采用过渡配合，以开口销（图 9-18（a））或弹簧卡片（图 9-18（b））将外链板固定，前者用于大节距，后者用于小节距；当链节数为奇数时，选用过渡链节（图 9-18（c））固定。过渡链节的弯链板在工作时会受到附加弯曲应力的作用，强度只有其他链节的 80%左右。故一般不选用奇数链节。

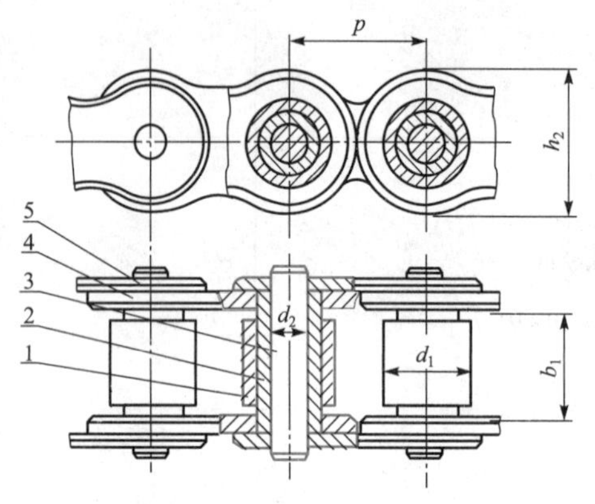

图 9-16　滚子链的结构

1—滚子；2—套筒；3—销轴；4—内链板；5—外链板

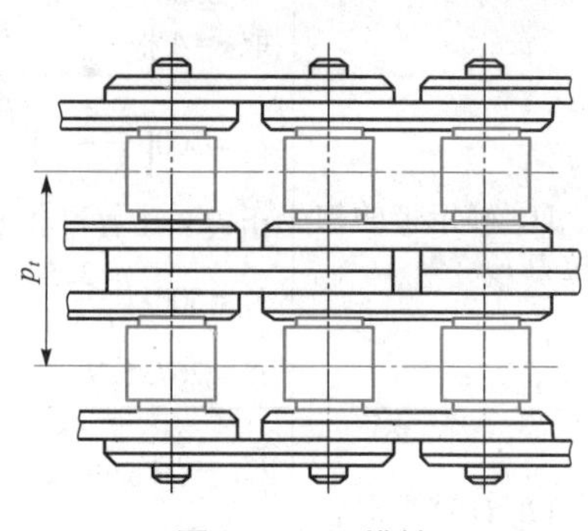

图 9-17　双排链

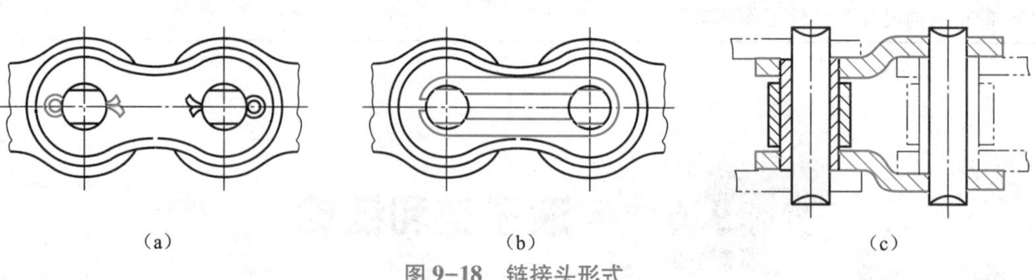

图 9-18　链接头形式

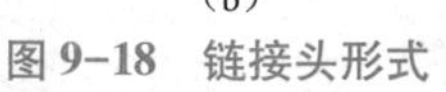

滚子链已经标准化，根据使用场合和极限拉伸载荷的不同，分为 A、B 两种系列，A 系列用于重载、高速和比较重要的传动，B 系列用于一般传动。表 9-13 中列出了若干种滚子链的主要参数。

表 9-13　滚子链的主要参数（GB/T 1243—2006）

链号	节距 p	排距 p_t	滚子外径 d_1	内链节内宽 b_1	销轴直径 d_2	内链板高度 h_2	单排极限拉伸载荷 $F_{\lim}$	单排每米质量 q
	/mm						/kN	/(kg·m^{-1})
05B	8.00	5.64	5.00	3.00	2.31	7.11	4.4	0.18
06B	9.525	10.24	6.35	5.72	3.28	8.26	8.9	0.40
08A	12.70	14.38	7.95	7.85	3.96	12.07	13.8	0.60
08B	12.70	13.92	8.51	7.75	4.45	11.81	17.8	0.70

续表

链号	节距 p	排距 p_t	滚子外径 d_1	内链节内宽 b_1	销轴直径 d_2	内链板高度 h_2	单排极限拉伸载荷 F_{lim}	单排每米质量 q
	/mm						/kN	/(kg·m^{-1})
10A	15.875	18.11	10.16	9.40	5.08	15.09	21.8	1.00
12A	19.05	22.78	11.91	12.57	5.94	18.08	31.1	1.50
16A	25.40	29.29	15.88	15.75	7.92	24.13	55.6	2.60
20A	31.75	35.76	19.05	18.90	9.53	30.18	86.7	3.80
24A	38.10	45.44	22.23	25.22	11.10	36.20	124.6	5.60
28A	44.45	48.87	25.40	25.22	12.70	42.24	169.0	7.50
32A	50.80	58.55	28.58	31.55	14.27	48.26	222.4	10.10
40A	63.50	71.55	39.68	37.85	19.84	60.33	347.0	16.10
48A	76.20	87.83	47.63	47.35	23.80	72.39	500.4	22.60

滚子链的标记为：

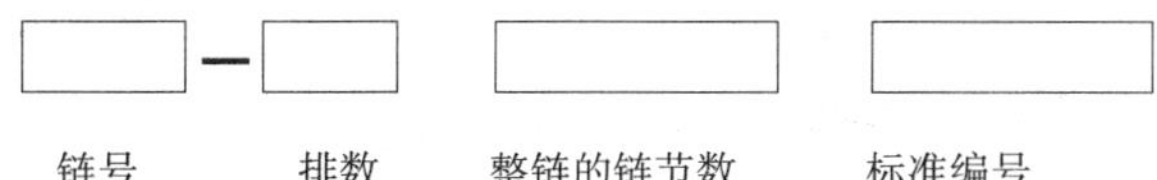

例如：12A－1×88 GB/T 1243—2006 表示按 GB/T 1243—2006 标准制造的节距 19.05 mm，A 系列，单排，88 节的滚子链。

链条各元件均采用碳钢或合金钢制造，并经热处理以提高其使用寿命。

9.6.2　链轮的结构和材料

1. 链轮的结构

链轮的齿廓形状对传动质量有重要的影响，正确的链轮齿形应保证链节能平稳地进入和退出啮合，尽量降低接触应力，减少磨损和冲击，还应便于加工。目前常用的一种是三圆弧一直线齿形（如图 9-19（a）所示，由三圆弧 $\widehat{aa}$、$\widehat{ab}$、$\widehat{cd}$ 和一直线 $\overline{bc}$ 组成），并用相应的标准刀具加工，只需一把滚刀便可切制节距相同而齿数不同的链轮。在链轮工作图中，端面齿形不必画出。链轮的轴面齿形如图 9-19（b）所示，两侧齿廓为圆弧状，以利于链节的啮合。

如图 9-19（c）所示，链轮的主要尺寸有：

分度圆直径
$$d=\frac{p}{\sin(180°/z)} \tag{9-32}$$

齿顶圆直径
$$d_a=p[0.54+\cot(180°/z)] \tag{9-33}$$

齿根圆直径
$$d_f=d-d_1 \tag{9-34}$$

最大齿根距离
$$\text{偶数齿 } L_x=d_f,\ \text{奇数齿 } L_x=d\cos(90°/z)-d_1 \tag{9-35}$$

式中，p 为链的节距，mm；z 为链轮齿数；d_1 为链的滚子外径，mm。

链轮的其他几何尺寸和计算公式可查阅 GB/T 1243—2006 规定。

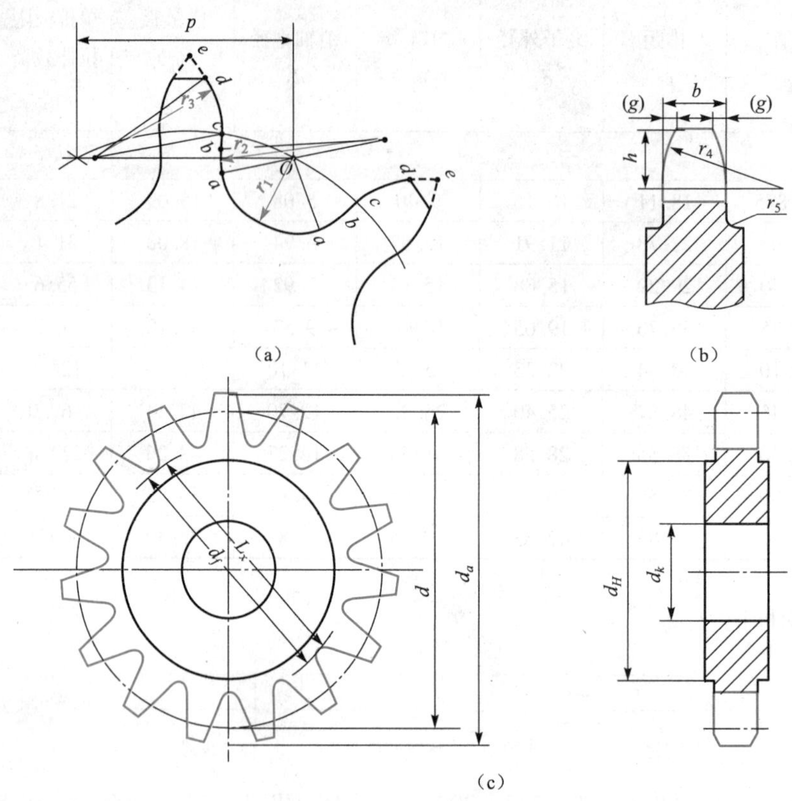

图 9-19 滚子链链轮齿形

链轮的结构如图 9-20 所示。小直径链轮一般采用整体式结构（图 9-20（a））；中等直径链轮采用孔板式结构（图 9-20（b））；大直径链轮，为便于更换磨损后的齿圈，常采用组合式结构（图 9-20（c））。

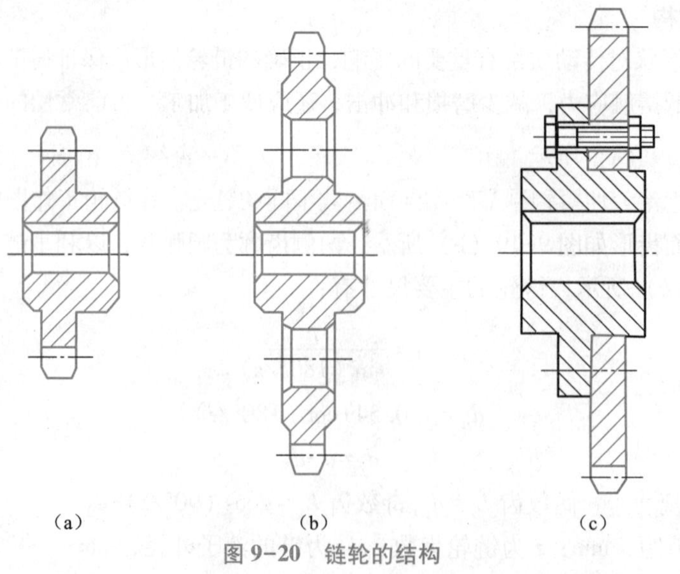

图 9-20 链轮的结构

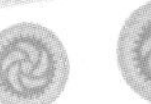

2. 链轮的材料

链轮材料应保证轮齿有足够的强度和耐磨性。由于小链轮比大链轮啮合次数多，小链轮齿容易损坏，故其材料的综合机械性能也优于大链轮。链轮常用的材料和应用范围见表 9-14。

表 9-14　链轮的材料

链轮材料	热处理	齿面硬度	应用范围
15、20	渗碳、淬火、回火	50～60HRC	$z\leqslant 25$，有冲击载荷的链轮
35	正火	160～200HBW	在正常工作条件，齿数较多（$z>25$）的链轮
40、50、ZG310-570	淬火、回火	40～50HRC	无剧烈振动及冲击的链轮
15Cr、20Cr	渗碳、淬火、回火	50～60HRC	有动载荷及传递大功率的重要链轮 $z<25$
35SiMn、40Cr、35CrMo	淬火、回火	40～50HRC	要求强度较高，耐磨损的重要链轮
Q235、Q275	焊接后退火	140HBW	中速、中等功率，尺寸较大的链轮
普通灰铸铁（不低于 HT150）	淬火、回火	260～280HBW	$z_2>50$ 的从动链轮
夹布胶木	—	—	功率小于 6 kW、速度较高、传动平稳和噪声小的链条

9.7　链传动的工作情况分析

9.7.1　链传动的运动分析

当链与链轮相啮合时，相当于链条绕在边长为节距 p，边数为链轮齿数 z 的正多边形上，如图 9-21 所示。链轮每转一圈，链随之移动的距离为 zp。单位时间内链转动的长度，为链的平均速度 v，即：

$$v=\frac{z_1pn_1}{60\times 1\ 000}=\frac{z_2pn_2}{60\times 1\ 000} \tag{9-36}$$

式中，n_1、n_2 为主、从动链轮的转速，r/min；z_1、z_2 为主、从动链轮的齿数。

由式（9-36）可得链传动的平均传动比

$$i=\frac{n_1}{n_2}=\frac{z_2}{z_1} \tag{9-37}$$

从式（9-36）和式（9-37），求出链传动的线速度和传动比都为平均值。实际上，瞬时线速度和瞬时传动比都是变化的。

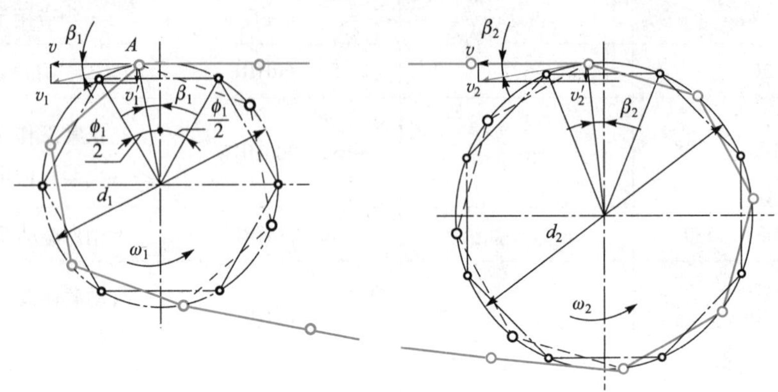

图 9-21　链传动的多边形效应

在链轮工作过程中，当主动链轮以角速度 ω_1 匀速转动时，假设链轮的紧边始终处于水平位置，当链节进入主动链轮时，其链节的销轴将随着链轮的转动而不断地改变位置。销轴的线速度可以认为绕链轮中心转动，其方向与分度圆相切。如图 9-21 所示，当销轴位于 A 点位置时，链速 v 为销轴的圆周速度在水平方向的分速度，即

$$v=\frac{1}{2}d_1\omega_1\cos\beta_1 \tag{9-38}$$

式中，d_1 为主动链轮的分度圆直径，mm；β_1 为销轴线速度 v_1 与水平方向的夹角，又称为铰链 A 在链轮上的相位角。

链节所对中心角 $\phi_1=360°/z_1$，则 β_1 的变化范围为 $-\phi_1/2\leqslant\beta_1\leqslant\phi_1/2$。

当 $\beta=\pm\phi_1/2$ 时，
$$v=v_{\min}=\frac{1}{2}d_1\omega_1\cos\frac{\phi_1}{2} \tag{9-39}$$

当 $\beta=0$ 时，
$$v=v_{\max}=\frac{1}{2}d_1\omega_1 \tag{9-40}$$

即链轮每转过一齿，链速就由小到大又由大变小的周期性变化着。

同理，链在垂直方向的分速度：$v_1'=\frac{1}{2}d_1\omega_1\sin\beta_1$，作周期性变化，使链条在传动过程中上下抖动，因而使其产生横向振动。

在从动链轮上，链节所对中心角 $\phi_2=360°/z_2$，β_2 的变化范围为 $-\phi_2/2\leqslant\beta_2\leqslant\phi_2/2$。故从动轮的角速度 $\omega_2=v/\left(\frac{1}{2}d_2\cos\beta_2\right)$ 也是变化的，即得到链传动的瞬时传动比

$$i=\frac{\omega_1}{\omega_2}=\frac{n_1}{n_2}=\frac{d_2\cos\beta_2}{d_1\cos\beta_1} \tag{9-41}$$

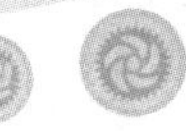

由式（9-41）可知，随着 β_1 和 β_2 不断变化，链传动的瞬时传动比不是恒定值。只有当主从动链轮的齿数相等，紧边的长度又恰为链节距的整数倍时，传动比恒定为 1，并有主从动链轮瞬时角速度相等。链轮的齿数越少，链节距越大，β_1 和 β_2 的变化范围就越大，链速的变化也就越大，链传动的不均匀性就越严重。链传动的运动不均匀性，是由链轮上的链条呈正多边形引起的，这一现象称为链传动的多边形效应。

9.7.2　链传动的动载荷

链传动在工作过程中，其运动的不均匀性引起动载荷，产生振动、冲击与噪声，直接影响链传动的性能和使用寿命。因此，为了获得平稳的链传动，应分析动载荷产生的主要原因。

（1）链速和从动链轮角速度周期性变化产生加速度，从而引起附加的动载荷。链的加速度愈大，动载荷也将愈大。已知链的最大加速度公式

$$a_{\max}=\pm r_1\omega_1^2\sin\beta_1=\pm r_1\omega_1^2\sin\frac{\phi_1}{2}=\pm r_1\omega_1^2\sin\frac{180^\circ}{z_1}=\pm\frac{\omega_1^2 p}{2} \tag{9-42}$$

通过上式可以发现，链轮的转速越高，链节距越大，链轮的齿数越少，动载荷都将增大。

（2）链条作上下运动的垂直分速度也作周期性地变化，使链产生振动，从而产生附加动载荷。

（3）当链节进入链轮齿槽的瞬间，链节和轮齿以一定的相对速度相啮合，链与链轮受到冲击，并产生附加动载荷。

（4）若链张紧不好，链条松弛，在启动、制动、反转、载荷变化等情况下，将产生惯性冲击，使链传动产生很大的动载荷。

综上原因，在链传动设计时，采用较多的链轮齿数和较小的链节距；在工作时，链条不要过松，并尽量限制链传动的最大转速，可降低链传动的动载荷。

9.8　滚子链传动的设计计算

9.8.1　链传动的失效形式

链传动是由链轮和链条组成，其中链轮的寿命一般为链条寿命的 2～3 倍。因此，链传动是以防止链条的失效作为设计的主要依据。链条是由多个零件组成的，由于工作条件的不同，在不同的零件上发生的失效形式也是不同。链传动的主要失效形式有：

（1）链条的疲劳破坏。在正常工作时，链条受交变应力作用，经过一定的循环次数，链板发生疲劳断裂，套筒、滚子表面发生疲劳点蚀。在正常润滑时，疲劳破坏是决定链的传动工作能力的主要因素。

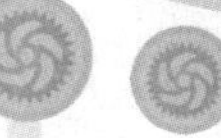

（2）链条铰链的磨损。由于链条在进入或退出啮合时，铰链的销轴、套筒和滚子之间发生磨损，使得链条的总长伸长，从而使链边的垂度变大，增大动载荷，发生振动，引起跳齿或脱链现象。工作条件恶劣、润滑不良等均会加剧链条铰链的磨损，从而降低链条的使用寿命。

（3）销轴与套筒的胶合。链条的润滑不当或转速过高时，组成铰链副的销轴和套筒的摩擦表面由于瞬时高温而易发生胶合破坏。

（4）多次冲击破坏。链条在反复启动、制动、反转或受重复冲击载荷时，滚子和套筒产生冲击疲劳破坏。

（5）链条静强度破坏。在低速（$v \leqslant 0.6$ m/s）过载传动时，或突然冲击的作用时，链的受力超过链的静强度，发生过载拉断。

9.8.2 链传动的承载能力

1. 极限功率曲线

链传动有多种失效形式，各种失效形式都在一定条件下限制其承载能力，图 9-22 是通过试验作出的单排滚子链的极限功率曲线。曲线 1 是在正常润滑条件下，铰链磨损限制的极限功率曲线；曲线 2 是链板疲劳强度限定的极限功率曲线；曲线 3 是套筒、滚子冲击疲劳强度限定的极限功率曲线；曲线 4 是铰链胶合限定的极限功率曲线；曲线 5 是润滑良好时实际使用的额定功率曲线。图中虚线 6 表示在润滑不良的情况及工作情况恶劣，磨损将很严重，其极限功率大幅度下降。

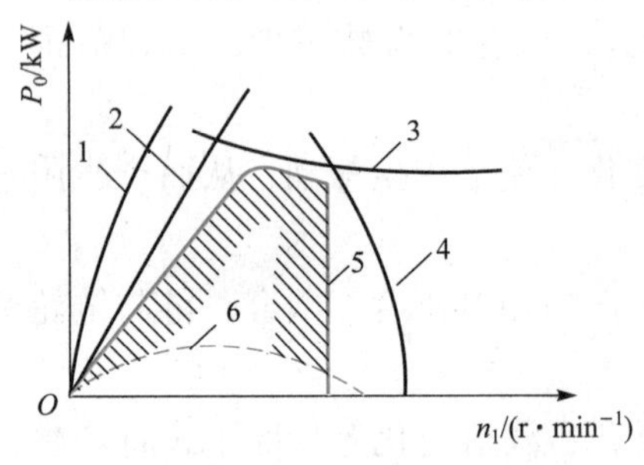

图 9-22　滚子链的极限功率曲线

2. 滚子链的额定功率曲线

为了避免各种失效形式，图 9-23 给出了滚子链在特定试验条件下的额定功率曲线：单排滚子链水平布置；小链轮齿数 $z_1 = 19$；传动比 $i = 3$；链长 $L_p = 100$ 节；载荷平稳；工作环境正常；润滑方式合理；连续 15 000 h 满负荷运转；链条因磨损而引起链节距的相对伸长量不超过 3%。

根据小链轮转速，可由图 9-23 查出各种规格的单排 A 系列滚子链能传递的额定功率。

如不能满足图 9-24 中推荐的润滑方式时，链主要是磨损破坏，P_0 值应降低到如下值：

当 $v \leqslant 1.5$ m/s，润滑不良时，降至（0.3～0.6）P_0；无润滑时，降至 $0.15P_0$（寿命不能保证 15 000 h）。

当 1.5 m/s<v<7 m/s，润滑不良时，降至（0.15～0.3）P_0；

当 v>7 m/s，润滑不良时，则传动不可靠，不宜采用。

当要求的实际工作寿命低于 15 000 h 时，可按有限寿命进行设计。此时，允许传递的功率可高些。

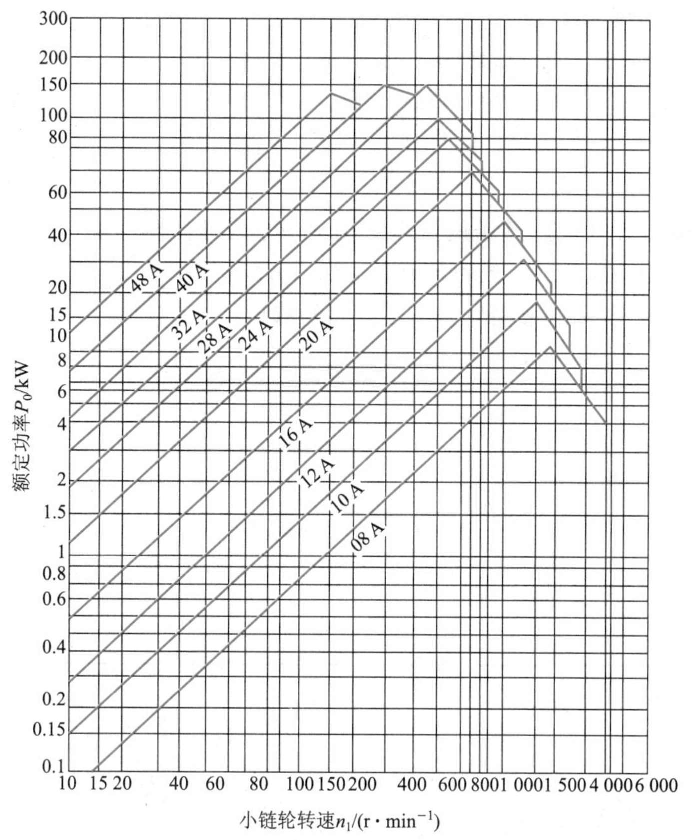

图 9-23　A 系列滚子链传动额定功率曲线

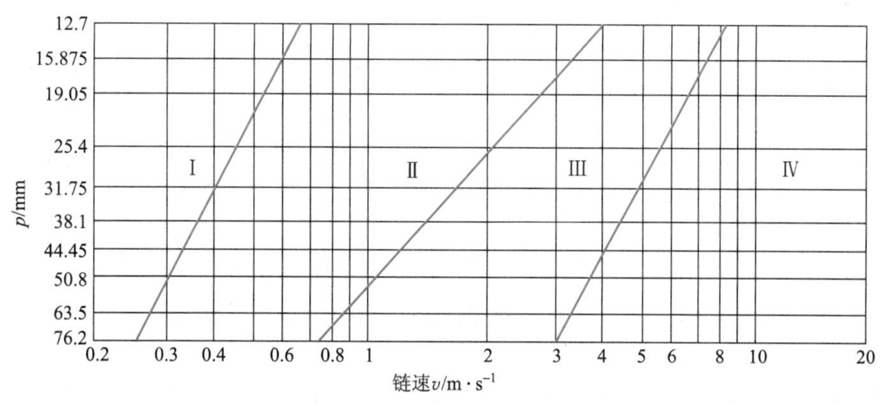

图 9-24　推荐润滑方式（A 系列）

Ⅰ—人工定期润滑；Ⅱ—滴油润滑；Ⅲ—油浴润滑或飞溅润滑；Ⅳ—压力喷油润滑

9.8.3　滚子链传动主要参数的选择和设计步骤

设计滚子链传动时原始数据有：传动的功率、小链轮和大链轮的转速（传动比）、原动机种类、载荷性质以及传动用途等。设计计算的主要内容：确定链轮齿数、链号、链节数、排数、传动中心距以及链轮的结构尺寸等。

1. 链轮的齿数和传动比

小链轮齿数直接影响链传动的稳定性和使用寿命。小链轮的齿数不宜过少或过多。当链轮齿数过少时，链传动的不均匀性和动载荷加剧，单个链齿所受压力加强，链节间的相对转角增大，加速链轮与链条的磨损。由此可见，增加小链轮的齿数对传动是有利的。但当链轮齿数取得太大时，不但会增大链传动的外廓尺寸和质量，还将缩短链的使用寿命，并且增加制造成本。一般情况下可根据链条的速度，由表9-15选择小链轮的齿数。大链轮的齿数 $z_2=iz_1$，通常情况下传动比 $i\leqslant 7$，推荐传动比 $i=2\sim 3.5$。如图9-25所示由于销轴和套筒磨损后，链节距的增长量 Δp 和链节沿轮齿齿顶方向的移动量 Δd 有如下关系：

$$\Delta p=\Delta d\sin\frac{180°}{z} \tag{9-43}$$

当 Δp 一定时，齿数越多，链节的外移量 Δd 就越大，故容易发生跳齿或脱链现象。为此，通常限定大链轮的齿数 $z_2\leqslant 120$。

表9-15　小链轮齿数 z_1 选择

链速/（m·s^{-1}）	0.6	0.6～3	3～8	>8	>25
小链轮齿数 z_1	>9	≥17	≥21	≥25	≥35

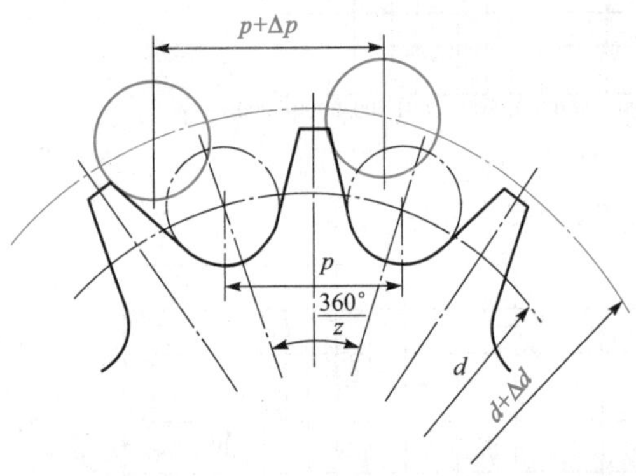

图9-25　链节伸长对啮合的影响

在设计上，为使链传动磨损均匀，一般要求链轮齿数与链节数互为质数。由于链节数通常选取偶数，所以链轮齿数优先选取互为质数的奇数。优先选择：17、19、21、23、25、57、95。

2. 链的节距和排数

节距 p 是链传动的主要参数，它反映了链条和链轮各部分尺寸大小。节距愈大，承载能力愈高，但链和链轮的尺寸愈大，传动的不均匀性、动载荷、冲击和噪声也都愈严重。因此，在满足传递功率的前提下，尽量地选择较小的节距。从经济上考虑，当中心距小、速度高、功率和传动比大时，宜选择小节距多排链；当中心距大，传动比小时，宜选取大节距单排链。

通常，链的节距和排数可根据小链轮转速 n_1 和计算出的 P_0 由图9-23选取。由于图中曲线是在特定条件下试验得出的，若链传动实际工作条件与试验条件不完全一致，需要引入一系列相应的修正系数对图中的额定功率 P_0 适当修正，即单排链链传动的额定功率应按下式确定。

$$P_0\geqslant\frac{K_AP}{K_ZK_LK_P} \tag{9-44}$$

式中，P_0 为单排链的额定功率，kW；P 为链传动的传递功率，kW；K_A 为工作情况系数，见表9-16；K_Z 为小链轮的齿数系数，见表9-17；K_L 为链长系数，见表9-17；K_P 为多排链排数系数，见表9-18。

表 9-16　工作情况系数 K_A（GB/T 18150—2006）

工作机特性		原动机特性		
		内燃机-液力传动	电动机或汽轮机	内燃机-机械传动
平稳载荷	液体搅拌机；中小型离心式鼓风机；离心式压缩机；谷物机械；发电机；均匀负载输送机；均匀载荷不反转的一般机械。	1.0	1.0	1.2
中等冲击	半液体搅拌机；三缸以上往复压缩机；大型或不均匀负载输送机；中型起重机和升降机；金属切削机床；食品机械；木工机械；印染纺织机械；大型风机；中等载荷不反转的一般机械	1.2	1.3	1.4
严重冲击	船用螺旋桨；制砖机；单双缸往复压缩机；挖掘机；破碎机；重型起重机械；石油钻井机械；锻压机械；冲床；严重冲击、有反转的机械	1.4	1.5	1.7

表 9-17　小链轮齿数系数 K_Z 和链长系数 K_L（GB/T 18150—2006）

P_0 与 n_1 的交点在额定功率曲线图中的位置	位于功率曲线顶点的左侧（链板疲劳失效）	位于功率曲线顶点的右侧（套筒、滚子冲击疲劳失效）
小链轮齿数系数 K_Z	$\left(\frac{z_1}{19}\right)^{1.08}$	$\left(\frac{z_1}{19}\right)^{1.5}$
链长系数 K_L	$\left(\frac{L_p}{100}\right)^{0.26}$	$\left(\frac{L_p}{100}\right)^{0.5}$

表 9-18　多排链排数系数 K_P（GB/T 18150—2006）

排数	1	2	3	4
K_P	1	1.7	2.5	3.3

根据式（9-44）求出链传动所能传递的功率后，再由图 9-23 结合表 9-13 查出合适的链节距和排数。

3. 链节数和中心距

链条长度 $L=L_p p$，L_p 为链节数，由于链节距 p 为标准值，因此，可用链节数表示链条的长度，即 $L_p=L/p$。链条长度 L 可按带传动中的带长计算方法确定，其链节数的计算公式为

$$L_p=\frac{z_1+z_2}{2}+2\frac{a}{p}+\left(\frac{z_2-z_1}{2\pi}\right)^2\frac{p}{a} \tag{9-45}$$

链节数 L_p 必须圆整为整数，最好取偶数，避免过渡链节。

中心距 a 的大小对链传动的工作性能也有较大影响，中心距过小，小链轮的包角变小，啮合的链齿减少，易跳齿和脱链；同时单位时间内链条绕过次数增多，易发生疲劳破坏。链的中心距过大，链的垂度增加，易使链条颤动。设计时，链的中心距一般初取 $a_0=(30\sim50)p$，最大中心距 $a_{max}=80p$。然后将初选中心距代入式（9-45），得到圆整后的链节数 L_p，计算理论中心距

$$a=\frac{p}{4}\left[\left(L_p-\frac{z_1+z_2}{2}\right)+\sqrt{\left(L_p-\frac{z_1+z_2}{2}\right)^2-8\left(\frac{z_2-z_1}{2\pi}\right)^2}\right] \tag{9-46}$$

为了保证松边有一个合理的安装垂度 $f=(0.01\sim0.02)a$，实际中心距 a' 应修正为 $a'=a-\Delta a$，其中理论中心距减小量 $\Delta a=(0.002\sim0.004)a$，对于中心距可调的链，$\Delta a$ 取较大值；对于中心距固定和没有张紧装置的链，Δa 取较小值。

4. 链作用在轴上的压力

链传动的有效拉力 $F_t=1\,000P/v$，链条作用在轴上的压力 F_Q 可以近似地取为

$$F_Q=(1.15\sim1.3)F_t \tag{9-47}$$

有冲击和振动时取大值。

9.8.4 低速链传动的静强度计算

对于链速 $v<0.6$ m/s 的低速链传动，主要失效形式是链条因静强度不足而被拉断，故常对链传动进行静强度校核。静强度安全系数应满足下式

$$S=\frac{mF_{\lim}}{K_A F_t}\geqslant 4\sim8 \tag{9-48}$$

式中，S 为链的抗拉静强度计算的安全系数；$F_{\lim}$ 为单排链的极限拉伸载荷，kN，见表 9-13；m 为链排数；K_A 为工作情况系数，见表 9-16；F_t 为链的有效拉力，kN。

9.9 链传动的布置、张紧

9.9.1 链传动的布置

链传动中其结构布置是否合理，直接影响到能否正常工作。其设计应注意：

（1）两链轮的回转平面应该在同一平面内，否则易出现脱链现象和不正常磨损。

（2）两链轮的轴心连线最好水平布置，或与水平面成 60°以下倾斜角，此时紧边在上松边在下。当链垂度较大时，松边应加张紧装置，如图 9-26（a）所示。

（3）必须垂直布置时，可采用中心距可调、设张紧装置、上下两轮偏置，如图 9-26（b）所示。

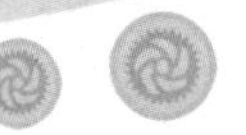

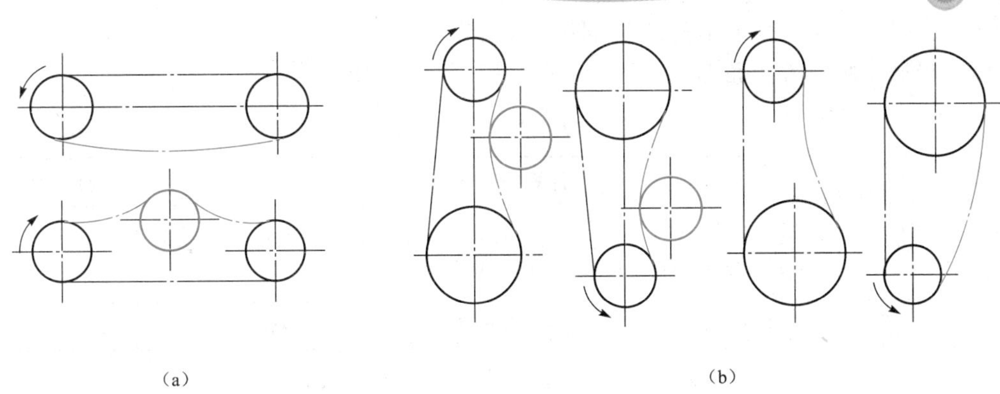

图 9-26 链传动的布置

9.9.2 链传动的张紧

与带传动不同，链传动的张紧主要是为避免链条的垂度过大而引起的啮合不良和链条振动。同时也能增大小链轮的啮合包角，提高传动稳定性。

当两链轮中心距可调时，可通过调整中心距张紧；当中心距不能调整时，可加设张紧装置或去掉1~2个链节。张紧装置常采用张紧轮张紧（图9-27（a）、（b））或压板和托板张紧（图9-27（c）、（d））。张紧轮可以是链轮或无齿的滚轮，其直径应与小链轮直径相近。

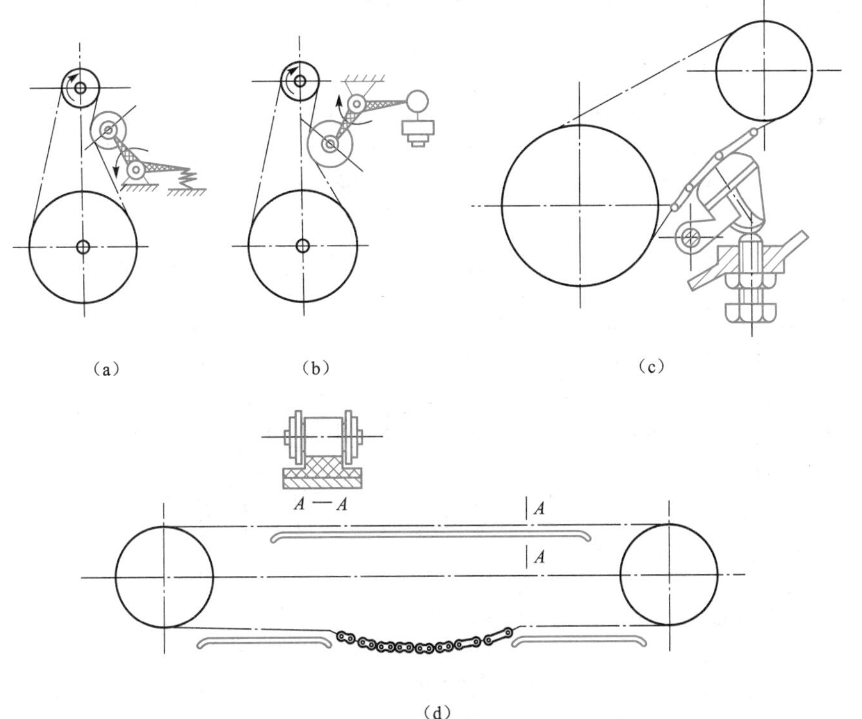

图 9-27 链传动的张紧装置

例 9-2 设计某螺旋输送机的链传动。已知电动机功率 10 kW，转速 $n=960$ r/min，传

动比 $i=3$，单班工作，水平布置，中心距可以调节。

解 设计步骤及方法如表9-19。

表9-19 链传动设计步骤

设计项目	计算内容和依据	计算结果
1. 选择链轮齿数	假设链速 $v=3\sim8$ m/s，根据表9-15，选取小链轮的齿数为 $z_1=23$，则大链轮的齿数 $z_2=iz_1=3\times23=69$	$z_1=23$ $z_2=69$
2. 初定中心距	链的中心距一般初取 $a_0=(30\sim50)p$，故取 $a_0=40p$	$a_0=40p$
3. 确定链节数 L_p	$L_p=\frac{z_1+z_2}{2}+2\frac{a_0}{p}+\left(\frac{z_2-z_1}{2\pi}\right)^2\frac{p}{a_0}$ $=\frac{23+69}{2}+\frac{2\times40p}{p}+\left(\frac{69-23}{2\pi}\right)^2\frac{p}{40p}$ $=127.3$ 节 L_p 圆整取 $L_p=128$ 节	$L_p=128$ 节
4. 确定链节距	由表9-16得 $K_A=1.0$，估计链的失效为链板疲劳（即工作点落在额定功率曲线顶点的左侧），由表9-17得 $K_Z=\left(\frac{z_1}{19}\right)^{1.08}=1.23$，链长系数 $K_L=\left(\frac{L_p}{100}\right)^{0.26}=1.07$。采用单排链，由表9-18得 $K_p=1.0$。则链条所需传递的额定功率为 $P_0\geqslant\frac{K_AP}{K_ZK_LK_P}=\frac{1.0\times10}{1.23\times1.07\times1.0}=7.6$ kW。 根据 $P_0=7.6$ kW 及小链轮的转速 $n_1=960$ r/min，查图9-23，选用10 A的滚子链，其链节距 $p=15.875$ mm。链传动的工作点落在额定功率曲线顶点的左侧，与原假定相符合	$p=15.875$ mm
5. 验算链速 v	$v=\frac{z_1pn_1}{60\times1\,000}=\frac{23\times15.875\times960}{60\times1\,000}=5.8$ m/s 与原假设相符	链速 v 与原假设相符
6. 计算中心距	根据式（9-46）得 $a=\frac{p}{4}\times\left[\left(L_p-\frac{z_1+z_2}{2}\right)+\sqrt{\left(L_p-\frac{z_1+z_2}{2}\right)^2-8\left(\frac{z_2-z_1}{2\pi}\right)^2}\right]$ $=\frac{15.875}{4}\times\left[\left(128-\frac{23+69}{2}\right)+\sqrt{\left(128-\frac{23+69}{2}\right)^2-8\left(\frac{69-23}{2\pi}\right)^2}\right]$ $=640.3$ mm 取 $a=641$ mm 中心距减小量 $\Delta a=(0.002\sim0.004)a$ $=(0.002\sim0.004)\times641$ $=1.3\sim2.6$ mm 实际中心距：$a'=a-\Delta a$ $=641-(1.3\sim2.6)$ $=638.4\sim639.7$ mm 取 $a'=639$ mm	$a'=639$ mm

续表

设计项目	计算内容和依据	计算结果
7. 润滑方式	根据链速 $v=5.8$ m/s 和链节距 $p=15.875$ mm，按图 9-24 选择油浴润滑或飞溅润滑方法	油浴润滑或飞溅润滑
8. 作用在轴上的压力	链传动的有效拉力 $F_t=\frac{1\ 000P}{v}=\frac{1\ 000\times10}{5.8}=1\ 724$ N 根据式（9-47），作用在轴上的压力 $F_Q=$（1.15～1.3）F_t 取 $F_Q=1.2\times F_t=1.2\times1\ 724=2\ 069$ N	$F_Q=2\ 069$ N
9. 链轮结构设计（略）		

【重点要领】

挠性传动分两种，带靠摩擦链啮合。
平带圆带同步带，应用最多是 V 带。
普通 V 带有七种，最大 E 型最小 Y。
带和带轮有滑动，链条绕轮多边形。
带靠高速减弹滑，链用低速减振动。
挠性传动需张紧，带链张紧各不同。

思 考 题

9-1　什么是带传动的打滑？它与弹性滑动有何区别？打滑对传动有什么影响？打滑先发生在大带轮上还是小带轮上？

9-2　带在传动中产生哪几种应力？最大应力出现在什么位置？

9-3　从增大包角考虑，带传动设计时松边在上好还是紧边在上好？

9-4　带的最大有效拉力 F_{max} 与哪些因素有关？

9-5　在机械传动系统中，为什么经常将 V 带传动布置在高速级？

9-6　与带传动相比，链传动有哪些不同？

9-7　为什么在一般条件下，链传动的瞬时传动比不是恒定值？什么条件下恒定？

9-8　在链速一定的情况下，链节距的大小对链传动的动载荷有何影响？

9-9　在机械传动系统中，为什么经常将链传动布置在低速级？

9-10　在链传动设计时，为什么要限制链轮的最大齿数？

习　题

9-1　某一液体搅拌机的普通V带传动，传递功率 $P=10$ kW，带速 $v=12$ m/s，紧边与松边拉力之比为3∶1，求该带传动的有效拉力 F 及紧边拉力 F_1。

9-2　已知一普通V带传动，$n_1=1\ 460$ r/min，主动轮 $d_{d1}=180$ mm，从动轮转速 $n_2=650$ r/min，传动中心距 $a\approx800$ mm，工作有轻微振动，每天工作16 h，采用三根B型带，试求能传递的最大功率。若为使结构紧凑，改取 $d_{d1}=125$ mm，$a\approx400$ mm，问带所能传递的功率比原设计降低多少？

9-3　试设计一鼓风机使用的普通V带传动。已知电动机功率 $P=7.5$ kW，$n_1=970$ r/min，从动轮转速 $n_2=330$ r/min，允许传动误差±5%，工作时有轻度冲击，两班制工作，试设计此带传动并绘制带轮的工作图。

9-4　已知：螺旋输送机用的链传动，电动机的功率 $P=3$ kW，转速 $n_1=720$ r/min，传动比 $i=3$，载荷平稳，水平布置，中心距可以调节，试设计此链传动。

9-5　已知主动链轮转速 $n_1=950$ r/min，齿数 $z_1=21$，从动链轮的齿数 $z_2=95$，中心距 $a=900$ mm，滚子链极限拉伸载荷为55.6 kN，工作情况系数 $K_A=1.2$，试确定链条所能传递的功率。

第9章
思考题及习题答案

第9章
多媒体PPT

第 10 章 支承设计

课程思政案例 10

【学习目标】

机器的支承设计包含轴承和轴的设计。要完成机器的支承设计，需要了解轴的类型、轴承的类型和选择方法，掌握滑动轴承的尺寸设计，掌握滚动轴承的寿命计算，掌握轴的结构设计和强度校核。

所有作回转运动的传动零件（如带轮、链轮、齿轮等），必须安装及固定在轴上才能实现运动和动力的传递，而轴需要在箱体内用轴承支承起来。因此，安装传动零件的轴、支承轴的轴承、箱体、机架以及支承弹簧等在机械中均属于支承零部件的范畴。

10.1 轴及轴承设计概述

10.1.1 轴的功用、类型及材料

轴的主要功用是安装、固定和支承机器中的回转零件，使其具有确定的工作位置，并传递运动和动力。

1. 轴的类型

按轴线形状的不同，轴可分为直轴和曲轴。直轴是大多数机械中使用的零件，又分为光轴和阶梯轴。阶梯轴便于轴上零件的装拆和定位。曲轴是往复式机械中的专用零件，用来将

回转运动转换为直线运动或将直线运动转换为回转运动。

按承载情况不同，轴可分为转轴、传动轴和心轴三种。转轴既传递转矩又承受弯矩，如齿轮减速器中的齿轮轴（图 10-1）；传动轴只传递转矩而不承受弯矩或弯矩很小，如汽车的传动轴（图 10-2）；心轴则只承受弯矩而不传递转矩，可分为转动心轴（如图 10-3 所示火车轴）和固定心轴（如图 10-4 所示自行车前轮轴）。

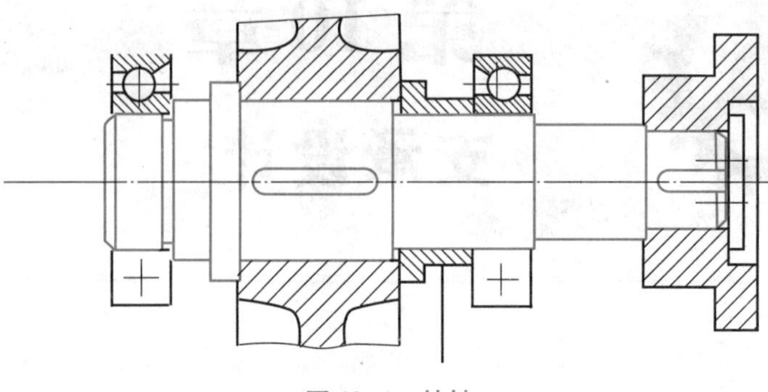

图 10-1　转轴

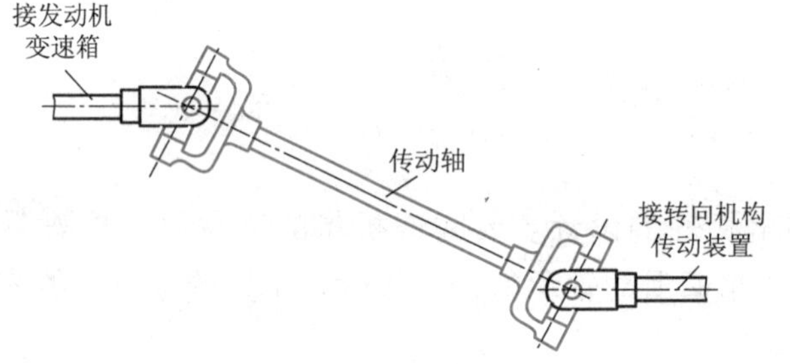

图 10-2　汽车传动轴

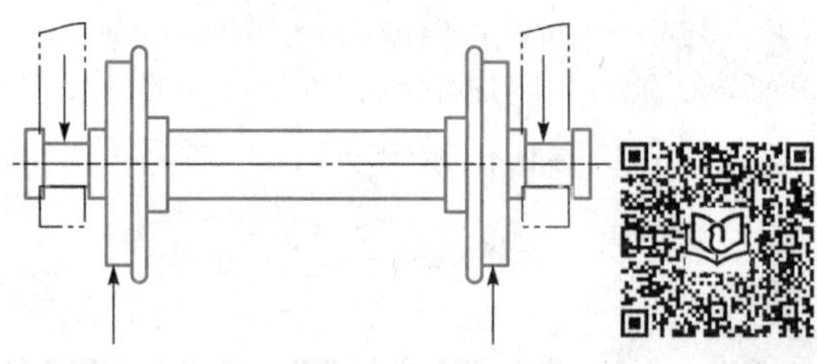

图 10-3　转动心轴

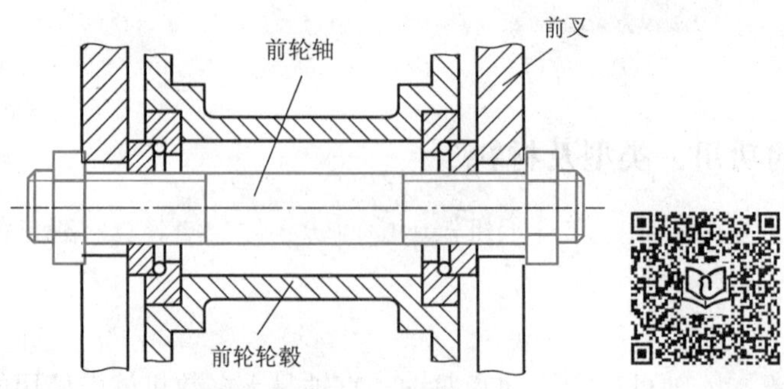

图 10-4　固定心轴

轴一般都做成实心的，但为减轻质量（如大型水轮机轴、航空发动机轴）或满足工作要求（如需在轴中心穿过其他零件），则可用空心轴。

另外，还有一些特殊用途的轴，如钢丝软轴（见图 10-5）。这种轴具有良好的挠性，它可不受限制地把回转运动传到任何空间位置，常用于机械式远距离控制机构、转速表及手持电动小型工具的传动。

本章将以机器中最为常见的实心阶梯转轴为典型，讨论轴的有关设计问题。

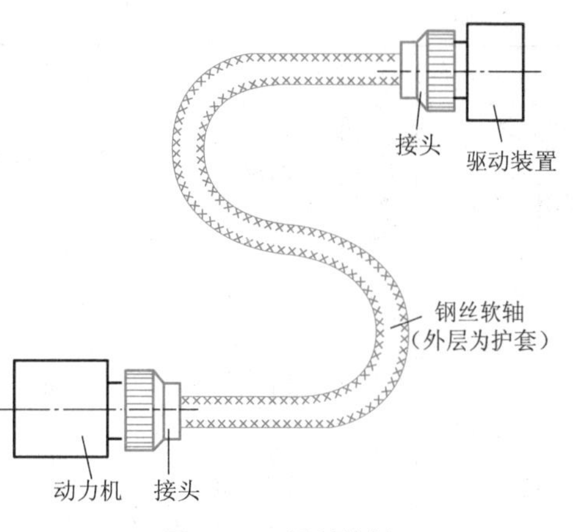

图 10-5 钢丝软轴

2. 轴的材料

由于轴工作时产生的应力多为变应力，所以轴的失效多为疲劳损坏，因此轴的材料应具有足够的疲劳强度、较小的应力集中敏感性和良好的加工性能等。

一般机器中的轴常用优质中碳钢（如 35 钢、40 钢和 45 钢），其中以 45 钢应用最广。这类钢比合金钢价廉，常经调质处理，以改善材料的综合机械性能。对于受力较小或不重要的轴，可用 Q235 等普通碳素钢。

对于要求强度高、尺寸小或有其他特殊要求的轴，可采用合金钢。耐磨性要求较高的轴可采用 20Cr、20CrMnTi 等低碳合金钢，轴颈部分进行渗碳淬火处理。要求高强度的轴可采用 40Cr（或用 35SiMn 代替）、40CrNi（或用 38SiMnMo 代替）等，并进行热处理。

合金钢比碳素钢具有更高的机械强度和更好的淬火性能，但对应力集中比较敏感，价格也较贵。在常温下，合金钢和碳素钢的弹性模量相差无几，故当其他条件相同时，用合金钢代替碳素钢并不能提高轴的刚度。

高强度铸铁和球墨铸铁具有良好的制造工艺性，而且价廉、吸振性较好，对应力集中敏感性低，故适于制造结构形状复杂的轴，但铸造质量较难控制。

轴的常用材料及主要机械性能见表 10-1。

3. 设计轴应考虑的问题

设计轴时主要应满足轴的强度和结构的要求。对于刚度要求高的轴（如机床主轴），主要应满足刚度的要求；对于一些高速机械的轴（如汽轮机主轴），要考虑满足振动稳定性的要求。另外，要根据装配、加工、受力等具体要求，合理定出轴的形状和各部分结构尺寸，即进行轴的结构设计。

在转轴设计中，因为转轴工作时，受弯矩和转矩联合作用，而弯矩是与轴上载荷的大小及轴上零件相互位置有关的，所以当轴的结构尺寸未确定前，无法求出轴所受的弯矩。因此转轴设计时，开始只能按扭转强度或经验公式估算轴的直径，然后进行轴的结构设计，最后进行较精确的强度验算，其中又以结构设计作为重点。

表 10-1　轴的常用材料及主要机械性能

材料 类别	材料 牌号	热处理	毛坯直径 /mm	硬度 /HBW	强度极限 σ_b /MPa	屈服极限 σ_s /MPa	弯曲疲劳极限 σ_{-1} /MPa	剪切疲劳极限 τ_{-1} /MPa	静应力下许用弯曲应力 $[\sigma_{+1}]_b$ /MPa	脉动循环下许用弯曲应力 $[\sigma_0]_b$ /MPa	对称循环下许用弯曲应力 $[\sigma_{-1}]_b$ /MPa	用途
碳素钢	Q235		≤16	—	460	235	200	105	135	70	40	用于不重要或承载不大的轴
			≤40	—	440	225						
	45	正火	≤100	170～217	600	300	275	140	196	93	54	应用最广
		调质	≤200	217～255	650	360	300	155	216	98	59	
合金钢	40Cr	调质	≤100	241～286	750	550	350	200	245	118	69	用于载荷较大而无很大冲击的重要轴
			>100～300	241～286	700	550	340	185				
	35SiMn（42SiMn）	调质	≤100	229～286	800	520	400	205	245	118	69	性能接近40Cr，用于中小型轴、齿轮轴
			>100～300	219～269	750	450	350	185				
	40MnB	调质	25	207	1 000	800	485	280	245	118	69	性能接近40Cr，用于重要轴
			≤200	241～286	750	500	335	195				
	20Cr	渗碳淬火回火	15	表面HRC 50～60	850	560	375	215	200	100	60	用于要求强度和韧性均较高的轴
			≤60		650	400	280	160				
	20CrMnTi		15	表面HRC 50～62	1 100	850	525	300	360	166	98	
球墨铸铁	QT400-15		—	156～197	400	300	145	125	64	34	25	用于结构形状复杂的轴
	QT600-3		—	197～269	600	420	215	185	96	52	37	

10.1.2　轴承的功用及类型

轴承是用来支承轴及轴上回转零件的部件，根据轴承工作时摩擦状态的不同，可分为滚动摩擦轴承（简称滚动轴承）和滑动摩擦轴承（简称滑动轴承）两大类。

滚动轴承主要依靠元件间的滚动接触来支承转动零件，因此摩擦阻力小、启动灵敏、效率高。另外滚动轴承已经标准化，选用、润滑及维护方便，所以在一般机器中得到广泛应用。其缺点是径向尺寸较大，抗冲击能力差，工作时有噪声，工作寿命不及液体摩擦的滑动轴承。

滑动轴承工作时的摩擦状态为滑动摩擦。与滚动轴承相比，滑动轴承具有承载能力大、

工作平稳可靠、噪声小、耐冲击、吸振、可以剖分、回转精度高等优点。缺点是在一般情况下摩擦损耗大，维护比较复杂。

滑动轴承主要用于某些不能、不便或使用滚动轴承没有优势的场合，如要求转速和旋转精度高的轴承；重型和承受冲击载荷的轴承；结构上要求剖分的轴承；要求向心尺寸小的轴承；在水或腐蚀性介质中工作的轴承；此外，一些简单支承和不重要的场合，也常采用结构简单的滑动轴承。因此，滑动轴承在燃气轮机、高速离心机、高速精密机床、内燃机、轧钢机及各类仪表中，均有着较广泛的应用。

10.2 滑动轴承设计

10.2.1 滑动轴承的类型及结构

滑动轴承按其滑动表面间摩擦状态的不同，可分为干摩擦轴承、不完全油膜滑动轴承（处于边界摩擦和混合摩擦状态）和液体润滑轴承（处于液体摩擦状态）。根据液体润滑承载机理的不同，又可分为液体动压润滑轴承和液体静压润滑轴承。

滑动轴承按其所能承受的载荷方向的不同，可分为向心滑动轴承（承受径向载荷）和推力滑动轴承（承受轴向载荷）。

1. 向心滑动轴承的结构

向心滑动轴承有整体式、对开式、自位式等形式。

（1）整体式向心滑动轴承。图 10-6 所示为整体式向心滑动轴承。它由轴承座 1、整体轴瓦 2 组成，轴瓦由减摩材料制成，轴承座材料常为铸铁。轴承座上面有安装润滑油杯的螺纹孔。在轴瓦上有油孔，为了使润滑油能均匀分布在整个轴颈上，在轴瓦的内表面上开有油沟。

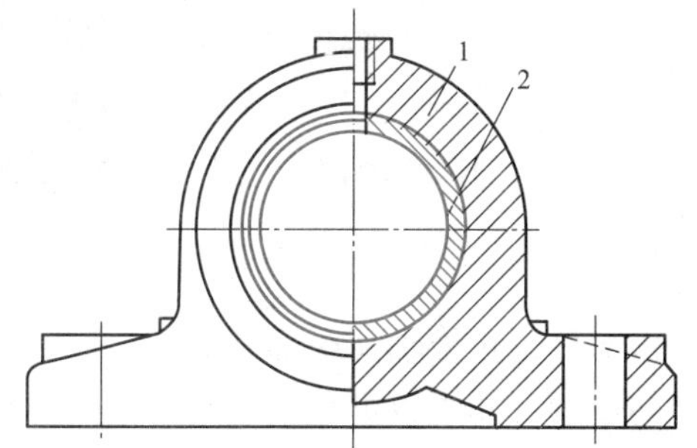

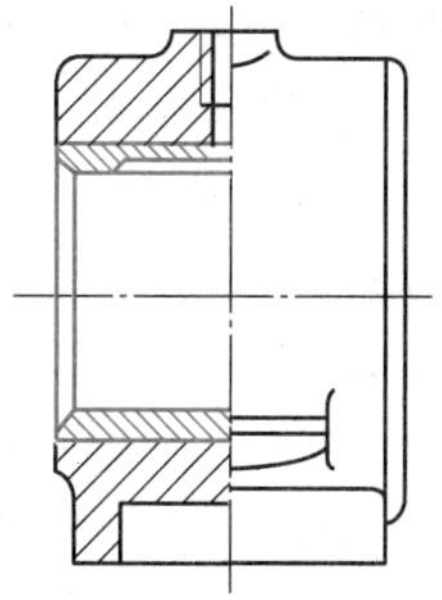

图 10-6　整体式向心滑动轴承

1—轴承座；2—整体轴瓦

整体式滑动轴承的优点是结构简单、成本低廉。缺点是轴瓦磨损后，轴承间隙过大时无法调整。另外，只能从轴颈端部进行装拆。故整体式滑动轴承多用在低速、轻载、间歇性工作并具有相应的装拆条件的简单机械设备中，如某些农用机械、手动机械等。

(2) 对开式向心滑动轴承。图 10-7 所示为对开式向心滑动轴承。它是由轴承座 3、轴承盖 2、对开式轴瓦 4、5 和座盖连接螺栓 1 组成。为了安装时容易对中和防止横向错动，在轴承盖和轴承座的剖分面上做成阶梯形，在剖分面间配置调整垫片，当轴瓦磨损后可减少垫片厚度以调整间隙。轴承盖应适当压紧轴瓦，使轴瓦不能在轴承孔中转动。轴承盖上制有螺纹孔，以便安装油杯或油管。对开式轴瓦由上、下轴瓦组成。上轴瓦顶部开有油孔，以便进入润滑油。

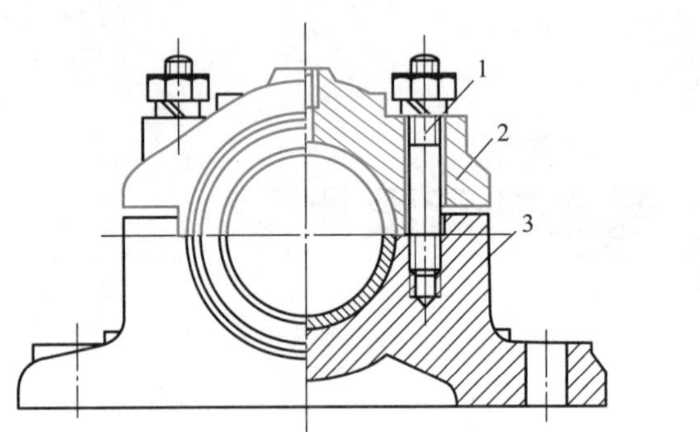

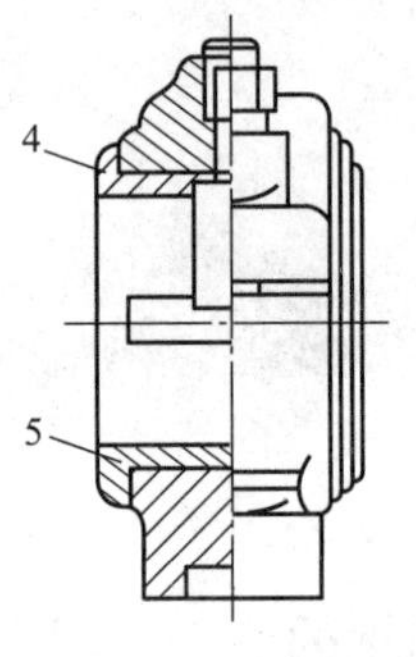

图 10-7　对开式向心滑动轴承

1—螺栓；2—轴承盖；3—轴承座；4、5—轴瓦

对开式滑动轴承装拆方便，易于调整轴承间隙，故应用很广。轴承座、盖材料一般为铸铁，重载、冲击、振动时可用铸钢。

(3) 自位式向心滑动轴承。轴承宽度与轴颈直径之比（B/d）称为宽径比。当宽径比大于 1.5 时，或轴的弯曲变形较大时，应采用自位式向心滑动轴承。自位式向心滑动轴承能防止轴承与轴颈的“边缘接触”，以避免轴承端部局部迅速磨损。图 10-8 为一种常用的自位式向心滑动轴承结构，轴瓦外表面做成球面，轴承可随轴的变形自动调位以适应轴的偏斜。

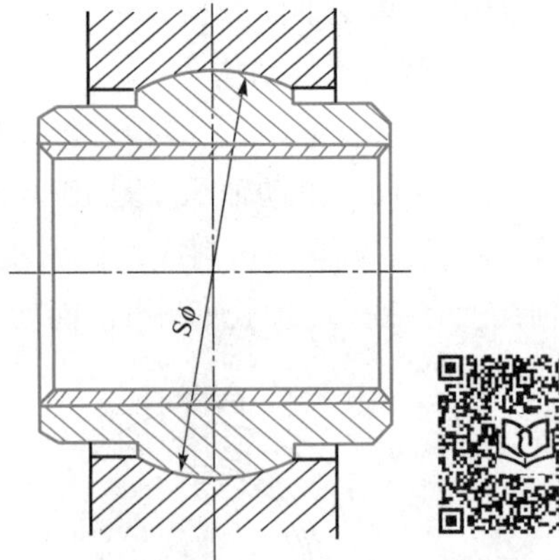

图 10-8　自位式向心滑动轴承

2. 推力滑动轴承的结构

图 10-9 所示为常用推力滑动轴承的结构，由轴承座、衬套、径向轴瓦和止推轴瓦组成。轴的端面与止推轴瓦是推力滑动轴承的主要工作部分，止推轴瓦底部制成球面形状，可以自动调位以避免偏载。径向轴瓦用于固定轴的径向位置，同时也可承受一定的径向载荷。

常用的推力轴颈结构有实心式（图 10-10（a））、空心式（图 10-10（b））、单环式（图 10-10（c））、多环式（图 10-10（d））几种。其中实心式的推力面由于滑动端面中心与边缘的磨损不均匀，造成推力面上的压力分布不均匀，以致中心部分的压强极高，因此应用不多。一般机器中通常采用空心式及单环式结构，此时的推力面为一圆环形。轴向载荷较大时可采用多环式轴颈，多环式结构还可承受双向轴向载荷。推力轴承轴颈的基本尺寸可按表 10-2 的经验公式确定。

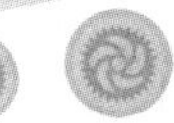

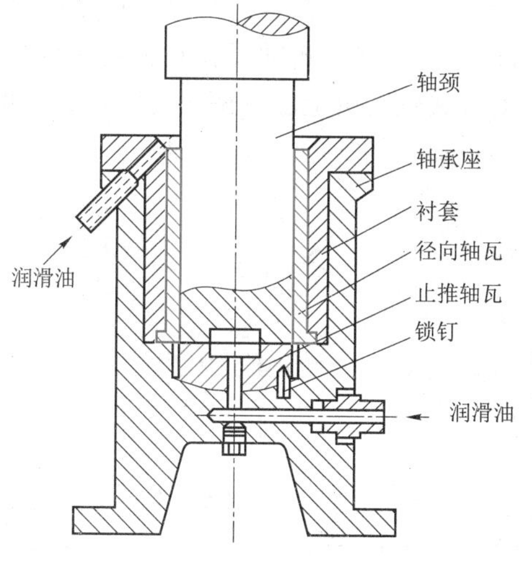

图 10-9　推力滑动轴承的结构

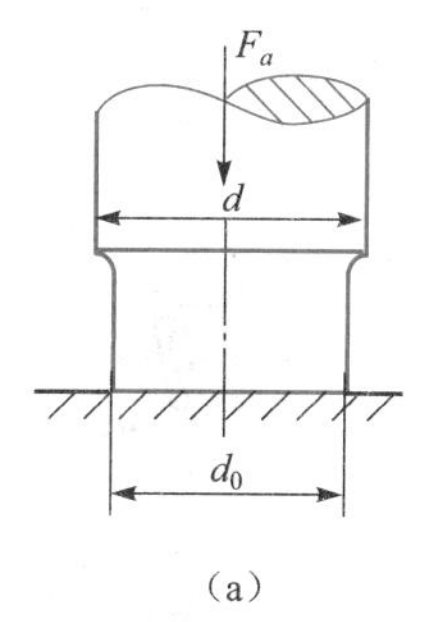

(a)

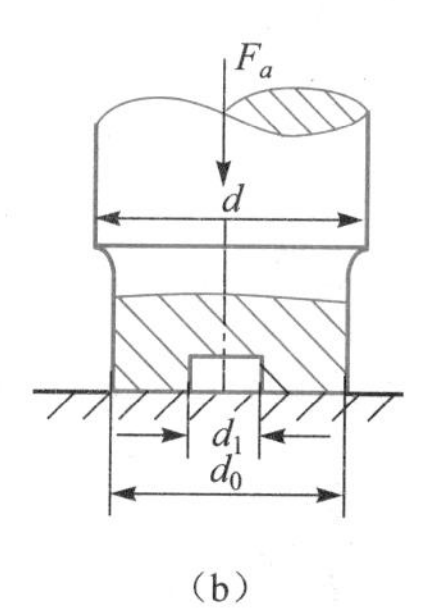

(b)

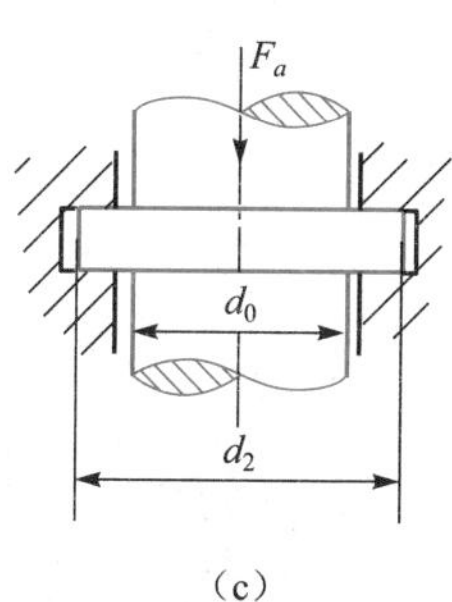

(c)

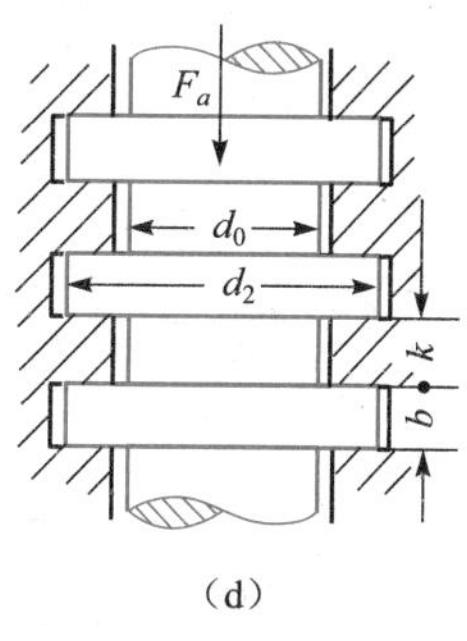

(d)

图 10-10　普通推力轴承轴颈结构简图

表 10-2　普通推力轴承轴颈的基本尺寸计算公式

符　　号	名　　称	经 验 公 式 或 说 明
d	轴　直　径	由计算决定
d_0	推力轴颈直径	由计算决定
d_1	空心轴颈内径	$d_1 \approx$ (0.4～0.6) d_0
d_2	轴 环 外 径	$d_2 \approx$ (1.2～1.6) d
b	轴 环 宽 度	$b \approx$ (0.1～0.15) d
k	轴 环 距 离	$k \approx$ (2～3) b
z	轴　环　数	$z \geqslant 1$，由计算及结构而定

10.2.2　轴瓦结构和轴承材料

1. 轴瓦结构

轴瓦与轴颈直接接触，它的工作面既是承载表面又是摩擦表面，故轴瓦是滑动轴承中最

重要的元件。本节仅介绍径向金属轴瓦（以下简称轴瓦）的结构。

（1）轴瓦的形式与构造。常用的轴瓦有整体式（又称轴套）和对开式两种，分别用于整体式和对开式滑动轴承。图 10-11 所示为整体式轴瓦，它又有无油槽（图 10-11（a））和有油槽（图 10-11（b））之分。对开式轴瓦由上、下两半瓦组成，一般下轴瓦承受载荷，上轴瓦不承受载荷。对开式轴瓦有厚壁轴瓦和薄壁轴瓦两种。图 10-12 所示为厚壁轴瓦，图 10-13 所示为薄壁轴瓦。

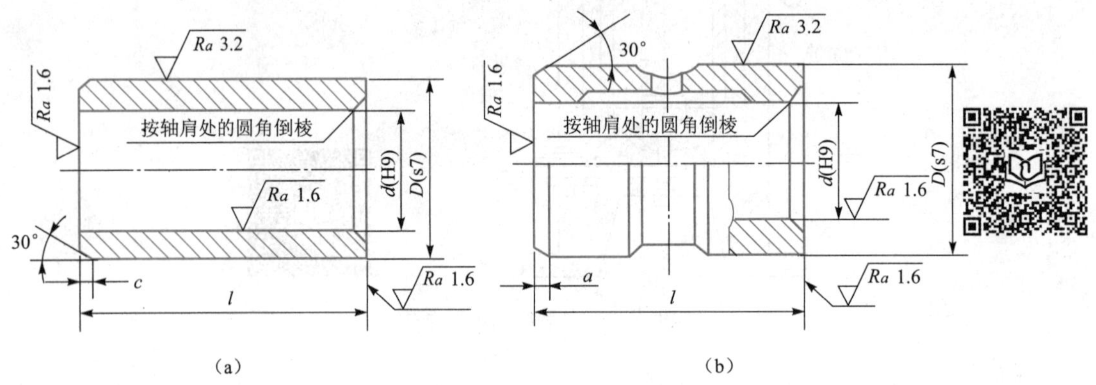

图 10-11 整体式轴瓦

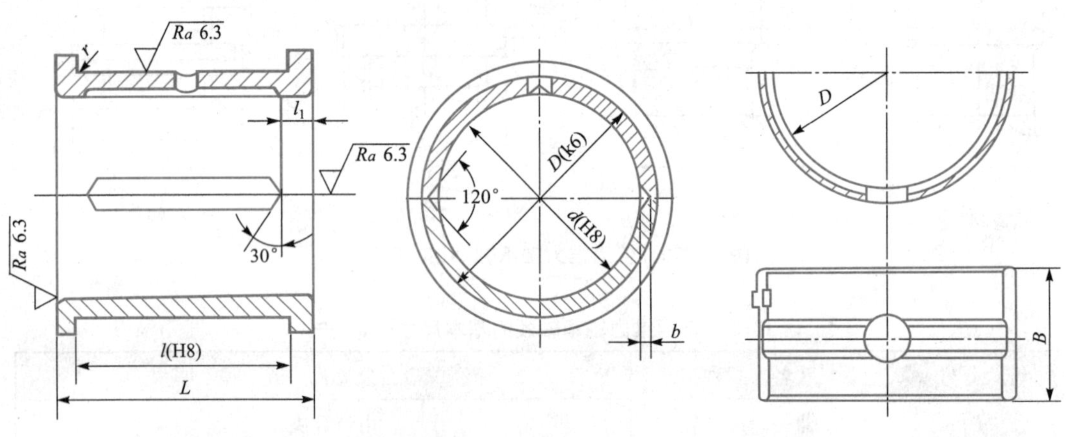

图 10-12 对开式厚壁轴瓦　　图 10-13 对开式薄壁轴瓦

轴瓦可用单层材料制成单层轴瓦，亦可用多层材料制成多层轴瓦。多层轴瓦常用的有双金属与三金属轴瓦。双金属轴瓦（图 10-14）是以某种金属作基体（轴承衬背），使轴瓦具有所需的强度或刚度，再在内壁上覆一层薄的轴承减摩材料（俗称轴承衬），用以改善轴瓦表面的摩擦状况。三金属轴瓦是在轴承衬背与轴承减摩层之间再加一中间层，用以提高轴承表层的疲劳强度。采用多层轴瓦结构可以显著节省价格较高的轴承合金等减摩材料。

（2）轴瓦的制作。金属轴瓦常为浇铸成型后经切削加工制成。

在大批量生产中，双层或三层金属轴瓦是采用轧制的方法，使轴承减摩层材料贴附在低碳钢带上，然后经冲裁、弯曲成型及精加工制成。烧结轴瓦是采用金属粉末烧结的方法使之附在钢带上而制成。

对于批量小或尺寸大的轴承，常采用离心铸造的方法，将轴承减摩层材料浇铸在轴承衬背的内表面上。为了使轴承减摩层与轴承衬背贴附牢固，可在轴承衬背上制出各种形式的沟槽，见图 10-15。

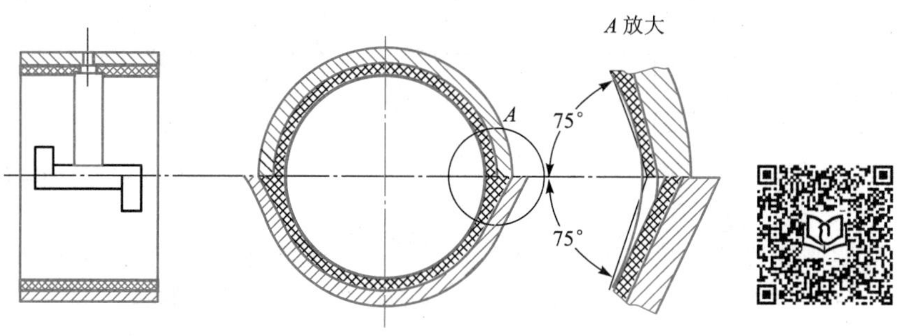

图 10-14　双金属轴瓦

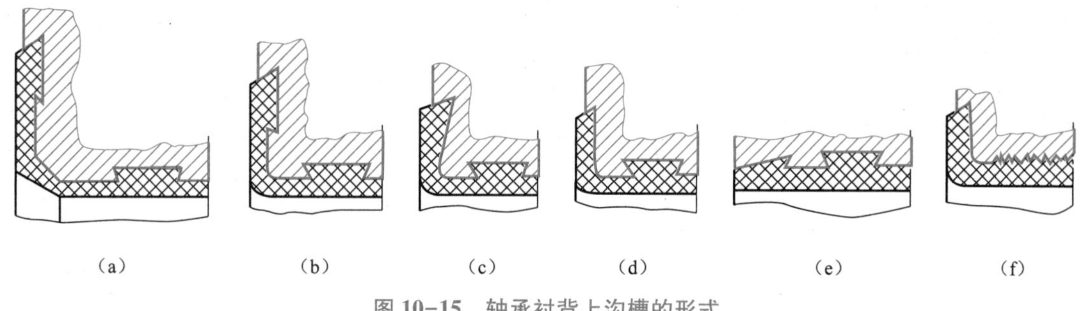

图 10-15　轴承衬背上沟槽的形式

(3) 轴瓦的定位与配合。轴瓦和轴承座之间不允许有相对移动。为了防止轴瓦在轴承座中沿轴向和周向移动，可将轴瓦两端作出凸缘用作轴向定位（图 10-12），或采用紧定螺钉（图 10-16 (a)）、销钉（图 10-16 (b)）将轴瓦固定在轴承座上。

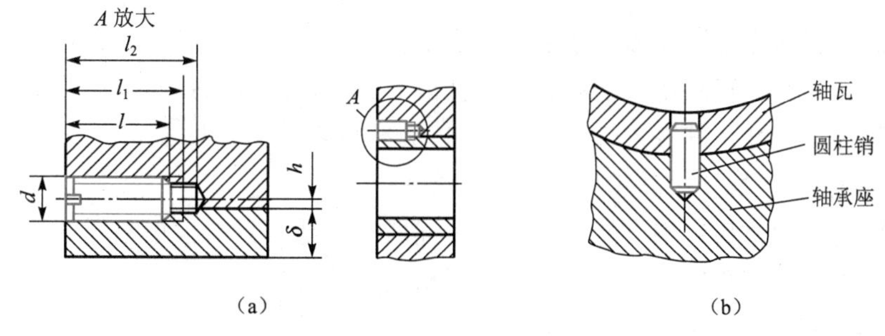

图 10-16　轴瓦的定位

(4) 油孔、油槽和油腔的开设。为了使轴承得到良好的润滑，需在轴瓦或轴颈上开设油孔、油槽或油腔。油孔用来供应润滑油，油槽用来输送和分布润滑油，油腔则主要用以贮存润滑油，并分布润滑油和起稳定供油作用。

对于宽径比较小的轴承，只开设一个油孔。对于宽径比大或可靠性要求高的轴承，还需开设油槽或油腔，一般常用油槽。图 10-17 为常见油槽的形式。轴向油槽应较轴承宽度稍短，以免油从轴承端部大量流失。油腔一般开设于轴瓦的剖分处，其结构见图 10-18。

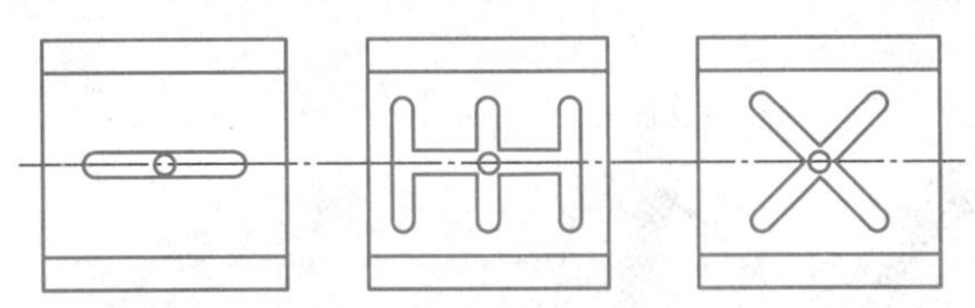

图 10-17　常见油槽的形式

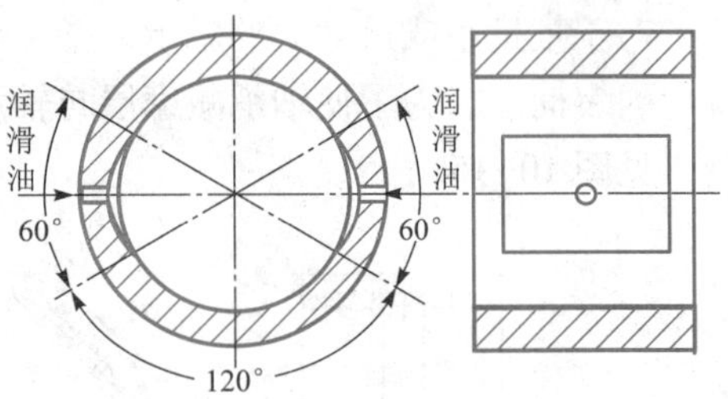

图 10-18　油腔的结构

油孔和油槽的位置及形状对轴承的工作能力和寿命影响很大。对于液体动压滑动轴承，应将油孔和油槽开设在轴承的非承载区的最大间隙部位，若在承载油膜区内开设油孔和油槽，将会破坏油膜的连续性，显著降低油膜的承载能力（图 10-19）。对于不完全油膜滑动轴承，应使油槽尽量延伸到轴承的最大压力区附近，以便向轴承供油充分。

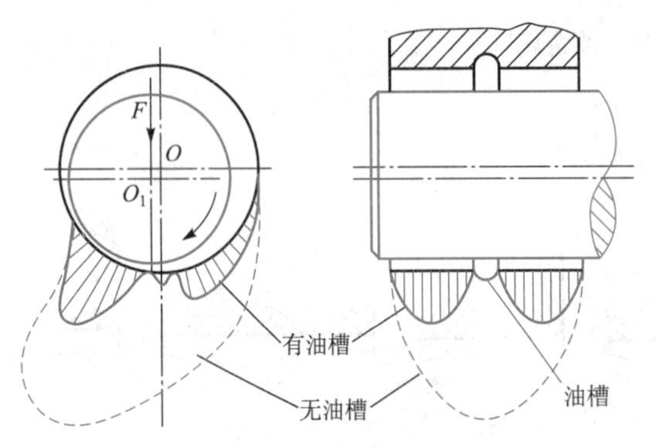

图 10-19　油槽对油膜压力的影响

2. 轴承的材料

轴承材料主要指轴瓦、轴承衬背和轴承减摩层的材料。

轴承的主要失效形式是磨损，受变载荷时也会发生疲劳破坏或轴承减摩层脱落。因此对轴承材料性能的基本要求是：① 与轴颈材料配合后应具有良好的减摩性、耐磨性、磨合性和摩擦相容性。其中磨合性是指轴承材料在磨合过程中降低摩擦力、温度和磨损度的性能；摩擦相容性是指轴承材料防止与轴颈材料发生黏附的性能；② 具有足够的强度，包括抗压、抗冲击和抗疲劳强度；③ 具有良好的摩擦顺应性和嵌入性。摩擦顺应性是指轴承材料靠表层的弹塑性变形来补偿滑动表面初始配合不良的性能；嵌入性是指轴承材料容许硬质颗粒嵌入而减轻刮伤或磨粒磨损的性能。一般硬度低、弹性模量低、塑性好的材料具有良好的摩擦顺应性，其嵌入性也较好；④ 具有良好的其他性能，如工艺性好，导热性好，热膨胀系数低，耐腐蚀性好等；⑤ 价格低廉，便于供应。

实际上任何一种材料都不可能全面具备上述所有性能，只能根据不同的使用要求合理选择。常用的轴承材料有金属材料、多孔质金属材料和非金属材料三大类。

（1）金属材料：

① 轴承合金（又称巴氏合金、白合金）。轴承合金是锡、铅、锑、铜的合金，又分为锡基轴承合金和铅基轴承合金两类，它们各以较软的锡或铅作基体，悬浮以锑锡和铜锡的硬晶粒而组成。软基体具有良好的摩擦顺应性、嵌入性、磨合性和润滑性，硬晶粒则起支承和抗磨作用。因此，轴承合金具有优异的减摩性、摩擦顺应性、嵌入性和磨合性，摩擦相容性也很好，但其强度、硬度较低，价格昂贵，通常只用作轴承减摩层材料，与具有足够强度的轴承衬背一起可得到良好的综合性能。轴承合金主要用于高、中速和重载下工作的重要场合，如汽轮机、内燃机中的滑动轴承。

② 铜合金。铜合金是铜与锡、铅、锌和铝的合金，是传统使用的轴承材料，应用较广泛，可分为青铜和黄铜两类。

青铜是性能仅次于轴承合金的轴承材料，应用较多。青铜主要有：ⓐ 锡青铜　其减摩性、耐磨性较好，具有较高的抗疲劳强度，广泛用于重载条件下，常用来制作单层轴瓦或用作三金属轴瓦的中间层。其中锡磷青铜的减摩性为最好；ⓑ 铅青铜　其减摩性稍差于锡青铜，但具有较高的冲击韧度和较好的摩擦相容性，并且能在高温时从表层析出铅，形成一层表面薄膜，从而起到润滑作用，宜用于较高温度条件下，如高速内燃机中；ⓒ 铝青铜　其强度、硬度高，但摩擦顺应性、嵌入性、摩擦相容性较差，因而与其相配的轴颈应有较高的硬度和较低的表面粗糙度，并要求具有良好的润滑条件。铝青铜可用作锡青铜的代用品，在低速重载下工作。

黄铜为铜锌合金，其减摩性低于青铜，抗咬黏性及耐磨性均较差，但具有良好的铸造及加工工艺性，并且价格较低，故在低速、中载条件下可作为青铜的代用品。

③ 铝基轴承合金（铝合金）。与轴承合金、铜合金相比，铝合金强度高、导热性好、耐腐蚀、工艺性好，但摩擦顺应性、嵌入性和磨合性较差。铝合金可采用铸造、冲压和轧制等方法制造，适于批量生产，广泛用作汽车、拖拉机发动机中的轴承减摩层材料。应用时要求轴颈表面有高的硬度、低的表面粗糙度和较大的配合间隙。

④ 铸铁。有灰铸铁、耐磨铸铁和球墨铸铁。铸铁内部含有游离石墨，故具有良好的减摩性，但它性脆且磨合性差。只宜用于轻载、低速和无冲击的场合。

常用金属轴承材料的性能见表 10-3。

表 10-3　常用金属轴承材料及性能

名称	代号	许用值①			最高工作温度 /℃	硬度② /HBW	性能比较③				备注
		[p] /MPa	[v] / (m·s^{-1})	[pv] / (MPa·m·s^{-1})			抗胶合性	摩擦顺应性嵌入性	耐蚀性	耐疲性	
锡基轴承合金	ZSnSb12Pb10Cu4		平衡载荷		150	20～30 (150)	1	1	1	5	用于高速、重载下工作的重要轴承，变载下易疲劳，价贵
	ZSnSb11Cu6	25 (40)	80	20 (100)							
	ZSnSb8Cu4		冲击载荷								
	ZSnSb4Cu4	20	60	15							
铅基轴承合金	ZPbSb16Sn16Cu2	12	12	10 (50)	150	15～30 (150)	1	1	3	5	用于中速、中载轴承。不宜受显著冲击。可作为锡基轴承合金的代用品
	ZPbSb15Sn5Cu	5	8	5							
	ZPbSb15Sn10	20	15	15							

续表

名称	代号	许用值①			最高工作温度/℃	硬度②/HBW	性能比较③				备注
		[p]/MPa	[v]/$(m\cdot s^{-1})$	[pv]/$(MPa\cdot m\cdot s^{-1})$			抗胶合性	摩擦顺应性嵌入性	耐蚀性	耐疲性	
铸造铜合金	CuSn10P CuPb5Sn5Zn5	15 8	10 3	15（25） 15	280	50～100 （200）	5	3	1	1	用于中速、重载及受变载的轴承 用于中速、中载轴承
铸造铜合金	CuPb10Sn10 CuPb30	25	12	30（90）	280	40～280 （300）	3	4	4	2	用于高速、重载，能承受变载和冲击载荷
铸造铜合金	CuAl10Fe5Ni5	15（30）	4（10）	12（60）	280	100～120 （200）	5	5	5	2	最宜用于润滑充分的低速重载轴承
黄铜	ZCuZn38Mn2Pb2 ZCuZn16Si4	10 12	1 2	10 10	200	80～150 （200）	3	5	1	1	用于低速中载轴承，耐蚀、耐热
铝基轴承合金	20高锡铝合金 铝硅合金	28～35	14		140	45～50 （300）	4	3	1	2	用于高速中载的变载荷轴承
铸铁	HT150、HT200 HT250	2～4	0.5～1	1～4	150	160～180 （200～250）	4	5	1	1	用于低速轻载的不重要轴承，价廉

① 括号内的数值为极限值，其余为一般值（润滑良好）。对于液体动压轴承，限制［pv］值没有意义（因其与散热等条件关系很大）。

② 括号外的数值为合金硬度，括号内的数值为最小轴颈硬度。

③ 性能比较：1—最佳；2—良好；3—较好；4——般；5—最差。

（2）多孔质金属材料。多孔质金属材料用铜、铁、石墨、锡等粉末经压制、烧结而成，具有多孔结构，其孔隙占总体积的15%～35%。使用前先将轴瓦在热油中浸渍数小时，使孔隙中充满润滑油，工作时由于轴颈转动的抽吸作用以及轴承发热时油的膨胀作用，孔隙中的润滑油便渗入摩擦表面起润滑作用，因而又称其为自润滑轴承。停止工作时，因毛细管作用，润滑油又被吸回到轴承孔隙内。所以在相当长时间内不加润滑油，轴承也能正常工作。自润滑轴承强度低、冲击韧性小，只宜用于无冲击的平稳载荷和中低速的条件下。常用的多孔质金属材料有多孔铁和多孔青铜，这类材料可用大量生产的加工方法制成尺寸比较准确的

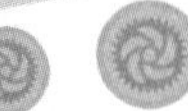

整体式轴瓦，部分地代替滚动轴承和青铜轴瓦使用。

（3）非金属材料。用作轴承材料的非金属材料有塑料、硬木、橡胶、石墨等，其中塑料用得最多，主要有酚醛树脂、尼龙、聚四氟乙烯等。

塑料轴承材料的优点是：摩擦系数小、耐磨性和磨合性好、嵌入性好、有足够的强度、耐腐蚀性好、低速轻载时可在无润滑摩擦下工作。因此，塑料轴承材料除了在许多场合下可以代替金属轴承材料外，还能完成金属轴承难以胜任的任务。例如，采用油润滑有困难时，要求避免油污染时，由于油的蒸发有发生爆炸危险时，可采用塑料轴承。

10.2.3　滑动轴承的润滑

滑动轴承的润滑，主要是为了减小摩擦和减少磨损，提高轴承的效率，同时还可以起冷却、防尘、防锈和吸振等作用。在液体摩擦滑动轴承中，润滑剂同时又是工作介质。

1. 滑动轴承的润滑剂及其选择

滑动轴承常用的润滑剂有润滑油、润滑脂和固体润滑剂等，其中润滑油应用最广。另外，水、空气等也可以作为润滑剂，主要用于一些特殊场合。

（1）润滑油及其选择。目前使用的润滑油大部分是石油系矿物油。其主要物理化学性能指标是黏度、油性、闪点、凝点等，其中最主要的物理性能是黏度，它反映液体流动的内摩擦性能，是选择润滑油的主要依据。选择润滑油时，应考虑速度、载荷、工作情况、润滑方法等因素。如重载、高温时，黏度宜大；滑动速度高，黏度宜低等。对混合摩擦润滑轴承，其润滑油的选择可参考表10-4。

（2）润滑脂及其选择。使用润滑脂也可以形成将滑动表面完全分开的一层薄膜。由于润滑脂属于半固体润滑剂，流动性极差，故无冷却效果。常用在要求不高、难以经常供油，或者低速重载以及做摆动运动的轴承中。

润滑脂的选择，主要是考虑其针入度和滴点。通常可按轴承压强、滑动速度和工作温度等因素来选择。选择润滑脂品种的一般原则为：① 当压强高和滑动速度低时，选择针入度小一些的品种；反之，选择针入度大一些的品种；② 所用润滑脂的滴点，一般应较轴承的工作温度高为20 ℃～30 ℃，以免工作时润滑脂过多地流失；③ 在有水淋或潮湿的环境下，应选择防水性强的钙基或铝基润滑脂。在温度较高处应选用钠基或复合钙基润滑脂。

选择润滑脂牌号时可参考表10-5。

表10-4　滑动轴承润滑油选择（不完全液体润滑、工作温度<60 ℃）

轴颈速度 v/（m·s^{-1}）	平均压强 p<3 MPa	轴颈速度 v/（m·s^{-1}）	平均压强 p=3～7.5 MPa
<0.1	L-AN100，L-AN150	<0.1	L-AN150
0.1～0.3	L-AN68、L-AN100	0.1～0.3	L-AN150
0.3～2.5	L-AN46、L-AN68	0.3～0.6	L-AN100
2.5～5	L-AN32、L-AN46	0.6～1.2	L-AN68、L-AN100
5～9	L-AN15、L-AN32	1.2～2	L-AN68、L-AN100
>9	L-AN7、L-AN10		

表 10-5　滑动轴承润滑脂的选择

压强 p/MPa	轴颈圆周速度 v/（m·s^{-1}）	最高工作温度/℃	选用的牌号
≤1.0	≤1	60	3号钙基脂
1.0~6.5	0.5~5	60	2号钙基脂
≥6.5	≤0.5	60	3号钙基脂
≤6.5	0.5~5	110	2号钠基脂
>6.5	≤0.5	100	2号钙钠基脂
1.0~6.5	≤1	-20~120	锂基脂
>6.5	0.5	60	2号压延机脂

2. 润滑方法及润滑装置

为了获得良好的润滑效果，除应正确选择润滑剂外，还应选用合适的润滑方法和相应的润滑装置。

（1）润滑油润滑。根据供油方式，油润滑可分为间歇式和连续式。间歇式润滑只适用于低速、轻载和不重要的轴承，比较重要的轴承均应采用连续式润滑。常见的润滑方法及装置如下：

① 手加油润滑。用油壶或油枪定期向油孔（图 10-20（a））、压配式压注油杯（图 10-20（b））或旋套式注油油杯（图 10-20（c））注油。显然，这是一种间歇式润滑方法。

② 滴油润滑。图 10-21 所示为针阀式滴油油杯。当手柄卧倒时，针阀因弹簧推压而堵住底部油孔。当手柄直立时提起针阀，下端油孔敞开，润滑油靠重力作用流进轴承。调节螺母可控制进油量大小。这种方法可用于较高转速轴的轴承。

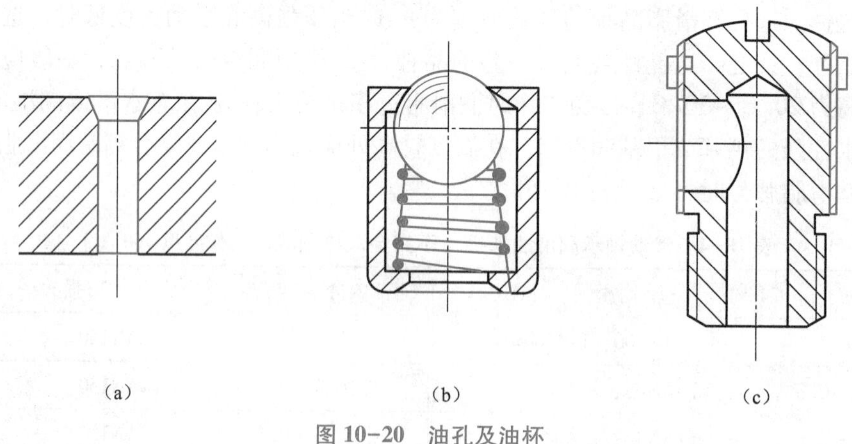

图 10-20　油孔及油杯

③ 油绳润滑。图 10-22 所示为油芯式油杯，油芯（毛线或棉线）的一端浸入油中，利用毛细管作用将油吸到润滑表面上。这种润滑方法不易调节供油量，用于轴的转速不太高且不需大量润滑油的轴承。

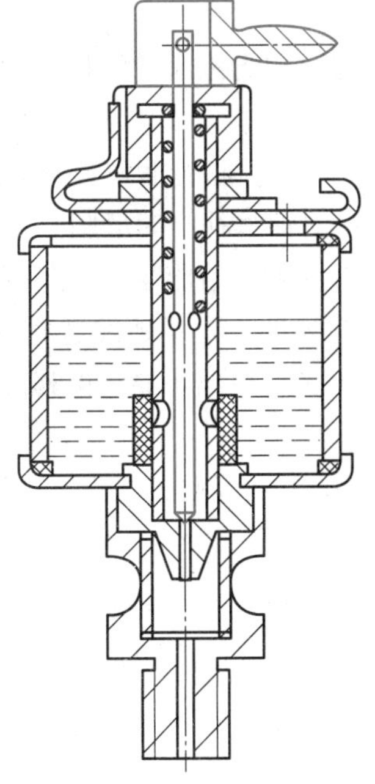

图 10-21　针阀式滴油油杯

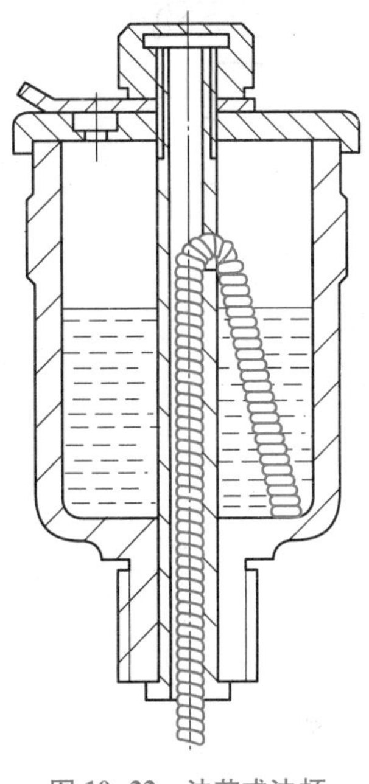

图 10-22　油芯式油杯

④ 油环与油链润滑。如图 10-23 所示，在轴颈上套一油环（或油链），环的下部浸在油池中，轴颈靠摩擦力带动油环旋转，从而把润滑油带到轴颈上。这种装置适用于 50～3 000 r/min水平轴轴承的润滑。转速过低，油环带油不充分；转速过高，环上的油会被甩掉。

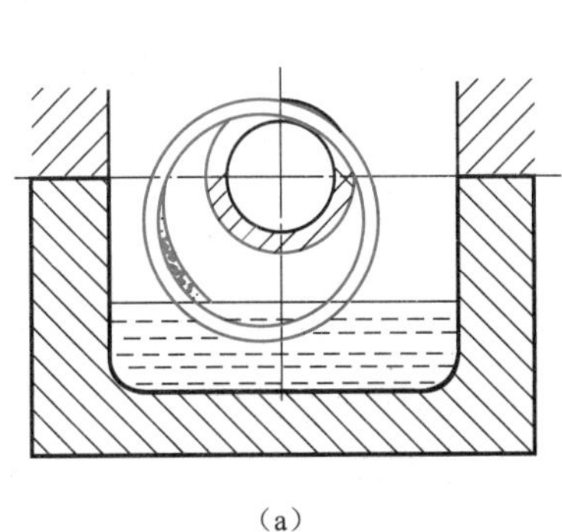

（a）

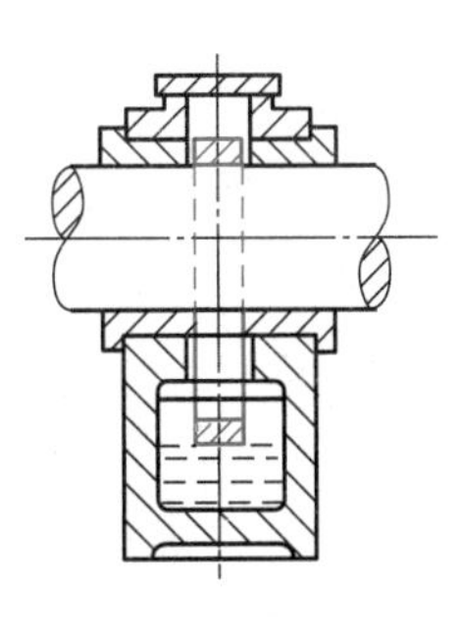
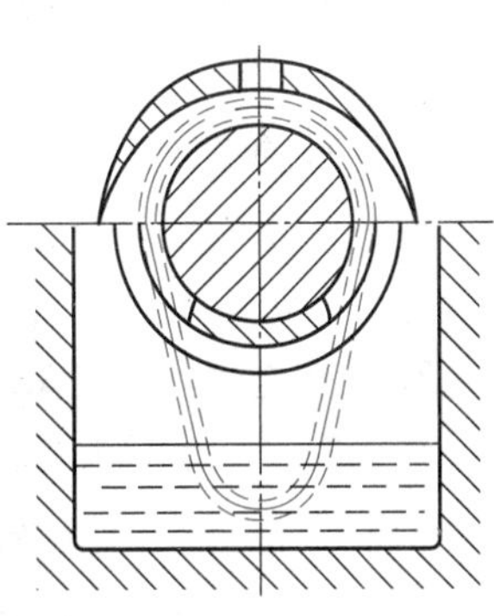

（b）

图 10-23　油环与油链润滑

⑤ 飞溅润滑。利用齿轮、曲轴等转动零件，将润滑油由油池溅散或汇流到轴承中进行润滑。溅油零件的圆周速度应在 5～13 m/s 范围内，浸油深度也不宜过深，否则溅油效果稍差。

⑥ 压力循环润滑。利用油泵供应压力油进行强制润滑。压力循环润滑可以供应充足的油量来润滑和冷却轴承，它适用于重要的高速重载机械轴承的润滑。

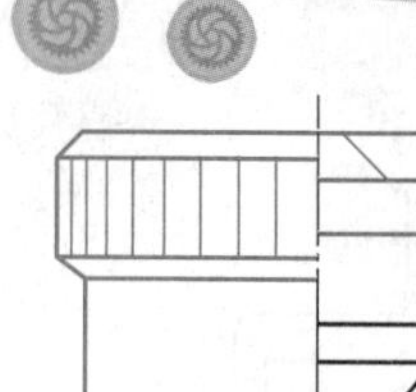

图 10-24　旋盖式油杯

（2）润滑脂润滑。

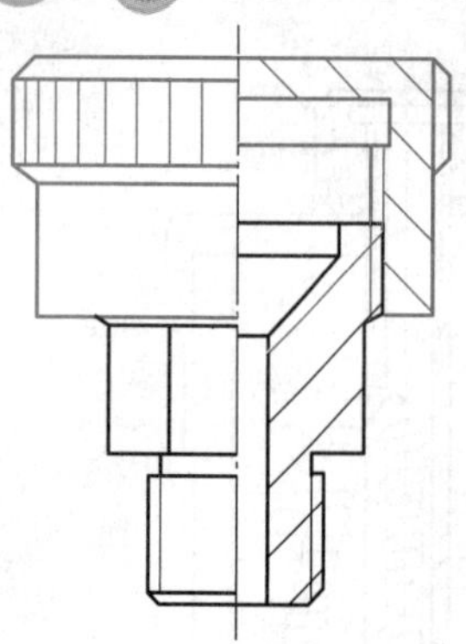

① 手工加脂润滑。有脂杯润滑和脂枪润滑两种。图 10-24 为旋盖式油杯，是脂杯润滑最常用的装置。润滑脂贮存在杯体内，定期旋转杯盖，可将润滑脂压进轴承。脂枪润滑是利用加压脂枪通过压注油杯（图 10-20（b））向轴承补充润滑脂。

② 集中供脂系统脂润滑。由脂罐、给脂泵、油管换向阀等组成集中供脂系统，利用适当的泵压定时、定量地发送润滑脂到设备各润滑点。这种方法适用于多点润滑且供给可靠，但其设备复杂。

3. 润滑方法的选择

滑动轴承的润滑方法，可根据下述经验公式选定

$$k=\sqrt{pv^3} \tag{10-1}$$

式中，k 为轴承平均载荷数；p 为轴承压强，MPa；v 为轴颈圆周速度，m/s。

$k\leqslant 2$ 时，采用手工加脂润滑；$2<k\leqslant 16$ 时，采用针阀式油杯滴油润滑或油绳润滑；$16<k\leqslant 32$ 时，用油环或飞溅润滑；$k>32$ 时，采用压力循环润滑。

10.2.4　不完全油膜滑动轴承的设计

工程实际中，对于工作要求不高、速度较低、载荷不大、难以维护等条件下工作的轴承，往往设计成不完全油膜滑动轴承。

1. 失效形式和设计准则

不完全油膜滑动轴承工作时，轴颈与轴瓦表面间处于边界摩擦或混合摩擦状态，其主要的失效形式是磨粒磨损和黏附磨损。因此，防止失效的关键是在轴颈与轴瓦表面之间形成一层边界油膜，以避免轴瓦的过度磨粒磨损和轴承温度升高而引起黏附磨损。目前对不完全油膜滑动轴承的设计计算主要是进行轴承压强 p、轴承压强—速度值 pv 和轴承滑动速度 v 的验算，使其不超过轴承材料的许用值。此外，在设计液体动压滑动轴承时，由于其启动和停车阶段也处于边界摩擦或混合摩擦状态，因而也需要对 p、pv、v 进行验算。

2. 不完全油膜向心轴承的设计

设计时，一般已知轴颈直径 d，轴的转速 n 及轴承径向载荷 F_R。其设计计算步骤如下：

（1）根据轴承使用要求和工作条件，确定轴承的结构形式，选择轴承材料。

（2）选定轴承宽径比 B/d，一般取 $B/d\approx 0.7\sim 1.3$，确定轴承宽度。

（3）验算轴承的工作能力。

① 轴承压强 p 的验算。为防止过度磨损，应限制轴承压强

$$p=\frac{F_R}{Bd}\leqslant [p] \tag{10-2}$$

式中，B 为轴承宽度，mm；$[p]$为轴承材料的许用压强，MPa，见表 10-3。

对于低速（$v<0.1$ m/s）或间歇工作的轴承，当其工作时间不超过停歇时间时，仅需进行轴承压强的验算。

② 轴承压强-速度值 pv 的验算。轴承温升过高时，则润滑油黏度下降，轴承易发生黏附磨损。为了控制轴承的工作温度，则需要限制轴承工作时的发热量。轴承单位投影面积单

位时间内的发热量与 pv 值成正比，因此要限制 pv 值

$$pv=\frac{F_R}{Bd}\frac{\pi dn}{60\times 1\ 000}=\frac{F_R n}{19\ 100B}\leqslant[pv] \tag{10-3}$$

式中，$[pv]$ 为轴承材料的许用压强—速度值，MPa · m/s，见表 10-3。

③ 滑动速度 v 的验算。当压强 p 较小，而滑动速度 v 很大的情况下，虽然 p 与 pv 值都在许用范围内，但由于滑动速度 v 过大，也会使轴瓦加速磨损，故还应限制滑动速度 v

$$v=\frac{\pi dn}{60\times 1\ 000}\leqslant[v] \tag{10-4}$$

式中，$[v]$ 为轴承材料的许用滑动速度，m/s，见表 10-3。

若 p、pv、v 的验算结果超出许用范围时，可加大轴颈直径和轴承宽度，或选用较好的轴承材料，使之满足工作要求。

④ 选择轴承的配合。为了保证一定的旋转精度，必须根据不同的使用要求，合理地选择轴承的配合，可查阅机械设计手册进行选择。

3. 不完全油膜推力轴承的设计

推力滑动轴承的设计计算方法与向心滑动轴承的方法基本相同。在已知轴承的轴向载荷 F_A 和轴的转速 n 后，可按以下步骤进行：

(1) 根据载荷的大小、性质及空间尺寸等条件确定轴承的结构形式，选择轴承材料。

(2) 参照表 10-2 初定推力轴颈的基本尺寸。

(3) 验算轴承的工作能力。

① 轴承压强 p 的验算

$$p=\frac{F_A}{z\frac{\pi}{4}(d_2^2-d_0^2)}\leqslant[p] \tag{10-5}$$

式中，d_2 为轴环外径，mm；d_0 为推力轴颈直径，mm；z 为推力轴环数；$[p]$ 为推力轴承的许用压强，MPa，见表 10-6。

② pv_m 值的验算

$$pv_m\leqslant[pv] \tag{10-6}$$

式中，$[pv]$ 为推力轴承的许用 pv 值，MPa · m/s，见表 10-6；v_m 为推力轴承平均直径处的圆周速度，m/s。

$$v_m=\frac{\pi d_m n}{60\times 1\ 000} \tag{10-7}$$

式中，d_m 为推力轴环的平均直径，mm，$d_m=(d_2+d_0)/2$。

表 10-6 推力轴承材料及许用 $[p]$、$[pv]$ 值

轴 材 料	未 淬 火 钢			淬 火 钢		
轴承材料	铸 铁	青 铜	轴承合金	青 铜	轴承合金	淬火钢
$[p]$ /MPa	2~2.5	4~5	5~6	7.5~8	8~9	12~15
$[pv]/(\mathrm{MPa\cdot m\cdot s^{-1}})$	1~2.5					

例 10-1 试设计一起重机卷筒的滑动轴承。已知轴承受径向载荷 $F_R=100\ 000$ N，轴颈直径 $d=90$ mm，轴的工作转速 $n=10$ r/min。

解 （1）选择轴承类型和轴承材料。为装拆方便，轴承采用对开式结构。由于轴承载荷大、速度低，由表 10-3 选取铝青铜 CuAl10Fe5Ni5 作为轴承材料，其 $[p]=15$ MPa，$[pv]=12$ MPa · m/s，$[v]=4$ m/s。

（2）选择轴承宽径比。选取 $B/d=1.2$，则

$B=1.2\times90=108$ mm，取 $B=110$ mm。

（3）验算轴承工作能力：

① 验算 p

$$p=\frac{F_R}{Bd}=\frac{100\ 000}{110\times90}=10.1\ \text{MPa}<[p]$$

② 验算 pv

$$pv=\frac{F_R n}{19\ 100B}=\frac{100\ 000\times10}{19\ 100\times110}=0.476\ \text{MPa}\cdot\text{m/s}<[pv]$$

可知轴承 p、pv 均不超过许用范围。因轴颈工作转速极低，故不必验算 v。由验算结果可知，所设计轴承满足工作能力要求。

（4）选择轴承配合和表面粗糙度。参考机械设计手册，选取轴承与轴颈的配合为 H8/f7，轴瓦滑动表面粗糙度为 $Ra=3.2$ μm，轴颈表面粗糙度为 $Ra=1.6$ μm。

10.2.5 液体动压润滑轴承的工作原理

液体动压润滑轴承工作时，在轴颈与轴承之间形成具有一定厚度、并能承受外载荷的动压油膜，将轴颈与轴承的滑动表面完全隔开，从而实现液体摩擦润滑，因而其摩擦系数和磨损极小，具有较大的承载范围，常用于高、中速、重载和回转精度要求较高的场合。

建立液体动压油膜必须满足一定的条件，下面对此加以简要介绍。

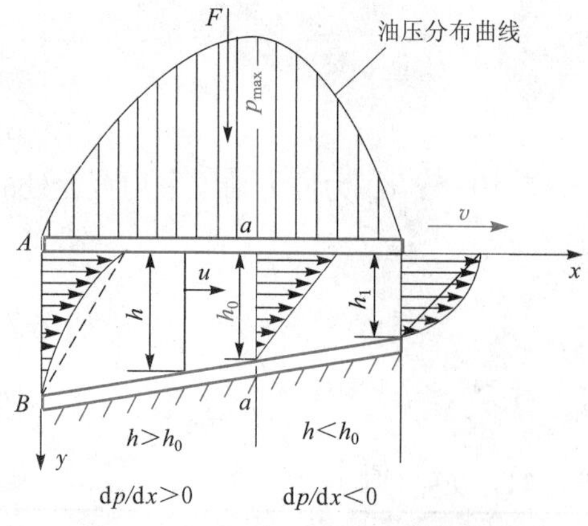

图 10-25　两相对运动平板间油层中的速度分布和压力分布

1. 液体动压油膜形成的条件

取不平行的两平板，板 B 倾斜一角度，与板 A 组成一收敛的楔形空间，空间内充满润滑油。当板 B 静止不动，板 A 以速度 v 沿 x 轴向右（楔形空间的收敛方向）运动时，由于润滑油的黏性作用，板 B 带动油液从空间大端流入，小端流出，如图 10-25。两平板间油膜油压的变化与润滑油黏度 η、相对滑动速度 v 及油膜厚度 h 之间的关系如式（10-8）所示，油压最大处油膜厚度为 h_0（即 $\frac{dp}{dx}=0$ 时，$h=h_0$）。式（10-8）为液体动压润滑的基本方程，称为一维雷诺方程。

$$\frac{dp}{dx}=\frac{6\eta v}{h^3}(h-h_0) \tag{10-8}$$

当板 B 倾斜与板 A 组成收敛楔形空间后，两板间润滑油形成油楔。由式（10-8），在截面 h_0 的左侧（图 10-25），$h>h_0$，则 $dp/dx>0$，油压 p 沿 x 方向逐渐增大；在 h_0 右侧，$h<h_0$，则 $dp/dx<0$，油压 p 沿 x 方向逐渐减小；在 $h=h_0$ 处，$dp/dx=0$，油压有最大值 p_{max}，油楔的全部油压之和即为油楔的承载能力。所以在两平板间形成动压油膜后便具有一定的承载能力。

由式（10-8）可知形成动压油膜的基本条件为：

（1）两相对滑动表面间必须形成油楔，即 $h-h_0 \neq 0$；

（2）两表面间必须具有一定的相对滑动速度，即 $v \neq 0$；

（3）润滑油要有一定的黏度，且供油充分。

2. 液体动压向心滑动轴承油膜形成过程

将移动平板 A、静止平板 B 分别卷成圆筒形，则其分别相当于轴颈和轴承。

因轴颈直径小于轴承孔直径，两者间存在一定间隙，静止时轴颈位于轴承孔的最低位置，见图 10-26（a），在轴颈与轴承表面间自然形成了一弯曲的楔形空间，此时轴颈与轴承直接相接触。

当轴颈开始顺时针转动时，在摩擦力的作用下，轴颈沿轴承孔内壁向右滚动上爬，见图 10-26（b）。由于轴颈转速不高，进入楔形空间的油量很少，不足以形成压力油膜将轴颈与轴承表面分开，两者间处于不完全油膜润滑状态。

随着转速的增大，动压油膜逐渐形成，将轴颈与轴承表面逐渐分开，见图 10-26（c），摩擦力也逐渐减小，轴颈将向左下方移动。

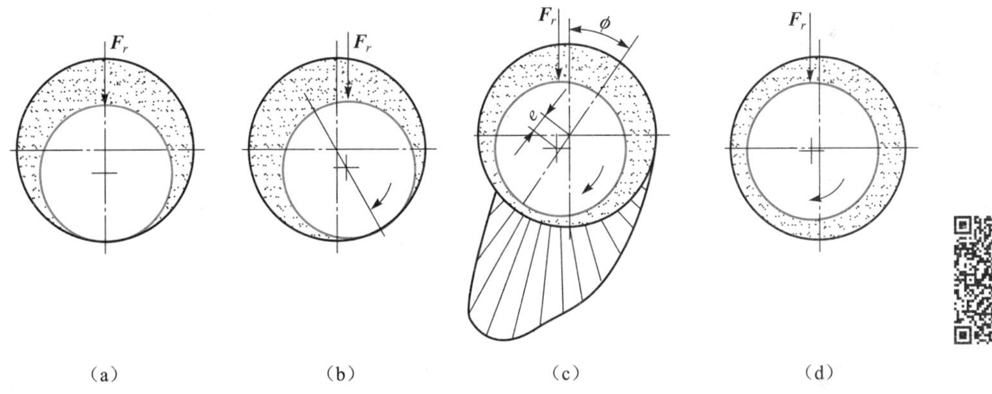

图 10-26　液体动压向心滑动轴承的工作过程

在转速增大到一定数值后，足够多的润滑油进入楔形空间，形成能平衡外载荷的动压油膜，轴颈被动压油膜抬起，稳定地在偏左的某一位置上转动，见图 10-26（d）。此时轴颈与轴承间形成液体动压润滑。若外载荷、转速及润滑油黏度保持不变，轴颈将在这一位置稳定地转动。

10.2.6　液体静压滑动轴承简介

液体动压滑动轴承依靠轴颈回转时，把润滑油带进楔形间隙形成动压油膜来承受外载

荷，但对经常启动、换向回转、低速、重载或有冲击载荷等的机器就不太合适，这时可考虑采用液体静压滑动轴承。

液体静压滑动轴承是依靠一个液压系统供给压力油，压力油进入轴承间隙里，强制形成压力油膜以隔开摩擦表面，靠液体的静压平衡外载荷。图 10-27 是液体静压滑动轴承的示意图。高压油经节流器进入油腔，节流器是用来保持油膜稳定性的。当轴承载荷为零时，轴颈与轴孔同心，各油腔的油压彼此相等。当轴承受载荷 F 时，轴颈偏移，各油腔附近的间隙不同，受力大的油膜减薄，流量减小，因此经过这部分的节流器的流量也减小，在节流器中的压力损失也减小，因油泵的进油压力保持不变，所以下油腔中的压力将加大，上油腔的压力将减小，轴承依靠这个压力差平衡载荷 F。由此可见，静压滑动轴承的刚度很大，当外载荷 F 有所变动时，轴承的回转中心可基本不改变，回转精度很高。但液体静压滑动轴承必须有一套复杂的供给压力油的系统，故设备费用高，维护管理也较麻烦，因此只有当动压滑动轴承难以胜任时才采用静压滑动轴承。

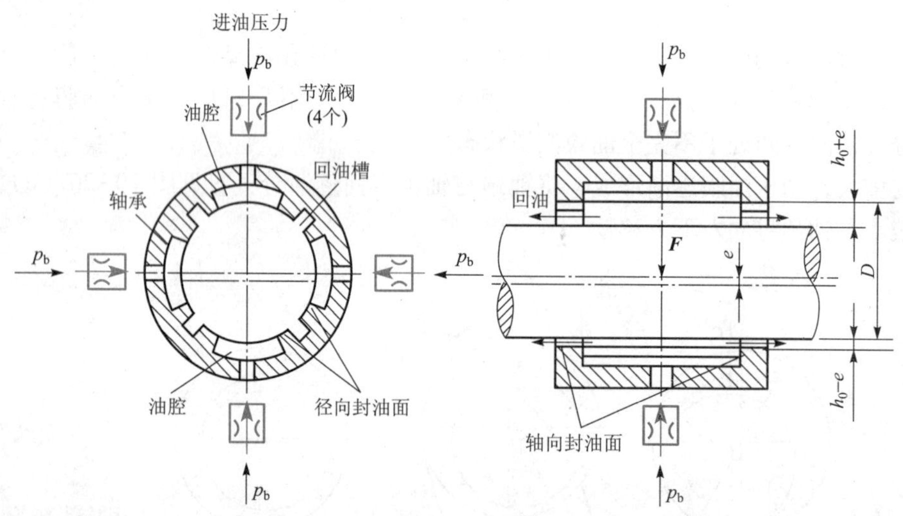

图 10-27　液体静压滑动轴承示意图

10.3 滚动轴承设计

10.3.1 滚动轴承的结构、类型和特点

1. 滚动轴承的结构和材料

（1）滚动轴承的结构。滚动轴承的结构如图10-28 所示。一般由内圈 1、外圈 2、滚动体 3 和保持架 4 四部分组成。轴承内圈通常装配在轴颈上，并与轴一起旋转。轴承外圈通常

装配在轴承座孔内或机壳中，起支撑作用；但也可以使外圈旋转，内圈固定起支撑作用。内、外圈上制有弧形滚道，用以限制滚动体的轴向位移，并可降低滚动体与内、外圈上的接触应力。

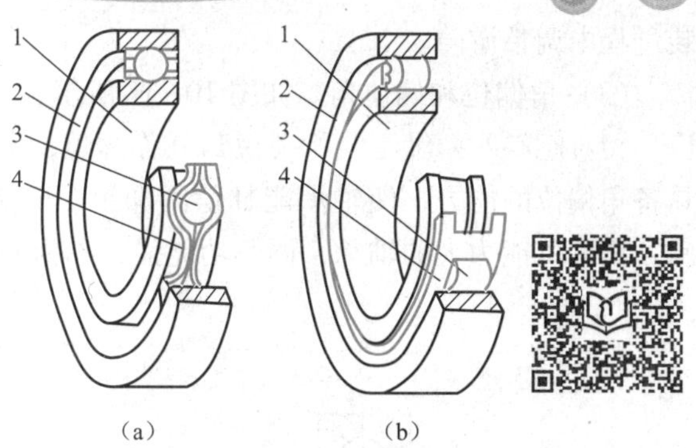

图 10-28 滚动轴承的基本结构

1—内圈；2—外圈；3—滚动体；4—保持架

滚动体是滚动轴承的重要零件，其形状、数量和大小的不同对滚动轴承的承载能力有很大的影响。常用的滚动体分球（图 10-29（a））和滚子两大类，滚子又有圆柱形滚子（图 10-29（b））、圆锥形滚子（图 10-29（c））、鼓形滚子（图 10-29（d））、滚针（图 10-29（e））等。

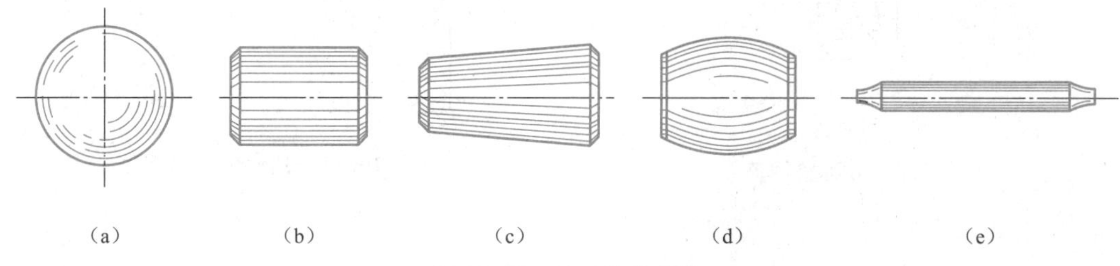

图 10-29 滚动体的形状

保持架的作用是避免相邻滚动体直接接触并保持均匀分布。保持架有冲压保持架（图 10-28（a））和实体保持架（图 10-28（b））两种。

（2）滚动轴承的材料。滚动轴承的性能和可靠度在很大程度上取决于轴承元件的材料。轴承的内、外圈和滚动体，主要采用强度高、耐磨性好的轴承铬锰碳钢（如 GCr15、GCr9SiMn 等）制造，热处理后硬度为 60～65HRC，工作表面需经磨削抛光。

冲压保持架一般用低碳钢板冲压制成，它与滚动体间有较大的间隙，工作时噪声较大。实体保持架常用铜合金、铝合金或酚醛胶布制成，有较好的定心准确度。

2. 滚动轴承的结构特性

（1）公称接触角。如图 10-30 所示，滚动体和外圈接触点处作用力的方向线与轴承径向平面（垂直于轴承轴心线的平面）的夹角 α，称为滚动轴承的公称接触角。α 角的大小反映了轴承承受轴向载荷的能力。α 角越大，轴承承受轴向载荷的能力越大。

（2）游隙。轴承的游隙分为径向游隙 U_r 和轴向游隙 U_a。表示无载荷作用时，一个套圈相对于另一个套圈在某一个方向的可移动距离，沿径向的移动距离称为径向游隙，沿轴向的移动距离称为轴向游隙。轴承所需游隙的大小是根据轴承与轴承孔之间配合的松紧程度、温差大小、轴的挠曲变形的大小以及轴的回转精度要求而选择的。轴承标准中将径向游隙分为基本游隙组和辅助游隙组，应优先选用基本游隙组。轴向游隙值由径向游隙值按一定关系换算得到。由于结构的特点，角接触球轴承、圆锥滚子轴承以及内圈带锥孔的轴承等可以在安

装过程中调整游隙。

（3）角偏位和偏位角。如图 10-31 所示，轴承内、外圈轴心线间的相对倾斜称为角偏位，相对倾斜时两轴心线所夹锐角 θ 称为偏位角。各类轴承的角偏位能力见表 10-7。轴承具备角偏位的能力，使轴承能补偿因加工、安装误差和轴的变形造成的内、外圈轴线的倾斜。角偏位能力大的轴承，调心功能强，称为调心轴承。

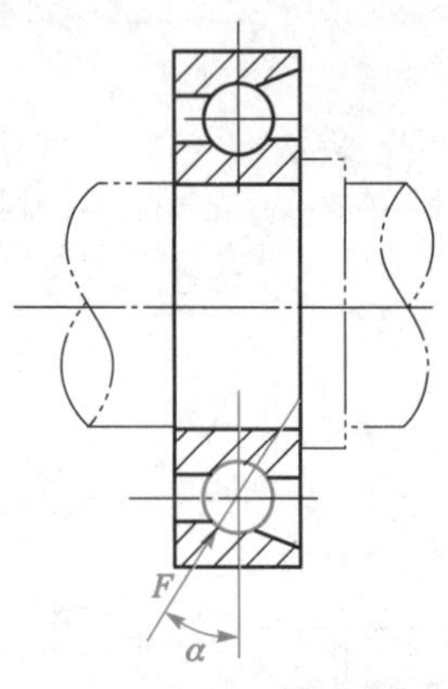

图 10-30　公称接触角

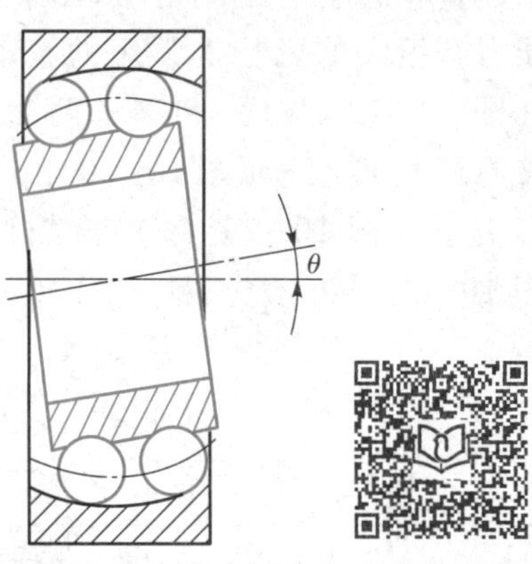

图 10-31　角偏位和偏位角

表 10-7　滚动轴承类型、简图、性能及应用

轴承类型	简　图	类型代号	额定动载荷比①	极限转速比②	允许偏位角	性能特点	适用场合
双列角接触球轴承		0	—	高	2′～10′	可同时承受径向和轴向负荷，也可承受纯轴向负荷，负荷能力大	适用于刚性大、跨距大的轴的固定支承端。常用于蜗杆减速器、离心机等
调心球轴承		1	0.6～0.9	中	1.5°～3°	能自动调心。一般不宜承受纯轴向负荷	适用于刚性小或支承刚性差的轴、对中性差的轴以及多支点的传动轴

续表

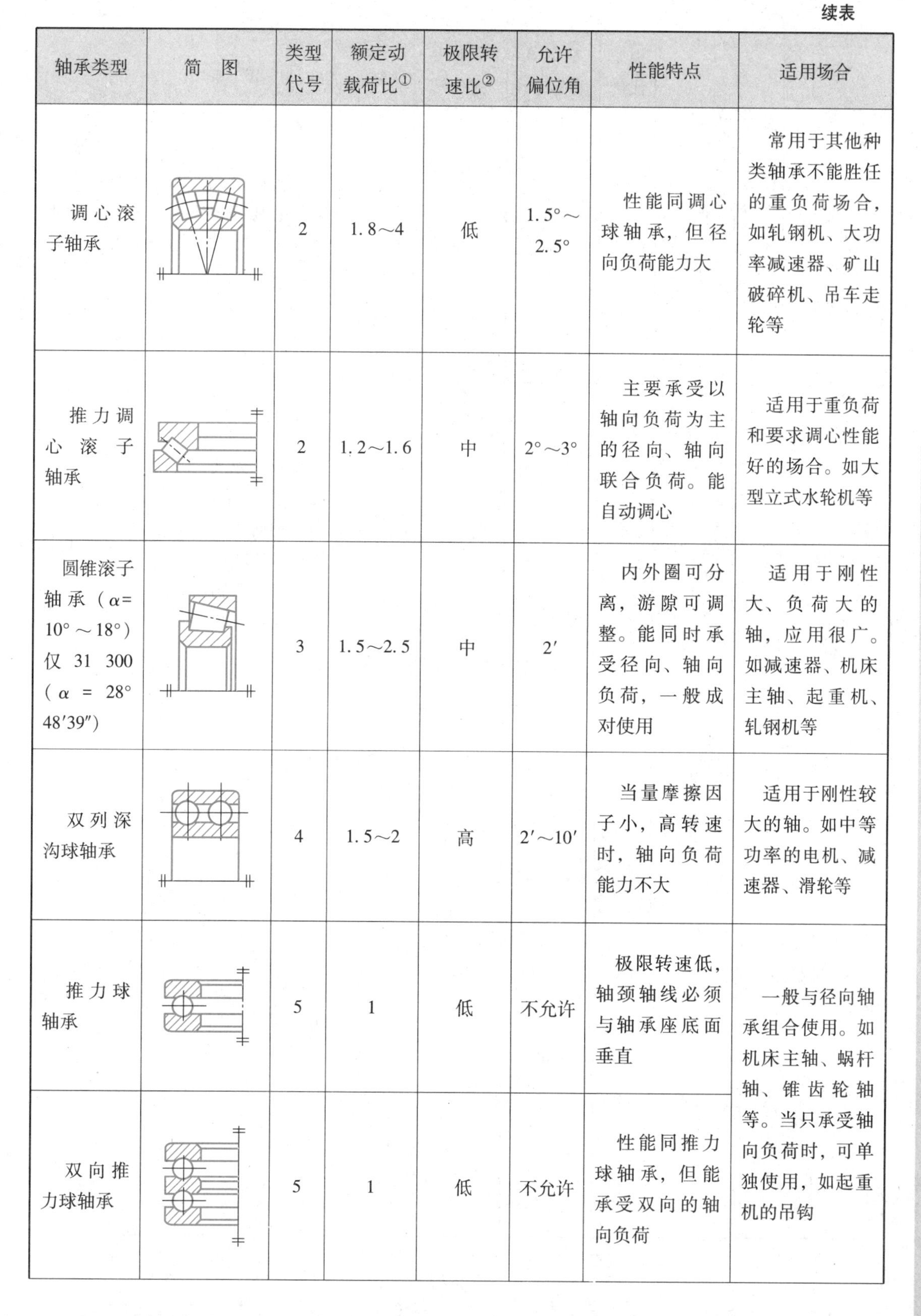

轴承类型	简 图	类型代号	额定动载荷比①	极限转速比②	允许偏位角	性能特点	适用场合
调心滚子轴承		2	1.8～4	低	1.5°～2.5°	性能同调心球轴承，但径向负荷能力大	常用于其他种类轴承不能胜任的重负荷场合，如轧钢机、大功率减速器、矿山破碎机、吊车走轮等
推力调心滚子轴承		2	1.2～1.6	中	2°～3°	主要承受以轴向负荷为主的径向、轴向联合负荷。能自动调心	适用于重负荷和要求调心性能好的场合。如大型立式水轮机等
圆锥滚子轴承（α=10°～18°）仅31 300（α=28°48′39″）		3	1.5～2.5	中	2′	内外圈可分离，游隙可调整。能同时承受径向、轴向负荷，一般成对使用	适用于刚性大、负荷大的轴，应用很广。如减速器、机床主轴、起重机、轧钢机等
双列深沟球轴承		4	1.5～2	高	2′～10′	当量摩擦因子小，高转速时，轴向负荷能力不大	适用于刚性较大的轴。如中等功率的电机、减速器、滑轮等
推力球轴承		5	1	低	不允许	极限转速低，轴颈轴线必须与轴承座底面垂直	一般与径向轴承组合使用。如机床主轴、蜗杆轴、锥齿轮轴等。当只承受轴向负荷时，可单独使用，如起重机的吊钩
双向推力球轴承		5	1	低	不允许	性能同推力球轴承，但能承受双向的轴向负荷	

续表

轴承类型	简图	类型代号	额定动载荷比①	极限转速比②	允许偏位角	性能特点	适用场合
深沟球轴承	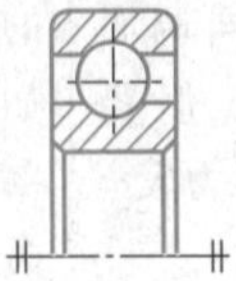	6	1	高	2′～10′	摩擦因子最小，极限转速高。主要承受径向负荷，在高转速时，可承受纯轴向负荷	适用于转速很高、刚性较大的轴，常用于中小功率的电机、减速器、运输机的托辊、滑轮、机床上各类传动轴
角接触球轴承 70 000 C （$\alpha=15°$） 70 000 AC （$\alpha=25°$） 70 000 B （$\alpha=40°$）	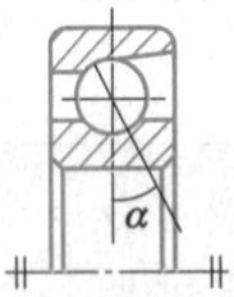	7	1～1.4 （C） 1～1.3 （AC） 1～1.2 （B）	高	2′～10′	极限转速高，能同时承受径向和轴向负荷，也可单独承受纯轴向负荷。一般成对使用	适用于刚性较大但跨距不大、转速高以及工作时要调整游隙的场合。如机床主轴、蜗杆减速器、锥齿轮减速器、离心机、电钻等
外圈无挡边圆柱滚子轴承	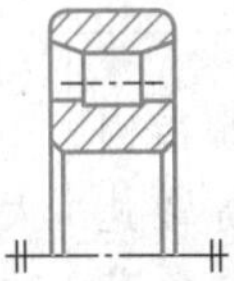	N	1.5～3	高	2′～4′	内外圈可分离，工作时允许内外圈有少量轴向窜动。有较大径向负荷能力	适用于承受很大径向负荷、轴的刚性及对中性好的场合。如机床主轴、大功率电机主轴、人字齿轮减速器等
内圈无挡边圆柱滚子轴承	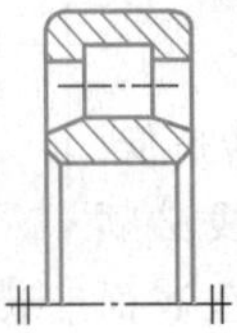	NU	1.5～3	高	2′～4′		
内圈单挡边圆柱滚子轴承	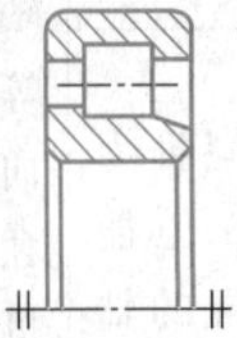	NJ	1.5～3	高	2′～4′		

续表

轴承类型	简图	类型代号	额定动载荷比①	极限转速比②	允许偏位角	性能特点	适用场合
滚针轴承		NA	—	低	不允许	径向尺寸最小，内外圈可分离。有较大的径向负荷能力，但摩擦因子大，旋转精度低	适用于径向空间紧凑但又要求径向负荷能力大的场合。如活塞销、连杆销、万向联轴器等

① 额定动载荷比：指同一尺寸系列各种类型和结构形式的轴承的额定动载荷与深沟球轴承（推力轴承则与推力球轴承）的额定动载荷之比。

② 极限转速比：指同一尺寸系列/P0 级精度的各类轴承脂润滑时的极限转速与单列深沟球轴承脂润滑时极限转速之比，高、中、低的含义为：

高—为单列深沟球轴承极限转速的 90%～100%；

中—为单列深沟球轴承极限转速的 60%～90%；

低—为单列深沟球轴承极限转速的 60%以下。

3. 滚动轴承的类型

滚动轴承的品种繁多，且有多种分类方法。通常是按滚动体形状和轴承所能承受的载荷方向（公称接触角）分类。

滚动轴承按其滚动体的种类不同，可分为球轴承和滚子轴承两大类。球轴承的滚动体为球，与内、外圈是点接触，运转时摩擦损耗小，但承载能力和抗冲击能力差。滚子轴承的滚动体为滚子，与内、外圈是线接触，承载能力和抗冲击能力大，但运转时摩擦损耗大。滚子轴承按滚子的种类不同，又分为圆柱滚子轴承、圆锥滚子轴承、调心滚子轴承、滚针轴承等。

滚动轴承按其所能承受的载荷方向或公称接触角不同，可分为向心轴承和推力轴承两类。

（1）向心轴承。主要用于承受径向载荷的轴承，其公称接触角 $0°\leqslant\alpha\leqslant45°$。按公称接触角不同，向心轴承又可分为：

① 径向接触轴承。公称接触角 $\alpha=0°$的向心轴承。

② 向心角接触轴承。公称接触角 $0°<\alpha\leqslant45°$的向心轴承，随着 α 角的增大，轴承承受轴向载荷的能力随之增大。

（2）推力轴承。主要用于承受轴向载荷的轴承，其公称接触角 $45°<\alpha\leqslant90°$。按公称接触角不同，推力轴承又可分为：

① 轴向接触轴承。公称接触角 $\alpha=90°$的推力轴承。

② 推力角接触轴承。公称接触角 $45°<\alpha<90°$的推力轴承，随着 α 角的增大，轴承承受径向载荷的能力随之减小。

常用滚动轴承的类型、结构简图、性能特点和应用范围见表 10-7。

4. 滚动轴承的代号

滚动轴承类型繁多，各类型中又有不同的结构、尺寸、公差等级、技术要求等差别，为了便于组织生产和选用，国家标准规定了轴承代号的表示方法，它是由前置代号、基本代号、后置代号构成的，见表 10-8。

表 10-8　滚动轴承代号的构成

前置代号	基本代号					后置代号						
轴承分部件代号	五	四	三	二	一	内部结构代号	密封和防尘结构代号	保持架及其材料代号	特殊轴承材料代号	公差等级代号	游隙代号	其他代号
	类型代号	尺寸系列代号		内径代号								
		宽度系列代号	直径系列代号									
注：基本代号下面的一至五表示代号自右向左的位置序数。												

（1）基本代号。基本代号表示轴承的类型、结构和尺寸，是轴承代号的基础。基本代号由轴承类型代号、尺寸系列代号及内径代号构成。

① 轴承内径代号。用基本代号中右起第一、二位数字表示轴承内径。00、01、02 和 03 依次表示 d=10、12、15、17 mm；当 20 mm≤d≤480 mm 时，用其内径尺寸除以 5 的商数表示，例如 10 表示 d=50 mm，08 表示 d=40 mm。对于 d<10 mm 和 d≥500 mm 的轴承，标准中另有规定。

② 尺寸系列代号。轴承尺寸系列代号由轴承的宽（高）度系列代号和直径系列代号组合而成，它们在基本代号中分别用右起第四、第三位数字表示。宽（高）度系列表示相同内径和外径的同类型轴承在宽（高）度方面的变化系列，如图 10-32 所示。当宽度系列代号为 0 时多数轴承代号中可省略，但调心滚子轴承和圆锥滚子轴承的轴承代号中宽度系列代号为 0 时应标出。

轴承的直径系列表示相同内径的同类型轴承在外径和宽度方面的变化系列。图 10-33 是以深沟球轴承为例，对直径系列尺寸进行比较。轴承直径系列代号意义见表 10-9。

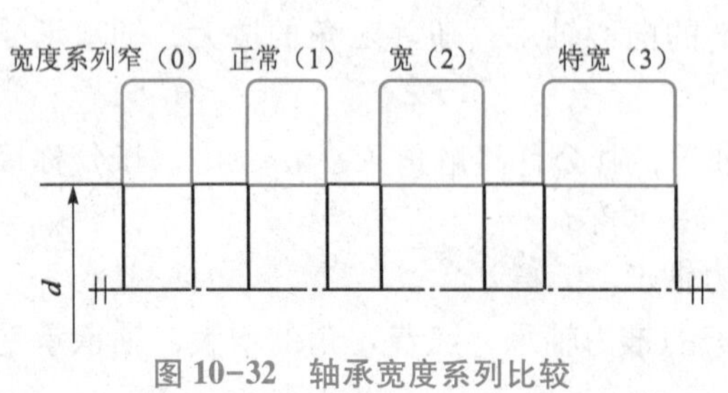

图 10-32　轴承宽度系列比较

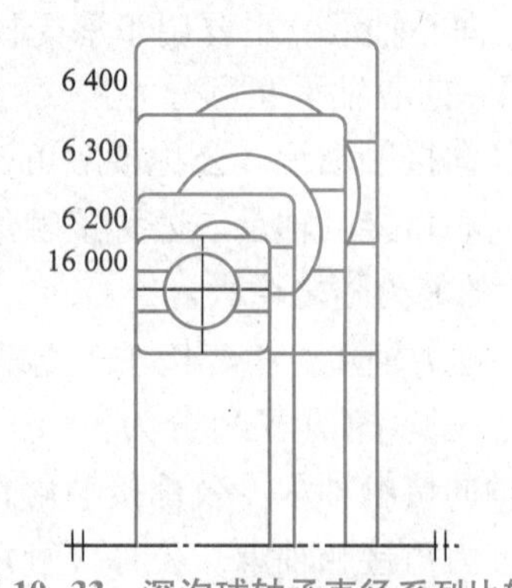

图 10-33　深沟球轴承直径系列比较

表 10-9　轴承直径系列代号意义

向心轴承							推力轴承					
超特轻	超轻	特轻	轻	中	重	特重	超轻	特轻	轻	中	重	特重
7	8，9	0，1	2	3	4	5	0	1	2	3	4	5

③ 轴承的类型代号。各常用轴承的类型代号见表 10-7，用基本代号中右起第五位数字或字母表示。

（2）前置、后置代号。前置、后置代号是轴承在结构形状、尺寸、公差、技术要求等有改变时，在其基本代号左右添加的补充代号。

前置代号用大写拉丁字母表示，用于表达成套轴承的分部件。如 L 表示可分离轴承的内圈或外圈；K 表示轴承的滚动体和保持架组件等。

后置代号用大写拉丁字母或大写拉丁字母加阿拉伯数字表示，后置代号的内容很多。常用的有轴承内部结构代号、公差等级代号、游隙代号等。

① 内部结构代号。表示同一类型轴承的不同内部结构。如用 C、AC、B 分别表示接触角为 15°、25°、40°的角接触球轴承。

② 公差等级代号。用代号/P0、/P6、/P6X、/P5、/P4、/P2，分别表示轴承公差等级标准规定的 0、6、6X、5、4、2 级公差等级，依次由低级到高级。其中 6X 级只用于圆锥滚子轴承；0 级为普通级，轴承代号中不必标出其代号“P0”。

③ 游隙代号。用代号/C1、/C2、/C3、/C4、/C5，分别表示轴承径向游隙标准规定的 1、2、3、4、5 组游隙组别，游隙依次由小到大。标准中还有一个最为常用的 0 组游隙组，介于 2 级与 3 级之间，在轴承代号中无须标示。

当公差等级代号与游隙代号需同时表示时，可取公差等级代号加上游隙组号（0 组省略）组合表示，如/P52 表示轴承公差等级 P5 级，径向游隙 2 组。

滚动轴承代号解释：

6312：表示内径为 60 mm，中窄系列的深沟球轴承，正常结构，0 级公差等级，0 组径向游隙；

32314/P43：表示内径为 70 mm，中宽系列的圆锥滚子轴承，正常结构，4 级公差等级，3 组径向游隙；

7308BJ/P62：表示内径为 40 mm，中窄系列的角接触球轴承，$\alpha=40°$，6 级公差等级，2 组径向游隙，J 表示酚醛胶布实体保持架。

5. 滚动轴承的类型选择

合理选择滚动轴承的类型，是滚动轴承选用的第一步。选择滚动轴承的类型时，应根据载荷情况、转速高低、空间位置、调心性能等要求，选定合适的轴承类型。具体选择时可参考如下原则：

（1）球轴承承载能力较低，抗冲击能力较差，但旋转精度和极限转速较高，适用于轻载、高速和要求精确旋转的场合。

（2）滚子轴承承载能力较强，抗冲击能力较强，但旋转精度和极限转速较低，多用于重载或有冲击载荷的场合。

（3）同时承受径向及轴向载荷的轴承，应区别不同情况选取轴承类型。以径向载荷为

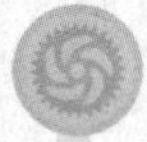

主的可选深沟球轴承；轴向载荷和径向载荷都较大的可选用角接触球轴承或圆锥滚子轴承；轴向载荷比径向载荷大很多或要求变形较小的可选用圆柱滚子轴承（或深沟球轴承）和推力轴承联合使用。

（4）如一根轴的两个轴承孔的同心度难以保证，或轴受载后发生较大的挠曲变形，应选用调心球轴承或调心滚子轴承。

（5）选择轴承类型时要考虑经济性。一般说来，球轴承比滚子轴承价格便宜，深沟球轴承最便宜。精度愈高的轴承价格愈贵，所以选用高精度轴承必须慎重。

10.3.2　滚动轴承的失效形式和设计准则

1. 受力分析

（1）轴承工作时轴承元件上的载荷分布。当滚动轴承受中心轴向载荷作用时，可认为各滚动体所受载荷是均等的；如图 10-34 所示向心轴承，在受径向载荷作用时，轴承工作的某一瞬间，径向载荷 F_R 通过轴颈作用于内圈，位于上半圈的滚动体不会受力（非承载区），而位于下半圈的滚动体受到力的作用并将 F_R 传到外圈上（承载区）。如果假定内、外圈的几何形状不变，下半圈滚动体与套圈的接触变形量的大小，决定了各个滚动体承受载荷的大小。从图中可以看出，处于力作用线正对位置的滚动体变形量最大，承载也就最大，而沿 F_R 作用线两侧的各滚动体，承载逐渐减小。由于轴承内存在游隙，因此由径向载荷 F_R 产生的承载区的范围将小于 180°，也就是说，不是下半部滚动体全部受载。这时，如果同时作用有一定的轴向载荷，则可以使承载区扩大。

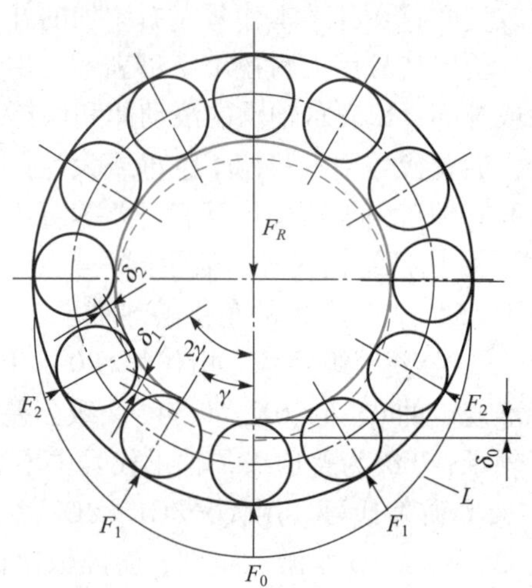

图 10-34　轴承中的载荷分布

（2）轴承工作时轴承元件上的载荷及应力变化。根据上面的分析，轴承工作时，滚动体进入承载区后，所受的载荷及接触应力即由零增至最大值，然后再逐渐减至零，其变化如图 10-35（a）中虚线所示。就滚动体上某一点而言，由于滚动体不断滚动，它的载荷和应力是按不稳定脉动循环变化的，如图 10-35（a）中实线所示。

滚动轴承工作时，对于固定的套圈，处在承载区内的各接触点，按其所在的位置的不同，将受到不同的载荷。处于 F_R 作用线上的点将受到最大的接触载荷，对于每一个具体的点，每当一个滚动体滚过时，便承受一次载荷，其大小是不变的。这说明固定套圈承载区内某一点承受稳定的脉动循环载荷的作用，如图 10-35（b）所示。转动套圈上各点的受载情况，则类似于滚动体的受载情况。就其滚道上某一点而言，处于非承载区时，载荷及应力为零。进入承载区后，每与滚动体接触时，就受载一次，且在不同接触位置载荷值不同。所以其载荷及应力变化也可以用图 10-35（a）中实线描述。

总之，滚动轴承中各承载元件都是在变应力状态下工作的。

2. 主要失效形式

（1）疲劳点蚀。如上所述，滚动轴承工作时，滚动体与内、外圈接触处将承受周期性

变化的接触应力。这样，经过一定的运转期后，形成裂纹并连续扩展，在金属表层产生片状或点坑状剥落，即发生疲劳点蚀，导致轴承旋转精度降低和温升过高，引起振动和噪声，使机器丧失正常的工作能力。疲劳点蚀是滚动轴承最主要的失效形式。

（2）塑性变形。当轴承工作转速很低或只作低速摆动时，由于过大的静载荷和冲击载荷，致使接触应力超过材料的屈服极限，工作表面产生塑性变形，即形成压痕，导致轴承工作恶化（轴承中摩擦力矩、振动、噪声都将增大）和运转精度降低，甚至失效。

此外，由于使用不当或密封润滑不良，也可能引起轴承严重磨损、胶合、元件锈蚀、断裂、轴承元件工作表面发热烧伤及电蚀等不正常失效形式。

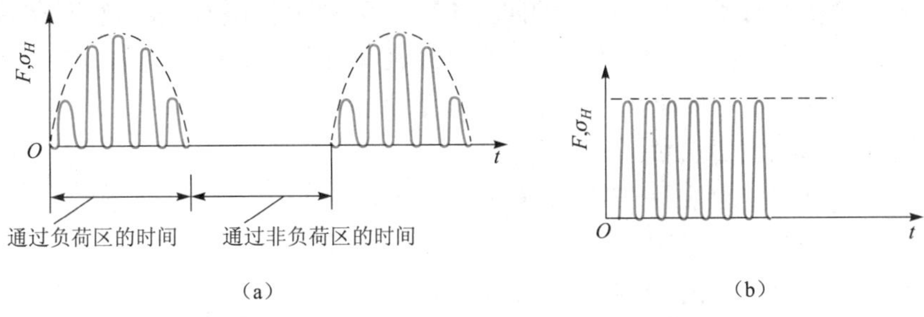

图 10-35　轴承承载元件上的载荷及应力变化

3. 设计准则

针对可能产生的失效，主要是通过强度计算以保证轴承可靠的工作。

（1）对一般转速（n>10 r/min）的轴承，主要失效形式是疲劳点蚀，故以疲劳强度计算为依据，称为轴承的寿命计算。

（2）对于很低转速（$n \leqslant 10$ r/min）或只作低速摆动的轴承，主要失效形式是表面塑性变形，故以静强度计算为依据，称为轴承的静强度计算。

而以磨损、胶合为主要失效的轴承，由于影响因素复杂，目前还没有相应的计算方法，只能采取适当的预防措施。

10.3.3　滚动轴承的寿命计算

1. 滚动轴承的基本额定寿命

（1）轴承的寿命。对于单个轴承，其中任一滚动体或滚道首次出现疲劳点蚀前运转的总转数，或在一定转速下的工作小时数，称为轴承的寿命。

大量试验表明，即使是同样尺寸、结构、材料、热处理、加工方法的同一批轴承，在同一条件下运转，各个轴承的寿命也是非常离散的，最长与最短的寿命可能相差数十倍甚至百倍。

由于轴承的寿命是很离散的，因而在计算轴承寿命时，应与一定的可靠度（或破坏率）相联系。对于一般设备中的滚动轴承，通常规定可靠度为90%。

（2）轴承的基本额定寿命。基本额定寿命是指一批在同一条件下运转的结构外形尺寸相同的轴承，其中90%在疲劳点蚀前能够达到的总转数，或在一定转速下的工作小时数，以 L_{10}（单位为 10^6 r）或 L_h（单位为小时）表示。

轴承的基本额定寿命有两个方面的含义：按基本额定寿命计算和选择出的轴承，可能有

10%的轴承提前发生疲劳点蚀，而90%的轴承在超过基本额定寿命期后还能继续工作；对于一个具体的轴承而言，它能顺利地在基本额定寿命期内正常工作的概率为90%，而在基本额定寿命到达之前即发生点蚀破坏的概率为10%。

2. 滚动轴承的基本额定动载荷

轴承的寿命与所受载荷的大小有关，工作载荷越大，轴承的寿命愈短。所谓轴承的基本额定动载荷，是指使轴承的基本额定寿命达到 10^6 r时所能承受的假想载荷，用字母 C 表示。它是衡量轴承承载能力的主要指标，C 值大时，表明该轴承抗疲劳点蚀的能力强。基本额定动载荷，对向心轴承，指的是纯径向载荷，并称为径向基本额定动载荷，用 C_r 表示；对推力轴承，指的是中心轴向载荷，并称为轴向基本额定动载荷，用 C_a 表示；对角接触轴承和圆锥滚子轴承，指的是使轴承套圈间仅产生相对纯径向位移的载荷之径向分量。

各种轴承的基本额定动载荷值可查有关设计手册。

3. 滚动轴承的寿命计算公式

当轴承所受的当量动载荷 P 等于基本额定动载荷 C 时，其基本额定寿命为 10^6 r。大量的试验表明，当轴承所受当量动载荷 P 不等于基本额定动载荷 C 时，轴承的载荷与寿命的关系满足如图 10-36 所示的载荷——寿命曲线，其方程式为

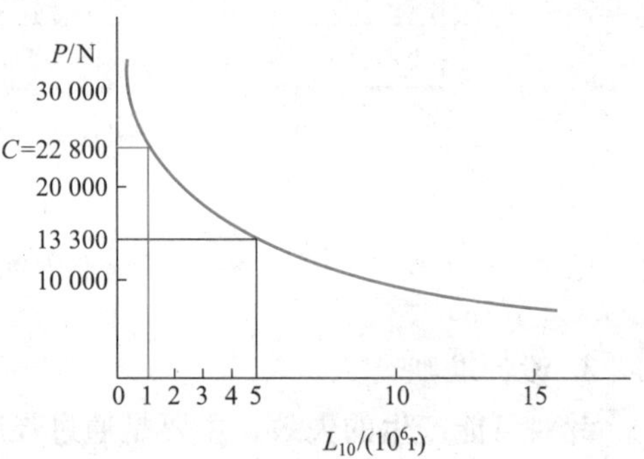

图 10-36　轴承的载荷——寿命曲线

$$P^{\varepsilon}L_{10}=\text{常数}$$

因为 $P=C$ 时，$L_{10}=1$，故有 $P^{\varepsilon}L_{10}=C^{\varepsilon}\times 1$，即

$$L_{10}=\left(\frac{C}{P}\right)^{\varepsilon} \tag{10-9}$$

式中，L_{10}为轴承的基本额定寿命，10^6 r；ε 为寿命指数，对球轴承 $\varepsilon=3$，对滚子轴承 $\varepsilon=10/3$，实际计算时，用给定转速下工作的小时数表示寿命比较方便。则式（10-9）可写成

$$L_h=\frac{10^6}{60n}\left(\frac{C}{P}\right)^{\varepsilon}=\frac{16\,667}{n}\left(\frac{C}{P}\right)^{\varepsilon} \tag{10-10}$$

在实际设计时，往往是预先给定了所求轴承的工作寿命（称为预期寿命 L'_h）、转速和当量动载荷 P，要求确定所求轴承的基本额定动载荷 C，以选择轴承的型号。C 的表达式可由式（10-10）直接得到：

$$C=P\sqrt[\varepsilon]{\frac{60nL'_h}{10^6}} \tag{10-11}$$

常用机械中所用轴承的预期寿命查表 10-10。

表 10-10　常用机械中的轴承预期寿命 L'_h

机　器　类　型	预期寿命 L'_h/h
不经常使用的仪器或设备，如闸门开闭装置等	500
飞机发动机	500～2 000

续表

机　器　类　型	预期寿命 L'_h/h
短期或间断使用的机械，中断使用不致引起严重后果，如手动工具等	4 000～8 000
间断使用的机械，中断使用后果严重，如发动机辅助设备、流水作业线自动传动装置、升降机、车间吊车、不常使用的机床等	8 000～12 000
每日 8 h 工作的机械（利用率不高），如一般的齿轮传动、某些固定电动机等	12 000～20 000
每日 8 h 工作的机械（利用率较高），如金属切削机床、连续使用的起重机、木材加工机械等	20 000～30 000
24 h 连续工作的机械，如矿山升降机、输送滚道用滚子等	40 000～60 000
24 h 连续工作的机械，中断使用后果严重，如纤维生产或造纸设备、发电站主电机、矿井水泵、船舶螺旋桨轴等	100 000～200 000

从轴承标准或手册中查得的基本额定动载荷值，是一般轴承在低于 120 ℃的工作条件下使用时的额定动载荷，如果轴承工作温度高于 120 ℃，则应经特殊热处理，或选用特殊的材料。若仍用上述一般轴承替代高温轴承，则应将查得的额定动载荷值减小，为此引入温度系数 f_t（$f_t \leqslant 1$）加以修正，即工作温度高于 120 ℃时，轴承的额定动载荷应为

$$C_t = f_t C \tag{10-12}$$

式中，C_t 为工作温度为 t（℃）时轴承的额定动载荷，kN；f_t 为温度系数（按表 10-11 选取）；C 为轴承的基本额定动载荷，kN。

表 10-11　轴承的温度系数 f_t

轴承工作温度/℃	125	150	175	200	225	250	300	350
温度系数 f_t	0.95	0.90	0.85	0.80	0.75	0.70	0.60	0.50

此外，考虑到许多机械在工作中有振动和冲击，使轴承实际承受的载荷比计算载荷大。但这种载荷很难精确求出。一般是根据机械的工作情况，对计算出的当量动载荷 P 乘以载荷性质系数 f_P（$f_P \geqslant 1$），即

$$P_P = f_P P \tag{10-13}$$

式中，P_P 为轴承工作时实际承受的载荷，kN；f_P 为载荷的性质系数（按表 10-12 选取）；P 为计算的当量动载荷，kN。

表 10-12　轴承的载荷性质系数 f_P

载荷性质	f_P	举　例
无冲击或轻微冲击	1.0～1.2	电机、汽轮机、通风机等
中等冲击或中等惯性力	1.2～1.8	车辆、动力机械、起重机、造纸机、冶金机械、水力机械、选矿机、卷扬机、木材加工机械、传动装置、机床等
强大冲击	1.8～3.0	破碎机、轧钢机、钻探机、振动筛等

于是，式（10-9）、式（10-10）、式（10-11）变为

$$L_{10}=\left(\frac{f_t C}{f_P P}\right)^{\varepsilon} \tag{10-14}$$

$$L_h=\frac{16\ 667}{n}\left(\frac{f_t C}{f_P P}\right)^{\varepsilon} \tag{10-15}$$

$$C=\frac{f_P P}{f_t}\sqrt[\varepsilon]{\frac{60nL'_h}{10^6}} \tag{10-16}$$

4. 滚动轴承的当量动载荷

由前文可知，基本额定动载荷分径向基本额定动载荷 C_r 和轴向基本额定动载荷 C_a。当轴承既受径向载荷又受轴向载荷时，为能与基本额定动载荷 C 在相同条件下进行比较，将实际载荷转化的一个方向与基本额定动载荷 C 相同的假想载荷，称为当量动载荷 P。在当量动载荷 P 的作用下，轴承的寿命与实际受载条件下的寿命相同。当量动载荷也分径向当量动载荷（对向心轴承）和轴向当量动载荷（对推力轴承），分别用字母 P_r 和 P_a 表示。

当量动载荷的计算可归纳如下：

径向接触轴承，只承受径向载荷时　$P=P_r=F_R$　　(10-17)

轴向接触轴承，只承受轴向载荷时　$P=P_a=F_A$　　(10-18)

向心角接触轴承，既承受径向载荷，又承受轴向载荷时

$$P=P_r=XF_R+YF_A \tag{10-19}$$

式中，X、Y 为径向载荷系数和轴向载荷系数，其中式（10-19）中的 X、Y 可按表 10-13 查得。

表 10-13　径向载荷系数 X 和轴向载荷系数 Y

轴承类型		相对轴向载荷 F_A/C_{or}	$F_A/F_R \leq e$		$F_A/F_R>e$		判别系数 e
名　称	代　号		X	Y	X	Y	
双列角接触球轴承	00000	—	1	0.78	0.63	1.24	0.8
调心滚子轴承	20000	—	1	(Y_1)	0.67	(Y_2)	(e)
调心球轴承	10000	—	1	(Y_1)	0.65	(Y_2)	(e)
圆锥滚子轴承	30000	—	1	0	0.4	(Y)	(e)
双列圆锥滚子轴承	350000	—	1	(Y_1)	0.67	(Y_2)	(e)
深沟球轴承	60000	0.028	1	0	0.56	1.99	0.22
		0.056				1.71	0.26
		0.084				1.55	0.28
		0.11				1.45	0.30
		0.17				1.31	0.34
		0.28				1.15	0.38

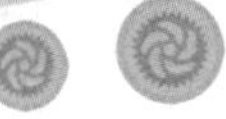

续表

<table>
<tr><th colspan="2">轴承类型</th><th rowspan="2">相对轴向载荷 F_A/C_{or}</th><th colspan="2">$F_A/F_R \le e$</th><th colspan="2">$F_A/F_R > e$</th><th rowspan="2">判别系数 e</th></tr>
<tr><th>名　称</th><th>代　号</th><th>X</th><th>Y</th><th>X</th><th>Y</th></tr>
<tr><td rowspan="11">角接触球轴承</td><td rowspan="9">70000C
$\alpha=15°$</td><td>0. 015</td><td rowspan="9">1</td><td rowspan="9">0</td><td rowspan="9">0. 44</td><td>1. 47</td><td>0. 38</td></tr>
<tr><td>0. 029</td><td>1. 40</td><td>0. 40</td></tr>
<tr><td>0. 058</td><td>1. 30</td><td>0. 43</td></tr>
<tr><td>0. 087</td><td>1. 23</td><td>0. 46</td></tr>
<tr><td>0. 120</td><td>1. 19</td><td>0. 47</td></tr>
<tr><td>0. 170</td><td>1. 12</td><td>0. 50</td></tr>
<tr><td>0. 290</td><td>1. 02</td><td>0. 55</td></tr>
<tr><td>0. 440</td><td>1. 00</td><td>0. 56</td></tr>
<tr><td>0. 580</td><td>1. 00</td><td>0. 56</td></tr>
<tr><td>70000AC
$\alpha=25°$</td><td>—</td><td>1</td><td>0</td><td>0. 41</td><td>0. 87</td><td>0. 68</td></tr>
<tr><td>70000B
$\alpha=40°$</td><td>—</td><td>1</td><td>0</td><td>0. 35</td><td>0. 57</td><td>1. 14</td></tr>
</table>

注：1. C_{or}是轴承径向基本额定静载荷；α是接触角。

2. 表中括号内的系数 Y、Y_1、Y_2 和 e 的详值应查轴承手册，对不同型号的轴承，有不同的值。

3. 深沟球轴承的 X、Y 值仅适用于 0 组游隙的轴承，对应其他游隙组的 X、Y 值可查轴承手册。

4. 对于深沟球轴承和角接触球轴承，先根据算得的相对轴向载荷值查出对应的 e 值，然后得出相应的 X、Y 值。对于表中未列出的 F_A/C_{or} 值，可按线性插值法求出相应的 e、X、Y 值。

5. 两套相同的角接触球轴承可在同一支点上背对背、面对面或串联安装作为一个整体使用，这种轴承可由生产厂家选配并成套提供，其基本额定动载荷及 X、Y 系数可查轴承手册。

表 10-13 中 e 为判别系数，用以估量轴向载荷的影响，$F_A/F_R>e$ 时，表示轴向载荷影响较大，计算当量动载荷时必须考虑轴向载荷 F_A 的作用。$F_A/F_R \le e$ 时，表示轴向载荷影响很小，计算当量动载荷时可忽略轴向载荷 F_A 的影响。可见 e 值是计算当量动载荷时判别是否计入轴向载荷的界限值。

5. 角接触球轴承和圆锥滚子轴承轴向载荷 F_A 的计算

角接触球轴承和圆锥滚子轴承在承受径向载荷 F_R 时，将产生派生轴向力 F_S。所以，在按式（10-19）计算这两类轴承的当量动载荷 P 时，式中的轴向载荷 F_A，必须根据整个轴上的外加轴向载荷 F_a 和各轴承的派生轴向力 F_S 之间的平衡条件得出。

（1）载荷作用中心。在计算角接触球轴承和圆锥滚子轴承的支承反力时，首先要确定载荷作用中心，即取各个滚动体载荷矢量（滚动体和外圈滚道接触点、线处公法线）与轴中心线的汇交点为载荷作用中心（如图 10-37（a）所示）。载荷作用中心距其轴承端面的距离 a 可从轴承手册或有关标准中查得。

（2）派生轴向力产生的原因、大小和方向。向心角接触轴承的结构特点是存在接触角。

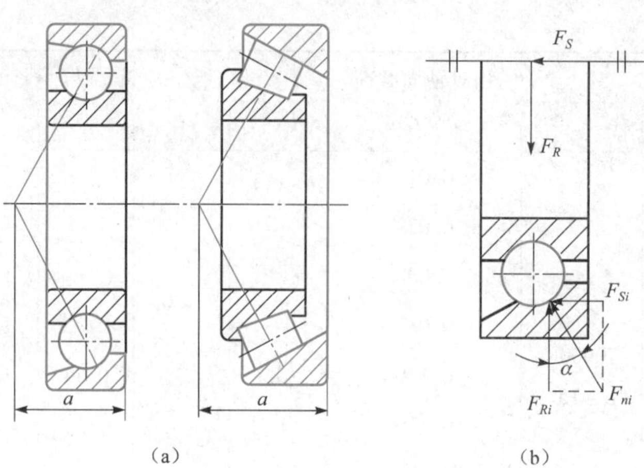

图 10-37 角接触轴承的载荷作用中心和派生轴向力

以角接触球轴承为例，如图 10-37（b）所示，当受到径向载荷 F_R 时，作用在承载区中各滚动体的法向反力 F_{ni}并不是指向轴承半径方向，而应分解为径向反力 F_{Ri}和轴向反力 F_{Si}。其中所有径向反力 F_{Ri}的合力与径向载荷 F_R 相平衡，所有轴向反力 F_{Si}的合力组成轴承的内部派生轴向力 F_S。由此可知，轴承的派生轴向力是由轴承内部的法向反力 F_{ni}引起的，其方向总是由轴承外圈的宽边一端指向窄边一端，迫使轴承内圈从外圈脱开。

派生轴向力 F_S 的计算公式见表 10-14。

表 10-14 角接触球轴承和圆锥滚子轴承的派生轴向力计算

轴承类型	角接触球轴承			圆锥滚子轴承
	7000C	7000AC	7000B	
派生轴向力 F_S	eF_R ①	$0.68F_R$	$1.14F_R$	$F_R/(2Y)$ ②
注：① e 值查表 10-13； ② Y 值是对应表 10-13 中 $F_A/F_R>e$ 的值。				

（3）安装方式。由于角接触球轴承和圆锥滚子轴承承受径向载荷后会产生派生轴向力，因此，为保证正常工作，这两类轴承均必须成对使用。通常有图 10-38（a）、（b）两种基本安装方式：一种是图 10-38（a）所示的两端轴承外圈宽边相对，称为反装或背对背安装，这种安装方式使两载荷作用中心（支反力作用点）O_1、O_2 相互远离，支承跨距加大；一种是图 10-38（b）所示的两端轴承外圈窄边相对，称为正装或面对面安装，它使两载荷作用中心（支反力作用点）O_1、O_2 相互靠近，支承跨距缩短。

（4）轴向载荷 F_A 的计算。现以图 10-38（b）所示的正装（面对面安装）为例，分析两轴承承受的载荷 F_{A1}和 F_{A2}。图中 F_r、F_a 分别为轴系所受的径向外载荷和轴向外载荷。分析的一般步骤为：

① 作轴系受力简图，给轴承编号。为了使图中分析所得的公式能适用于普遍情况，可将两轴承进行标记，规定派生轴向力中与外加轴向载荷 F_a 一致的轴承标为 2，另一轴承标

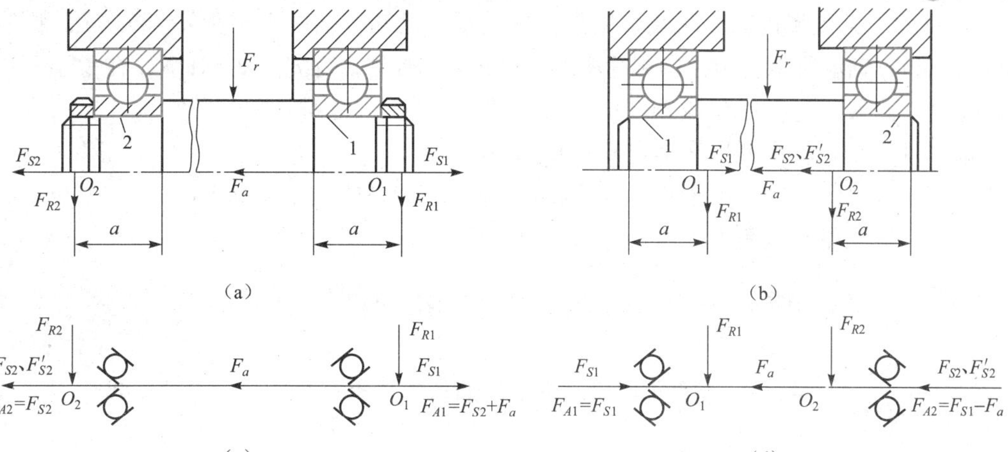

图 10-38　角接触球轴承安装方式及受力分析

为 1。如图 10-38（d）。

② 由 F_r 计算 F_{R1} 和 F_{R2}。再由 F_{R1}、F_{R2} 计算派生轴向力 F_{S1} 和 F_{S2}。

③ 计算轴承的轴向载荷 F_{A1} 和 F_{A2}。

当 $F_a+F_{S2}<F_{S1}$ 时，轴有向右移动的趋势，轴承 2 被“压紧”，称为紧端；轴承 1 被“放松”，称为松端。但实际上轴必须处于平衡位置才能保证正常工作，即轴承座必然要通过轴承元件施加一个附加的轴向力 F'_{S2} 来阻止轴向右移动。

根据受力平衡关系

$$F'_{S2}+F_a+F_{S2}=F_{S1}$$

因此，轴承 2 所承受的总轴向载荷 F_{A2} 为 F_{S2} 和 F'_{S2} 的和，轴承 1 则只受到自身的派生轴向力 F_{S1}，即

$$\left.\begin{aligned}F_{A1}&=F_{S1}\\F_{A2}&=F_{S1}-F_a\end{aligned}\right\}\tag{10-20}$$

当 $F_a+F_{S2}\geqslant F_{S1}$ 时，同前理，被“放松”的轴承 2 只受到自身的派生轴向力 F_{S2}，被“压紧”的轴承 1 所受的总轴向载荷 F_{A1} 为 $F_{S2}+F_a$，即

$$\left.\begin{aligned}F_{A1}&=F_{S2}+F_a\\F_{A2}&=F_{S2}\end{aligned}\right\}\tag{10-21}$$

以上分析的结论和轴承的安装方式无关。例如，若轴承背对背（反装）安装（图 10-38（a）），当受有图示方向轴向外载荷 F_a 时，只要将图中左轴承标为“2”（因 F_{S2} 与 F_a 同向），右轴承标为“1”，则其受力分析计算公式与上述相同。

综上可知，计算角接触球轴承和圆锥滚子轴承所受轴向载荷的方法可以归纳为：

① 通过派生轴向力及外加轴向载荷的计算与分析，判断全部轴向载荷合力的方向，进而判定被“压紧”或被“放松”的轴承。

② 被“压紧”轴承的轴向载荷等于除本身派生轴向力以外的其他所有轴向载荷的代数和。

③ 被“放松”轴承的轴向载荷等于其本身的派生轴向力。

例 10-2 某机械传动轴两端采用深沟球轴承，已知：轴的直径为 $d=65$ mm，转速 $n=1\ 250$ r/min，轴承所承受的径向载荷 $F_R=5\ 400$ N，轴向载荷 $F_A=2\ 381$ N，在常温下工作，轻微冲击，轴承预期寿命为 12 000 h。试确定轴承型号。

解 （1）初选轴承型号并确定 C_r、C_{or} 值。

初选轴承型号 6313，由轴承标准可查得，$C_r=93.8$ kN，$C_{or}=60.5$ kN。

（2）计算当量动载荷 P。

由 $\dfrac{F_A}{C_{or}}=\dfrac{2\ 381}{60\ 500}=0.04$，查表 10-13，按线性插值法可得：$e=0.237$

$\dfrac{F_A}{F_R}=\dfrac{2\ 381}{5\ 400}=0.441>e$，查表 10-13，按线性插值法可得：$X=0.56$，$Y=1.88$

所以 $P=XF_R+YF_A=0.56\times5\ 400+1.88\times2\ 381=7\ 500$ N

（3）校核轴承寿命。由于在常温下工作，故 $f_t=1$，由表 10-12 可得：$f_P=1.2$，对于球轴承 $\varepsilon=3$。

代入寿命计算公式

$$L_h=\frac{16\ 667}{n}\left(\frac{f_tC}{f_PP}\right)^{\varepsilon}=\frac{16\ 667}{1\ 250}\left(\frac{1\times93\ 800}{1.2\times7\ 500}\right)^{3}=15\ 095\ \text{h}>12\ 000\ \text{h}$$

故 6313 轴承能满足寿命要求，所选轴承合适。

例 10-3 如图 10-38（a）所示，轴上两端“背对背”安装一对 7309AC 轴承，轴的转速 $n=400$ r/min，两轴承所受径向载荷分别为 $F_{R1}=3\ 000$ N，$F_{R2}=1\ 200$ N，轴上轴向载荷 $F_a=1\ 000$ N，方向指向轴承 2。工作时有较大冲击，环境温度为 125 ℃。试计算该对轴承的寿命。

解 （1）计算派生轴向力。对 7309AC 型轴承，查表 10-14，可得

$$F_{S1}=0.68F_{R1}=0.68\times3\ 000=2\ 040\ \text{N}$$

$$F_{S2}=0.68F_{R2}=0.68\times1\ 200=816\ \text{N}$$

（2）计算轴承的轴向载荷 F_{A1}、F_{A2}

$$F_a+F_{S2}=1\ 000+816=1\ 816\ \text{N}<F_{S1}=2\ 040\ \text{N}$$

故轴承 1 被“放松”，轴承 2 被“压紧”，于是可得

$$F_{A1}=F_{S1}=2\ 040\ \text{N}$$

$$F_{A2}=F_{S1}-F_a=2\ 040-1\ 000=1\ 040\ \text{N}$$

（3）计算当量动载荷 P。查表 10-13 可得，7309AC 型轴承（$\alpha=25°$）的判别系数 $e=0.68$。

$$\frac{F_{A1}}{F_{R1}}=\frac{2\ 040}{3\ 000}=0.68=e$$

$$\frac{F_{A2}}{F_{R2}}=\frac{1\ 040}{1\ 200}=0.87>e$$

查表 10-13 可得，$X_1=1$、$Y_1=0$，$X_2=0.41$、$Y_2=0.87$，故可得轴承的当量动载荷

$$P_1=X_1F_{R1}+Y_1F_{A1}=1\times3\ 000+0\times2\ 040=3\ 000\ \text{N}$$

$$P_2=X_2F_{R2}+Y_2F_{A2}=0.41\times1\ 200+0.87\times1\ 040=1\ 397\ \text{N}$$

由上可知，$P_1>P_2$，故轴承 1 较危险，取 $P=P_1=3\ 000$ N

（4）计算轴承寿命。查表 10-11 可得 $f_t=0.95$，查表 10-12 可得 $f_P=1.8\sim3.0$，取中间值 $f_P=2.4$；查设计手册，7309AC 型轴承的 $C_r=47.5$ kN；对于球轴承 $\varepsilon=3$。

代入寿命计算公式

$$L_h=\frac{16\ 667}{n}\left(\frac{f_tC}{f_PP}\right)^{\varepsilon}=\frac{16\ 667}{400}\left(\frac{0.95\times47\ 500}{2.4\times3\ 000}\right)^3=10\ 258\ \text{h}$$

故该对轴承的寿命为 10 258 h。

10.3.4　滚动轴承的静强度计算

轴承中除了疲劳点蚀破坏，如果承载元件产生了过大的塑性变形，也会导致失效。在这种情况下，需要计算轴承的静强度。标准中规定，使受载最大的滚动体与滚道接触中心处产生的接触应力达到一定值时（如对于深沟球轴承为 4 200 MPa）的载荷，称为基本额定静载荷，用 C_0（C_{or}为径向基本额定静载荷，C_{0a}为轴向基本额定静载荷）表示。各种型号轴承的基本额定静载荷值可查设计手册。

轴承上作用的径向载荷 F_R 和轴向载荷 F_A，可折合成一个当量静载荷 P_0

$$P_0=X_0F_R+Y_0F_A \tag{10-22}$$

式中，P_0 为当量静载荷，N；X_0、Y_0 为当量静径向载荷系数和静轴向载荷系数，其值可查轴承手册。

轴承的当量静载荷应满足静强度要求，即

$$P_0\leqslant\frac{C_0}{S_0} \tag{10-23}$$

式中，S_0 为轴承的静强度安全系数，其值可查表 10-15。

表 10-15　静强度安全系数 S_0

使用条件	载荷条件	S_0	使用条件	S_0
连续旋转	普通载荷	1～2	高精度旋转场合	1.5～2.5
	冲击载荷	2～3	振动冲击场合	1.2～2.5
不常旋转及摆动运动	普通载荷	0.5	普通旋转精度场合	1.0～1.2
	冲击及不均匀载荷	1～1.5	允许有变形量场合	0.3～1.0

10.3.5　滚动轴承的组合设计

要保证轴承顺利工作，除了正确选择轴承的类型和尺寸外，还必须合理地进行轴承部件的组合设计，即要正确解决轴承的固定、调整、配合、装拆、润滑及密封等问题。

1. 滚动轴承的轴向固定

机器中轴的位置是靠轴承来定位的，当轴工作时，既要防止轴向窜动，又要保证滚动体不至于因轴受热膨胀而卡住。轴承的轴向固定形式有三种。

（1）两端固定式。如图 10-39（a）所示，其轴向固定是靠轴肩顶住轴承内圈、轴承盖顶住轴承外圈来实现。每一个支点都能限制轴的单向移动，两个支点合起来就限制了轴的双

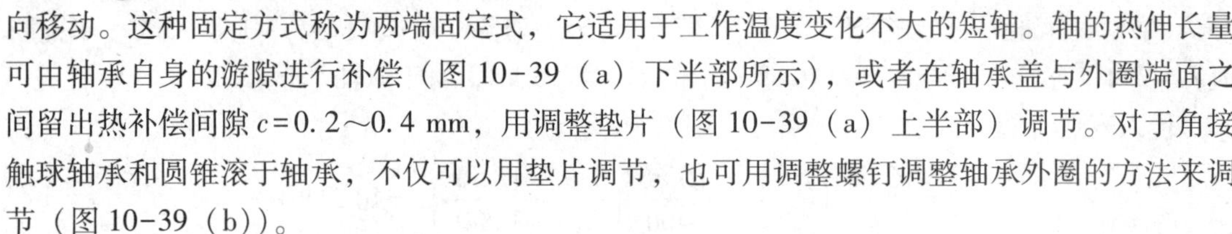

向移动。这种固定方式称为两端固定式，它适用于工作温度变化不大的短轴。轴的热伸长量可由轴承自身的游隙进行补偿（图 10-39（a）下半部所示），或者在轴承盖与外圈端面之间留出热补偿间隙 c=0.2～0.4 mm，用调整垫片（图 10-39（a）上半部）调节。对于角接触球轴承和圆锥滚子轴承，不仅可以用垫片调节，也可用调整螺钉调整轴承外圈的方法来调节（图 10-39（b））。

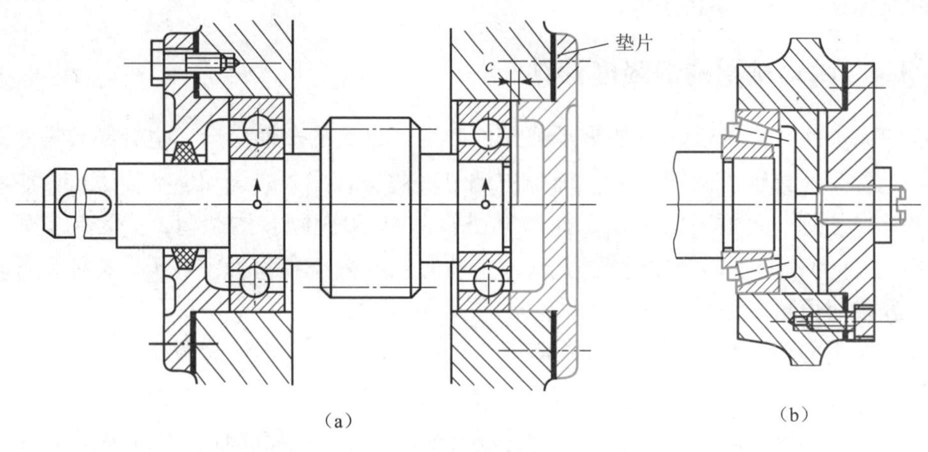

图 10-39　两端固定支承

（2）一端固定、一端游动式。如图 10-40 所示，当轴的跨距较大（L>350 mm）或工作时温度较高（t>70 ℃），为了补偿较大的热膨胀，应采用一端固定（左端）、一端游动（右端）的支承结构。

选用深沟球轴承作为游动支承时，应在轴承外圈与端盖间留适当的间隙（图 10-40（a））；选用圆柱滚子轴承时，轴承外圈与端盖间不需留有间隙，但轴承外圈应作双向固定（图 10-40（b）），以保证内圈和滚子相对于外圈作较大的轴向移动。

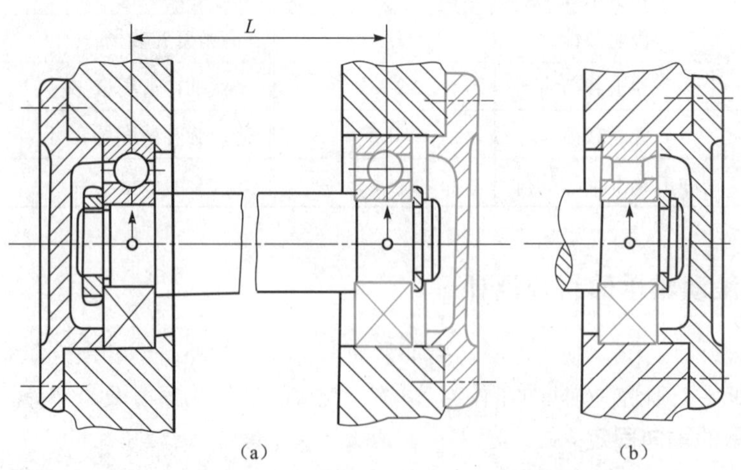

图 10-40　一端固定、一端游动支承

（3）两端游动式。图 10-41 所示人字齿轮传动中，小齿轮轴两端的支承结构都是游动支承结构。大齿轮所在轴则采用两端固定支承结构。啮合传动时，小齿轮轴能自动轴向调

位，使两轮接触均匀。

2. 轴承游隙和轴承组合位置的调整

（1）轴承游隙的调整。图10－42、图10-43是悬臂小圆锥齿轮轴支承结构的两种典型形式，均采用圆锥滚子轴承（也可采用角接触球轴承）。图10-42为“面对面”安装，图10-43为“背对背”安装。前者可以用端盖下面的垫片来调整游隙，比较方便。后者靠轴上圆螺母调整游隙，操作不方便，且轴上加工有螺纹，应力集中严重，削弱了轴的强度。但轴承“背对背”安装时，轴系刚性比“面对面”安装好，故也被采用。

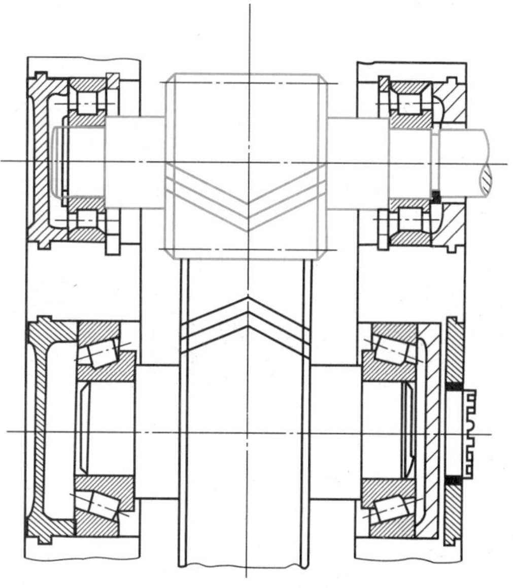

图10-41　两端游动支承

（2）轴承组合位置的调整。在某些情况下，要求轴上零件有准确的轴向位置，这就需要调整轴系的轴向位置。上述两种安装方式中，为了调整锥齿轮达到最好的啮合传动位置（锥顶点重合），都把两个轴承放在套杯中，而套杯装在机座孔中，于是可通过增减套杯端面与机体之间的垫片厚度来改变套杯的轴向位置，以达到调整锥齿轮最好传动位置的目的。

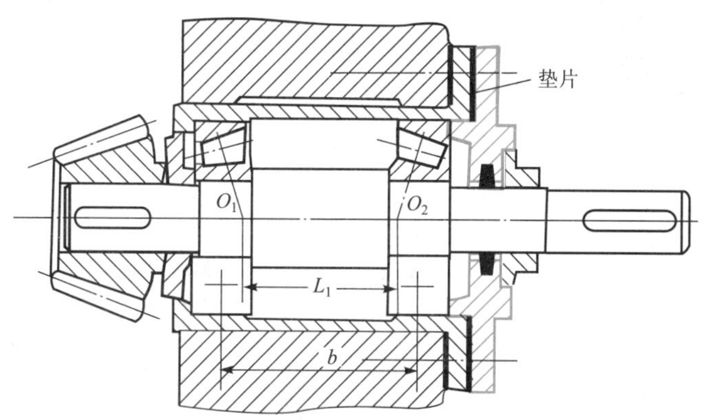

图10-42　圆锥滚子轴承“面对面”安装游隙调整

3. 滚动轴承的配合及装拆

（1）滚动轴承的配合。滚动轴承的配合是指内圈与轴颈，外圈与轴承座孔的配合。这些配合的松紧将直接影响轴承间隙的大小，从而关系到轴承的运转精度和使用寿命。

轴承的配合，应根据轴承的类型、尺寸、载荷、转速以及内外圈是否转动来确定。轴承是标准件，其内圈与轴颈的配合采用基孔制，外圈与座孔的配合采用基轴制。转动套圈（通常为内圈）的转速愈高、载荷和振动愈大或工作温度变化较大时，应采用较紧的配合。固定套圈（通常为外圈）、游动套圈或经常拆卸的轴承应采用较松的配合。转动圈与机器旋转部分的配合常用n6、m6、k6、js6；固定圈与机器不动部分的配合则用J7、J6、H7、G7

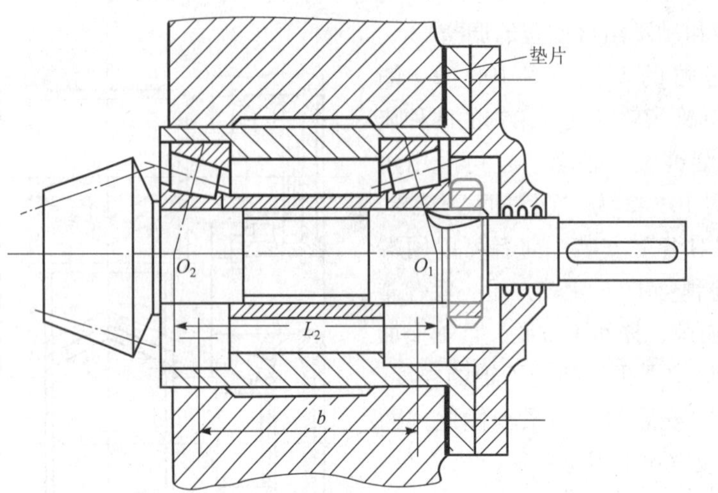

图 10-43　圆锥滚子轴承“背对背”安装游隙调整

等。关于配合和公差的详细资料可参考有关设计手册。

（2）滚动轴承的装拆。设计轴承装置时，必须考虑轴承装拆方便，以免在装拆过程中损坏轴承和其他零件。轴承内圈与轴颈的配合通常较紧，可采用压力机在内圈上施加压力将轴承压套到轴颈上。有时为了便于安装，尤其是大尺寸轴承，可用热油（80 ℃～90 ℃）加热轴承，或用干冰冷却轴颈。中小型轴承可用手锤敲击装配套筒（一般用铜套）敲入（图 10-44）。拆卸轴承需用专用的拆卸工具（图 10-45）。为便于拆卸轴承，内圈在轴肩上应露出足够的高度，以便放入拆卸工具的钩头。

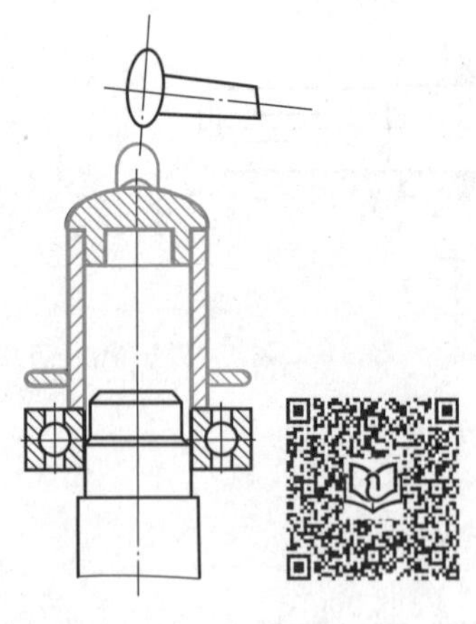

图 10-44　用手锤安装轴承

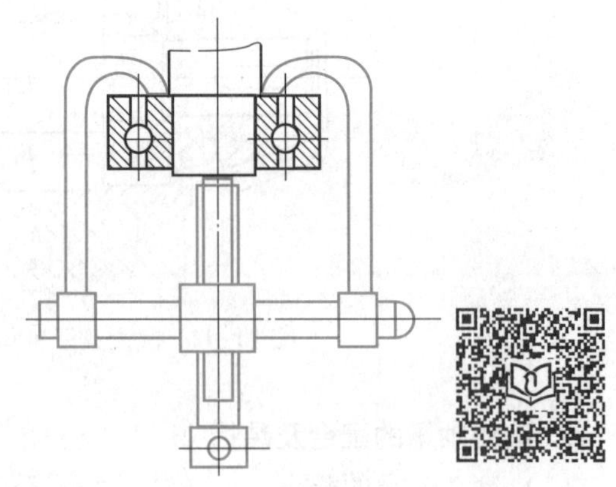

图 10-45　用顶拔器拆卸轴承

4. 滚动轴承的润滑

滚动轴承的润滑主要是为了减少摩擦阻力和减轻磨损，也有吸振、冷却、防锈和减少噪声的作用。滚动轴承常用的润滑方式有油润滑和脂润滑。润滑方式与轴承的速度有关，一般用 dn 值（d 为滚动轴承内径，mm；n 为轴承转速，r/min）表示。适用于脂润滑和油润滑的 dn 值界限列于表 10-16。

表 10-16 适用于脂润滑和油润滑的 dn 值界限（表值×10^4） mm · r/min

轴承类型	脂润滑	油润滑			
		油浴	滴油	循环油（喷油）	油雾
深沟球轴承	16	25	40	60	>60
调心球轴承	16	25	40		
角接触球轴承	16	25	40	60	>60
圆柱滚子轴承	12	25	40	60	>60
圆锥滚子轴承	10	16	23	30	
调心滚子轴承	8	12		25	
推力球轴承	4	6	12	15	

脂润滑一般用于 dn 值较小的轴承中。由于润滑脂是一种黏稠的胶凝状材料，故其润滑油膜强度高、承载能力大、不易流失、便于密封，一次加脂可以维持较长时间。润滑脂的填充量一般不超过轴承中间隙体积的 1/3，润滑脂过多会引起轴承发热，影响正常工作。

轴承的 dn 值超过一定界限，应采用油润滑。油润滑的优点是摩擦阻力小，润滑充分，且具有散热冷却和清洗滚道的作用，缺点是对密封和供油的要求高。

常用的油润滑方法有：

（1）油浴润滑。如图 10-46 所示把轴承局部浸入润滑油中，轴承静止时，油面不高于最低滚动体的中心。这个方法不宜用于高速轴承中，因为高速时搅油剧烈会造成很大能量损失。

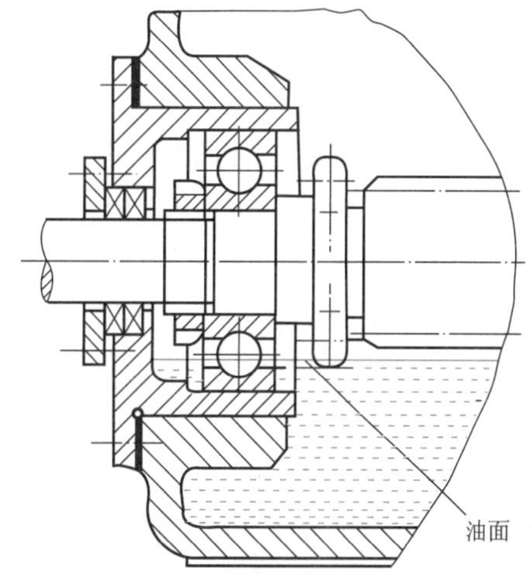

图 10-46 油浴润滑

（2）飞溅润滑。飞溅润滑是闭式齿轮传动中轴承润滑常用的方法。利用齿轮转动把润滑油甩到四周壁上，然后通过适当的沟槽把油引入轴承中。

（3）喷油润滑。适用于转速高、载荷大、要求润滑可靠的轴承。它是用油泵将润滑油加压，通过油管或机座中特制油路，经油嘴把油喷到轴承内圈与保持架之间的间隙中。

5. 滚动轴承的密封

滚动轴承密封的目的是阻止润滑剂从轴承中流失和防止外界灰尘、水分等侵入轴承。密封方法分接触式和非接触式两大类。

（1）接触式密封。在轴承盖内放置软材料（毛毡、橡胶圈或皮碗等）与转动轴直接接触而起密封作用。这种密封多用于转速不高的情况，同时要求与密封接触的轴表面硬度大于 40 HRC，表面粗糙度 Ra 小于 0.8 μm。

① 毡圈密封。如图 10-47（a）所示，在轴承盖上开出梯形槽，将矩形剖面的细毛毡，放置在梯形槽中与轴接触。这种密封结构简单，但摩擦较严重，主要用于圆周速度 $v<$ 4～5 m/s的脂润滑结构。

② 皮碗密封。如图 10-47（b）所示，在轴承盖中放置一个密封皮碗，它是用耐油橡胶等材料制成的，并组装在一个钢外壳之中（有的无钢壳）的整体部件，皮碗与轴紧密接触而起密封作用。为增强密封效果，用一环形螺旋弹簧压在皮碗的唇部。唇的方向朝向密封部位，主要目的是防止漏油；唇朝外，主要目的是防灰尘。当采用两个皮碗密封相背放置时，则上述两个目的均可达到。

这种密封安装方便，使用可靠，一般适用于 $v<7$ m/s 的场合。

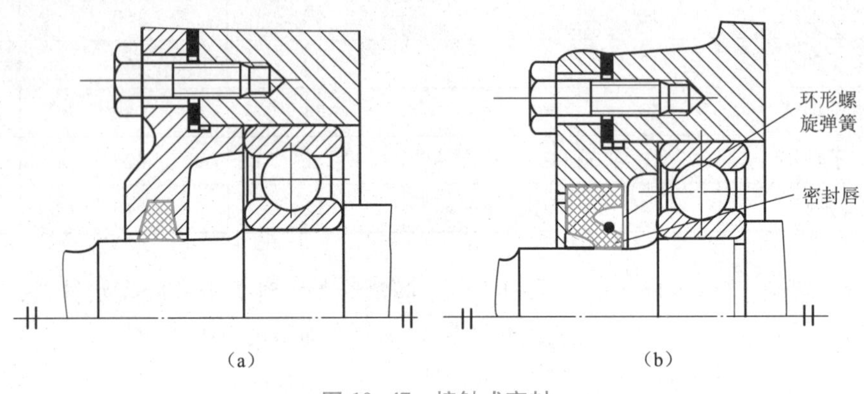

图 10-47　接触式密封

（2）非接触式密封。此类密封不与轴发生直接摩擦，多用于速度较高的情况。

① 油沟式密封。如图 10-48（a）所示，在轴与轴承盖的通孔壁间留 0.1～0.3 mm 的极窄缝隙，并在轴承盖上车出沟槽，在槽内填满油脂，以起密封作用。这种形式结构简单，多用于圆周速度 $v<5\sim6$ m/s 的场合。

② 迷宫式密封。如图 10-48（b）所示，将旋转的和固定的密封零件间的间隙制成迷宫（曲路）形式，缝隙间填入润滑脂以加强密封效果。这种方式对脂润滑和油润滑都很有效。环境比较脏时，采用这种形式密封效果相当可靠。

③ 油环式与油沟式组合密封。如图 10-48（c）所示，在油沟密封区内的轴上装一个甩油环，当向外流失的润滑油落在甩油环上时，由离心力甩掉后通过导油槽再导回油箱。这种组合密封形式在高速时密封效果好。

轴承密封还有其他的方式，可参考有关手册。当密封要求较高时，可以将几种密封方式合理地组合起来使用。

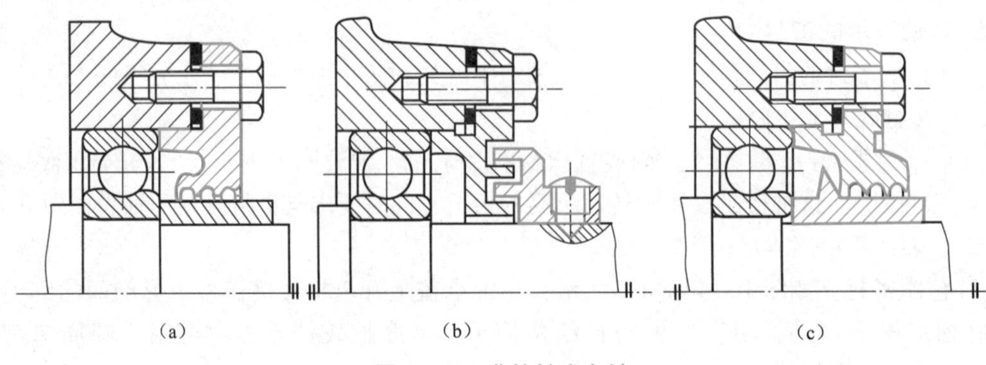

图 10-48　非接触式密封

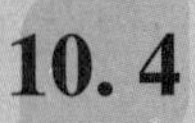

10.4　轴的设计

10.4.1　轴径的初步估算

轴径的初步估算常用如下两种方法。

1. 按扭转强度估算轴径

这种估算方法假定轴只受转矩，根据轴上所受转矩估算轴的最小直径，并用降低许用扭剪应力的方法来考虑弯矩的影响。

由工程力学已知，受转矩作用的圆截面轴，其强度条件为

$$\tau_T=\frac{T}{W_T}=\frac{9.55\times10^6P}{0.2d^3n}\leqslant[\tau_T] \tag{10-24}$$

式中，τ_T、$[\tau_T]$ 为轴的扭转剪应力和许用扭转剪应力，MPa；T 为转矩，N · mm；P 为轴所传递的功率，kW；W_T 为轴的抗扭截面模量，$W_T=\frac{\pi d^3}{16}\approx0.2d^3$，mm³；$d$ 为轴的直径，mm；n 为轴的转速，r/min。

由上式，经整理得满足扭转强度条件的轴径估算式为

$$d\geqslant\sqrt[3]{\frac{9.55\times10^6}{0.2[\tau_T]}}\sqrt[3]{\frac{P}{n}}=C\sqrt[3]{\frac{P}{n}} \tag{10-25}$$

式中，C 为由轴的材料和承载情况确定的常数，见表10-17。

表10-17　轴常用材料的 $[\tau_T]$ 和 C 值

轴的材料	Q235，20	Q275，35	45	40Cr、35SiMn、42SiMn、38SiMnMo、20CrMnTi
$[\tau_T]$ /MPa	12～20	20～30	30～40	40～52
C	158～134	134～117	117～106	106～97
注：1. 表中 $[\tau_T]$ 已考虑了弯矩对轴的影响。 2. 当弯矩相对转矩较小或只受转矩时，C 取较小值；当弯矩较大时，C 取较大值。 3. 当用Q235、Q275及35SiMn时，C 取较大值。				

按式（10-25）计算出的轴径，一般作为轴的最小处的直径。如果在该处有键槽，则应考虑键槽对轴的强度的削弱。一般情况，若有一个键槽，d 值应增大5%；有两个键槽，d 值应增大10%，最后需将轴径圆整为标准值。

2. 按经验公式估算

对于一般减速装置中的轴，也可用经验公式来估算轴的最小轴径。对于高速级输入轴的最小轴径可按与其相连的电动机轴径 D 估算，$d=(0.8\sim1.2)D$；相应各级低速轴的最小直径可按同级齿轮中心距 a 估算，$d=(0.3\sim0.4)a$。

10.4.2　轴的结构设计

当用初步估算求得轴的最小直径后，即可进行轴的结构设计。轴的结构设计主要是确定轴的合理外形和全部结构尺寸。在进行轴结构设计时，应满足以下要求：① 轴应便于加工，轴上零件要易于装拆（制造、装拆要求）；② 轴上零件要有准确的工作位置（定位）；③ 各零件要牢固而可靠地固定（固定）；④ 提高轴的强度和刚度。

由于影响轴结构的因素很多，轴没有标准的结构形式，所以轴的结构设计具有较大的灵活性和多样性，设计时必须从实际出发，全面考虑问题，才能得出较合理的结构。

下面介绍轴结构设计中的几个主要要求。

1. 轴上零件的轴向固定

轴上零件轴向固定的目的是为了使零件能够在轴线方向定位和承受轴向载荷。常用的轴向固定方法、特点和应用列于表10-18。

在进行轴上零件的轴向固定时需注意：① 轴上零件一般均应作双向固定，这时可将表10-18中所列各种方法联合使用；② 为保证固定可靠，与轴上零件相配合的轴段长度应比轮毂宽度略短，如表10-18中套筒结构简图所示，$l=B-(1\sim3)$ mm。

2. 轴上零件的周向固定

轴上零件周向固定的目的是使其能同轴一起转动并传递转矩。常用的周向固定方法、特点和应用列于表10-19。

表10-18　轴上零件的轴向固定方法、特点和应用

固定方法	结构简图	特点和应用	设计注意要点
轴肩与轴环	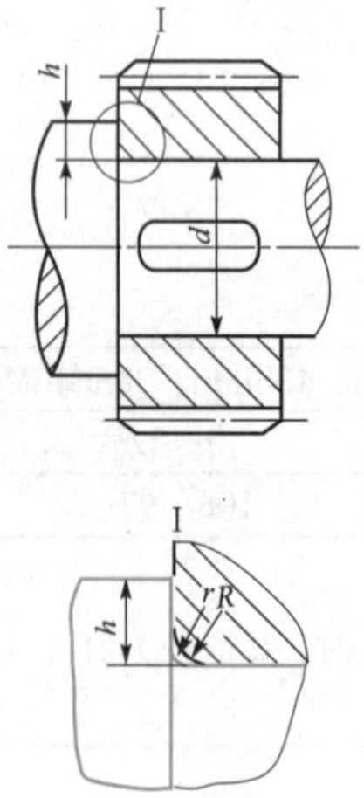 (a) 轴肩 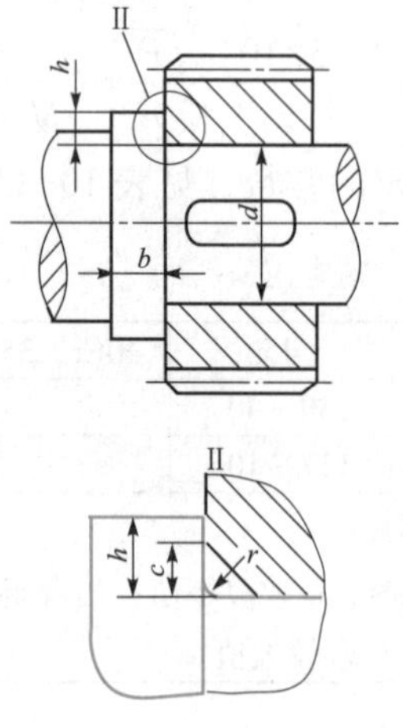　(b) 轴环	简单可靠，不需附加零件，能承受较大轴向力； 广泛应用于各种轴上零件的固定； 该方法会使轴径增大，阶梯处形成应力集中，且阶梯过多将不利于加工	为保证零件与定位面靠紧，轴上过渡圆角半径 r 应小于零件圆角半径 R 或倒角 c，即 $r<c<h$、$r<R<h$； 一般取定位高度 $h=(0.07\sim0.1)d$，轴环宽度 $b=1.4h$
套筒	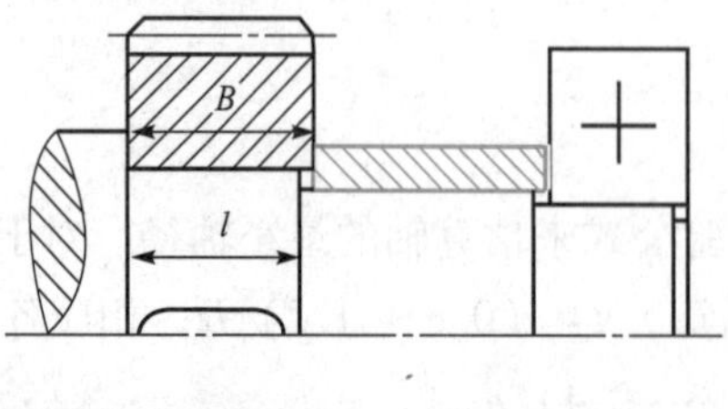	简单可靠，简化了轴的结构且不削弱轴的强度； 常用于轴上两个近距离零件间的相对固定； 不宜用于高转速轴	套筒内径与轴配合较松，套筒结构、尺寸可视需要灵活设计

续表

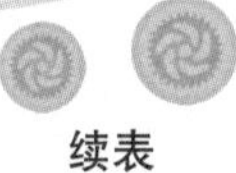

固定方法	结 构 简 图	特点和应用	设计注意要点
轴端挡圈	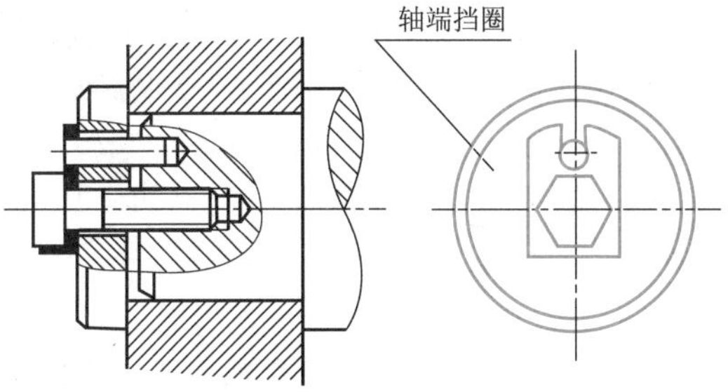 轴端挡圈	工作可靠，能承受较大轴向力，应用广泛	只用于轴端； 应采用止动垫片等防松措施
圆锥面	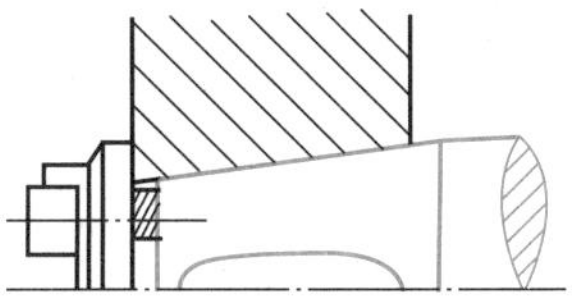	装拆方便，且可兼作周向固定； 宜用于高速、冲击及对中性要求高的场合	只用于轴端； 常与轴端挡圈联合使用，实现零件的双向固定
圆螺母	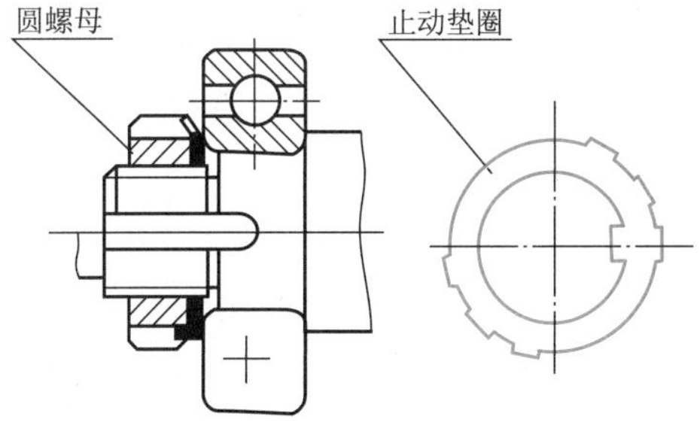 圆螺母　止动垫圈	固定可靠，可承受较大轴向力，能实现轴上零件的间隙调整； 常用于轴上两零件间距较大处，亦可用于轴端	为减小对轴强度的削弱，常用细牙螺纹； 为防松，需加止动垫圈或使用双螺母
弹性挡圈	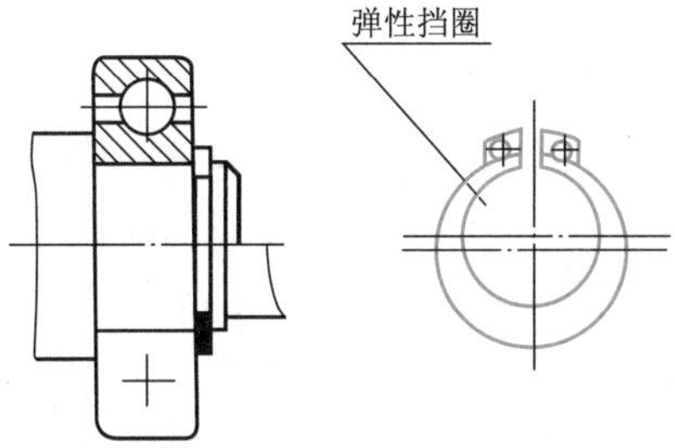 弹性挡圈	结构紧凑、简单，装拆方便，但受力较小，且轴上切槽将引起应力集中； 常用于轴承的固定	
紧定螺钉与锁紧挡圈	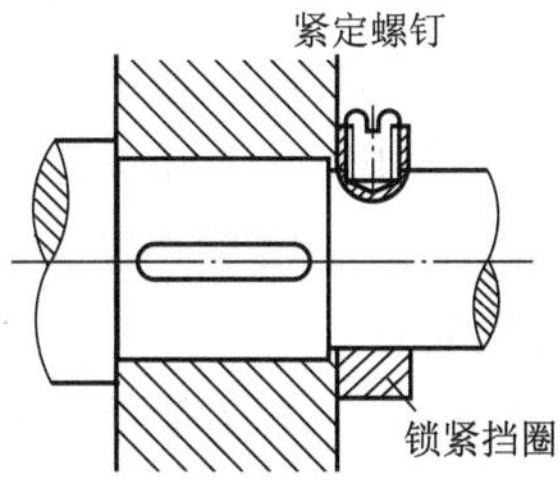 紧定螺钉　锁紧挡圈	结构简单，但受力较小，且不适于高速场合	

表 10-19　轴上零件的周向固定方法、特点和应用

固定方法	结构简图	特点和应用
平键连接		制造简单，装拆方便； 用于传递转矩较大，对中性要求一般的场合，应用最为广泛
花键连接		承载能力高，定心好、导向性好，但制造较困难，成本较高； 适用于传递转矩大，对中性要求高或零件在轴上移动时要求导向性良好的场合
过盈配合连接		结构简单、定心好、承载能力高和在振动下能可靠地工作，但装配困难，且对配合尺寸的精度要求较高； 常与平键联合使用，以承受大的交变、振动和冲击载荷
销连接		用于固定不太重要，受力不大，但同时需要轴向固定的零件

3. 轴的结构工艺性

从加工上考虑，轴的形状最好是直径不变的光轴，但光轴不利于轴上零件的装拆和定位。由于阶梯轴便于加工和轴上零件的定位和装拆，所以实际上轴的形状多呈阶梯形。为了能减少应力集中和减少切削加工量，阶梯轴各轴段的直径不宜相差太大，一般取 5～10 mm。

为了便于切削加工，一根轴上的圆角应尽可能取相同的半径，退刀槽取相同的宽度，倒角尺寸相同；一根轴上各键槽应开在轴的同一母线上，若开有键槽的轴段直径相差不大时，尽可能采用相同宽度的键槽（图 10-49），以减少换刀的次数；需要磨削的轴段，应留有砂轮越程槽（图 10-50（a）），以便磨削时砂轮可以磨到轴肩的端部，需切削螺纹的轴段，应留有退刀槽，以保证螺纹牙均能达到预期的高度（图 10-50（b））。

为了便于加工和检验，轴的直径应取圆整值；与滚动轴承相配合的轴颈直径应符合滚动轴承内径标准；有螺纹的轴段直径应符合螺纹标准直径。

为了便于装配，轴端应加工出倒角（一般为 45°），以免装配时把轴上零件的孔壁擦伤（图 10-51（a））；过盈配合零件的装入端应加工出导向锥面（图 10-51（b）），以使零件能

较顺利地压入。

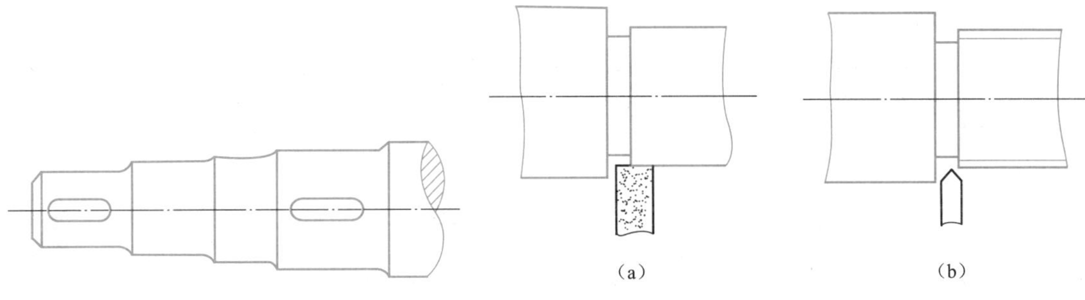

图 10-49　轴上键槽的布置　　　图 10-50　砂轮越程槽和退刀槽

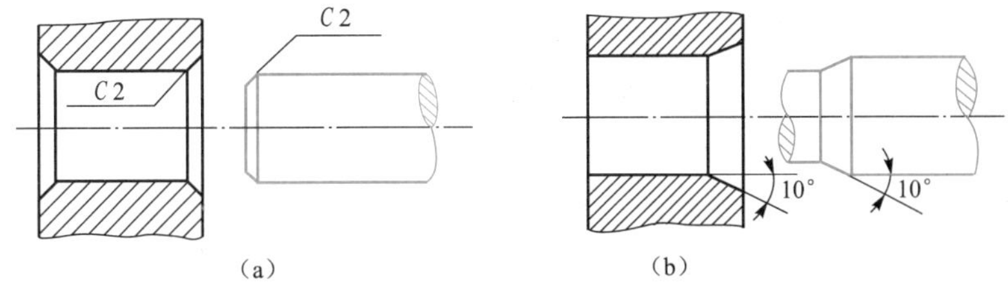

图 10-51　倒角和导向锥面

4. 提高轴的强度和刚度

轴的结构对其强度和刚度有很大影响。由于大多数轴工作时承受变应力，因此，设计时应从结构方面采取措施来提高轴的疲劳强度。

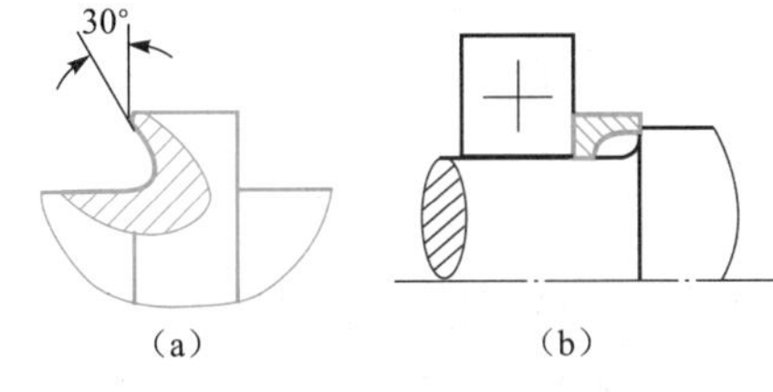

图 10-52　凹切圆角和肩环结构

（1）减小应力集中。轴上的应力集中会严重削弱轴的疲劳强度，因此轴的结构应尽量避免或减小应力集中。为减小轴在截面突变处的应力集中，应适当增大其过渡圆角半径。由于轴肩定位面要与零件接触，加大圆角半径常受到限制，这时可用凹切圆角（图 10-52（a））或肩环结构（图 10-52（b））。

当轴上零件与轴为过盈配合时，可采用如图 10-53 所示的各种结构，以减轻轴在零件配合边缘处的应力集中。

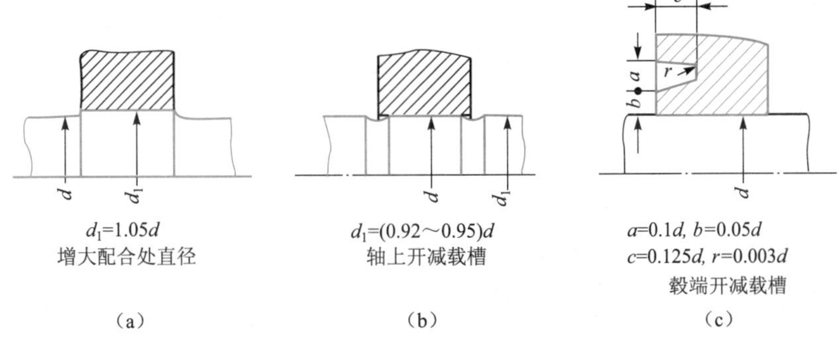

图 10-53　轴与轮毂过盈配合时减轻应力集中措施

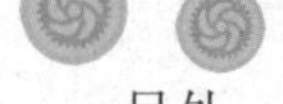

另外，要尽量避免在轴上（特别是应力大的部位）开横孔、切口和凹槽。必须开横孔时，孔端要倒角。

（2）改善轴的表面质量。表面粗糙度对轴的疲劳强度有显著影响。实践表明，疲劳裂纹常发生在表面粗糙的部位。设计时应十分注意轴的表面粗糙度的参数值，即使是不与其他零件相配合的自由表面也不应忽视。采用碾压、喷丸、渗碳淬火、氮化、高频淬火等表面强化方法，可以显著提高轴的疲劳强度。

（3）改善轴的受力状况。改进轴上零件的结构，减小轴上载荷或改善其应力特征，也可以提高轴的强度和刚度。如图10-54所示的轴，如把轴毂配合面分为两段（图10-54（b）），可以减小轴的弯矩，从而提高其强度和刚度；把转动的心轴（图10-54（a））改成不转动的心轴（图10-54（b）），可使轴不承受交变应力。

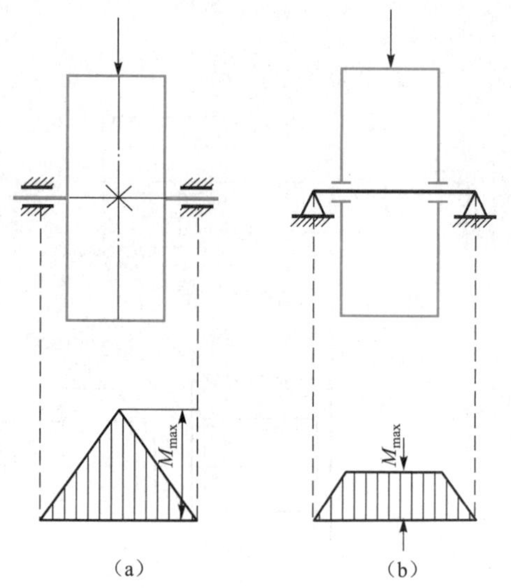

图10-54　改善轴受力或应力的措施

10.4.3　轴的强度校核

轴的强度校核应根据轴的具体受载情况采取相应的计算方法。传动轴仅受转矩的作用，按扭转强度校核；心轴仅受弯矩的作用，按弯曲强度校核；转轴既受弯矩作用又受转矩作用，一般按弯曲和扭转合成计算当量弯矩校核轴径。传动轴和心轴可以看做是转轴的特例，下面仅介绍转轴的强度校核方法，即按当量弯矩进行轴的强度校核。

完成传动零件的受力分析及轴的结构设计后，即可确定轴上载荷的大小、方向及作用点和轴的支点位置，从而可求出支承反力，画出弯矩图和转矩图，这时就可按当量弯矩校核轴径。

由弯矩图和转矩图可初步判断轴的危险截面。对于一般钢制的轴，可用第三强度理论求出危险截面的当量弯矩 M_e，其值为

$$M_e=\sqrt{M^2+(\alpha T)^2} \tag{10-26}$$

式中，M 为危险截面上的弯矩，N·mm；T 为危险截面上的转矩，N·mm；α 为校正系数。

当轴危险截面的当量弯矩求出后，即可对轴进行强度校核，校核公式为

$$\begin{aligned}\sigma_e&=\frac{M_e}{W}=\sqrt{\frac{M^2+(\alpha T)^2}{W}}=\sqrt{\left(\frac{M}{W}\right)^2+\left(\frac{\alpha T}{W}\right)^2}\\&=\sqrt{\left(\frac{M}{W}\right)^2+4\left(\frac{\alpha T}{W_T}\right)^2}=\sqrt{\sigma_b^2+4(\alpha\tau)^2}\leqslant[\sigma_{-1}]_b\end{aligned} \tag{10-27}$$

式中，σ_b 为危险截面上弯矩 M 产生的弯曲应力，MPa；τ 为转矩 T 产生的扭剪应力，MPa；W 为轴的抗弯截面模量，$W=\frac{\pi d^3}{32}\approx 0.1d^3$；$W_T$ 为轴的抗扭截面模量，$W_T=\frac{\pi d^3}{16}\approx 0.2d^3$。

对于一般转轴，σ_b 为对称循环变化的弯曲应力，而 τ 的应力特性则随 T 的特性而定。α

是考虑两者循环特性不同，将非对称循环变化的 τ 转化为当量的对称循环变化的 σ_b 的校正系数。当扭转剪应力为静应力时，取 $\alpha=[\sigma_{-1}]_b/[\sigma_{+1}]_b\approx0.3$；扭转剪应力为脉动循环变应力时，取 $\alpha=[\sigma_{-1}]_b/[\sigma_0]_b\approx0.6$；扭转剪应力为对称循环变应力时，取 $\alpha=[\sigma_{-1}]_b/[\sigma_{-1}]_b=1$。对于单向回转的轴，其应力变化规律不甚清楚时，一般按脉动变化的变应力处理。其中 $[\sigma_{-1}]_b$、$[\sigma_0]_b$、$[\sigma_{+1}]_b$ 分别为对称循环、脉动循环及静应力状态下的许用弯曲应力，其值见表 10-1。

轴直径的设计式为

$$d\geqslant\sqrt[3]{\frac{M_e}{0.1[\sigma_{-1}]_b}} \tag{10-28}$$

在轴的强度校核时应注意：① 要合理选择危险截面。由于轴的各截面的当量弯矩和直径不同，因此轴的危险截面在当量弯矩较大或轴的直径较小处。一般选一个或两个危险截面校核。② 若校核轴的强度不够，即 $\sigma_e>[\sigma_{-1}]_b$，则可用增大轴的直径、改用强度较高的材料或改变热处理方法等措施来提高轴的强度；若 σ_e 比 $[\sigma_{-1}]_b$ 小很多时，是否要减小轴的直径，应综合考虑其他因素而定。有时单从强度观点，轴的尺寸似乎可缩小，不过却受到其他条件的限制。例如刚度、振动稳定性、加工和装配工艺条件以及与轴有关联的其他零件和结构的限制等。因此必须就所有条件进行全面考虑，方可作出改变轴结构尺寸的决定。

对于重要的轴，尚需采用更精确的安全系数法校核。其计算方法可参阅有关资料。

10.4.4 轴的设计实例分析

设计如图 10-55 所示的带式运输机中单级斜齿轮减速器的低速轴。已知电动机的功率 $P=25$ kW，转速 $n_1=970$ r/min；传动零件（齿轮）的主要参数及尺寸为：法面模数 $m_n=4$ mm，齿数比 $u=3.95$，小齿轮齿数 $z_1=20$，大齿轮齿数 $z_2=79$，分度圆上的螺旋角 $\beta=8°6'34''$，小齿轮分度圆直径 $d_1=80.81$ mm，大齿轮分度圆直径 $d_2=319.19$ mm，中心距 $a=200$ mm，小齿轮的轮毂宽度 $b_1=85$ mm，大齿轮的轮毂宽度 $b_2=80$ mm。

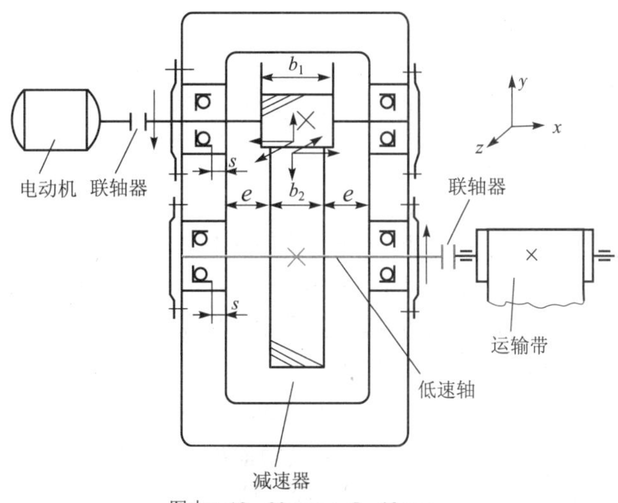

图 10-55 齿轮减速器的装配简图

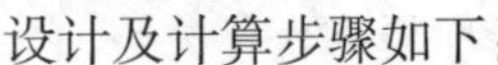

设计及计算步骤如下：

1. 选择轴的材料

该轴无特殊要求，因而选用调质处理的45钢，由表10-1知，$\sigma_b = 650$ MPa、$[\sigma_{-1}]_b = 59$ MPa、$[\sigma_0]_b = 98$ MPa、$[\sigma_{+1}]_b = 216$ MPa。

2. 初步估算轴径

按扭转强度估算输出端联轴器处的最小轴径。先据表10-17，按45钢，取$C = 110$；输出轴的功率$P_2 = P_1\eta_1\eta_2\eta_3$（$\eta_1$为联轴器的效率，取0.99；$\eta_2$为滚动轴承效率，取0.99；$\eta_3$为齿轮啮合效率，取0.98）$= 25 \times 0.99 \times 0.99 \times 0.98 = 24$ kW；输出轴的转速$n_2 = n_1/u = 970/3.95 = 245.6$ r/min。

根据公式（10-25），得

$$d_{\min} = C\sqrt[3]{\frac{P}{n}} = 110\sqrt[3]{\frac{24}{245.6}} = 50.7 \text{ mm}$$

由于安装联轴器处有一个键槽，轴径应增加5%；为使所选轴径与联轴器孔径相适应，需同时选取联轴器。从手册上查得，选用LX4弹性柱销联轴器J55×84/Y55×112。故取轴与联轴器连接的轴径为55 mm。

3. 轴的结构设计

根据齿轮减速器的简图确定的轴上主要零件的布置图（图10-56）和轴的初步估算定出的轴径，进行轴的结构设计。

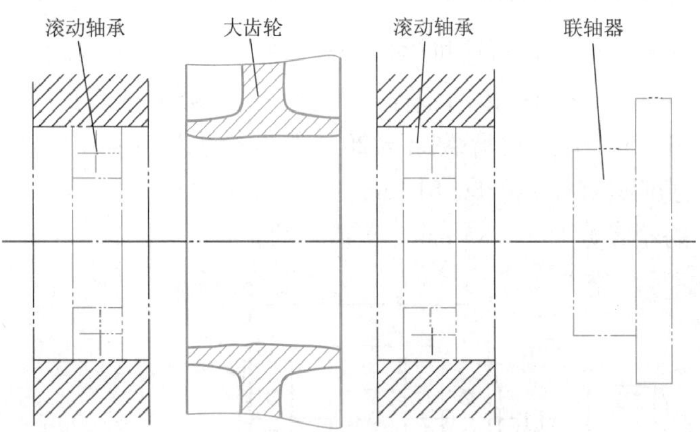

图10-56　轴上主要零件的布置图

（1）轴上零件的轴向定位。齿轮的一端靠轴肩定位，另一端靠套筒定位，装拆、传力均较方便；两端轴承常用同一尺寸，以便于购买、加工、安装和维修；为便于装拆轴承，轴承处轴肩不宜太高（其高度的最大值可从轴承标准中查得），故左边轴承与齿轮间设置两个轴肩，轴上零件的装配方案如图10-57所示。

（2）轴上零件的周向定位。齿轮与轴、半联轴器与轴的周向定位均采用平键连接。根据设计手册，并考虑便于加工，取在齿轮、半联轴器处的键剖面尺寸$b \times h = 16 \times 10$，配合均用H7/k6；滚动轴承内圈与轴的配合采用基孔制，轴的尺寸公差为k6。

（3）确定各段轴径和长度（图10-58）。

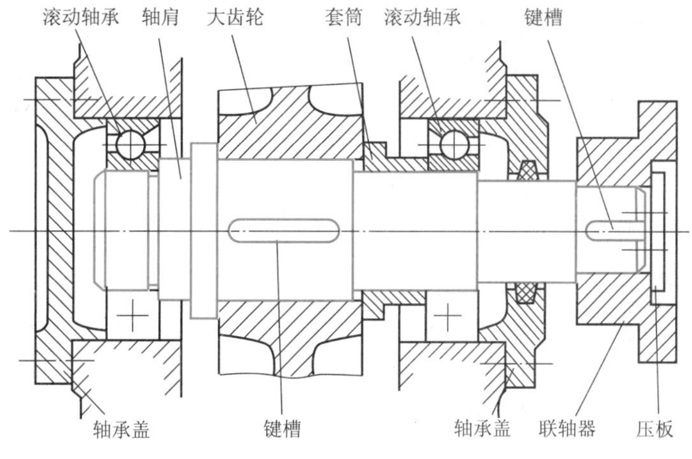

图 10-57　轴上零件的装配方案

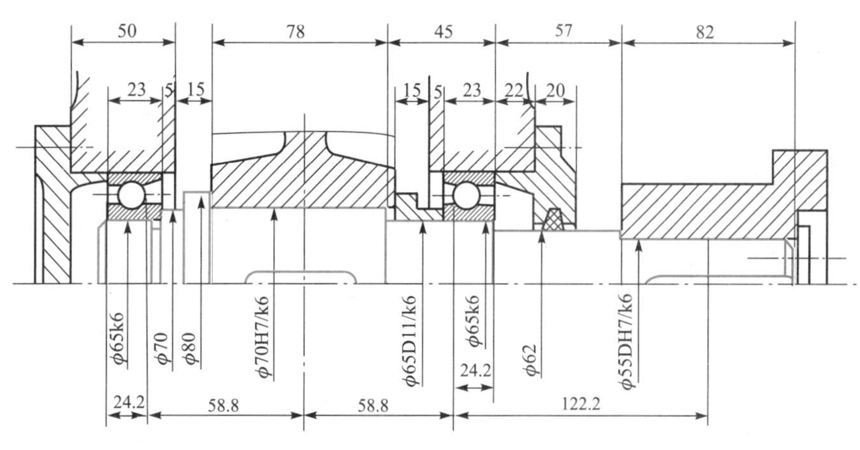

图 10-58　轴的结构设计

轴径：从联轴器向左取 $\phi55\rightarrow\phi62\rightarrow\phi65\rightarrow\phi70\rightarrow\phi80\rightarrow\phi70\rightarrow\phi65$。

轴长：取决于轴上零件的宽度及它们的相对位置。选用 7213C 轴承，其宽度为 23 mm；齿轮端面至箱壁间的距离取 $e=15$ mm；考虑到箱体的铸造误差，装配时留有余地，取滚动轴承与箱内边距 $s=5$ mm；轴承处箱体凸缘宽度，应按箱盖与箱座连接螺栓尺寸及结构要求确定，暂取宽度 = 轴承宽 +(0.08～0.1)e+(10～20) mm，取 50 mm；轴承盖厚度取为20 mm；轴承盖与联轴器间距离取为 15 mm；半联轴器与轴配合长度为 84 mm，为使压板压住半联轴器，取其相应轴长为 82 mm；已知齿轮轮毂宽 $b_2=80$ mm，为使套筒压住齿轮端面，取相应轴长为 78 mm。

根据以上考虑可确定每段轴长，并可算出轴承与齿轮、联轴器间的跨度（图 10-58）。

（4）轴的结构工艺性。考虑轴的结构工艺性，在轴的左端与右端均制成 2×45°倒角；左端支承轴承的轴颈为了磨削到位，留有砂轮越程槽；为便于加工，齿轮、半联轴器处的键槽布置在同一母线上，并取同一剖面尺寸。

4. 轴的强度校核

先作出轴的受力计算简图（即力学模型）如图 10-59（a）所示，取集中载荷作用于齿

轮的中点，轴承支反力位置距轴承背距离 $a=24.2\text{mm}$。

（1）求齿轮上作用力的大小、方向。

齿轮上作用力的大小：

转矩　$T_1=9.55\times10^3P_1/n_1=9.55\times10^3\times25/970=246.134\ \text{N}\cdot\text{m}$

圆周力　$F_{t2}=F_{t1}=\dfrac{2T_1}{d_1}=\dfrac{2\times246\ 134}{80.81}=6\ 092\ \text{N}$

径向力　$F_{r2}=F_{r1}=\dfrac{F_{t1}\tan\alpha_n}{\cos\beta}=\dfrac{6\ 092\times\tan 20°}{\cos 8°6'34''}=2\ 240\ \text{N}$

轴向力　$F_{a2}=F_{a1}=F_{t1}\tan\beta=6\ 092\times\tan 8°6'34''=868\ \text{N}$

F_{t2}、F_{r2}、F_{a2}的方向如图10-59（a）所示。

（2）求轴承的支反力。

水平面上支反力

$$F_{RA}=F_{RB}=F_{t2}/2=6\ 092/2=3\ 046\ \text{N}$$

垂直面上支反力

$$F'_{RA}=\left(-F_{a2}\frac{d_2}{2}+F_{r2}\times58.8\right)/117.6=\left(-868\times\frac{319.19}{2}+2\ 240\times58.8\right)/117.6=-58\ \text{N}$$

$$F'_{RB}=\left(F_{a2}\frac{d_2}{2}+F_{r2}\times58.8\right)/117.6=\left(868\times\frac{319.19}{2}+2\ 240\times58.8\right)/117.6=2\ 298\ \text{N}$$

（3）画弯矩图（图10-59（b）、（c）、（d））

截面 C 处的弯矩：

水平面上的弯矩

$$M_C=F_{RA}\times58.8\times10^{-3}=3\ 046\times58.8\times10^{-3}=179.1\ \text{N}\cdot\text{m}$$

垂直面上的弯矩

$$M'_{C1}=F'_{RA}\times58.8\times10^{-3}=(-58)\times58.8\times10^{-3}=-3.41\ \text{N}\cdot\text{m}$$

$$M'_{C2}=F'_{RB}\times58.8\times10^{-3}=2298\times58.8\times10^{-3}=135.1\ \text{N}\cdot\text{m}$$

合成弯矩　$M_{C1}=\sqrt{M_C^2+M'^2_{C1}}=\sqrt{179.1^2+(-3.41)^2}=179.13\ \text{N}\cdot\text{m}$

$M_{C2}=\sqrt{M_C^2+M'^2_{C2}}=\sqrt{179.1^2+135.1^2}=224.34\ \text{N}\cdot\text{m}$

（4）画转矩图（图10-59（e））

$T_2=9.55\times10^3P_2/n_2=9.55\times10^3\times24/245.6=933.2\ \text{N}\cdot\text{m}$

（5）画当量弯矩图（图10-59（f））。因单向回转，按脉动循环剪应力处理，则 $\alpha=[\sigma_{-1}]_b/[\sigma_0]_b\approx0.6$

截面 C 处的当量弯矩：

截面 C 左侧（转矩为零）

$$M_{C1e}=M_{C1}=179.13\ \text{N}\cdot\text{m}$$

截面 C 右侧（转矩不为零）

$$M_{C2e}=\sqrt{M_{C2}^2+(\alpha T_2)^2}=\sqrt{224.34^2+(0.6\times933.2)^2}=603.2\ \text{N}\cdot\text{m}$$

（6）判断危险截面并验算强度。截面 C 当量弯短最大，故截面 C 为危险截面。已知

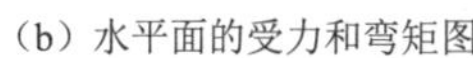

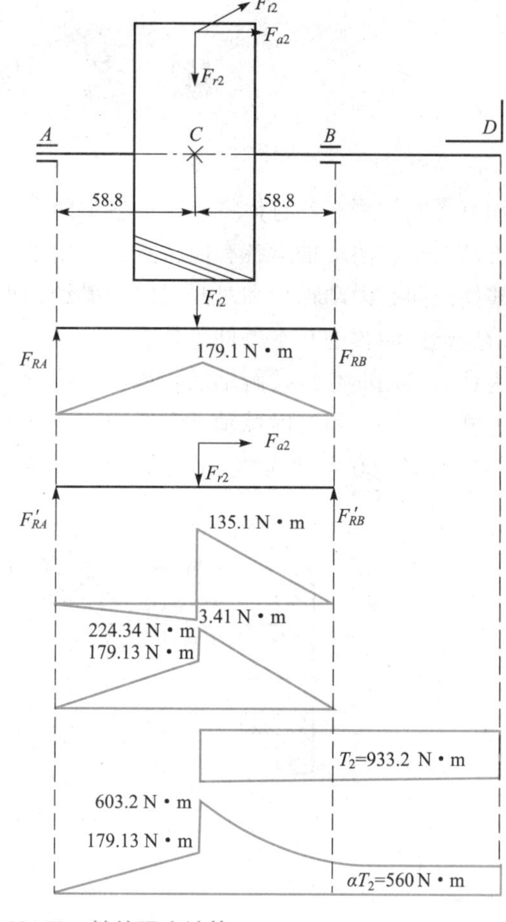

图 10-59　轴的强度计算

$$M_e=M_{C2e}=603.2\ \text{N}\cdot\text{m},\ [\sigma_{-1}]_b=59\ \text{MPa}$$

故

$$\sigma_e=\frac{M_e}{W}=\frac{M_e}{0.1d^3}=\frac{603.2\times10^3}{0.1\times70^3}=17.59\ \text{MPa}<[\sigma_{-1}]_b=59\ \text{MPa}$$

所以该轴的强度足够。

【重点要领】

轴按载荷分三类，转轴心轴传动轴。
轴上阶梯有高低，按照作用分仔细。
轴的尺寸结构定，强度计算来验证。
轴承作用支承轴，滚动滑动应用定。
滑动轴承承载大，安装维护较复杂。
滚动轴承标准件，型号选用需计算。

思考题

10-1　轴有哪些类型？各有何特点？请各举两个实例。

10-2　滑动轴承和滚动轴承各有何特点？适用于什么场合？

10-3　整体式向心滑动轴承和对开式向心滑动轴承各有什么结构特点和应用？

10-4　形成动压油膜的基本条件是什么？

10-5　为什么采用向心角接触轴承、推力角接触轴承时，要成对布置？

10-6　怎样确定一对角接触球轴承和圆锥滚子轴承的轴向载荷？

10-7　指出图 10-60 中轴的结构设计错误，并改正。

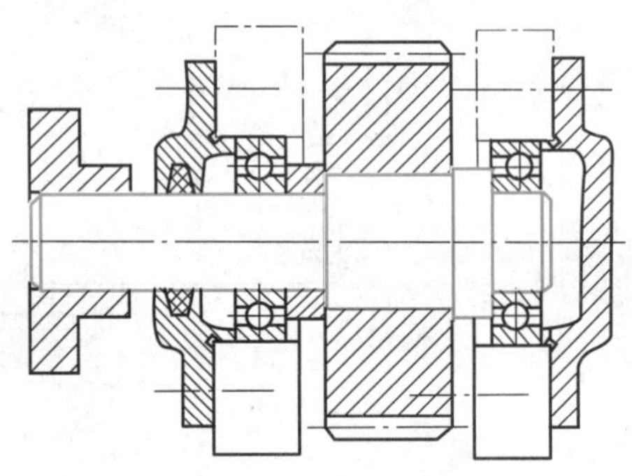

图 10-60　思考题 10-7 图

习题

10-1　设计一蜗轮轴的不完全油膜向心滑动轴承。已知蜗轮轴转速 $n=60$ r/min，轴颈直径 $d=80$ mm，轴承径向载荷 $F_R=7\ 000$ N，轴瓦材料为锡青铜，轴材料为 45 钢。

10-2　已知某止推滑动轴承的止推面为空心式（图 10-10（b）），$d_0=120$ mm，$d_1=90$ mm，轴颈淬火处理，转速 $n=300$ r/min，轴承材料为锡青铜。试确定该轴承所能承受的最大轴向载荷。

10-3　如图 10-61 所示，两角接触球轴承"背对背"安装。轴向载荷 $F_a=1\ 000$ N，径向载荷 $F_{R1}=1\ 200$ N，$F_{R2}=2\ 300$ N，转速 $n=4\ 500$ r/min，中等冲击，工作温度 130 ℃，预期寿命 $L'_h=3\ 000$ h，试选择轴承型号。

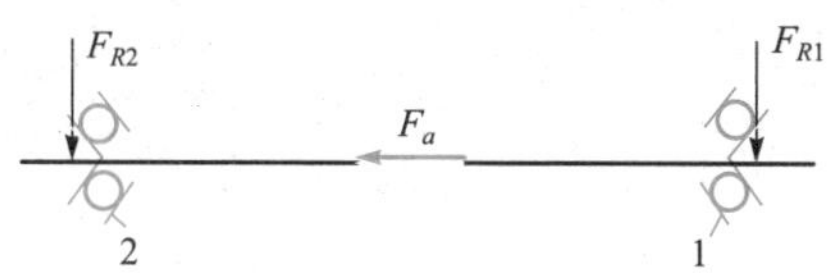

图 10-61　习题 10-3 图

10-4　某减速器主动轴用两个圆锥滚子轴承 30212 支承，如图 10-62 所示。已知轴的转速 $n=960$ r/min，$F_a=650$ N，$F_{R1}=4\ 800$ N，$F_{R2}=2\ 200$ N。工作时有中等冲击，轴承工作温度正常。要求轴承预期寿命为 15 000 h。试判断该对轴承是否合适。

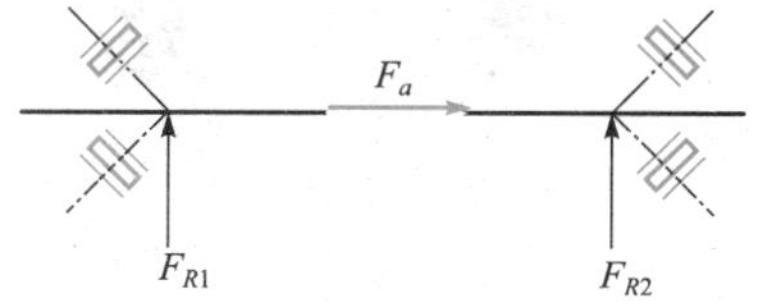

图 10-62　习题 10-4 图

10-5　如图 10-63 所示，锥齿轮由一对 30208 轴承支承。$F_t=1\ 270$ N，$F_r=400$ N，$F_a=230$ N，取 $f_P=1.2$，$f_t=1$，转速 $n=960$ r/min。试计算轴承的寿命。

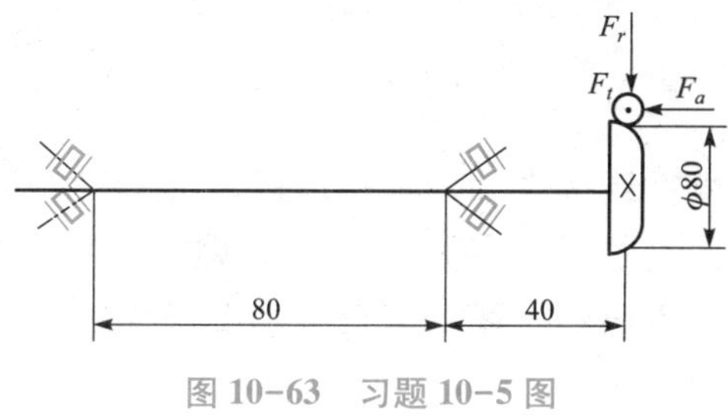

图 10-63　习题 10-5 图

第 10 章
思考题及习题答案

第 10 章
多媒体 PPT

第11章 连　接

课程思政案例 11

【学习目标】

机器的连接设计包含螺栓连接设计、轴毂连接设计和轴间连接设计。要完成机器的连接设计，需要了解螺纹连接的类型和特点，掌握螺纹连接组的结构设计和强度计算，掌握键连接的选型和设计，掌握联轴器和离合器的型号选择。

11.1 螺纹连接的类型和应用

11.1.1 螺纹连接的基本知识

1. 螺纹的分类

螺纹可分为内螺纹和外螺纹。使用时，通过内螺纹和外螺纹共同组成螺纹连接。根据螺纹的牙形，分为普通螺纹（图 11-1（a））、管螺纹（图 11-1（b））、米制锥螺纹(图11-1（c）)、矩形螺纹（图 11-1（d））、梯形螺纹（图 11-1（e））和锯齿形螺纹(图 11-1（f）)。普通螺纹、米制锥螺纹和管螺纹属于连接螺纹，主要用于连接。而梯形螺纹、矩形螺纹和锯齿形螺纹属于传动螺纹，主要用于传递运动和动力。除矩形螺纹外，其余螺纹已经标准化。

根据螺旋线的方向，螺纹可分为左旋螺纹和右旋螺纹。当螺旋体的轴线垂直放置时，螺旋线由右向左升高时，称为左旋螺纹，反之称为右旋螺纹。常用螺纹零件多采用右旋螺纹。根据螺纹的线数，螺纹分为单线和多线。单线螺纹自锁性能较好，一般用于连接螺纹；而多

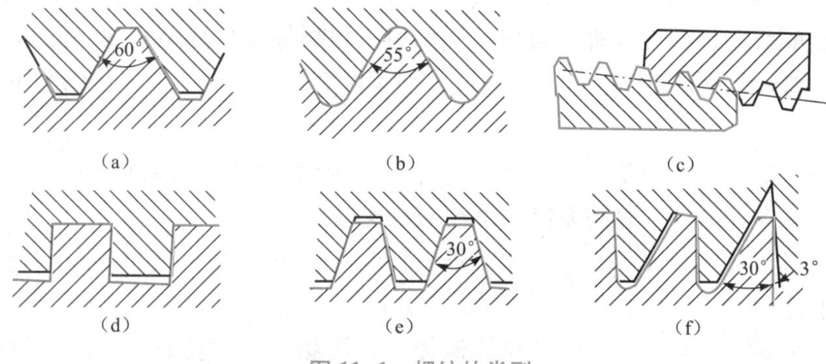

图 11-1 螺纹的类型

线螺纹传动效率高，主要用于传动螺纹。

根据采用的长度标准不同，螺纹可分为米制螺纹和英制螺纹。我国除管螺纹仍保留英制外，其余都采用米制螺纹。

2. 螺纹的主要参数

如图 11-2 所示，以普通螺栓为例介绍螺纹的主要几何参数。

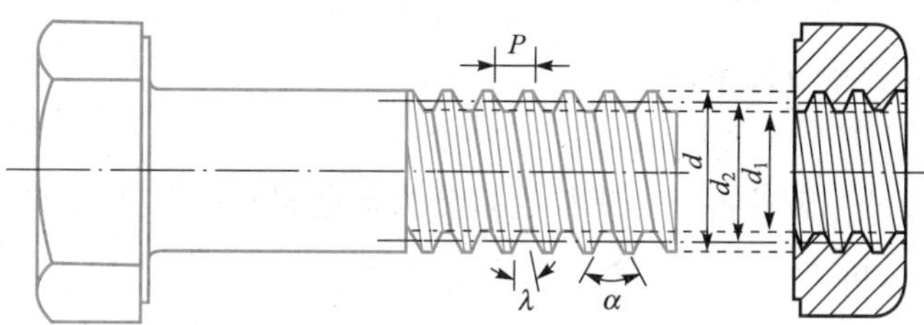

图 11-2 螺纹的主要参数

(1) 大径 $d(D)$。外（内）螺纹最大直径，在标准中又称为公称直径，即与螺纹牙顶（底）相重合的假想圆柱面的直径。

(2) 小径 $d_1(D_1)$。外（内）螺纹最小直径，即与螺纹牙底（顶）相重合的假想圆柱面的直径。

(3) 中径 $d_2(D_2)$。外（内）螺纹牙厚与牙槽相等处的假想圆柱体直径。中径是确定螺纹几何参数和配合性质的直径。近似等于螺纹的平均直径 $d_2=(d+d_1)/2$。

(4) 线数 n。螺纹的螺旋线数目。沿一根螺旋线加工出的螺纹叫单线螺纹。沿一根以上的螺旋线加工出的螺纹叫多线螺纹。线数多少可由端面查看，一般 $n\leqslant 4$。

(5) 螺距 P。相邻两牙在中径线上对应两点间的轴向距离。

(6) 导程 S。螺纹上任意一点沿同一条螺旋线转动一周所产生的轴向位移量，$S=nP$。

(7) 螺旋升角 λ。在中径圆柱面上螺旋线的切线与垂直于螺纹轴线的平面间的夹角。

$$\lambda=\arctan\frac{S}{\pi d_2}=\arctan\frac{nP}{\pi d_2}$$

(8) 牙型角 α。在螺纹的轴向截面上，螺纹两侧边的夹角。

3. 螺纹的特点及应用

（1）普通螺纹。牙型为等边三角形，又称为三角形螺纹。牙型角 $\alpha=60°$，分细牙螺纹和粗牙螺纹。细牙螺纹自锁性能好，强度高，但不耐磨，容易滑扣。一般情况下多使用粗牙螺纹。

（2）米制锥螺纹。牙型角 $\alpha=60°$，螺纹分布在锥度 1∶16 的圆锥管壁上，常应用于气体或液体（水和煤气除外）管路系统的螺纹密封连接。

（3）管螺纹。牙型角 $\alpha=55°$。在水和煤气行业占有垄断地位。常应用于管接头、旋塞、阀门及其他附件。

（4）矩形螺纹。牙型角 $\alpha=0°$。与其他传动螺纹相比，传动效率最高，但牙根强度较弱，制造困难。为了便于铣、磨加工，可制成10°的牙型角。

（5）梯形螺纹。牙形为等腰梯形，牙型角 $\alpha=30°$。它的传动效率比矩形螺纹略低，但工艺性好，牙根强度高，是使用最广泛的传动螺纹。

（6）锯齿形螺纹。牙形为不等腰梯形。既具有矩形螺纹传动效率高，又具有梯形螺纹牙根强度高的特点，但只能用于受单向载荷的螺纹连接或螺旋传动。

11.1.2 螺纹连接的类型和应用

螺纹连接的主要类型有以下四种：

1. 螺栓连接

用于通孔或连接两个较薄零件。螺栓连接分为普通螺栓连接（图 11-3（a））和铰制孔螺栓连接（图 11-3（b））。普通螺栓，常受拉力作用。通孔加工精度低，结构简单，装卸方便，使用广泛。铰制孔螺栓，常受剪力作用，通孔加工精度高，常采用基孔制的过渡配合（H7/m6、H7/n6），有时兼有定位作用。

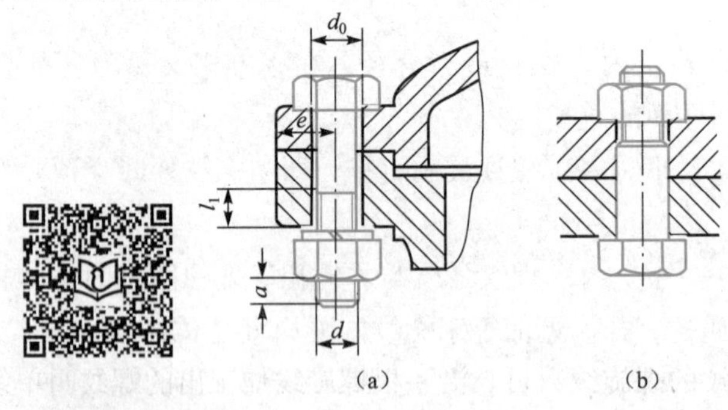

螺纹余留长度 l_1

普通螺栓连接

静载荷 $l_1 \geqslant (0.3\sim0.5)d$；变载荷 $l_1 \geqslant 0.75d$；

冲击载荷或弯曲载荷 $l_1 \geqslant d$；

铰制孔用螺栓连接 $l_1 \approx d$。

螺纹伸出长度 $a \approx (0.2\sim0.3)\ d$；

螺栓轴线到被连接件边缘的距离 $e=d+(3\sim6)$ mm；

通孔直径 $d_0 \approx 1.1\ d$

图 11-3　螺栓连接

2. 双头螺柱连接

如图 11-4（a）所示，用于被连接件之一较厚，不宜用螺栓连接，且经常装卸的场合。连接时，一头拧入较厚的被连接件的螺纹里，一头拧入螺母。

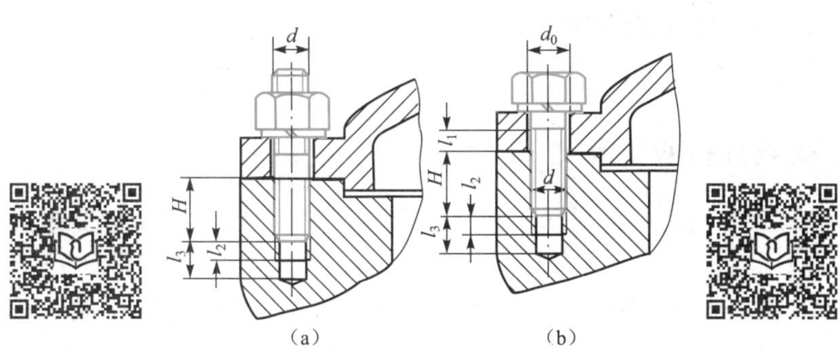

拧入深度 H，当带螺纹孔件材料为：

铜或青铜 $H\approx d$；

铸铁 $H=(1.25\sim1.5)d$；

铝合金 $H=(1.5\sim2.5)d$

图 11-4　双头螺柱连接、螺钉连接

3. 螺钉连接

如图 11-4（b）所示，用于被连接件之一较厚，不宜用螺栓连接，且不经常拆卸的场合。连接时不用螺母，直接拧入较厚的被连接件的螺纹里，安装方便。

4. 紧定螺钉连接

如图 11-5 所示，用于两个零件相对位置固定，并传递不大的力和转矩的场合。连接时，将紧定螺钉拧入一零件的螺纹孔中，其末端顶住另一零件的表面（图 11-5（a））或顶入相应的凹坑中（图 11-5（b））。

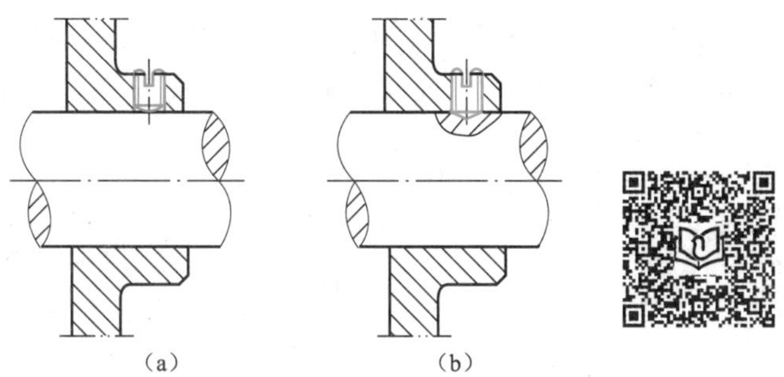

图 11-5　紧定螺钉连接

螺纹连接零件类型很多，如组成上述连接类型中的螺栓、螺钉、螺柱、螺母、垫圈等都已经标准化。在设计时可查阅相关标准。本章以螺栓的设计和分析为主。

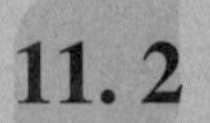

11.2 螺纹连接的预紧和防松

11.2.1 螺纹连接的预紧

大多数螺纹连接在装配时必须预先拧紧（简称预紧）。此时螺纹连接件受到轴向拉伸。连接在承受工作载荷之前所受到的力称为预紧力 F_0。预紧的目的在于提高螺纹连接的可靠性，紧密性和防松能力。合适的预紧力，对于受轴向载荷的螺栓连接，可以提高螺栓的疲劳强度；对于受横向载荷的螺栓连接，有利于增大连接件之间的摩擦力。预紧力过大，导致螺栓过载而发生断裂。

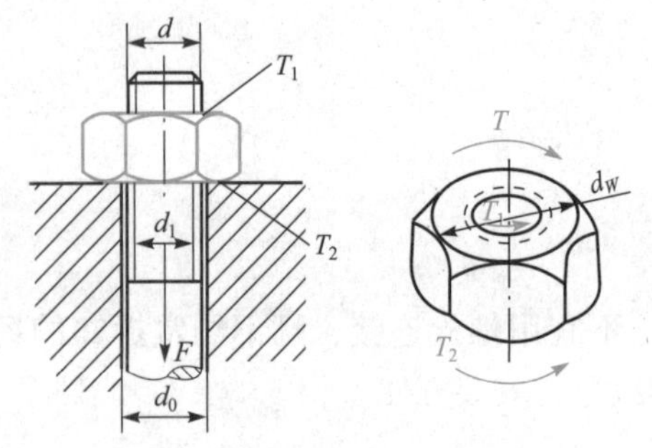

图 11-6 螺纹连接的拧紧力矩

为了保证合理的预紧力，对重要的螺纹连接，必须在装配时要控制预紧力。预紧力的大小，取决于螺母的拧紧程度，亦即所施加的拧紧力矩的大小。如图 11-6 所示，拧紧螺母时，加在扳手上的拧紧力矩 T 等于克服螺纹副之间的阻力矩 T_1 和螺母支撑面间的摩擦阻力矩 T_2 之和，即

$$T=T_1+T_2 \tag{11-1}$$

对于 M10～M64 粗牙普通螺纹的钢制螺栓，当螺纹副无润滑时，近似得出扳手上的拧紧力矩与预紧力 F_0 的关系式（d 为螺栓的公称直径）

$$T\approx 0.2F_0d \tag{11-2}$$

为了控制预紧力的大小，常采用测力矩扳手（图 11-7（a））和定力矩扳手（图 11-7（b）），操作简单，但准确性较差，也不适用于大型的螺栓连接。对于大型螺栓连接，可采用测量螺栓伸长量的方法来控制预紧力。对于不重要的螺栓连接，也可以采用螺母转角法。

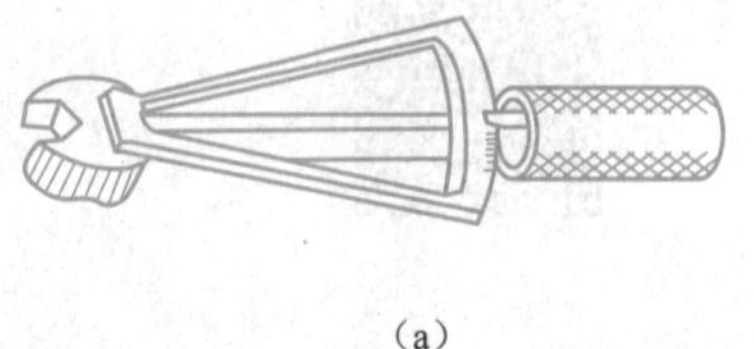

（a）

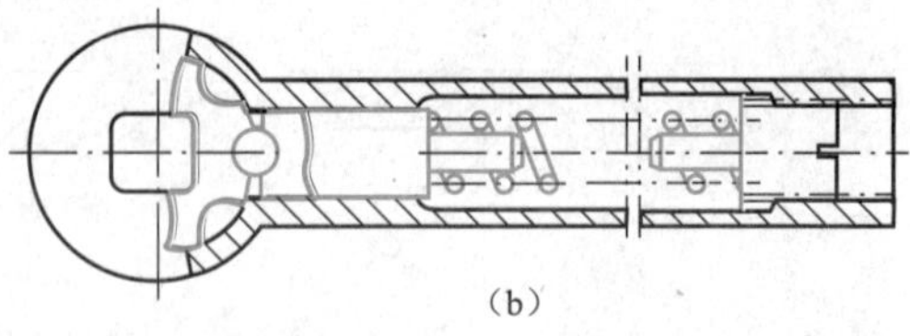

（b）

图 11-7 控制拧紧力矩的扳手

11.2.2 螺纹连接的防松

螺纹连接一般采用带自锁的单线普通螺纹。在静载荷和工作温度变化不大的条件下，不

会自动松动。但在冲击、振动和变载荷的作用下，或当温度变化较大时，螺旋副的摩擦力将会减少或瞬间消失，造成连接松动或松开，导致连接失效。因此在使用时，必须采用合理的防松措施。

防松的根本问题在于防止螺纹副间的相对转动。防松的方法有很多，根据工作原理，可分为摩擦防松、机械防松和破坏螺纹副运动关系的永久性防松三种类型（详见表11-1）。

表 11-1 螺纹连接常用的防松方法

防松类型		防松装置或方法
摩擦防松	使螺纹副中有不随连接载荷而变的压力，因而始终有摩擦力矩防止相对转动。压力可由螺纹副纵向或横向压紧而产生	对顶螺母：两螺母对顶拧紧，螺栓旋合段受拉而螺母受压，从而使螺纹副纵向压紧 弹簧垫圈：利用拧紧螺母时，垫圈被压平后的弹性力使螺纹副纵向压紧 金属锁紧螺母：利用螺母末端椭圆口的弹性变形箍紧螺栓，横向压紧螺纹 尼龙圈锁紧螺母：利用螺母末端的尼龙圈箍紧螺栓，横向压紧螺纹 楔紧螺纹锁紧螺母（螺母、螺栓）：利用楔紧螺纹，使螺纹副纵向压紧
机械防松	利用便于更换的金属元件约束螺纹副	开口销与槽形螺母：利用开口销使螺栓、螺母相互约束 止动垫圈：垫片约束螺母而自身又折在被连接件上（此时螺栓应有约束） 串联金属丝（(a) 正确；(b) 不正确）：利用金属丝使一组螺钉的头部相互约束，当有松动趋势时，金属丝更加拉紧

续表

防松类型		防松装置或方法		
破坏螺纹副的永久性防松	把螺纹副转变为非运动副，从而排除相对转动的可能	焊住	冲点	黏结 在螺纹副间涂金属黏结剂（胶层夸大画出）

11.3 螺栓组连接的设计

11.3.1 螺栓组连接的结构设计

工程实际中，单个螺栓往往无法满足设计要求，螺栓常成组使用，组成螺栓组连接。在设计时，综合考虑以下规则：

（1）连接接合面的形状尽量设计成轴对称的简单几何形状，例如：方形、圆形和矩形，如图 11-8 所示。螺栓组的对称中心应与连接接合面的形心重合，从而保证接合面受力比较均匀。

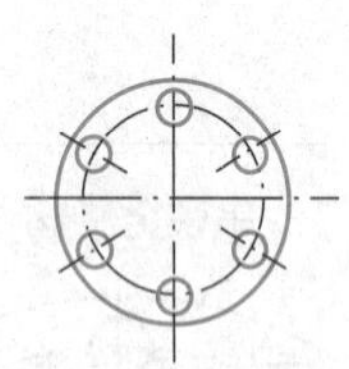
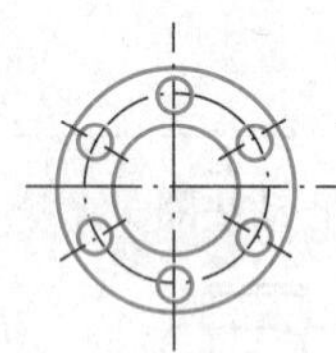
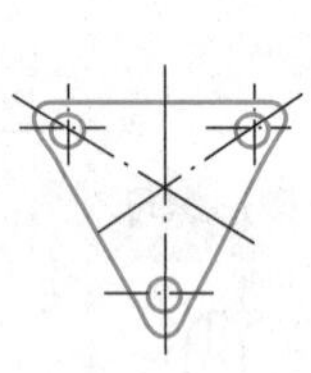
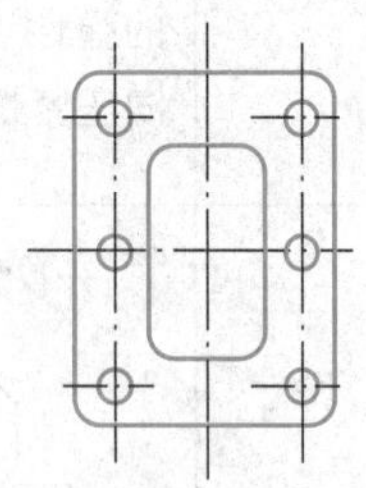

图 11-8　螺栓组连接接合面常用形状

（2）螺栓的布置应使各螺栓受力合理。受力矩作用的螺栓组，螺栓应远离对称轴，以减小螺栓受力。受横向力的螺栓组，沿受力方向布置的螺栓不宜超过 6～8 个，以免各螺栓受力严重不均。

（3）同一螺栓组所用螺栓的形状、尺寸、材料应一致，以便于加工和装配。同一圆周上的螺栓数目应采用 4、6、8、12 等偶数，以便分度和画线。

（4）螺栓布置应有合理的边距、间距。为了便于装卸，应保证扳手的操作空间，如图 11-9 所示。对于压力容器等有紧密性要求的螺栓连接，螺栓间距 t 不大于表 11-2 所推荐值。

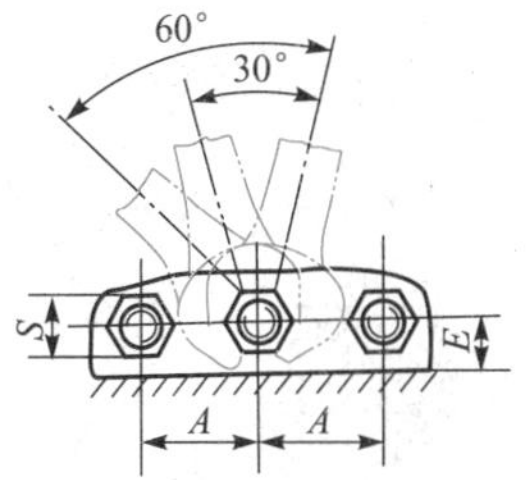

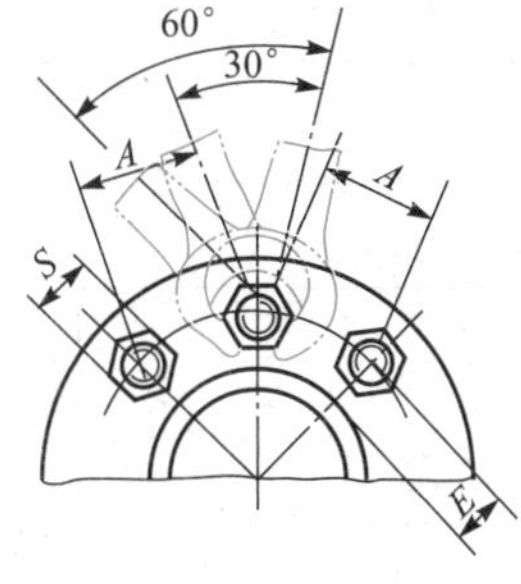

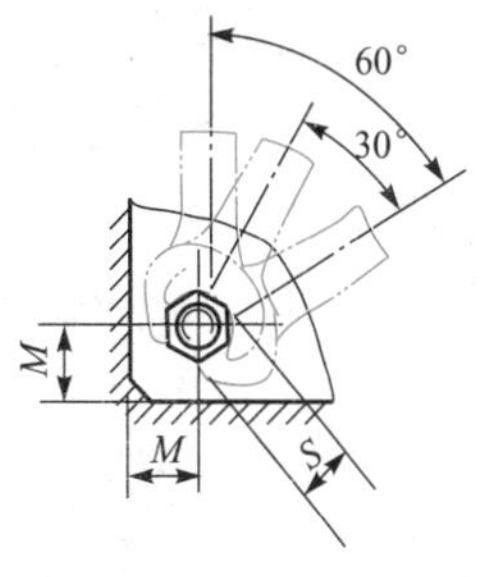

图 11-9 扳手空间

表 11-2 紧密连接的螺栓间距 t

	工作压力/MPa					
	≤1.6	1.6～4	4～10	10～16	16～20	20～30
	t/mm					
	$7d$	$5.5d$	$4.5d$	$4d$	$3.5d$	$3d$

11.3.2 螺栓组连接的受力分析与计算

螺栓组设计时，根据被连接件的使用状况，先进行结构设计，然后进行受力分析，最后对受力最大的单个螺栓进行强度设计。受力分析是螺栓组设计过程的重要环节。受力分析的主要任务就是求出各螺栓受力大小，从而确定受力最大的螺栓及其载荷。为简化计算，通常作假设：被连接件是刚体；所有螺栓材料、尺寸及预紧力均相等；螺栓的变形在弹性范围内。

下面分别对四种典型的受载情况进行分析。

1. 受轴向载荷 F_Q 的螺栓组连接

如图 11-10 所示，为受轴向载荷 F_Q 的气缸盖螺栓组连接，其载荷通过螺栓组的中心，因此各螺栓所受工作载荷 F 均等。螺栓数目用 z 表示，则

$$F=\frac{F_Q}{z} \tag{11-3}$$

图 11-10 受轴向载荷的螺栓组连接

2. 受横向载荷 F_R 的螺栓组连接

(1) 普通螺栓连接。如图 11-11 (a) 所示，用普通螺栓连接时，螺栓只受预紧力 F_0 的作用，靠接合面间产生的摩擦力抵消横向载荷 F_R。根据被连接件的平衡条件得：

$$fF_0mz \geqslant K_fF_R \tag{11-4}$$

或

$$F_0 \geqslant \frac{K_fF_R}{fmz} \tag{11-5}$$

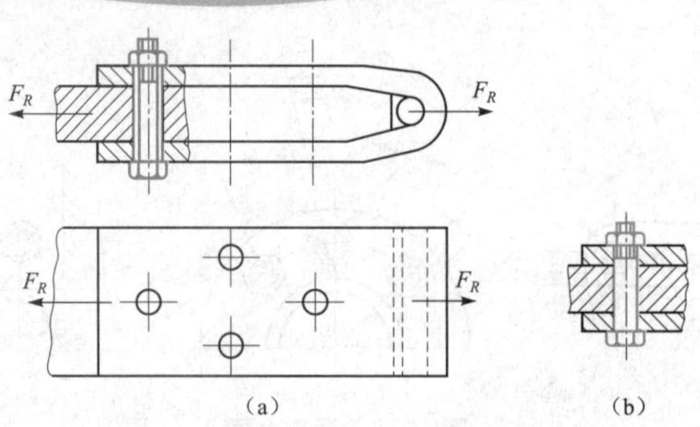

图 11-11　受横向载荷的螺栓组连接

式中，f 为接合面摩擦系数（见表 11-3）；m 为接合面数目；z 为螺栓数目；K_f 为可靠性系数，一般 $K_f=1.1\sim1.3$。

表 11-3　连接接合面摩擦系数

被连接件	接合面的表面状态	摩擦系数 f
钢或铸铁零件	干燥的加工表面	0.10～0.16
	有油的加工表面	0.06～0.10
钢结构件	轧制表面、钢丝刷清理浮锈	0.30～0.35
	涂富锌漆	0.35～0.40
	喷砂处理	0.45～0.55
钢铁对砖料、混凝土或木材	干燥表面	0.40～0.45

（2）铰制孔螺栓连接。如图 11-11（b）所示，用铰制孔螺栓连接时，靠螺栓杆的剪切和螺栓杆与孔壁间的挤压来抵消横向载荷 F_R。预紧力和摩擦力一般可忽略不计。根据被连接件的平衡条件，得各螺栓所受横向载荷 F_S

$$zF_S=F_R \tag{11-6}$$

$$F_S=\frac{F_R}{z} \tag{11-7}$$

3. 受旋转力矩 T 的螺栓组连接

（1）普通螺栓连接。如图 11-12（a）所示，用普通螺栓连接时，靠预紧力在接合面上产生摩擦力矩来抵抗旋转力矩 T。设各螺栓所受预紧力 F_0 相等，由预紧力产生的摩擦力 fF_0 大小相等，方向与螺栓中心到底板旋转中心的连线垂直，根据底板的静平衡条件得

$$fF_0r_1+fF_0r_2+\cdots+fF_0r_z\geqslant K_f T \tag{11-8}$$

或

$$F_0\geqslant\frac{K_f T}{f(r_1+r_2+\cdots+r_z)} \tag{11-9}$$

式中，r_1、r_2、…、r_z 为各螺栓中心到底板旋转中心的距离，mm。

（2）铰制孔螺栓连接。如图 11-12（b）所示，用铰制孔螺栓连接时，靠螺杆与被连接件之间的剪切和挤压产生阻力矩来抵抗转矩 T。而各螺栓所受横向力 F_S 方向与螺栓中心到底板旋转中心的连线垂直。忽略预紧力和摩擦力，根据底板静平衡条件得

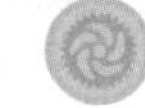

$$F_{S1}r_1+F_{S2}r_2+\cdots+F_{Sz}r_z=T \tag{11-10}$$

根据螺栓的变形协调条件，各螺栓的剪切变形量与其中心至底板旋转中心的距离成正比。因为螺栓的剪切刚度相同，所以横向力 F_S 也与此距离成正比。

$$\frac{F_{S1}}{r_1}=\frac{F_{S2}}{r_2}=\cdots\frac{F_{Sz}}{r_z}=\frac{F_{S\max}}{r_{\max}} \tag{11-11}$$

联立两式，得最大工作载荷：

$$F_{S\max}=\frac{Tr_{\max}}{r_1^2+r_2^2+\cdots+r_z^2} \tag{11-12}$$

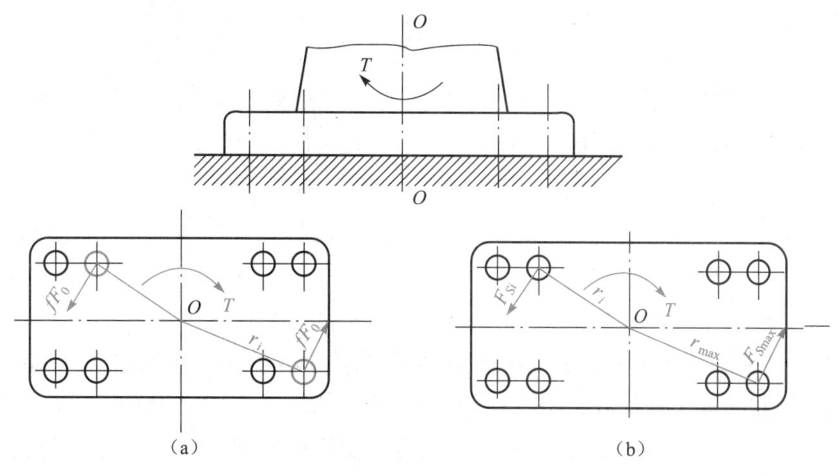

图 11-12　受旋转力矩的螺栓组连接

4. 受翻转力矩 *M* 的螺栓组连接

如图 11-13 所示为受翻转力矩 M 的螺栓组连接。分析时假定底板为刚体，与底板接合的地基为弹性体，在翻转力矩 M 作用下，底板有绕对称轴翻转的趋势，则底板上在对称轴一侧的螺栓被拉紧，另一侧的螺栓被放松，使的螺栓的预紧力减少。就底板而言，则是一侧螺栓的紧固力增大，而另一侧基座的反抗压力以同样大小增大。r_z 为各螺栓中心到底板翻转轴线的距离。根据底板静平衡条件得：

$$F_1r_1+F_2r_2+\cdots+F_zr_z=M \tag{11-13}$$

在接合面没有出现间隙和压溃的条件下，根据螺栓变形协调条件，各螺栓的拉伸变形量与其中心到底板翻转轴线的距离成正比。因为螺栓的拉伸刚度相同，所以各螺栓拉伸力 F 也与此距离成正比。

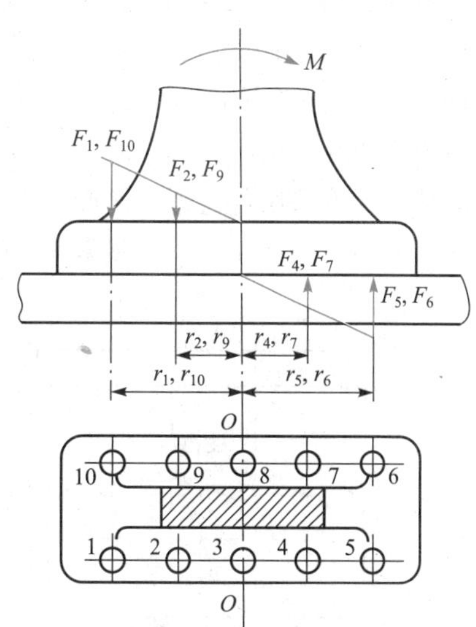

图 11-13　受翻转力矩的螺栓组连接

$$\frac{F_1}{r_1}=\frac{F_2}{r_2}=\cdots=\frac{F_z}{r_z}=\frac{F_{\max}}{r_{\max}} \tag{11-14}$$

联立两式，得最大工作载荷：

$$F_{max}=\frac{Mr_{max}}{r_1^2+r_2^2+\cdots+r_z^2} \tag{11-15}$$

应注意此时的螺栓总拉力并不等于工作拉力与预紧力之和，总拉力的求法见后。

此外，为了防止螺栓被放松一侧接合面出现间隙，应使该侧接合面边缘挤压应力最小处满足

$$\sigma_{P\,min}=\frac{zF_0}{A}-\frac{M}{W}>0 \tag{11-16}$$

为了防止螺栓被压紧一侧接合面被压溃，应使该侧接合面边缘挤压应力最大处满足

$$\sigma_{P\,max}=\frac{zF_0}{A}+\frac{M}{W}\leqslant[\sigma_P] \tag{11-17}$$

式中，F_0 为每个螺栓的预紧力，N；A 为接合面的有效面积，mm^2；W 为接合面的有效抗弯截面系数，mm^3；$[\sigma_P]$ 为接合面较软材料的许用挤压应力，混凝土 $[\sigma_P]=2\sim3$ MPa，砖（水泥浆缝）$[\sigma_P]=1.5\sim2$ MPa，木材 $[\sigma_P]=2\sim4$ MPa。

在实际使用中，螺栓组所受载荷常常是以上四种基本情况的不同组合。在进行受力分析时，先将总载荷向螺栓组结合面的形心简化，分解成四种基本载荷；然后根据每种简单受力状态，确定各螺栓的受力；最后再进行矢量合成，求出最大载荷。

例 11-1 如图 11-14 所示，矩形钢板用 4 个螺栓固定在铸铁支架上。受悬臂载荷 $F_\Sigma=12\,000$ N，接合面间的摩擦系数 $f=0.15$，可靠性系数 $K_f=1.2$，$l=400$ mm，$a=100$ mm。试求：（1）用铰制孔螺栓连接时，受载最大的螺栓所受的横向剪切力；（2）普通螺栓连接时，螺栓所需的预紧力。

解题分析 本题螺栓组连接受横向载荷和旋转力矩共同作用。解题时，首先要将作用于钢板上的外载荷向螺栓组连接的接合面形心简化，得出该螺栓组连接受横向载荷和旋转力矩两种简单载荷作用的结论。然后将这两种简单载荷分配给各螺栓，找出受力最大的螺栓，利用力的叠加原理求出合成载荷，如图 11-15 所示。若螺栓组采用铰制孔螺栓，则通过挤压传递横向载荷。若采用普通螺栓连接，则采用连接面上足够的摩擦力来传递横向载荷。此时，应按螺栓所需的横向载荷，求出预紧力。螺栓组连接设计步骤见表 11-4 所示。

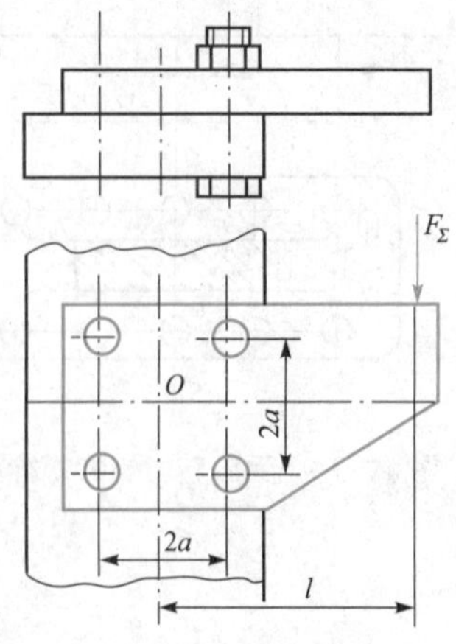

图 11-14 托架螺栓组连接图

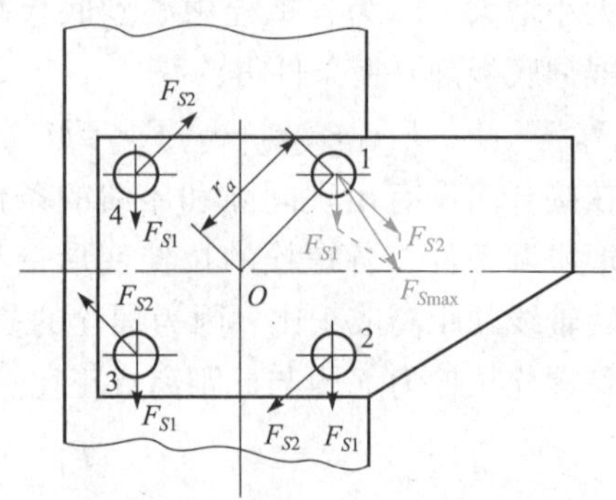

图 11-15 托架螺栓组连接的受力分析

表 11-4 螺栓组连接设计步骤

设计项目	计算内容和依据	计算结果
1. 将载荷简化	将载荷 F_Σ 向螺栓组连接的接合面形心 O 点简化，则有 $F_\Sigma = 12\ 000$ N $T = F_\Sigma \times l = 12\ 000 \times 400 = 4.8 \times 10^6$ N · mm	$F_\Sigma = 12\ 000$ N $T = 4.8 \times 10^6$ N · mm
2. 确定各个螺栓所受的横向载荷	在横向力 F_Σ 作用下，各个螺栓所受的横向载荷 F_{S1} 大小相同，方向与 F_Σ 相同。 $F_{S1} = F_\Sigma/4 = 12\ 000/4 = 3\ 000$ N 而在旋转力矩 T 作用下，由于各个螺栓中心至形心 O 点的距离相等，所以各个螺栓所受的横向载荷 F_{S2} 大小也相同，但方向各垂直于螺栓中心与形心 O 的连线。 各螺栓中心至形心 O 点的距离为 $r_a = \sqrt{a^2+a^2} = \sqrt{100^2+100^2} = 141.4$ mm 所以 $F_{S2} = \dfrac{T}{4r_a} = \dfrac{4.8\times10^6}{4\times141.4} = 8\ 487$ N 由图 11-15 可知，螺栓 1 和 2 所受两力的夹角 α 最小，故螺栓 1 和 2 所受横向载荷最大，即 $F_{S\max} = \sqrt{F_{S1}^2+F_{S2}^2+2F_{S1}F_{S2}\cos\alpha}$ $= \sqrt{3\ 000^2+8\ 487^2+2\times3\ 000\times8\ 487\times\cos45°}$ $= 10\ 820$ N	$F_{S1} = 3\ 000$ N $F_{S2} = 8\ 487$ N $F_{S\max} = 10\ 820$ N
3. 用铰制孔螺栓连接	由上述计算单个螺栓受最大横向载荷 $F_{S\max} = 10\ 820$ N。	铰制孔螺栓连接，最大横向载荷 $F_{S\max} = 10\ 820$ N
4. 用普通螺栓连接	普通螺栓连接在预紧力作用下利用接合面的摩擦力来传递横向载荷。普通螺栓的横向载荷的分析同上，则： 对于单个受力最大的螺栓，由 $fF_0 = K_f F_{S\max}$ 得 $F_0 = \dfrac{K_f F_{S\max}}{f} = \dfrac{1.2\times10\ 820}{0.15} = 86\ 560$ N	普通螺栓连接时，螺栓所需的预紧力 $F_0 = 86\ 560$ N

11.4 螺纹连接的强度计算

11.4.1 螺纹连接的失效形式

常见螺纹连接的失效形式有：

（1）断裂。螺纹连接件在外载荷的作用下，当危险截面的应力超过零件的强度极限时发生断裂。

（2）疲劳破坏。螺纹连接件在交变应力的作用下，危险截面的应力超过零件的疲劳强度时而发生疲劳破坏。

（3）压溃。在工作载荷的作用下，螺杆与被连接件表面相互挤压，导致表面发生变形和表面裂纹。

（4）塑性变形。在重载下，过大的工作载荷使得螺纹连接件的长度在不受力的作用下无法恢复的现象。

（5）磨损。螺纹表面相对滑动，导致表面物质不断损失的现象。如果经常装拆螺纹连接件，很可能发生滑扣现象。

普通螺栓在受过大轴向力的作用时，其失效形式是螺栓杆的断裂或塑性变形，应对其进行拉伸强度计算。铰制孔螺栓在受到过大的横向力的作用时，其失效形式是螺栓杆被剪断或螺栓杆和孔壁的接合面上压溃，应对其进行螺栓的剪切强度和挤压强度的计算。在螺栓的失效形式中，大多数发生在螺纹根部。

11.4.2　螺纹连接的常用材料和许用应力

1. 螺纹连接的常用材料

螺纹连接件使用的材料有三大类，即：钢、非铁金属、塑料。一般条件下，常使用低碳钢和中碳钢，如：Q215、Q235、10 钢、35 钢和 45 钢。承受变载荷等重要连接时，可采用合金钢，如：15Cr、40Cr、15MnVB 和 30CrMnSi。

国家标准规定螺纹连接件按力学性能分级。常见的螺栓、螺柱、螺钉可分为十级（见表 11-5）。螺母分为七级（见表 11-6）。标准规定螺母材料强度不低于与之相配的螺栓材料强度。选用时，螺母的性能等级不小于螺栓性能等级小数点前的数。

表 11-5　螺栓的强度级别

强度级别	3.6	4.6	4.8	5.6	5.8	6.8	8.8	9.8	10.9	12.9
公称抗拉强度 σ_b/MPa	300	400		500		600	800	900	1 000	1 200
屈服极限 σ_S/MPa	180	240	320	300	400	480	640	720	900	1 080
推荐材料	10 Q215	15 Q235	10 Q215	25 35	15 Q235	45	35	35 45	40Cr、 15MnVB	15MnVB 30CrMnSi
相配螺母的强度级别	4 或 5			5		6	8	9	10	12
注：级别用数字表示，点前数字为 $\sigma_b/100$，点后数字为 $10(\sigma_S/\sigma_b)$。										

表 11-6 螺母的强度等级

性能等级	4	5	6	8	9	10	12
公称抗拉强度 σ_b/MPa	400	500	600	800	900	1 000	1 200
推荐材料	10 Q215		15 Q235	35		40Cr、 15MnVB	15MnVB、 30CrMnSi
注：级别用数字表示，为 σ_b/100。							

2. 螺纹连接的许用应力

螺纹连接的许用应力可根据其受力方向、静载荷性质、预紧力控制和所用材料、螺纹直径等，按表 11-7 进行选择。

表 11-7 螺栓连接的许用应力

<table>
<tr><th colspan="2" rowspan="2">连接类型</th><th colspan="7">许用应力</th></tr>
<tr><th colspan="4">静载荷</th><th colspan="3">变载荷</th></tr>
<tr><td rowspan="5">受拉螺栓连接</td><td>1. 松螺栓连接</td><td colspan="7">$[\sigma]=\dfrac{\sigma_S}{1.2\sim1.7}$</td></tr>
<tr><td>2. 紧螺栓连接（控制预紧力）</td><td colspan="7">$[\sigma]=\dfrac{\sigma_S}{1.2\sim1.5}$</td></tr>
<tr><td rowspan="3">3. 紧螺栓连接（不控制预紧力）$[\sigma]=\dfrac{\sigma_S}{S}$，$S$ 根据螺栓直径选择</td><td></td><td>M6～M16</td><td>M16～M30</td><td>M30～M60</td><td>M6～M16</td><td>M16～M30</td><td>M30～M60</td></tr>
<tr><td>碳素钢</td><td>4～3</td><td>3～2</td><td>2～1.3</td><td>10～6.5</td><td>6.5</td><td>—</td></tr>
<tr><td>合金钢</td><td>5～4</td><td>4～2.5</td><td>2.5</td><td>7.5～5</td><td>5</td><td>—</td></tr>
<tr><td colspan="2">铰制孔螺栓连接（受剪切螺栓连接）</td><td colspan="4">螺栓许用应力
$[\tau]=\dfrac{\sigma_S}{2.5}$
材料许用挤压应力
钢 $[\sigma_P]=\dfrac{\sigma_S}{1.25}$
铸铁 $[\sigma_P]=\dfrac{\sigma_b}{2\sim2.5}$</td><td colspan="3">螺栓许用应力
$[\tau]=\dfrac{\sigma_S}{3.5\sim5}$
材料许用挤压应力
钢和铸铁 $[\sigma_P]$ 按静载荷降低20%～30%</td></tr>
</table>

11.4.3 单个螺栓连接的强度计算

为了避免螺栓常见的失效形式，延长使用寿命，需对单个螺栓进行强度设计。此强度设计方法同样适用于螺柱和螺钉。普通螺栓在轴向力作用下受拉，铰制孔螺栓在横向力的作用

下受剪。因此，按照受力特点，螺栓可分为受拉螺栓和受剪螺栓。

本节介绍普通螺栓连接的强度计算。

1. 松螺栓连接

松螺栓连接是指装配时不需要把螺母拧紧的连接，例如：起重吊钩的尾部（图11-16）。

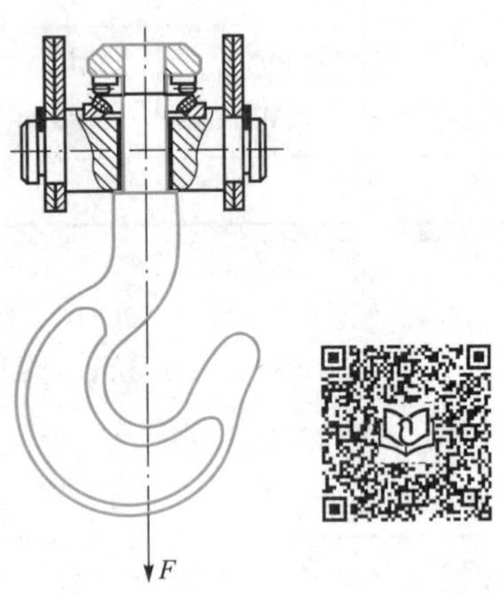

图 11-16 起重吊钩的松螺栓连接

在承受工作载荷以前，螺栓不受预紧力作用，只受自重的影响。由于自重比工作载荷小得多，所以在强度设计时一般可忽略不计。

以起重吊钩的螺纹连接为例，当吊钩吊起重物时，螺栓所受工作载荷为 F，危险截面为螺纹处的横截面 A，其拉伸强度为

$$\sigma=\frac{F}{A}=\frac{F}{\pi d_1^2/4}\leqslant[\sigma] \tag{11-18}$$

或

$$d_1\geqslant\sqrt{\frac{4F}{\pi[\sigma]}} \tag{11-19}$$

式中，d_1 为螺纹的小径，mm；F 为轴向工作载荷，N；［σ］为松连接螺栓材料的许用拉应力（见表 11-7），MPa。

2. 紧螺栓连接

紧螺栓连接是指装配时需要把螺母拧紧的连接。

在承受工作载荷以前，螺栓已经承受预紧力作用。常根据工作载荷的不同，分为：

（1）只受预紧力的紧螺栓连接。只受预紧力 F_0 作用下，其工作载荷为为预紧力。在预紧力的作用下，由于螺纹之间的摩擦，螺杆不光要受到预紧力轴向拉应力 $\sigma=4F_0/(\pi d_1^2)$，还要受到螺纹间摩擦力矩 T_1 所产生的扭转切应力 $\tau=T_1/W_T$。对于 M10～M68 的普通螺纹，切应力近似有 $\tau\approx0.5\sigma$。螺栓受到拉应力与切应力的复合作用，由于螺栓是塑性材料，所以根据第四强度理论得

$$\sigma_e=\sqrt{\sigma^2+3\tau^2}=\sqrt{\sigma^2+3(0.5\sigma)^2}\approx1.3\sigma\leqslant[\sigma] \tag{11-20}$$

故螺栓螺纹的强度条件

$$\sigma_e=\frac{4\times1.3F_0}{\pi d_1^2}\leqslant[\sigma] \tag{11-21}$$

$$d_1\geqslant\sqrt{\frac{4\times1.3F_0}{\pi[\sigma]}} \tag{11-22}$$

式中，σ_e 为当量应力，MPa；F_0 为预紧力，N；［σ］为紧连接螺栓材料的许用拉应力（见表 11-7），MPa。

（2）受预紧力和工作载荷的紧螺栓连接。这种受力形式在紧螺栓连接中比较常见，例如：压力容器螺栓连接。由于在工作载荷 F 的影响下，螺栓长度发生变化，导致预紧力 F_0 也随之发生变化。总的工作载荷 F_1 不等于工作载荷 F 与预紧力 F_0 之和，即 $F_1\neq F+F_0$。在

设计时，应从螺栓连接的受力与变形的关系着手，得出螺栓总工作载荷的大小，如图11-17所示。

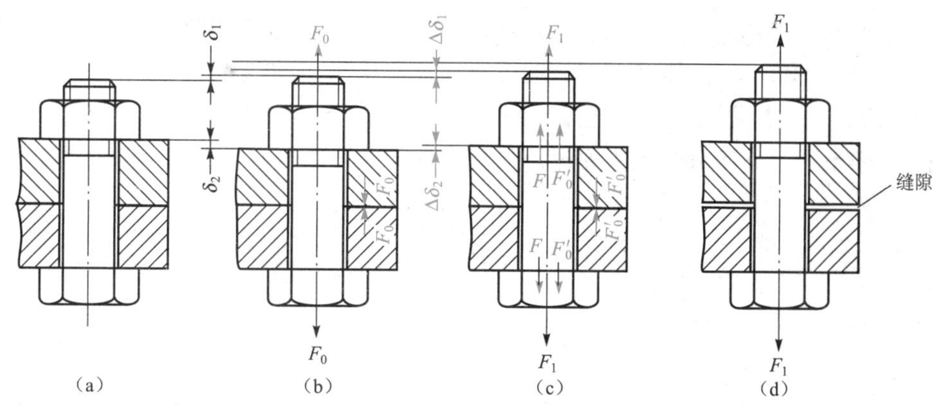

图 11-17 螺栓和被连接件的受力与变形

图 11-17（a）表示螺母恰好拧到被连接件的表面。此时，螺栓与被连接件未受到预紧力，螺栓的长度不变。

图 11-17（b）表示螺母被拧紧，但未受到工作载荷。此时，螺栓与被连接件都受到预紧力 F_0 作用。螺栓被拉伸，长度增加 δ_1。被连接件被压缩，长度减小 δ_2。

图 11-17（c）表示螺母被拧紧，并受到工作载荷 F。此时，在工作载荷的作用下，螺栓再次被拉伸，长度又增加 $\Delta\delta_1$。被连接件也因螺栓再次被拉伸而被放松，所受的压力由 F_0 减为 F_0'，F_0'称为残余预紧力，并且被连接件的压缩量随之减少了 $\Delta\delta_2$，且 $\Delta\delta_2$ 等于 $\Delta\delta_1$。则螺栓所受的总工作载荷等于工作载荷与残余预紧力之和，即

$$F_1 = F + F_0' \tag{11-23}$$

图 11-17（d）所示为被连接件接合面间出现间隙，生产实际中，紧螺栓连接应保证被连接件接合面没有出现间隙，此时，残余预紧力应大于零。当工作载荷 F 无变化时，$F_0'=(0.2\sim0.6)F$；当工作载荷 F 有变化时，$F_0'=(0.6\sim1.0)F$；当有紧密性要求时，$F_0'=(1.5\sim1.8)F$，且残余预紧应力大于容器的工作压力。

图 11-18 所示为螺栓连接的力——变形关系示意图，若螺栓和被连接件的材料在弹性范围，由虎克定律得：$F_0=c_1\delta_1$，$F_0=c_2\delta_2$。c_1 为螺栓的刚度系数，c_2 为被连接件的刚度系数。根据螺栓和被连接件的受力与变形，将图 11-18（a）两图合并，得出图 11-18（b）。由于 $\Delta\delta_1=\Delta\delta_2$，所以由图 11-18（c）可得

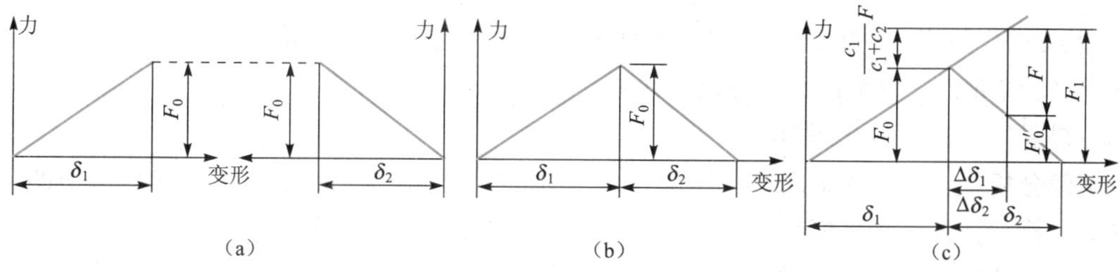

图 11-18 螺栓和被连接件的力与变形的关系

$$F_1=F_0+\frac{c_1}{c_1+c_2}F=F_0'+F \tag{11-24}$$

式中，$c_1/(c_1+c_2)$ 为螺栓的相对刚度。相对刚度根据垫片的材料来定，可选择金属垫片（或无垫片）0.2～0.3；皮革垫片 0.7；铜皮石棉垫片 0.8；橡胶垫片 0.9。

一般情况下，先根据工作要求选择残余预紧力 F_0'，然后根据式（11-23）求出螺栓总的工作载荷 F_1。最后，参考只受预紧力螺栓强度计算公式（11-21），进行强度计算

$$\sigma_e=\frac{4\times1.3F_1}{\pi d_1^2}\leqslant[\sigma] \tag{11-25}$$

$$d_1\geqslant\sqrt{\frac{4\times1.3F_1}{\pi[\sigma]}} \tag{11-26}$$

若工作拉力在 0～F 变化时，螺栓的总拉力将在 F_0～F_1 变化，由此产生的应力为交变应力，此时除了按式（11-25）进行静强度计算外，还应进行应力幅值的校核。具体计算见设计手册。

11.4.4　铰制孔螺栓连接的强度计算

铰制孔螺栓在工作时，常受横向剪力的作用。在设计时应按受剪螺栓连接的强度计算。如图 11-19，铰制孔螺栓在受横向力 F_S 的作用下，螺杆分别受到连接接合面的剪切和孔壁对其的挤压，因此，应分别对螺杆的剪切强度和挤压强度进行强度计算。

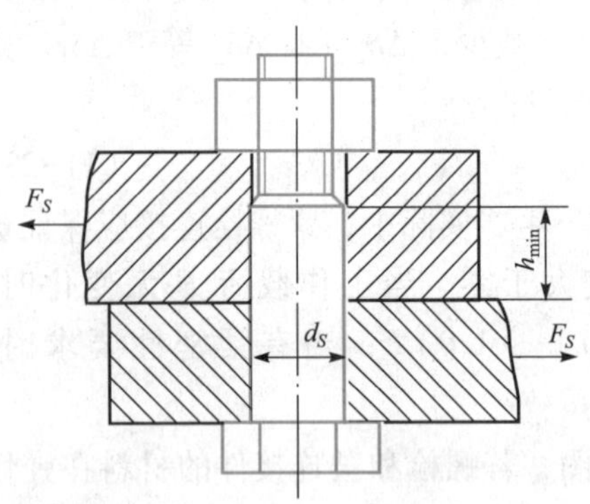

图 11-19　铰制孔螺栓

螺栓杆的剪切强度为

$$\tau=\frac{4F_S}{\pi d_S^2 m}\leqslant[\tau] \tag{11-27}$$

螺栓杆的挤压强度为

$$\sigma_P\leqslant\frac{F_S}{d_S h_{\min}}\leqslant[\sigma_P] \tag{11-28}$$

式中，F_S 为螺栓所受横向力，N；d_S 为螺杆剪切面直径，mm；m 为螺栓剪切面数目；$h_{\min}$ 为螺栓杆与孔壁挤压面的最小高度，mm；$[\tau]$ 为螺栓材料的许用剪应力（见表 11-7），MPa；$[\sigma_P]$ 为螺栓与孔壁材料中强度较弱的许用挤压应力（见表 11-7），MPa。

例 11-2　如图 11-10 所示，有一气缸盖与缸体凸缘采用普通螺栓连接。已知气缸中的气体压强为 2 MPa，气缸的内径 $D_2=500$ mm，螺栓分布圆直径 $D_1=650$ mm。要求紧密连接，气体不得漏气，试设计此螺栓组连接。

解题分析　本题是受轴向载荷作用的螺栓组连接。因此应按受预紧力和工作载荷的紧螺栓连接计算。此外，为保证气密性，不仅要保证足够大的剩余预紧力，而且要选择适当的螺栓数目，保证螺栓间距不宜过大。其设计步骤见表 11-8 所示。

表 11-8 螺栓组连接设计步骤

设计项目	计算内容和依据	计算结果
1. 初选螺栓数目 z	因为螺栓分布圆直径较大，为保证螺栓间间距不致过大，所以应选较多的螺栓，初选 $z=24$。	$z=24$
2. 计算螺栓的轴向工作载荷 F	① 螺栓组连接的轴向载荷 F_Q $$F_Q=\frac{\pi D_2^2}{4}p=\frac{\pi\times500^2}{4}\times2=3.927\times10^5\ \text{N}$$ ② 单个螺栓所受轴向载荷 F $$F=\frac{F_Q}{z}=\frac{3.927\times10^5}{24}=16\ 362.5\ \text{N}$$	$F_Q=3.927\times10^5$ N $F=16\ 362.5$ N
3. 计算单个螺栓的总拉力 F_1	考虑到气缸中气体的紧密性要求，残余预紧力 F_0'取 $1.8F$。则有 $F_1=F+F'_0=F+1.8F=2.8F=2.8\times16\ 362.5=45\ 815$ N	$F_1=45\ 815$ N
4. 确定螺栓材料的许用应力［σ］	选螺栓的材料为 35 钢，强度等级为 5.6 级，所以屈服极限 $\sigma_S=300$ MPa，若不控制预紧力，则螺栓的许用应力与直径有关。估计螺栓的直径范围 M16～M30，查表 11-7，取安全系数 $S=2.5$，则 $$[\sigma]=\frac{\sigma_S}{S}=\frac{300}{2.5}=120\ \text{MPa}$$	［σ］$=120$ MPa
5. 计算螺栓直径	$$d_1\geqslant\sqrt{\frac{4\times1.3F_1}{\pi[\sigma]}}=\sqrt{\frac{4\times1.3\times45\ 815}{\pi\times120}}=25.139\ \text{mm}$$ 查表，取 M30（$d_1=26.211$ mm>25.139 mm），且与估计相符	取螺栓直径 M30
6. 螺栓间距 t_0	实际的螺栓间距为 $$t_0=\frac{\pi D_1}{z}=\frac{\pi\times650}{24}=85.1\ \text{mm}$$ 查表 11-2 $p<1.6\sim4$ MPa 时，$t=4.5d=4.5\times30=135$ mm，$t_0<t$,满足紧密性要求	$t_0=85.1$ mm
7. 结论	选用强度等级为 5.6 的 M30 六角头螺栓，数量 24 个 标注为 GB/T 5782—2000 24—M30。	

11.5 提高螺纹连接强度的措施

以螺栓连接为例。螺栓连接强度主要取决于螺栓的强度，而螺栓强度又要受到材料、结构、尺寸参数、制造和装配工艺等因素的影响。本节通过分析这些因素对螺栓强度的影响，介绍提高螺纹连接强度的一些常用措施。

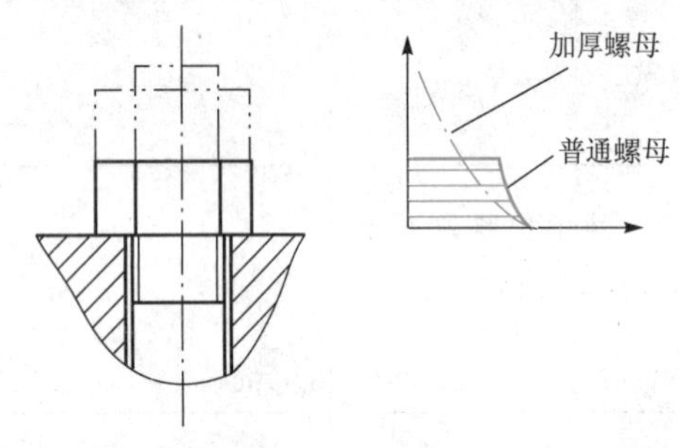

图 11-20　螺纹间载荷分布

1. 改善螺纹牙间载荷分配

螺纹连接时，各圈螺纹牙受力是不均匀的。而这种不均匀性是由螺纹受力变形引起的。从传力算起，第一圈的变形最大，受力最多，约为总载荷的1/3，以后各圈变形逐渐递减，相应的受力随之减少。通常8～10圈以后，几乎不再承受载荷，如图11-20所示。因此，采用多圈螺纹的厚螺母，并不能提高螺纹连接的强度。

为了改善螺纹间的受力不均，使得螺纹间变形量相差不大，通常采用：

（1）悬置螺母（图11-21（a））和环槽螺母（图11-21（b）），螺母和螺栓杆同时受拉，减小相邻螺纹间的变形差，改善螺纹的受力情况，提高螺纹连接的强度。

（2）内斜螺母（图11-21（c）），通过在螺母受力较大的底端，修10°～15°的斜度，增大底端螺纹的刚度，使得螺纹变形尽量均等，从而提高螺纹连接的强度。

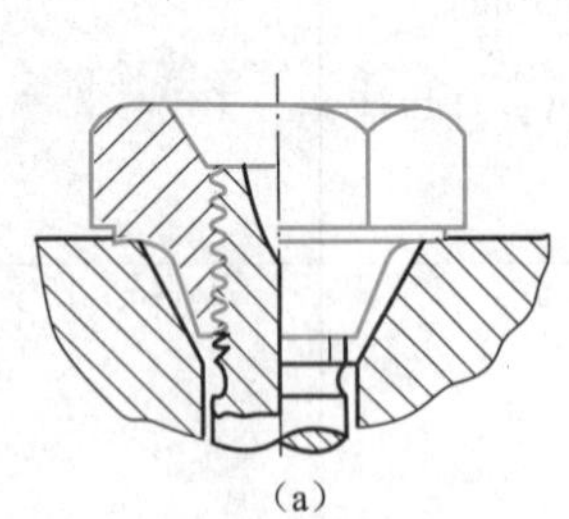

（a）

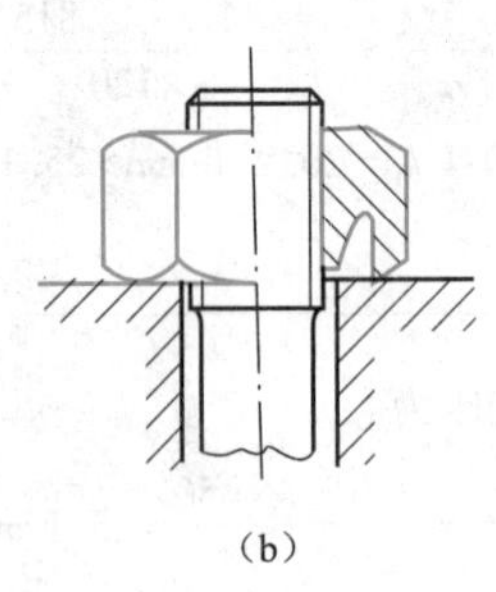

（b）

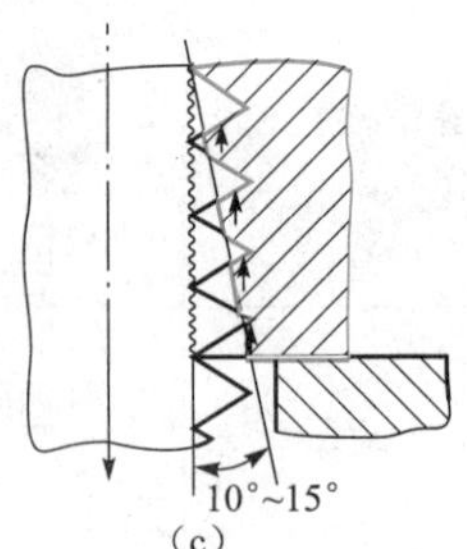

（c）

图 11-21　均载螺母结构

2. 降低螺栓总载荷变化范围

紧螺栓连接所受的总工作载荷变化范围越大，越容易发生疲劳破坏。如图11-22所示，当螺栓工作载荷在0～F变化时，则其所受的总工作载荷在F_0～$[F_0+Fc_1/(c_1+c_2)]$变化。当预紧力F_0和工作载荷F不变时，为减少总工作载荷变化范围，通常采取降低螺栓刚度c_1（图11-22（a））或增大被连接件刚度c_2（图11-22（b））的方法。

降低螺栓刚度的措施有：适当增大螺栓的长度；适当减少螺栓直径，例如：腰状杆螺栓

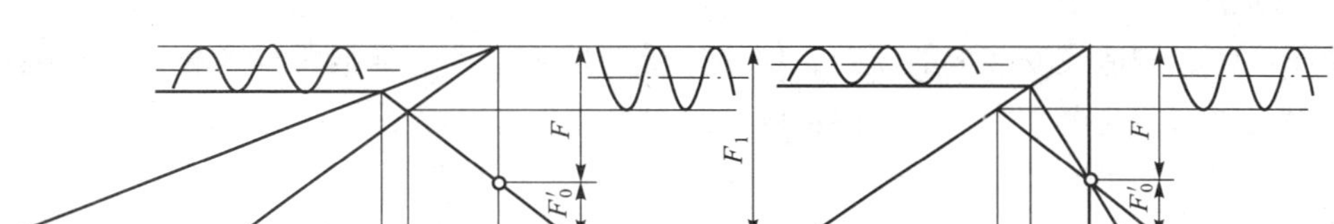

图 11-22　减少螺栓应力幅的措施

（图 11-23（a））和空心螺栓（图 11-23（b））。此外，还可以在螺母下面安装弹性元件，如图 11-24 所示。

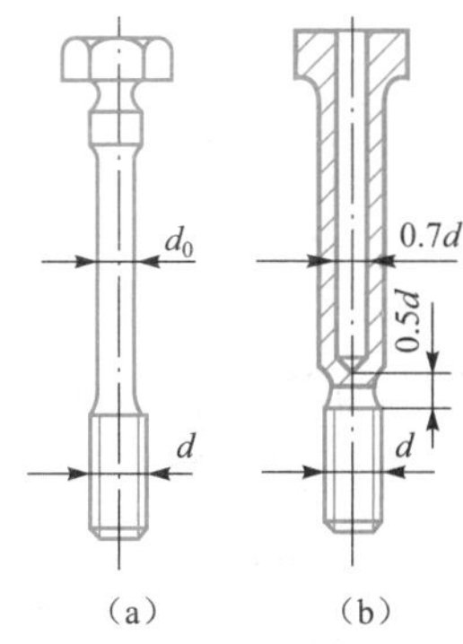

图 11-23　柔性螺栓

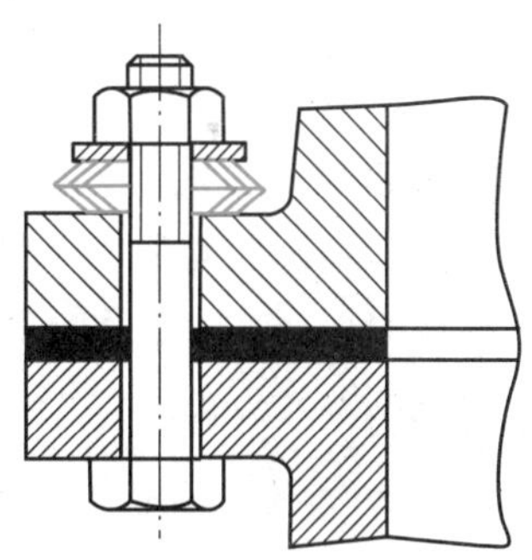

图 11-24　螺母下装弹性元件

增大被连接件刚度 c_2 的措施有：不采用垫片或采用刚度较大的垫片。如果连接有紧密性要求时，从增大被连接件的刚度来看，采用刚度较小的密封垫片并不合适（图 11-25（a）），一般采用刚度较大的金属垫圈或密封环（图 11-25（b））。

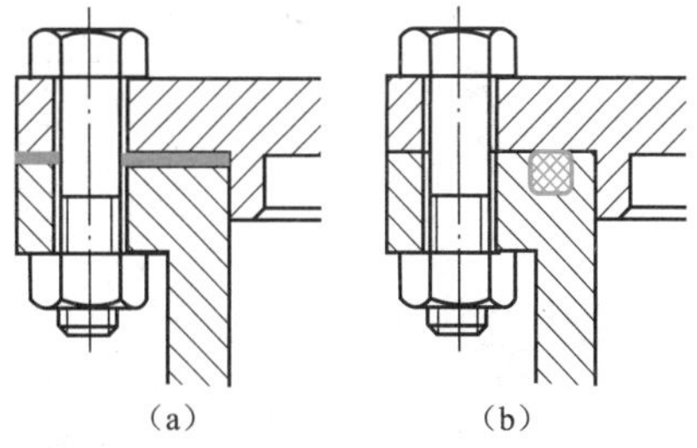

图 11-25　软垫片和密封环密封

3. 减小应力集中

螺栓上螺纹的牙根处、螺栓头与螺杆的连接处、截面的变化处等，都要产生应力集中，容易产生断裂。为了减小应力集中，通常可以在连接处采用较大的过渡圆角（图 11-26（a））、卸载槽（图 11-26（b））和卸载过渡结构（图 11-26（c））；在螺纹收尾处，采用退刀槽。

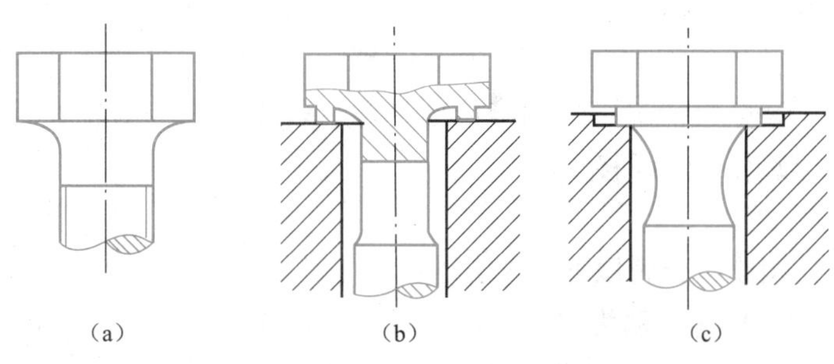

图 11-26　减少螺栓的应力集中

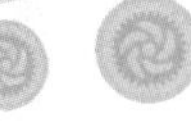

4. 避免附加弯曲应力

由于设计、制造或安装上的误差，使螺栓受到偏心载荷，导致螺栓产生附加弯曲应力。此应力是有害的，会严重影响螺栓的强度，应尽量避免。常见的避免措施有：采用球面垫圈（图 11-27（a））或斜面垫圈（图 11-27（b）），在被连接件上锪平凸台（图 11-27（c））或沉头座（图 11-27（d））。

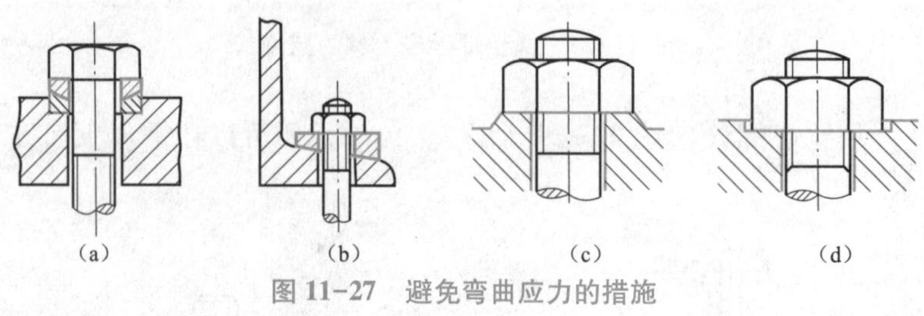

图 11-27　避免弯曲应力的措施

5. 改善装配和制造工艺

安装时，为提高螺栓的强度，应选用合理卸载装置：减载销（图 11-28（a））、减载套筒（图 11-28（b））、减载键（图 11-28（c））。制造时，为提高螺栓的强度，采用冷墩螺栓头和滚压螺纹的工艺方法。

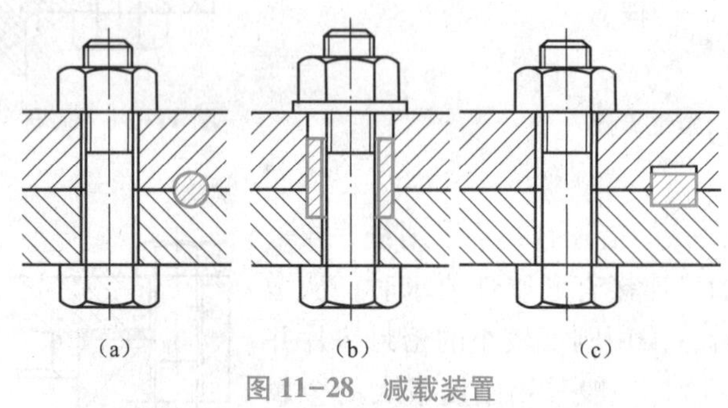

图 11-28　减载装置

11.6　螺旋传动

螺旋传动主要由螺杆和螺母组成，工作时，通过螺杆和螺母的旋合传递运动和动力。螺旋传动应用广泛，常见的例子有：台钳、夹具、螺旋测微仪、起重器、阀门、车床中的丝杠、螺旋压力机等。大多数情况下，螺旋传动是螺母转动，螺杆沿轴线移动；在某些设计中，也有螺杆转动，螺母沿轴线移动。

1. 螺旋传动的分类

根据螺旋传动的用途，分为以下三种类型：

（1）传导螺旋。以传递运动为主，要求较高的传动精度。例如：车床中的丝杠。

（2）传力螺旋。以传递动力为主，以较小的转矩获得较大的轴向力。工作时传力螺旋

多为间歇运动，一般要求有自锁能力。如螺旋压力机和螺旋起重器中螺旋传动。

（3）调整螺旋。以调整、固定零件的相对位置。调整螺旋不经常转动，一般在空载下调整。例如：机床和仪器等的微调机构。

根据螺纹副的摩擦性质，可分为以下两种类型：

（1）滑动螺旋传动。螺杆与螺母之间为滑动摩擦。优点是：结构简单，加工方便，传力较大，能够实现自锁要求。缺点：摩擦阻力大，传动效率低，易磨损。常应用于螺旋起重器、夹紧装置、普通机床和调整装置。

（2）滚动螺旋传动。如图 11-29 所示，螺杆与螺母之间设有滚动体，滚动体在封闭螺纹滚道内循环滚动，使得螺杆和螺母相对运动时成为滚动摩擦。由于采用滚动摩擦代替滑动摩擦，因此有摩擦阻力小，传动平稳，运动精度高等优点。同时也具有结构较复杂，制造困难，成本高等缺点。滚动螺旋按滚珠的循环方式分为外循环式（图 11-29（a））和内循环式（图11-29（b））。目前多应用于数控机床进给机构、汽车转向机构等。

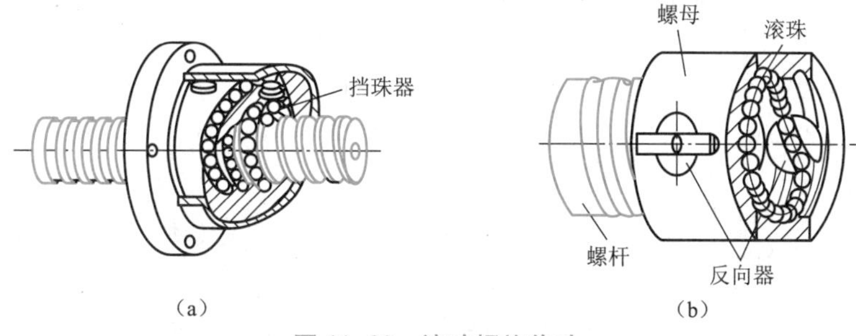

图 11-29　滚动螺旋传动

2. 滑动螺旋传动的结构与材料

（1）滑动螺旋传动的结构。滑动螺旋主要是由螺杆、螺母和支承结构组成的。例如螺旋起重器（图 11-30），是由螺杆、螺母、底座、手柄和托杯组成的。其结构形式直接影响到螺旋传动的工作刚度和精度。对于不同的螺杆结构，应选择合理的支承形式。① 螺杆长度适中且垂直布置时，可以采用螺母作为支承，如螺栓起重器（图 11-31）。② 螺杆细长且水平布置时，应在螺杆的两端或中间附加支承，以提高工作刚度，如车床的丝杠等。

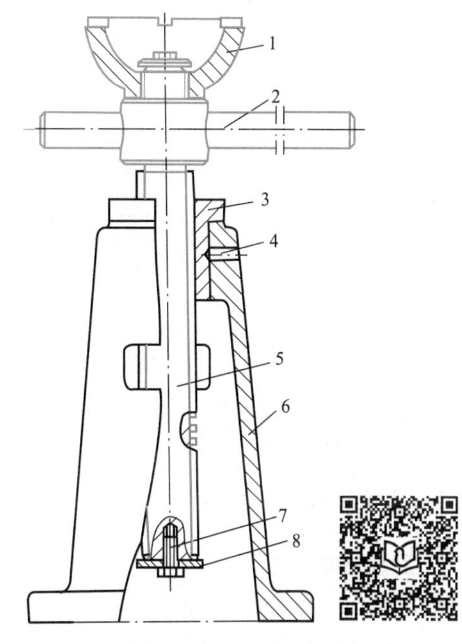

图 11-30　螺旋起重器

1—托杯；2—手柄；3—螺母；4—紧定螺钉；5—螺杆；6—底座；7—螺钉；8—挡圈

滑动螺旋传动可采用矩形螺纹、梯形螺纹、锯齿形螺纹。由于矩形螺纹难加工，所以梯形螺纹和锯齿形螺纹使用较为广泛。受双向轴向载荷时，常采用梯形螺纹。螺杆一般情况选用右旋螺纹，特殊场合选用左旋螺纹。例如：为操作方便，车床的横向进给丝杠采用左旋螺纹。

滑动螺旋传动有自锁要求时，应采用单线螺纹；有运动速度要求时，采用多线螺纹。

（2）滑动螺旋的材料。螺杆和螺母的材料选择要求有足够的强度和良好的加工性能，还要求旋合面间有较小的摩擦系数和较高的耐磨性。在设计时，由于螺杆加工成本较高，所以要求磨损尽量发生在螺母上。在选择材料时，螺母的材料比螺杆的材料略软。螺杆和螺母的常用材料见表11-9。

表11-9　螺杆和螺母的常用材料

螺旋副	材料牌号	应用范围
螺杆	Q215、Q275、45、50	材料不经热处理，适用于经常运动、受力不大、转速较低的转动
	40Cr、65Mn、T12、40WMn、18CrMnTi	材料需经热处理，以提高其耐磨性。适用于重载、转速较高的重要传动
	9Mn2V、CrWMn 38CrMoAl	材料需经热处理，以提高其尺寸的稳定性。适用于精密传导的螺旋传动
螺母	ZCuSn10P1、ZCuSn5Pb5Zn5	材料的耐磨性好，适用于一般传动
	ZCuSn10Fe3 ZCuZn25Al6Fe3Mn3	材料耐磨性好、强度高，适用于重载、低速的传动 对于尺寸较大或高速传动，螺母可采用钢或铸铁制造，内腔浇注青铜或巴氏合金

11.7　轴毂连接

轴与回转零件（如：齿轮、凸轮、联轴器等）的轮毂之间的连接称为轴毂连接。常见的轴毂连接方式很多，有键连接、花键连接、销连接、成型连接等。有些仅适用于轮毂连接，有些还适用于其他连接。

11.7.1　键连接

1. 键连接的类型

键连接是一种使用最为广泛的轴毂连接。它通过轴与轴上零件的周向固定以传递运动和转矩，有些还可以实现轴向固定和传递周向力。键是标准件，其主要类型有平键、半圆键、楔键、切向键等。

（1）平键连接。如图11-31（a）所示，键的两个侧面作为工作面。工作时利用键与键

槽相互挤压传递转矩，使用时不能实现轴向固定。平键按用途分为普通平键、导向平键和滑键。普通平键是静连接，导向平键和滑键是动连接。

普通平键按其端部形状分为圆头（A 型）、方头（B 型）、半圆头（C 型）。圆头平键（图 11-31（b））用于指状铣刀加工的轴槽，键在槽中固定良好，但轴上槽引起的应力集中较大；方头平键（图 11-31（c））用于盘形铣刀加工的轴槽，轴的应力集中较小，多用螺钉固定；半圆头平键（图 11-31（d））常用于轴端。

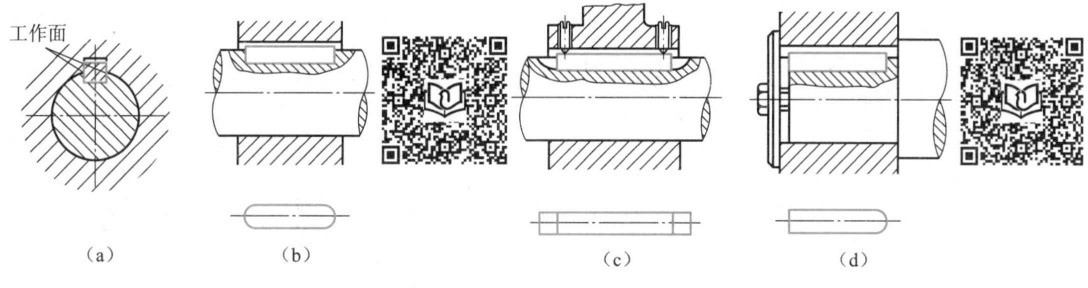

图 11-31　普通平键连接

导向平键和滑键都应用于轴上零件轴向移动的场合。导向平键（图 11-32（a））使用时，用螺钉固定在轴上的键槽中，轴上零件沿键做轴向移动。滑键（图 11-32（b））使用时，通常固定在轮毂上，轴上零件和键一起在轴上的键槽中做轴向移动。当轴向移动距离较大时，宜选用滑键，因为导向平键的长度过大，制造困难。

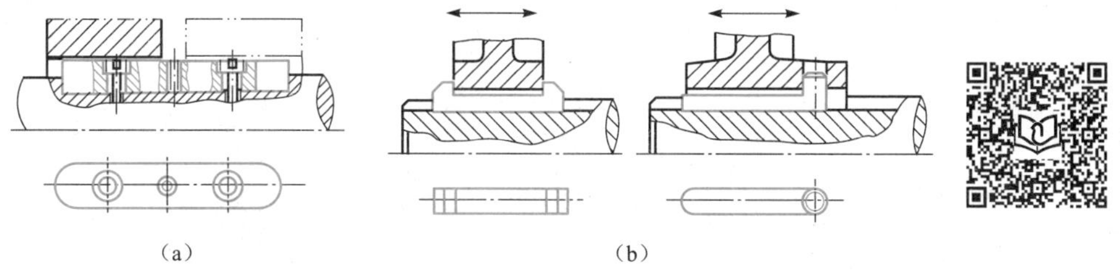

图 11-32　导向平键连接与滑键连接

（2）半圆键连接。如图 11-33（a）所示，半圆键的两个侧面作为工作面。半圆键使用时，靠侧面传递转矩，键在轴槽中能绕槽底圆弧曲率中心摆动，装配方便。但键槽较深，对轴的强度削弱较大。一般用于轻载，多适用于轴的锥形端部，见图 11-33（b）。

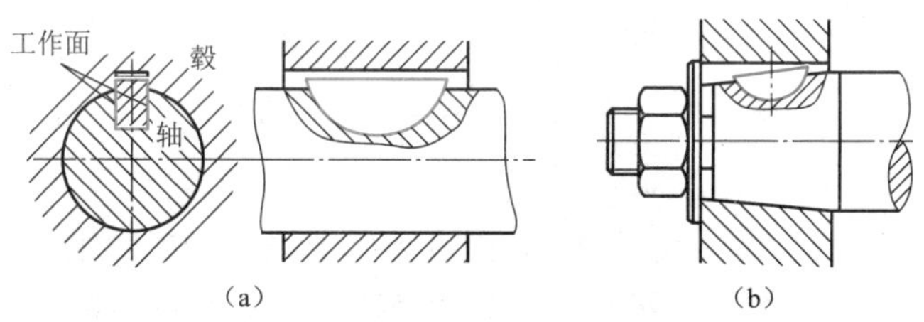

图 11-33　半圆键连接

（3）楔键连接。如图 11-34 所示，键的上下表面作为工作面。键的上表面与轮毂的槽底均有 1∶100 的斜度。装配时将键打入轴和毂槽内，靠楔紧作用传递转矩。使用时，多应用于精度要求不高、转速较低时传递较大的、有双向的或有振动的转矩的场合。此外，还可以实现轴向零件的固定和单方向的轴向力的传递。

楔键分为普通楔键（图 11-34（a））和钩头楔键（图 11-34（b））。普通楔键按照形状也分为圆头、方头、半圆头。钩头楔键的钩头为方便拆卸使用的，工作时钩头部分应加保护罩。

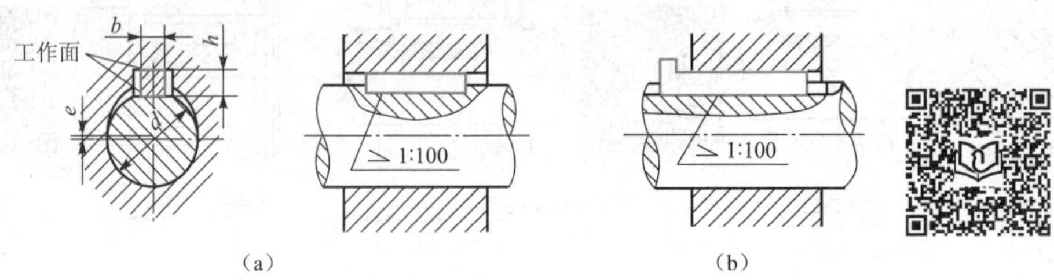

图 11-34　楔键连接

（4）切向键连接。如图 11-35 所示，切向键是由两个斜度为 1∶100 的楔键组成，键的上下两表面作为工作面，其中一表面通过轴心线所在平面。使用时靠工作面沿轴的切线方向上的压力，传递较大的转矩。一个切向键只传递一个方向的转矩。传递双向时，应成对使用。适用于载荷很大，对中要求不高的场合。键槽对轴的削弱较大，常用于直径大于 100 mm的轴。

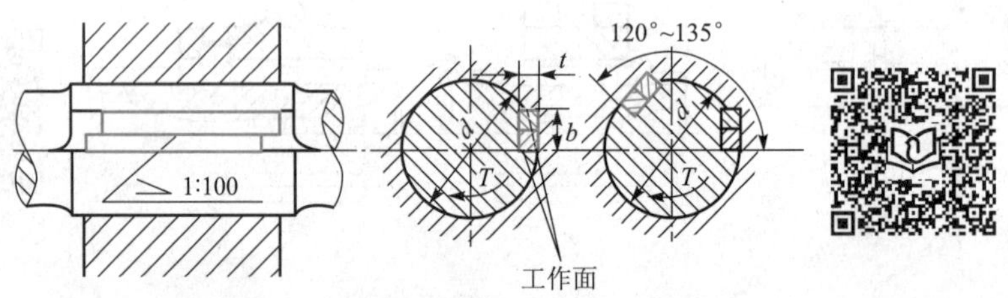

图 11-35　切向键连接

2. 键连接的组合安装和选择

（1）键的组合安装。平键与半圆键安装时为松连接，楔键和切向键为紧连接。设计时当单键强度不足时，若结构允许，可适当增加毂宽和键长以提高连接的承载能力；若结构受限制时，可使用双键连接。平键要求双键安装时，通常使两键相隔 180°布置；半圆键要求双键安装时，通常使两键布置在同一母线上；楔键要求双键安装时，通常使两键相隔 90°～120°布置；切向键要求双键安装时，通常使两键相隔 120°～135°布置。

（2）普通平键的选择。键一般采用抗拉强度不低于 590 MPa 的钢材料，常用 45 钢。由于键的尺寸已经标准化，选择时可根据强度和轴径选择，见表 11-10。键的主要尺寸为截面上键宽 b×键高 h 的尺寸与长度尺寸 L。键的长度 L 应根据轴径从长度范围选择长度系列标准值，其值应等于或略小于轮毂的长度。

标记示例：方头普通平键（B 型），$b=12$ mm，$h=8$ mm，$L=32$ mm 标记为

键　　B12×32　　GB/T 1096—2003

表 11-10　平键的主要尺寸　　mm

轴的直径 d	>10～12	>12～17	>17～22	>22～30	>30～38	>38～44	>44～50
键宽 b×键高 h	4×4	5×5	6×6	8×7	10×8	12×8	14×9
键长 L	8～45	10～56	14～70	18～90	22～110	28～140	36～160
轴的直径 d	>50～58	>58～65	>65～75	>75～85	>85～95	>95～110	>110～130
键宽 b×键高 h	16×10	18×11	20×12	22×14	25×14	28×16	32×18
键长 L	45～180	50～200	56～220	63～250	70～280	80～320	90～360
键的长度系列	8，10，12，14，16，18，20，25，28，32，36，40，45，50，56，63，70，80，90，100，110，125，140，160，180，200，250，280，320，360						

3. 平键连接的强度计算

普通平键连接工作时，其主要失效形式为键、轴、轮毂接合面上的压溃，如图 11-36 所示。一般情况下，不会出现键的剪断，因此，只需对键、轴、轮毂中较软的材料进行挤压强度计算。而对于导向平键和滑键，主要失效形式是磨损，因而校核其工作面上的压力进行耐磨性计算。

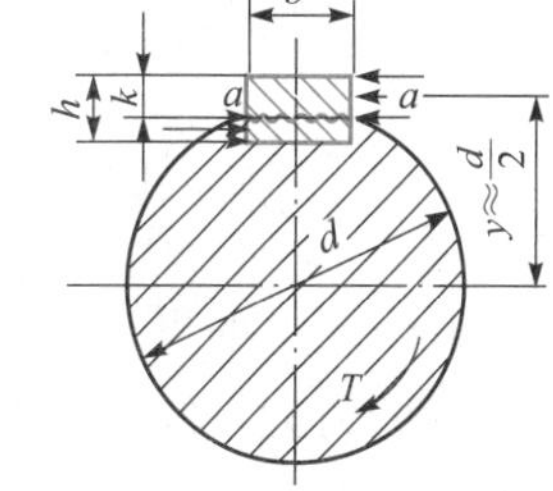

图 11-36　平键连接的受力情况

普通平键，挤压强度计算

$$\sigma_P=\frac{2T}{dkl}\leqslant[\sigma_P] \tag{11-29}$$

导向平键和滑键，耐磨性计算

$$p=\frac{2T}{dkl}\leqslant[p] \tag{11-30}$$

式中，T 为传递转矩，N·mm；d 为轴的直径，mm；k 为键与轮毂的接触高度，$k\approx h/2$，h 为键高，mm；l 为键的工作长度，圆头平键 $l=L-b$，方头平键 $l=L$，半圆头平键 $l=L-b/2$，L 为键的长度，b 为键宽，mm；$[\sigma_P]$ 为键、轴、轮毂中最软的材料的许用挤压应力（见表 11-11），MPa；$[p]$ 为工作面上的材料的许用压力（见表 11-11），MPa。

如果计算结果的强度不够时，可采取① 适当增加键的长度，其长度不超过 2.5 d，此时轮毂的长度也相应增加；② 采用双键，由于受力的不均匀性，通常按 1.5 个键计算。

表 11-11　键连接的许用挤压应力、许用压力　　MPa

许用挤压应力、许用压力	连接工作方式	键或毂、轴的材料	载荷性质		
			静载荷	轻微冲击	冲击
$[\sigma_P]$	静连接	钢	120～150	100～120	60～90
		铸铁	70～80	50～60	30～45
$[p]$	动连接	钢	50	40	30

11.7.2　花键连接

花键是由外花键（图 11-37（a））和内花键（图 11-37（b））组成的。工作时，利用内花键和外花键的相互挤压传递运动和转矩。花键的齿侧为工作面，其承载能力高，定心性和导向性好，对轴的强度削弱小，多适用于传递中等或较大载荷的固定连接或滑动连接。花键按照齿形分为矩形花键和渐开线花键。

矩形花键的齿廓为矩形，如图 11-38 所示。安装时，靠内外花键的小径定心。由于其加工方便，制造精度高，多应用于飞机、汽车、机床等机械传动装置。矩形花键分为两个系列：轻系列，用于轻载或固定连接；中系列，用于中等载荷连接或空载下移动的动连接。

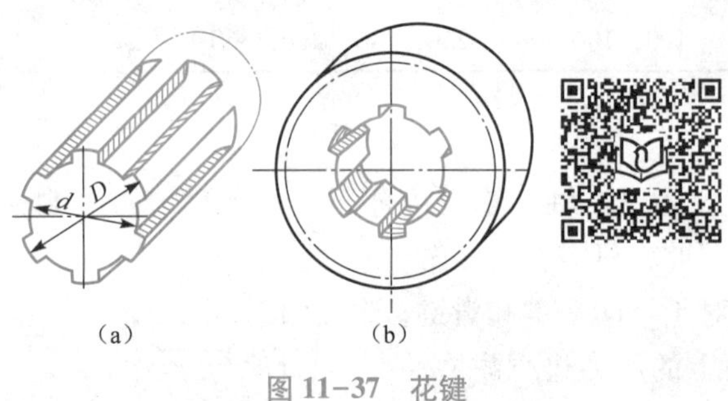

图 11-37　花键

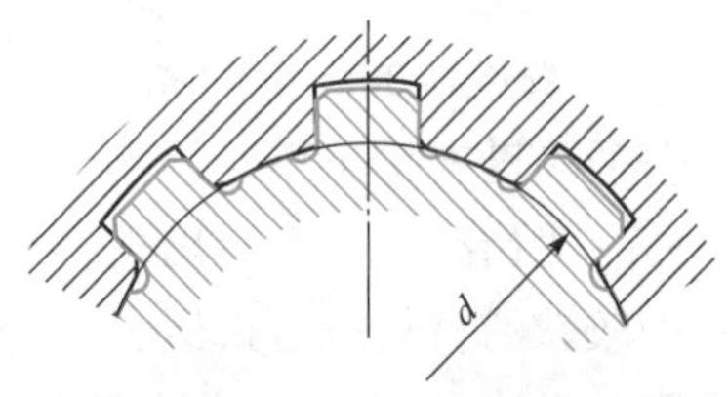

图 11-38　矩形花键连接

渐开线花键的齿廓为渐开线，如图 11-39 所示。安装时，靠内外花键的齿侧定心。由于其承载能力大、定心精度高、受力均匀、使用寿命长等特点，多应用于载荷较大，安装精度要求较高和结构尺寸较大的连接。渐开线的制造工艺和齿轮制造完全相同，常用标准压力角有 30°（图 11-39（a））、37.5°和 45°（图 11-39（b））三种，压力角为 30°的花键应用最为广泛。

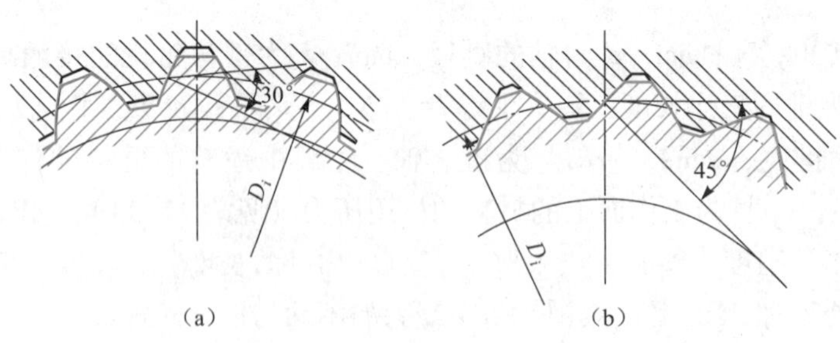

图 11-39　渐开线花键连接

11.7.3　无键连接与销连接

1. 型面连接

型面连接是利用非圆截面的轴与形状面相同的毂孔所构成的轴毂连接，见图 11-40。型面连接的特点：装拆方便、良好的对中性，型面上没有应力集中源，但加工困难。

使用时，轴和毂孔连接表面常做成圆柱形或圆锥形。圆柱形只能传递转矩，而圆锥形既可以传递转矩又可以传递轴向力。

常见的轮廓形状有三角形（图 11-41（a））、方形（图 11-41（b））等正凸多边形。为避免挤压应力集中，通常轴与毂孔都设计成圆角。

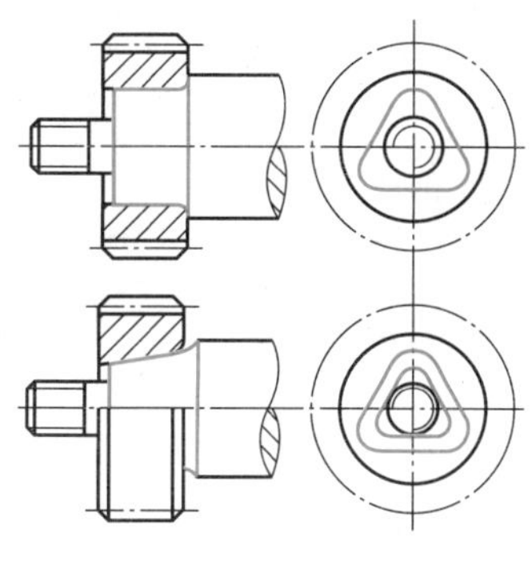

图 11-40　型面连接

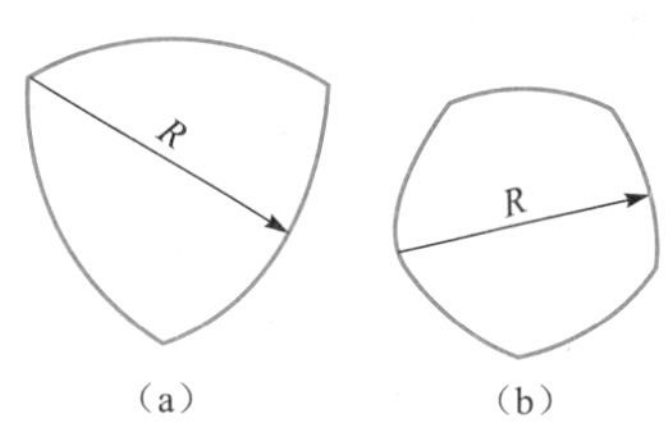

图 11-41　型面轮廓形状

2. 胀紧连接

胀紧连接是在毂孔与轴之间装配一个或几个胀套，在外加轴向压力的作用下，内套缩小，外套胀大，形成过盈配合，靠摩擦力传递力和转矩，见图 11-42（a）。

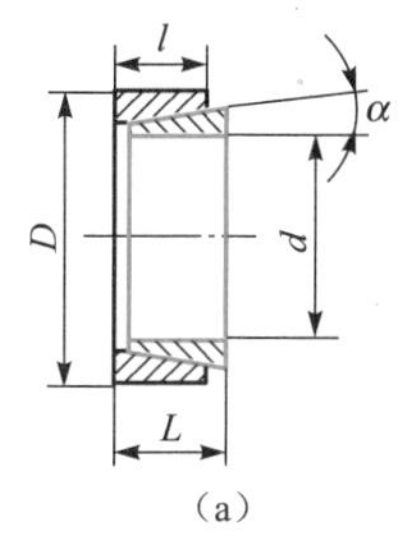

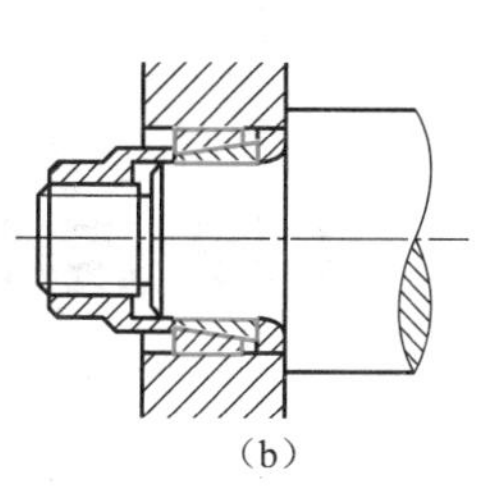

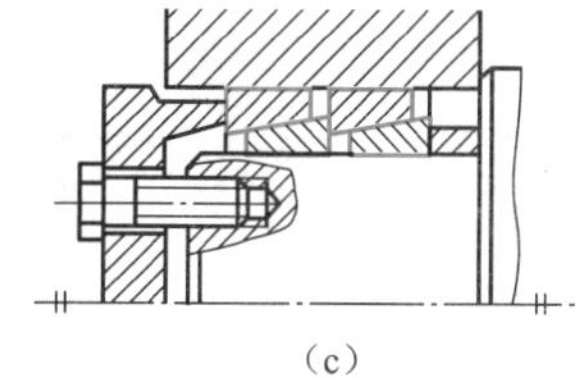

图 11-42　胀紧连接

胀紧连接作为一种新的轴毂连接方式，应用越来越广泛，其特点为：定心性好，装拆方便，承载能力高，不削弱被连接件的强度，且有密封保护作用等。胀套是胀紧连接的主要零件，已标准化，安装时可以用螺母压紧（图 11-42（b）），也可以在轴端或毂端用多个螺钉压紧（图 11-42（c））。组合安装时，串联的轴套越多承载能力越强，一般不宜超过 3～4 对。

3. 销连接

销连接主要用于定位，采用定位销固定零件之间的相对位置；也可以用于轴与毂的连接或其他零件的连接，可传递不大的载荷；还可以用于安全装置的过载保护。常见的销根据形状分为圆柱销、圆锥销、槽销、开口销等。

圆柱销（图 11-43（a））靠过盈配合安装，多次装卸后会降低定位的精度和连接的紧固。多用于传递载荷不大要求精度不高的场合。

圆锥销（图 11-43（b））有 1∶50 的锥度，便于安装。定位精度比圆柱销高。

槽销上有三条纵向沟槽（图 11-44），使用时将销打入销孔后，不易松脱。槽销可以用于变载荷和有装拆要求的场合。在一些场合，槽销可以代替螺栓、圆锥销、键来使用。

开口销如图 11-45 所示，装配时，将尾部分开，防止脱出。一般和销轴配合使用。

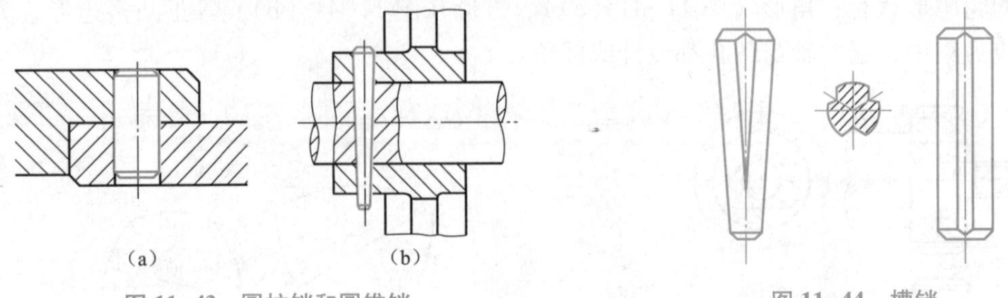

图 11-43　圆柱销和圆锥销　　　　图 11-44　槽销

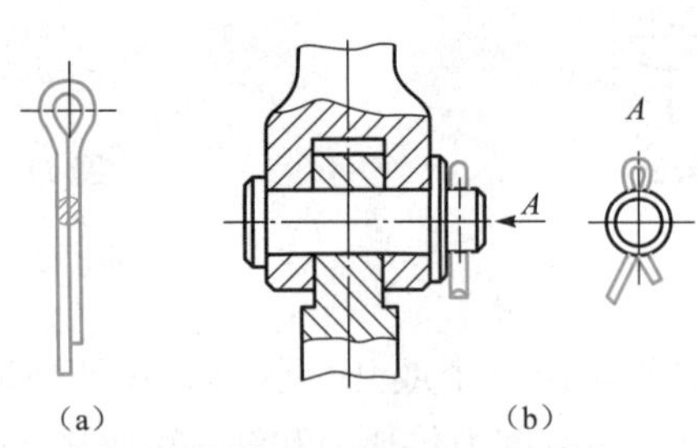

图 11-45　开口销

11.8　轴间连接

11.8.1　联轴器

联轴器用来连接两轴或轴与回转件，并传递转矩和运动的一种机械装置。在工作过程中联轴器连接两轴一起回转而不脱开，只有在机器停止后，联轴器经过拆卸后才能使两轴分开。此外，联轴器还具有缓冲、减振、安全保护、补偿偏移等功能。

联轴器所连接的两轴，在设计时应该严格对中，但由于制造及安装的误差、承载后的变形和温度的影响，会导致两轴产生某种形式的相对位移。如图 11-46 所示，图（a）表示轴向位移 x，图（b）表示径向位移 y，图（c）表示偏角位移 α，图（d）表示综合位移 x、y、α。

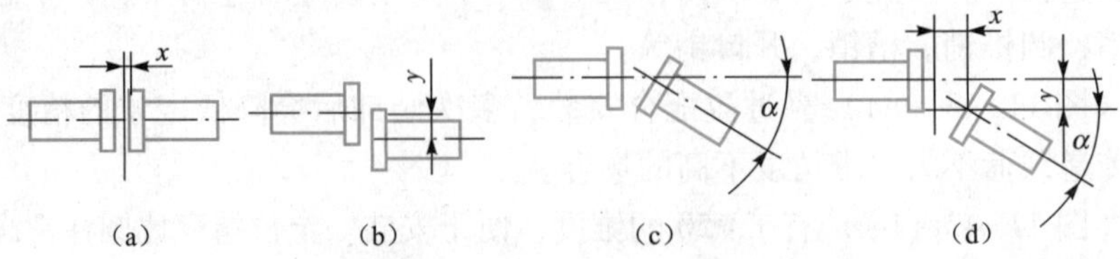

图 11-46　联轴器连接两轴的相对位移形式

联轴器根据对各种相对位移是否具有补偿功能，分为刚性联轴器和挠性联轴器两类。

1. 刚性联轴器

刚性联轴器不具有补偿两轴相对位移的功能，常用的类型有套筒联轴器、夹壳联轴器、凸缘联轴器。刚性联轴器具有结构简单、制造容易、成本低廉的特点，适用于转速不高、载荷平稳的场合。

（1）套筒联轴器。如图 11-47 所示，套筒联轴器是由公用套筒、键、紧定螺钉或销钉组成。公用套筒将两轴连成一个整体。通过键、紧定螺钉或销钉传递转矩和运动。其中销钉还可以起到过载保护的作用。

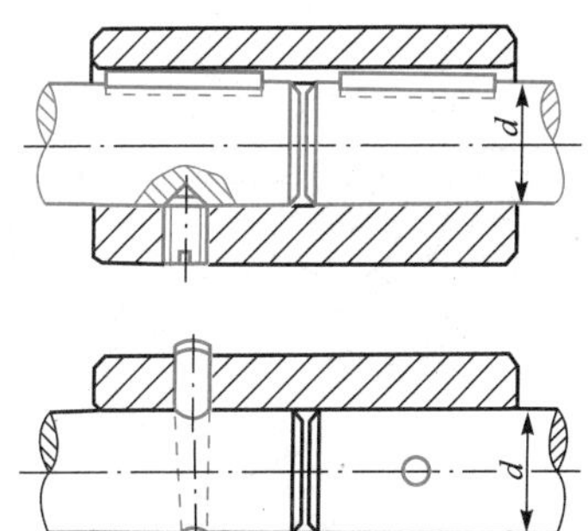

图 11-47 套筒联轴器

套筒联轴器结构简单，径向尺寸小，所以在机床中应用很广。它的缺点是装卸时需做轴向移动。该类联轴器尚未标准化。

（2）夹壳联轴器。如图 11-48 所示，夹壳联轴器是由轴向剖分的两半联轴器和连接螺栓组成。其特点是装卸方便、不需要沿轴向移动即可装卸，但由于其转动平衡性较差，故常用于低速场合。

（3）凸缘联轴器。如图 11-49 所示，凸缘联轴器是由两个分装在轴端的半联轴器和螺栓组成。凸缘联轴器的特点是结构简单、制造方便、成本低、工作可靠、装卸方便、可传递较大转矩。当高速传动时，要求轴有较高的对中精度。因此，凸缘联轴器是应用最广的刚性联轴器。目前，凸缘联轴器已经标准化。

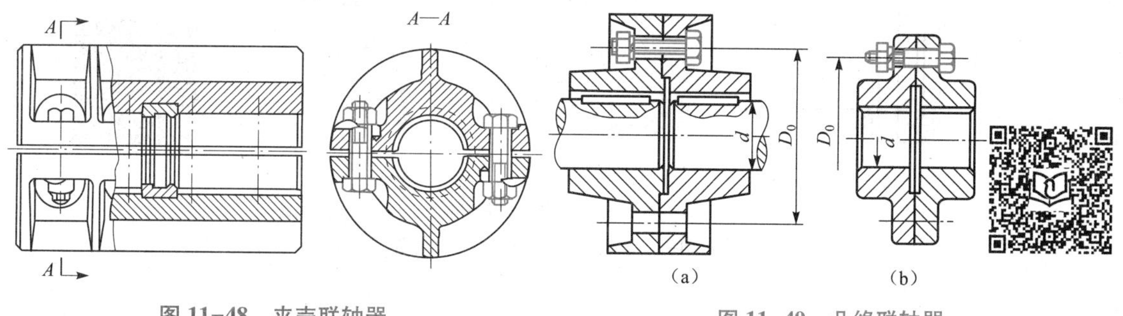

图 11-48 夹壳联轴器

图 11-49 凸缘联轴器

2. 挠性联轴器

挠性联轴器具有补偿两轴相对位移的功能，又根据是否具有弹性元件可分无弹性元件联轴器和有弹性元件联轴器两类。无弹性元件联轴器，因其无弹性元件，故不具有缓冲减振的功能，适用于低速、重载、转速平稳的场合。常见的类型有十字滑块联轴器、齿轮联轴器、万向联轴器。有弹性元件联轴器，在转动不平稳时有很好的缓冲减振的作用，适用于高速、轻载、常温的场合。常见类型有弹性套柱销联轴器、轮胎联轴器、膜片联轴器。

（1）十字滑块联轴器。如图 11-50（a）所示，十字滑块联轴器由两个在端面上开有凹槽的半联轴器 1、3 和一个两面带有凸块的中间圆盘 2 组成。中间圆盘两侧的凸块相互垂直，可以在凹槽中滑动，以此来补偿两轴的径向位移和角位移（图 11-50（b））。由于滑块旋转时产生离心力，使得联轴器不适宜于高速下运转。

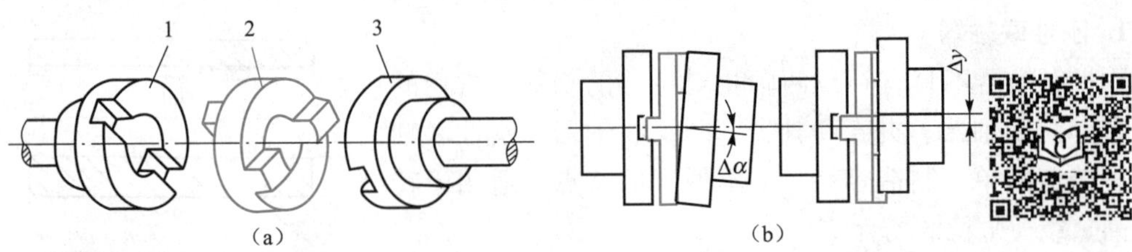

图 11-50　十字滑块联轴器

1、3—半联轴器；2—中间圆盘

（2）齿轮联轴器。如图 11-51（a）所示，齿轮联轴器是由齿数相同的内齿圈外壳 2、3 和带有外齿的半联轴器 1、4 及连接螺栓组成。两个带有外齿的半联轴器分别与两轴相连。在相啮合齿间留有较大的齿侧间隙，并将直齿齿面改进为鼓形齿齿面（图 11-51（b）），以补偿较大的两轴的相对位移（图 11-51（c））。其结构复杂，造价较高，适用于低速、重载的场合。

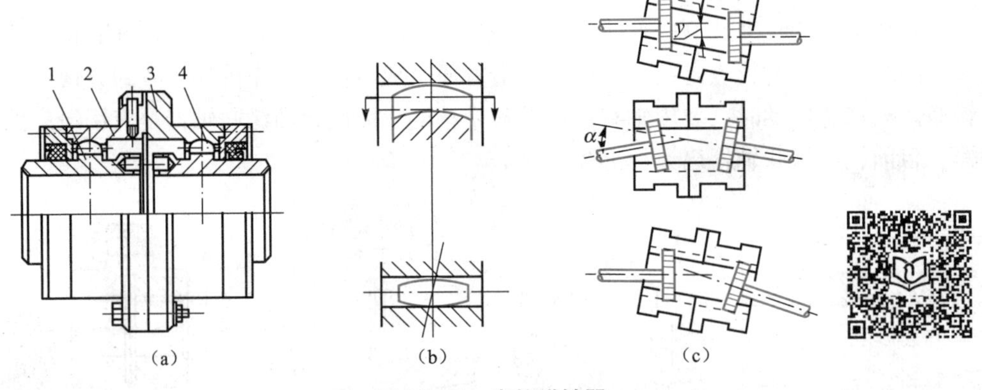

图 11-51　齿轮联轴器

1、4—半联轴器；2、3—内齿圈外壳

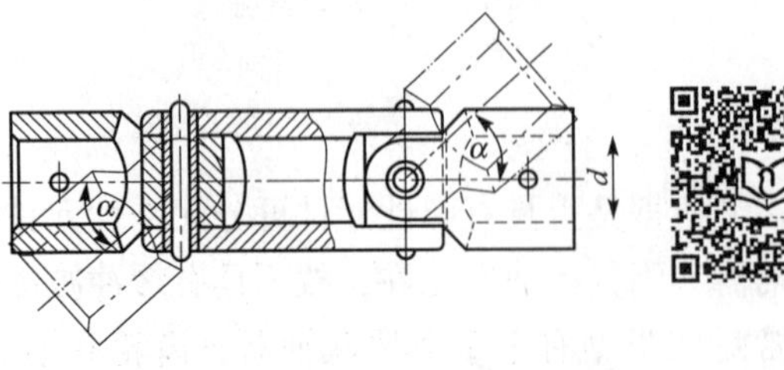

图 11-52　十字万向联轴器

（3）万向联轴器。如图 11-52 所示，万向联轴器是一类两轴间具有较大的角位移的联轴器。结构形式很多，目前最常用的是十字轴式。双万向联轴器（图 11-53）是由两个十字轴万向联轴器组成的，当输入轴和输出轴与中间轴夹角相等时，输入轴和输出轴的转速相等。广泛应用于汽车、多头钻床等机器的传动系统中。

（4）弹性套柱销联轴器。如图 11-54 所示，弹性套柱销联轴器结构与凸缘联轴器相似，只是用带橡胶套的柱销代替连接螺栓。它靠弹性套的弹性变形来缓冲减振，并补偿被联两轴的相对偏移。

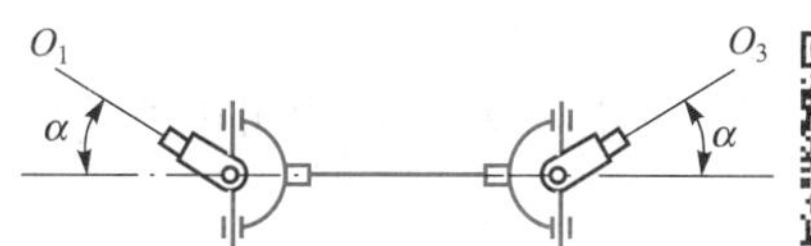

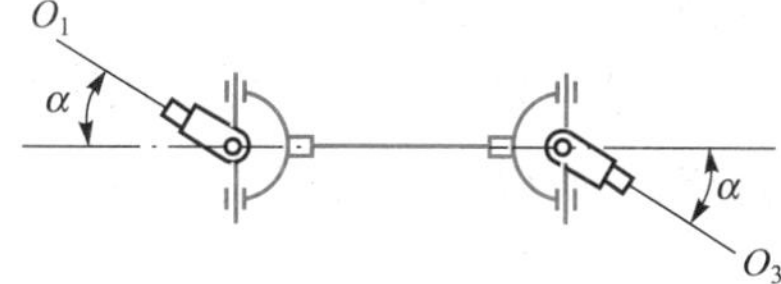

图 11-53 双万向联轴器

弹性套柱销联轴器结构简单、制造容易、装卸方便、成本较低。它适用于转矩小、转速高、启动频繁、载荷变化不大的场合。使用时，应确保无油质，防止橡胶套的老化。

（5）轮胎联轴器。如图 11-55 所示，轮胎联轴器是利用轮胎状橡胶弹性元件连接两半联轴器，通过螺栓固定的一种联轴器。它具有较高的弹性，减振能力强，补偿能力较大，结构简单，但径向尺寸大，承载能力不高。适用于启动频繁、正反转多变、冲击较大的场合，也可以在有粉尘、水分的工作环境下工作。

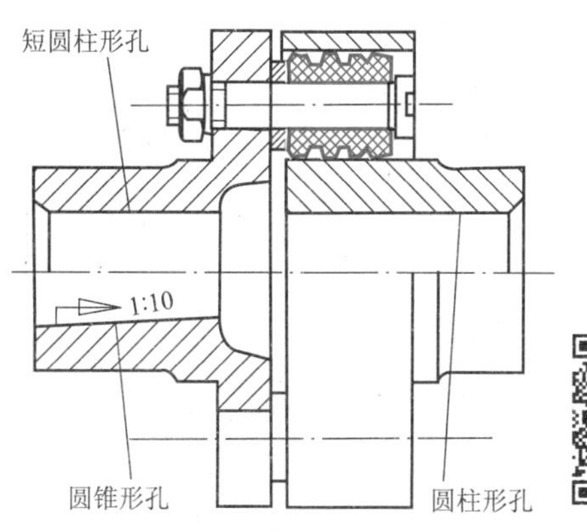

图 11-54 弹性套柱销联轴器

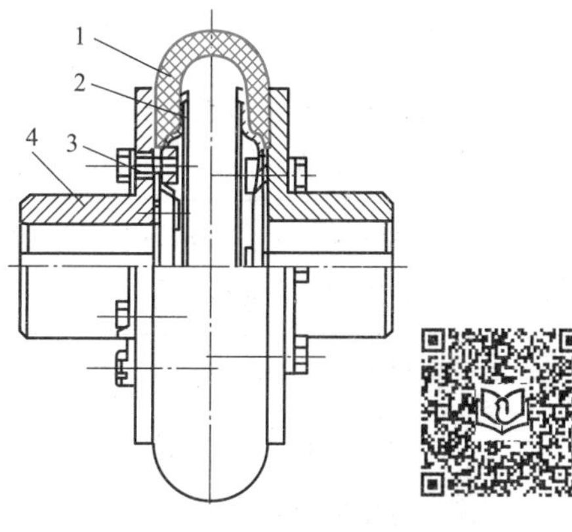

图 11-55 轮胎联轴器

1—轮胎；2—压板；3—螺栓；4—半联轴器

（6）膜片联轴器。如图 11-56 所示，膜片联轴器由单片或若干片叠合的薄钢板（膜片）2 用螺栓 4 和螺母 5 交错地与两个半联轴器 1、3 连接而成。利用薄钢片的弹性变形来补偿两轴的相对偏移。它结构简单、质量小、耐高温和低温。但扭转弹性较低，缓冲减振能力差，适用于载荷平稳的高速转动。例如拖拉机、航空、矿山等机械传动系统。

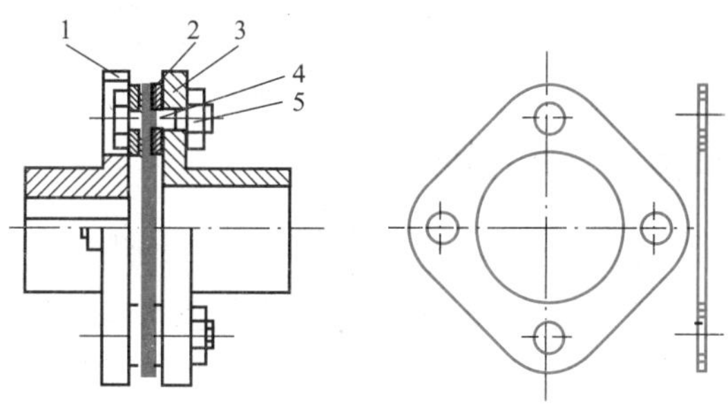

图 11-56 膜片联轴器

1、3—半联轴器；2—薄钢板；4—螺栓；5—螺母

3. 联轴器的选择

联轴器的类型很多，部分已经标准化。设计时，一般可先根据工作条件和使用要求选择合适的联轴器类型，然后根据转矩、转速、轴径从标准中选择所需的型号和尺寸。必要时还

应对其中的薄弱环节进行校核。

机器正常工作时所需的转矩为公称转矩 T。由于机器启动时惯性力和工作中可能产生的过载等因素的影响，所以设计时应按机器不稳定运转的最大转矩 T_C 计算。

$$T_C = K_A T \tag{11-31}$$

式中，K_A 为工作情况系数（见表 11-12）。

表 11-12　工作情况系数 K_A

工作机		工作情况系数 K_A			
		原动机			
分类	工作情况及举例	电动机、汽轮机	四缸和四缸以上内燃机	双缸内燃机	单缸内燃机
Ⅰ	转矩变化很小，如发电机、小型通风机、小型离心泵	1.3	1.5	1.8	2.2
Ⅱ	转矩变化小，如透平压缩机、木工机床、输送机	1.5	1.7	2.0	2.4
Ⅲ	转矩变化中等，如搅拌机、增压泵、有飞轮压缩机、冲床	1.7	1.9	2.2	2.6
Ⅳ	转矩变化和冲击载荷中等，如织布机、水泥搅拌机、拖拉机	1.9	2.0	2.4	2.8
Ⅴ	转矩变化和冲击载荷大，如造纸机、挖掘机、起重机、碎石机	2.3	2.5	2.8	3.2
Ⅵ	转矩变化大并有强烈冲击载荷，压延机、无飞轮的活塞泵、重型初轧机	3.1	3.3	3.6	4.0

11.8.2　离合器

离合器是主、从动部分在同轴线上传递动力或运动时，在不停机状态下实现接合或分离功能的一种机械装置。离合器可以实现机械的启动、停车、齿轮箱的变速、传动轴间在运动中的同步和相互超越、机器的过载保护等功能。离合器的类型很多，按照工作原理，可分为嵌合式和摩擦式两类；按照操纵方式可分为操纵式和自动式。

以下将介绍常见的离合器。

1. 牙嵌离合器

牙嵌离合器是由两端面上带牙的半离合器组成，如图 11-57（a）所示。其中一个半离合器（图的左部）固定在主动轴上；另一个半离合器用导键（或花键）与从动轴连接，并可由操纵机构使其做轴向移动，以实现离合器的分离与接合。牙的形状有三角形、梯形和锯

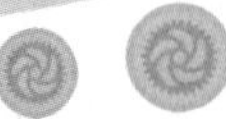

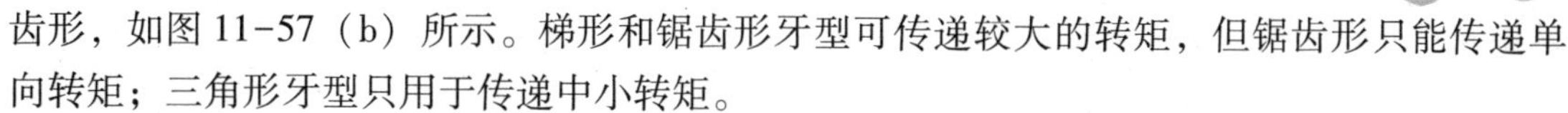

齿形，如图 11-57（b）所示。梯形和锯齿形牙型可传递较大的转矩，但锯齿形只能传递单向转矩；三角形牙型只用于传递中小转矩。

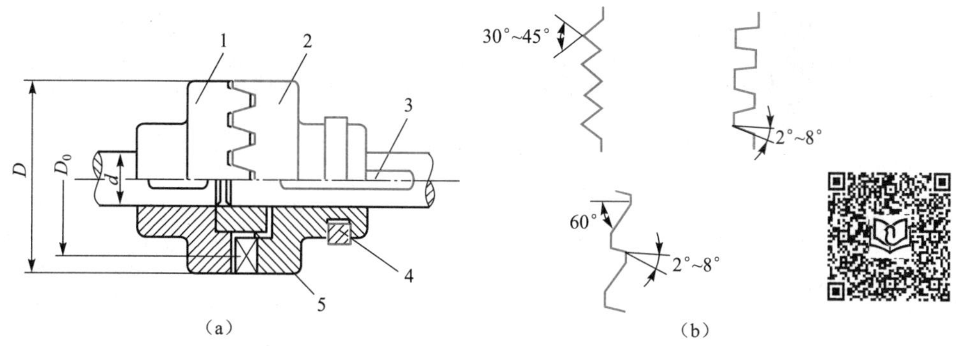

图 11-57　牙嵌离合器

1、2—半离合器；3—键；4—操纵环；5—对中环

牙嵌离合器结构简单，外形尺寸小，但接合时有冲击，只能用在相对速度很低或停止状态下结合。

2. 摩擦离合器

如图 11-58 所示，摩擦离合器利用接触面间的摩擦力来传递运动和转矩。摩擦离合器分为单盘摩擦离合器和多盘摩擦离合器。摩擦离合器在运转中接合平稳，过载时可打滑起安全保护作用，调节简单可靠，常应用于汽车、拖拉机、工程机械中。

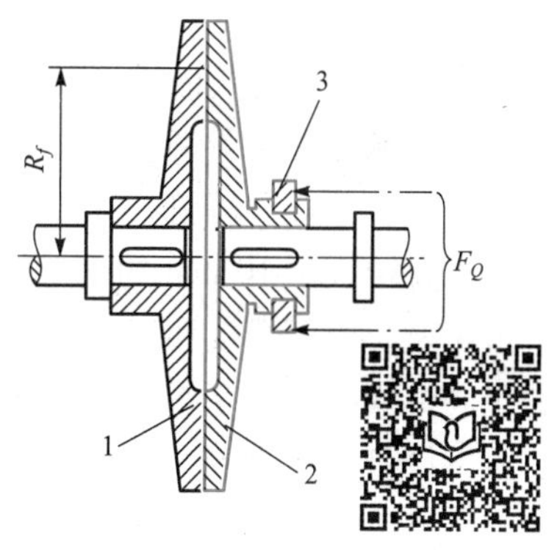

图 11-58　单盘摩擦离合器

1—主动摩擦片；
2—从动摩擦片；3—操纵环

3. 超越离合器

超越离合器是一种自动离合器。常见的有滚柱式超越离合器，如图 11-59 所示，由内星轮 1、外壳 2、滚柱 3、弹簧 4、顶销 5 等部分组成。外壳和内星轮形成楔形间隙，实现夹紧或放松滚柱，以达到离合器接合或分离的目的。当与外壳相连的主动轴以逆时针旋转时，滚柱在外壳摩擦力的作用下被楔紧在外壳和内星轮之间，带动内星轮一起转动，离合器进入接合状态。当与外壳相连的主动轴以顺时针旋转时，滚柱被推到空隙较宽的部分而不再楔紧，这时离合器处于分离状态。因此，离合器只能用于传递单向的转矩。

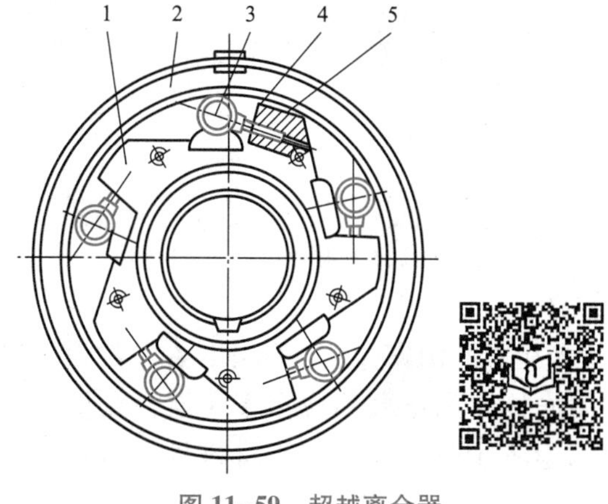

图 11-59　超越离合器

1—内星轮；2—外壳；3—滚柱；4—弹簧；5—顶销

如果外壳和内星轮同时转动并且转速不一样时，当外壳相对内星轮做逆时针转动时，外壳带动内星轮转动，离合器进入接合状态；当外壳相对内星轮做顺时针转动时，离合器进入分离状态。此时内星轮

转速超过外壳转速，这种现象称为超越。

11.9 铆接、焊接和黏接简介

铆接、焊接和黏接都是不可拆卸的连接方式。

11.9.1 铆接

铆钉连接是指利用铆钉把两个以上的零件（钢板、型钢和机械零件）连在一起的一种不可拆卸的连接，简称铆接。铆接具有耐冲击、抗振、工艺简单、连接可靠的优点，但操作时噪声大，生产效率低。

使用时，把铆钉光杆插入被连接件的孔中，然后加工出铆头，这个过程称为铆合。铆合时可以用人力、气力或液力（用气铆枪或铆钉机）。铆接根据铆合过程中是否加热分为冷铆和热铆。冷铆在常温下铆合，加工后铆钉杆胀满钉孔，用于直径小于 10 mm 的钢铆钉或塑性较好的铜、铝合金铆钉。热铆在高温下铆合，冷却后钉杆收缩，与孔配合出现微小的间隙，用于直径大于 10 mm 的钢铆钉。

近年来，由于焊接和高强度螺栓的发展，铆接应用逐渐减少。但在少数受严重冲击或振动的金属结构中，由于焊接技术的限制，目前还采用铆接。例如：铁路、建筑、桥梁、造船、重型设备等工业部门，在航空和航天工业中铆接仍然是一种广泛采用的重要的连接方式。

铆钉的类型分为空心铆钉和实心铆钉。根据钉头形状的不同，常见铆钉连接形式如图 11-60 所示。

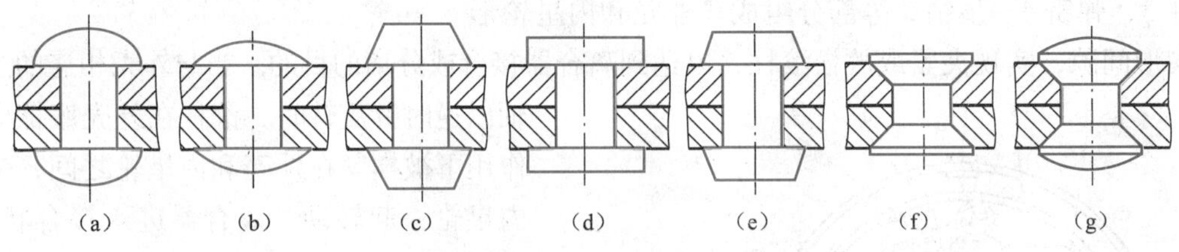

图 11-60　常见铆钉连接形式

铆钉连接的接缝叫作铆缝。按照铆接接头的构造不同，分为搭接（图 11-61（a））、单盖板对接（图 11-61（b））和双盖板对接（图 11-61（c））三种。

由于铆钉是标准件，在铆接设计时可以参考相应的国家标准。此外，在结构设计时铆接的厚度一般不大于 5 d（d 为铆钉直径），被连接件的层数不应多于 4 层。在传力铆接中，排在力作用方向的铆钉不宜超过 6 个，但也不少于 2 个。铆钉材料尽量与被连接件相同。

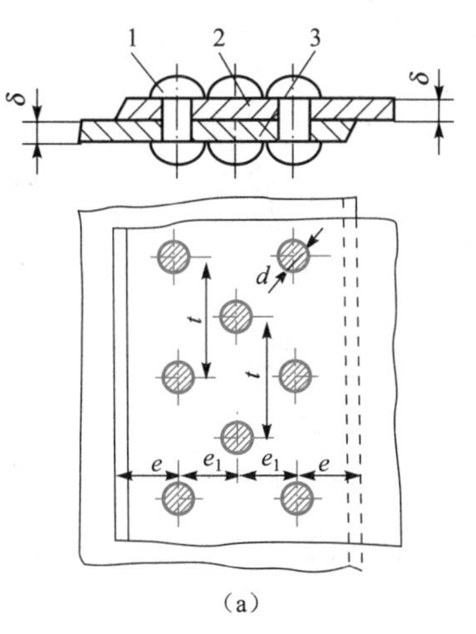

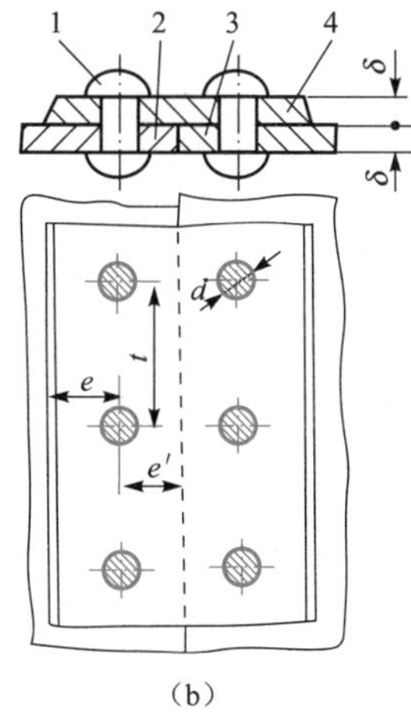

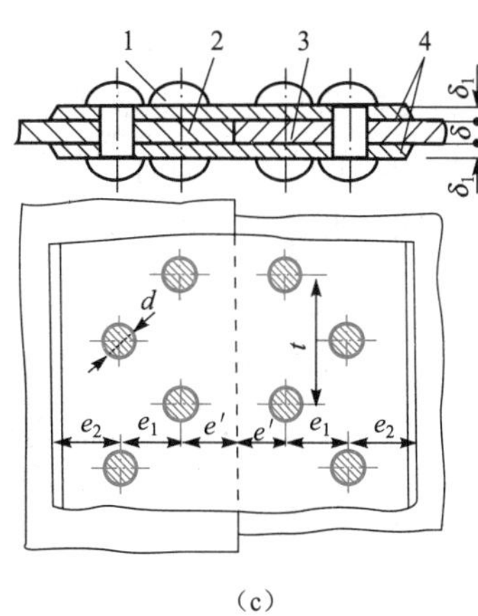

图 11-61 铆缝的分类

11.9.2 焊接

焊接是利用加热或加压的方法使两个金属元件在连接处形成原子或分子间的接合而构成的不可拆卸的连接。焊接是一种重要的加工工艺，具有强度高、紧密性好、工艺简单、操作方便、质量轻等特点。焊接在承受冲击载荷时没有铆接可靠。

焊接根据焊接工艺分为三种基本类型，熔化焊、压力焊和钎焊。熔化焊中常见的焊接方法有电弧焊、气焊和电渣焊。电弧焊是目前使用最广的焊接方法。电弧焊缝常见的形式有正接角焊接（图 11-62（a））、搭接角焊接（图 11-62（b））、对接焊接（图 11-62（c））、卷边焊接（图 11-62（d））、塞焊缝焊接（图 11-62（e））。

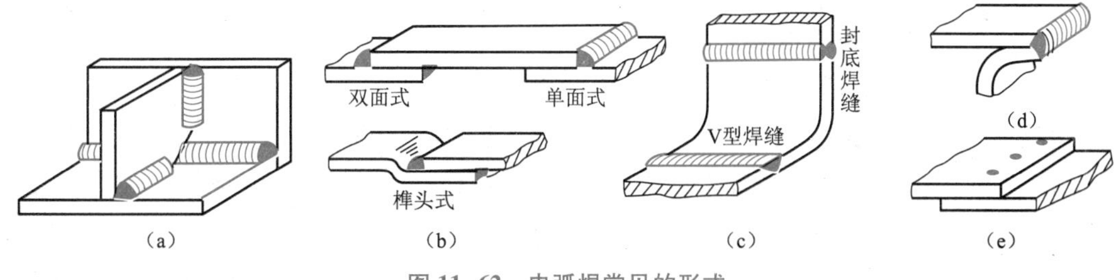

图 11-62 电弧焊常见的形式

焊接不仅适用于钢材，而且适用于铝、铜等有色金属以及钛、锆等特种金属，甚至不同种金属之间也同样适用。因此，焊接已广泛应用于汽车、造船、机械制造、航天等行业，例如船体、车辆底盘、大直径齿轮、火车油罐的封头等。

焊接时，应根据被焊接件的材料、结构、工作要求等，查阅相关手册，选择合适的焊接方法和焊条型号。

11.9.3 黏接

黏接是利用胶黏剂把零件黏合在一起的一种不可拆卸的连接方式。黏接具有应力分布均

匀、传力面积大、密封性较好、工艺简单、适于厚度较薄的材料等优点。同时，黏接也具有随温度变化大、黏接技术要求严格等缺点。

黏接接头的基本形式有对接（图 11-63（a））、正交（图 11-63（b））和搭接（图11-63（c））。使用时，黏接连接需要经过以下的工艺过程：（1）表面处理，主要除油除锈；（2）胶液的配制和涂敷；（3）晾置固化；（4）质量检验。

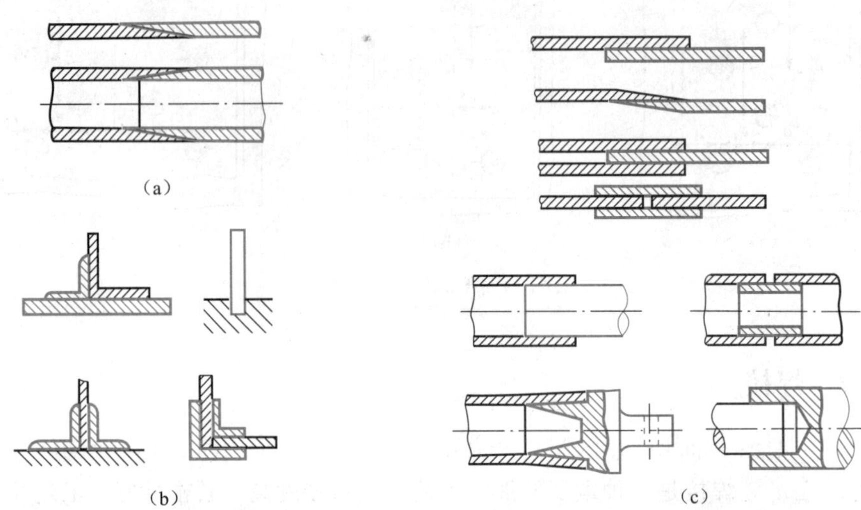

图 11-63 黏接接头形式

【重点要领】

螺纹连接与传动，牙型选择不相同。
螺纹连接需自锁，牙型选择三角形。
螺纹连接要成组，受力分析紧为主。
连接控制预紧力，防松设计要仔细。
松键工作在侧面，紧键工作上下面。
联轴器与离合器，他们把轴来联系。
联轴器的装和拆，机器必须停下来。
选用型号看参数，轴径转矩与转速。

思 考 题

11-1 螺纹连接有哪几种基本类型？各适用在什么场合？

11-2　螺纹连接为什么要预紧？

11-3　螺纹连接为什么要防松？防松的原理是什么？常用的防松方法有哪些？

11-4　受拉伸载荷作用的紧螺栓连接中，为什么总载荷不等于预紧力和拉伸载荷之和？

11-5　提高螺纹连接强度的常用措施有哪些？

11-6　平键的剖面尺寸 $b\times h$ 和键的长度 L 是如何确定的？

11-7　联轴器、离合器有哪些类型？各有什么区别？各用于什么场合？

习　题

11-1　如图 11-64 所示为一悬挂的轴承座，用两个普通螺栓与顶板连接。如果每个螺栓与被连接件的刚度相等，即 $c_1=c_2$，每个螺栓的预紧力为 $F_0=1\ 000$ N，轴向外载荷 $F_Q=3\ 000$ N，试求作用在单个螺栓上的总拉力 F_1 和剩余预紧力 F_0'。

11-2　如图 11-65 所示为一钢制液压油缸，油压为 $p=3$ MPa，缸内直径为 $D_2=160$ mm。为了保证油缸紧密性要求，螺栓间距不得大于 100 mm。试设计此螺栓组连接和分布直径 D_1。

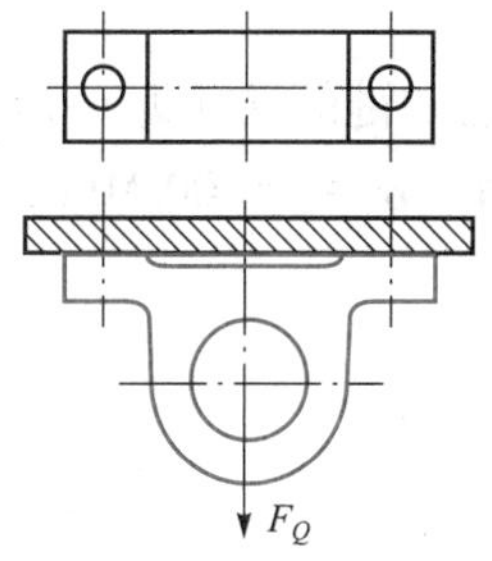

图 11-64　习题 11-1 图

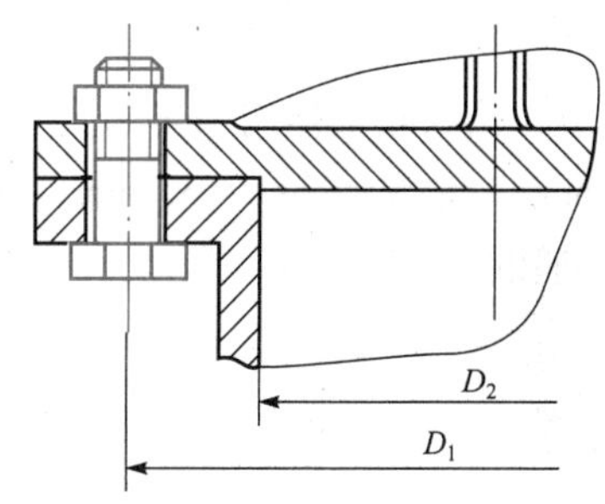

图 11-65　习题 11-2 图

11-3　某机械结构如图 11-66 所示，两个钢板由 4 个 M12 的普通螺栓连接在一起，已知螺栓的材料 Q235，强度等级 4.8 级，螺纹连接的安全系数 $S=4$，接合面摩擦系数 $f=0.2$，可靠性系数 $K_f=1.2$。试确定螺栓组连接所允许的传递最大横向力 F_R。

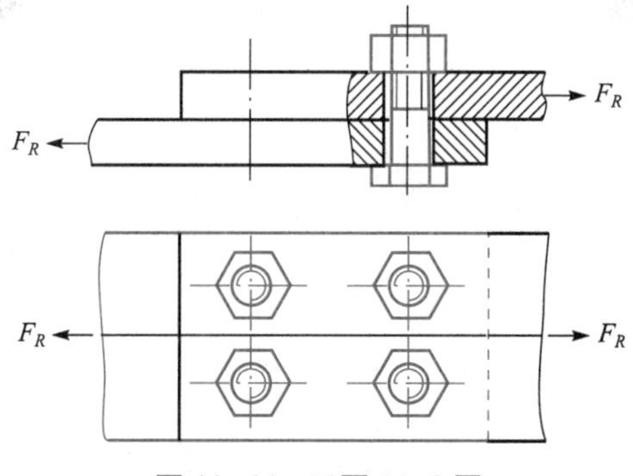

图 11-66　习题 11-3 图

11-4　如图 11-67 所示为由两块边板和一块承重板焊成的龙门起重机导轨托架。两边板各用四个螺栓与工字钢立柱连接，托架承受的最大载荷为 $R=20$ kN，问：

（1）此连接是采用普通螺栓好还是采用铰制孔螺栓好？

（2）若用铰制孔螺栓连接，已知螺栓材料为 45 钢，6.8 级，试确定螺栓直径。

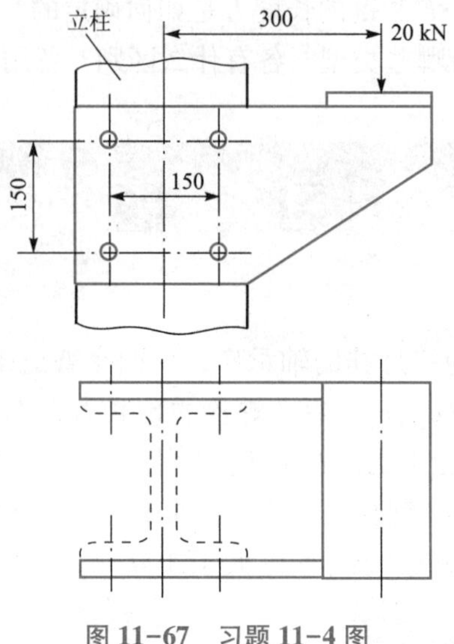

图 11-67　习题 11-4 图

11-5　凸缘联轴器用一半圆头普通平键与轴相连接。已知键的尺寸为 $b \times h \times L = 10 \times 8 \times 50$（单位：mm），轴的直径 $d=35$ mm，键连接的许用挤压应力 $[\sigma_p]=100$ MPa，试求该连接所允许传递的转矩。

第 11 章
思考题及习题答案

第 11 章
多媒体 PPT

参 考 文 献

[1] 胡琴. 机械设计基础（第三版）[M]. 北京：化学工业出版社，2018.

[2] 史新逸，李敏，徐剑锋. 机械设计基础（项目化教程）[M]. 北京：化学工业出版社，2018.

[3] 雷晓燕，刘芳，燕晓红. 机械设计应用 [M]. 北京：化学工业出版社，2019 .

[4] 郭平. 机械设计基础 [M]. 北京：北京理工大学出版社，2017.

[5] 王大康，李德才. 机械设计基础 [M]. 北京：机械工业出版社，2020.

[6] 张颖，张春林. 机械原理（英汉双语）[M]. 北京：机械工业出版社，2016.

[7] 王宁侠. 机械设计基础 [M]. 北京：机械工业出版社，2017.

[8] 史晓君，封金祥，王大卫. 机械设计基础 [M]. 北京：北京理工大学出版社，2016.

[9] 王德洪. 机械设计基础 [M]. 北京：北京理工大学出版社，2012.

[10] 荣辉，付铁，杨孟辰. 机械设计基础 [M]. 北京：北京理工大学出版社，2004.

[11] 谢里阳. 现代机械设计方法 [M]. 北京：机械工业出版社，2017.

[12] 万志坚. 机械设计基础 [M]. 北京：高等教育出版社，2016.

[13] 陈伟珍，黄卫萍. 机械设计基础 [M]. 北京：机械工业出版社，2017.

[14] [美] 大卫 G. 乌尔曼（David G. Ullman）. 机械设计过程（原书第 4 版）[M]. 北京：机械工业出版社，2017.

[15] 王顺，寇尊权. 机械设计学习指导 [M]. 北京：高等教育出版社，2015.

[16] 陈立德，姜小菁. 机械设计基础 [M]. 北京：高等教育出版社，2014.

[17] 陈国定. 机械设计基础 [M]. 北京：机械工业出版社，2017.

[18] 奚鹰，李兴华. 机械设计基础（第 5 版）[M]. 北京：高等教育出版社，2017.

[19] 张锋，宋宝玉，王黎钦. 机械设计基础（第二版）[M]. 北京：高等教育出版社，2017.

[20] 栾学钢，韩芸芳. 机械设计基础（第三版）[M]. 北京：高等教育出版社，2015.

[21] 陈晓岑，杨光，周杰. 机械原理与机械设计（第 3 版）上册 [M]. 北京：高等教育出版社，2014.

[22] 冯雪梅，李波，韩少军. 机械原理与机械设计（第 3 版）下册 [M]. 北京：高等教育出版社，2014.

[23] 裘祖荣. 精密机械设计基础 [M]. 北京：机械工业出版社，2016.

[24] 濮良贵，陈国定，吴立言. 机械设计（第九版）[M]. 北京：高等教育出版社，2013.

[25] 庞小兵，史春雪. 工程机械设计指导 [M]. 北京：化学工业出版社，2017.